大学物理学

（上册）

主　编　张传瑜　雷　丹
副主编　陈小凤　李　侠　刘　双

中国教育出版传媒集团
高等教育出版社 · 北京

内容提要

本书是为适应我国高等教育发展的新形式，结合多年的教学实践经验，参照教育部高等学校大学物理课程教学指导委员会编制的《理工科类大学物理课程教学基本要求》（2023年版）编写而成的。本书涵盖了“基本要求”中所有的核心内容，并选取了一定数量的扩展内容，供不同专业的师生选用。本书适当优化了经典物理内容，加强了对近代和现代物理内容的教学要求。

全书分上、下两册，共14章。上册内容为运动和力、能量守恒定律和动量守恒定律、刚体转动和流体运动、静电场、静电场中的导体和电介质、恒定电流的磁场、电磁感应；下册内容为振动、波动、光学、气体动理论、热力学基础、相对论、量子物理基础。在确保基础扎实、内容完整的前提下，本书体现了打好基础、精选内容、拓宽视野、利于教学等几个方面的特点。本书讲授参考学时为96~128学时。

本书可作为高等学校理工科类专业的大学物理教材，也可供文科类相关专业选用和社会读者阅读。

图书在版编目（CIP）数据

大学物理学．上册 / 张传瑜，雷丹主编；陈小凤，李侠，刘双副主编．-- 北京 ：高等教育出版社，2024．9．-- ISBN 978-7-04-062648-3

Ⅰ．O4

中国国家版本馆 CIP 数据核字第 20240LD065 号

DAXUE WULIXUE

策划编辑　王　硕　　责任编辑　王　硕　　封面设计　李小璐　　版式设计　杜微言
责任绘图　李沛蓉　　责任校对　刁丽丽　　责任印制　刘思涵

出版发行　高等教育出版社
社　　址　北京市西城区德外大街4号
邮政编码　100120
印　　刷　三河市骏杰印刷有限公司
开　　本　787mm×1092mm　1/16
印　　张　16.5
字　　数　340千字
购书热线　010-58581118
咨询电话　400-810-0598

网　　址　http://www.hep.edu.cn
　　　　　http://www.hep.com.cn
网上订购　http://www.hepmall.com.cn
　　　　　http://www.hepmall.com
　　　　　http://www.hepmall.cn

版　　次　2024年9月第1版
印　　次　2024年9月第1次印刷
定　　价　34.30元

本书如有缺页、倒页、脱页等质量问题，请到所购图书销售部门联系调换

物 料 号　62648-00

前　言

物理学是研究物质的基本结构、基本运动形式以及相互作用规律的学科。它不仅是人类认识世界、改造自然和推动社会进步的动力和源泉,也是自然科学、现代科技和人类文明的基石。每一次物理学领域的重大发现和突破都引领了新领域、新方向的发展,甚至产生了新的分支学科、交叉学科和技术学科。物理学理论及其所遵循的世界观和所采用的方法论在培养学生的科学素质等方面起着极为重要的作用。它不仅展示了科学的世界观和方法论,还深刻影响了人类对物质世界的基本认识、思维方式和人类的社会生活。因此,大学物理学作为高等学校的一门重要基础课程,具有不可替代的地位。

大学物理教材应紧密贴合课堂教学,易于教与学。同时,教材需要在内容更新和新技术介绍等方面有所突破。本书的编写原则是,在确保传统基本内容的同时,加强近代物理的教学,力求培养学生的物理思维能力和科学素质;通过现代物理的理论和观点审视物理课程的体系和内容,清晰呈现当代人类对物质世界的认识层次,明确介绍理论研究方法和应用方法,培养学生的工程技术意识。本书遵循教学规律,在内容上循序渐进,有利于学生理解、接受和培养对物理学的兴趣。

在本书编写过程中,我们力求解决课程内容多而课时数少的矛盾。对基础理论,我们遵循必需、够用、适度的原则。同时,我们适当关注本学科的系统性,着重考虑针对性和应用性,加强对物理过程的分析、处理思路和方法的叙述。内容取舍、文字叙述、体系布局、教学要求、例题选取和习题难度等都经过适度处理,以实现较大的覆盖面和具备适当的深度。本书从物理图像的描述入手,不局限于繁杂的数学推导,强调物理概念和物理规律的阐述,叙述清晰易懂,突出以应用为主的原则,并合理配置例题和习题,追求有效、有针对性的教与学,旨在让教不困难、学不困惑。

本书的基本内容符合《理工科类大学物理课程教学基本要求》(2023 年版),讲授参考学时为 96~128 学时。为适应不同的教学对象和不同专业的教学要求,本书还编入了一些带“*”号的内容,教师可根据学时和要求选讲或指导学生自学。

全书分上、下两册,共 14 章。上册由张传瑜、雷丹主编,下册由史顺平、赵晓凤主编。参加本书编写工作的有:陈小凤(第一章),李侠(第二、第三章),刘双(第四、第五章)、雷丹(第六、第七章),唐科(第八、第九章),赵晓凤(第十章),史顺平(第十一章)、闫珉(第十二章),张传瑜(第十三章)、刘雪峰(第十四章)。本书的编写工作得到了成都理工大学大学物理教学部和物理系的大力支持,在此表示感谢！在本书编写过程中,编者还得到了童开宇、程俭中、张正阶、陈世红等前辈老师的亲切指导和帮助,在此表示衷心的感谢!

由于编者水平有限,书中难免存在缺点和问题,望读者批评、指正。

编者

2024 年 2 月

目　录

第一篇　经典力学

第二篇 电 磁 学

第一篇

经典力学

自然界是由物质组成的,一切物质都在不停地运动着.物质的运动形式是多种多样的,对各种不同物质运动形式的研究,形成了自然科学的各门学科.物理学是研究物质运动中最普遍、最基本运动形式的一门学科,所研究的运动形式包括机械运动、热运动、电磁运动、原子和原子核的运动等.

机械运动是最简单、最基本的运动形式,它是指物体之间或者一个物体的某些部分相对于其他部分位置的变化.地球绕太阳运动,火车在铁路上行驶,机器转动等都是机械运动.力学就是研究物体机械运动规律的科学.

力学的渊源在西方可追溯到公元前 4 世纪,古希腊学者柏拉图认为圆周运动是天体最完美的运动,亚里士多德认为力是维持物体运动的原因.公元前 5 世纪,在我国的《墨经》中就有关于杠杆原理的论述.但力学(以及整个物理学)成为一门科学理论应该说从 17 世纪伽利略论述惯性运动开始,继而有牛顿提出的后来以他的名字命名的三个运动定律.以牛顿运动定律为基础的力学理论叫牛顿力学或经典力学.它曾经被尊为完美普遍的理论,兴盛了约 300 年.20 世纪初,人们虽然发现了它的局限性,它在高速领域为相对论所取代,在微观领域为量子力学所取代,但在一般的技术领域,包括机械制造、土木建筑,甚至航空航天技术中,经典力学仍保持着充沛的活力而处于基础理论的地位.它的实用性是我们要学习经典力学的一个重要原因.

由于经典力学是最早形成的物理理论,后续的诸多理论,包括相对论和量子力学的形成都受到了它的影响.后者的许多概念和思想都是经典力学概念和思想的延续或改造.经典力学在一定意义上是整个物理学的基础,这是我们要学习经典力学的另一个重要原因.

本篇共有三章内容:第一章讲述质点力学基础,即牛顿三大定律和直接利用它们对力学问题进行动力学分析;第二章引入并着重阐明了动量和能量的概念、相应的守恒定律及其应用;第三章讨论质点运动在刚体和流体中的应用,并重点阐述了刚体的定轴转动规律.

狭义相对论的时空观和牛顿力学联系紧密,但它同时也是近代物理学两大支柱之一,因此其内容放在本套教材下册与量子力学一起讲述.

>>> 第一章

●●● 运动和力

本章研究物体位置随时间变化的关系，以及引起质点运动状态变化的原因.主要内容包括：位置矢量、位移、速度和加速度、质点的运动方程、圆周运动、相对运动、牛顿运动定律及其应用.

1-1 质点运动的描述

一、参考系 质点

1. 参考系

任何物体都在永恒不停地运动，绝对静止的物体是不存在的.如放在桌上的书相对于桌面是静止的，但它却随地球一起绕太阳转动，这就是运动的绝对性.既然一切物体都在运动，为了描述一个物体的机械运动，必须另选一个视为不动的物体作为参考，然后研究这一物体对于被选作参考物体的运动，这个被选作参考的物体称为**参考系**.参考系的选择可以是任意的，主要视问题的性质和研究问题的方便而定.例如研究地面上物体的运动时，最方便的是选取地面或静止在地面上的物体作为参考系.一枚星际火箭在发射时，我们主要研究它相对于地面的运动，所以最好选取地面作为参考系，但当火箭进入绕太阳运行的轨道时，为研究方便起见，这时最好选取太阳作为参考系.

同一物体的运动，由于所选参考系不同，我们对物体运动的描述就会不同.例如在匀速前进的车厢中的自由落体，相对于车厢作直线运动；相对于地面，却作抛物线运动.物体的运动对不同的参考系有不同的描述，这个事实称为运动描述的相对性.

2. 坐标系

由于运动的描述是相对的，所以在描述物体的机械运动时我们必须明确所用的参考系.为了定量地描述物体相对参考系的运动情况，在参考系上固定一个坐标系.常用的是直角坐标系，它是在参考系上选定一点作为坐标系的原点，通过原点作三条附有标度的、相互垂直的有向直线作为三个坐标轴（x 轴、y 轴、z 轴）.根据需要，也可以选用其他的坐标系来研究物体的运动，例如球面坐标系、柱坐标系、平面极坐标系和自然坐标系等，如图 1-1 所示.

3. 质点

任何物体都有一定的大小和形状，一般来讲，物体运动时，其内部各点位置的变化是不一样的，而且物体的大小和形状也可以发生变化，要逐点描述清楚并不是一件容易的事情.在某

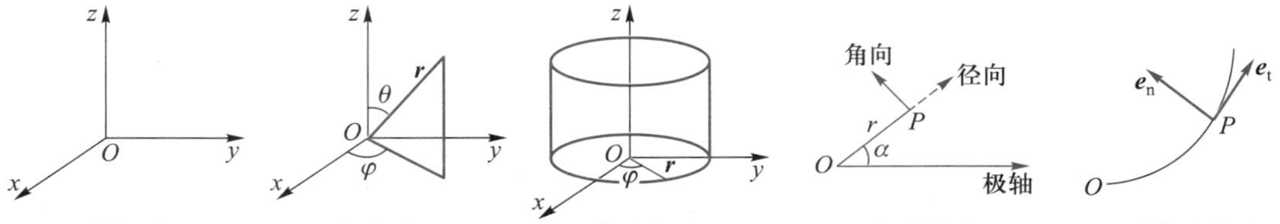

图 1-1 常见坐标系

些情况下,如果物体的大小和形状对于我们所研究的问题没有影响,或影响甚小而可忽略时,为使问题简化,可将研究物体看作一个只具有质量而没有大小和形状的几何点,即质点.

质点是一种理想模型.用理想模型代替实际研究对象,突出主要因素,忽略次要因素,以简化问题的研究,是物理学中处理问题的重要方法,也是一切科学研究的重要方法.

质点模型的应用是有条件的.由于所研究问题的性质不同,同一物体在某些情况下可以视为质点,而在另一些情况下则不能视为质点.例如对于地球,当研究地球绕太阳的公转时,由于地球的平均半径(6 400 km)比地球、太阳之间的距离(约为 1.5×10^8 km)小得多,地球因为自转所引起的地球上各点运动的差异可以忽略,地球上各点相对于太阳的运动可视为相同,这时就可以忽略地球的大小和形状而把它看作一个质点.但是在研究地球自转及其有关现象时,地球的自转便成为主要因素,此时便不能忽略地球的大小和形状而将它看作质点.

二、位置矢量 位移

1. 位置矢量

要描述质点的运动,首先要标定质点的位置.选定参考系后,质点在运动过程中任一时刻的位置,在直角坐标系中,可由三个坐标 x、y、z 的值来确定,也可用从原点 O 到 P 点的有向线段 $\overrightarrow{OP}(=\boldsymbol{r})$ 来表示,如图 1-2 所示.矢量 $\boldsymbol{r}$ 称为位置矢量,简称位矢,相应地,P 点的坐标 x、y、z 也就是矢量 $\boldsymbol{r}$ 沿坐标轴的三个分量.位矢 $\boldsymbol{r}$ 可表示为

$$\boldsymbol{r}=x\boldsymbol{i}+y\boldsymbol{j}+z\boldsymbol{k} \tag{1-1}$$

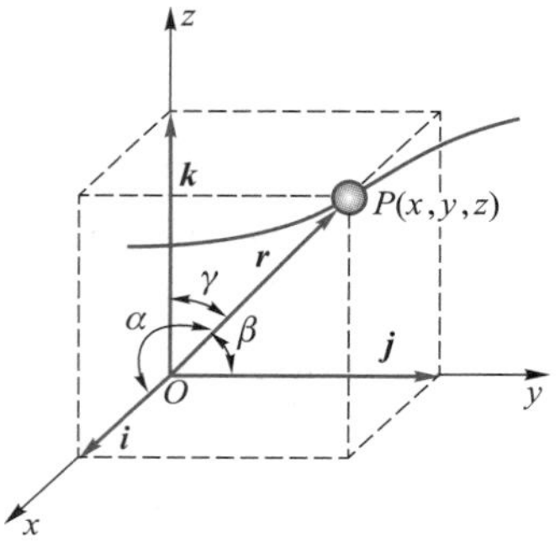

图 1-2 位置矢量

其中 $\boldsymbol{i}$、$\boldsymbol{j}$、$\boldsymbol{k}$ 分别表示沿 x 轴、y 轴、z 轴正向的单位矢量.这样 P 点所在的位置由位矢 $\boldsymbol{r}$ 唯一地确定,即 P 点到原点的距离为

$$r=|\boldsymbol{r}|=\sqrt{x^2+y^2+z^2}$$

位矢 $\boldsymbol{r}$ 的方向余弦由下式确定:

$$\cos\alpha=\frac{x}{r}\qquad\cos\beta=\frac{y}{r}\qquad\cos\gamma=\frac{z}{r}$$

2. 运动方程

质点在运动过程中,它在空间的位置是随时间而变化的,亦即其位置坐标 x、y、z 或位矢 $\boldsymbol{r}$ 都是时间 t 的函数,即

$$x = x(t), y = y(t), z = z(t) \tag{1-2a}$$

或

$$\boldsymbol{r} = \boldsymbol{r}(t) = x(t)\boldsymbol{i} + y(t)\boldsymbol{j} + z(t)\boldsymbol{k} \tag{1-2b}$$

上述方程表明了质点在空间所占位置随时间变化的关系，称为运动方程.运动学的重要任务之一就是找出各种具体运动所遵循的运动方程.

运动质点在空间所描绘的曲线称为轨迹，我们可从运动方程(1-2a)或(1-2b)中消去时间参量 t，得出质点运动的轨迹方程.

例 1-1 已知某质点的运动方程为

$$\boldsymbol{r} = a\cos\omega t\,\boldsymbol{i} + b\sin\omega t\,\boldsymbol{j}$$

式中，a、b、ω 均为常量.求质点距坐标原点的距离 r 及轨迹方程.

解 由题设条件，写出平面直角坐标分量方程式为

$$x = a\cos\omega t, y = b\sin\omega t$$

所求距离为

$$r = \sqrt{x^2 + y^2} = \sqrt{a^2\cos^2\omega t + b^2\sin^2\omega t}$$

从 x、y 两式中消去 t 后，得轨迹方程

$$\frac{x^2}{a^2} + \frac{y^2}{b^2} = 1$$

上式表示质点在 Oxy 平面内作椭圆运动.如果 $a = b$，则 $x^2 + y^2 = a^2$，为圆的方程式，表示质点作圆周运动.

3. 位移

设曲线$\overset{\frown}{AB}$是质点轨迹的一部分，如图 1-3 所示.在时刻 t，质点在 A 处，在另一时刻 $t+\Delta t$，质点在 B 处.A、B 两点的位置分别用位矢 $\boldsymbol{r}_A$ 和 $\boldsymbol{r}_B$ 来表示.在时间 Δt 内，质点位置的变化可用 A 到 B 的有向线段$\overrightarrow{AB}$($=\Delta\boldsymbol{r}$)来表示，称为质点的位移矢量，简称位移.位移$\overrightarrow{AB}$既表明了 A、B 两点间的距离，也表明了 B 点相对于 A 点的方位.

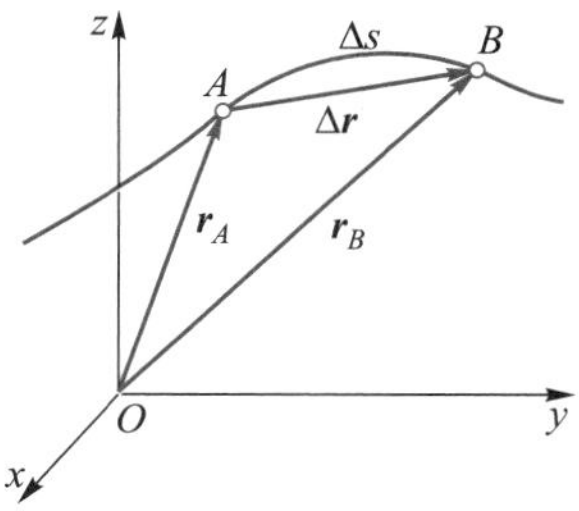

图 1-3 位移

由

$$\boldsymbol{r}_A = x_A\boldsymbol{i} + y_A\boldsymbol{j} + z_A\boldsymbol{k}, \boldsymbol{r}_B = x_B\boldsymbol{i} + y_B\boldsymbol{j} + z_B\boldsymbol{k}$$

按矢量合成法则，

$$\Delta\boldsymbol{r} = \boldsymbol{r}_B - \boldsymbol{r}_A$$

于是，位移矢量 $\Delta\boldsymbol{r}$ 亦可写成

$$\Delta\boldsymbol{r} = (x_B - x_A)\boldsymbol{i} + (y_B - y_A)\boldsymbol{j} + (z_B - z_A)\boldsymbol{k} \tag{1-3}$$

必须注意的是，位移表示质点位置的变化，并非质点在运动过程中实际通过的路程.在图 1-3中，路程为曲线$\overset{\frown}{AB}$，记作 Δs，是标量，而位移 $\Delta\boldsymbol{r}$ 是矢量，位移的大小 $|\Delta\boldsymbol{r}|$ 为割线 AB 的长度.$|\Delta\boldsymbol{r}|$ 与 Δs 一般是不相等的，只有当 $\Delta t\to 0$ 时，Δs 与 $|\Delta\boldsymbol{r}|$ 才可视为相等.即使在直线运动

中，路程与位移也是两个截然不同的概念.例如一质点沿一直线从 A 点运动到 B 点，又从 B 点返回 A 点，显然位移为零，而路程则为 A、B 间距离的两倍.

在国际单位制（SI）中，位移和路程的单位都是米（m）.

例 1-2 一质点作平面曲线运动，其运动方程为

$$x=R\cos\left(\frac{2\pi}{T}t\right),\ y=R\sin\left(\frac{2\pi}{T}t\right)$$

求质点在 $0-\frac{T}{4}$ 时间内的位移与路程.

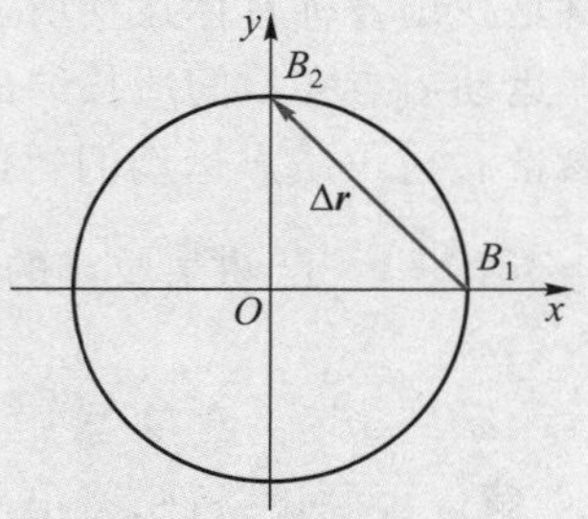

例 1-2 图

解 质点运动的轨迹为圆，轨迹方程为 $x^2+y^2=R^2$，圆心在坐标原点，如图所示.

由运动方程知，$t=0$ 时，质点所在位置为 $x=R, y=0$，即在 B_1 点，其位置矢量为 $\boldsymbol{r}_{B_1}=R\boldsymbol{i}$.

$t=\frac{T}{4}$ 时，质点所在位置为 $x=0, y=R$，即在 B_2 点，其位置矢量为 $\boldsymbol{r}_{B_2}=R\boldsymbol{j}$.

所以在 $0-\frac{T}{4}$ 的时间间隔内，质点的位移为

$$\Delta\boldsymbol{r}=\boldsymbol{r}_{B_2}-\boldsymbol{r}_{B_1}=R\boldsymbol{j}-R\boldsymbol{i}$$

$\Delta\boldsymbol{r}$ 的大小 $|\Delta\boldsymbol{r}|=\sqrt{R^2+R^2}=\sqrt{2}R$.$\Delta\boldsymbol{r}$ 的方向由 B_1 指向 B_2.质点所经历的路程为

$\Delta s=|\widehat{B_1B_2}|=\frac{\pi R}{2}$.

三、速度

研究质点的运动，不仅要知道质点的位移，还要知道质点运动的快慢程度.图 1-4 中，若质点在 t 时刻，处于 A 点，在 $t+\Delta t$ 时刻，处于 B 点，即在 Δt 时间内质点的位移是 $\Delta\boldsymbol{r}$.于是，把质点的位移 $\Delta\boldsymbol{r}$ 与所经历的时间之比，称为平均速度，用 $\bar{\boldsymbol{v}}$ 表示，即

$$\bar{\boldsymbol{v}}=\frac{\Delta\boldsymbol{r}}{\Delta t} \tag{1-4}$$

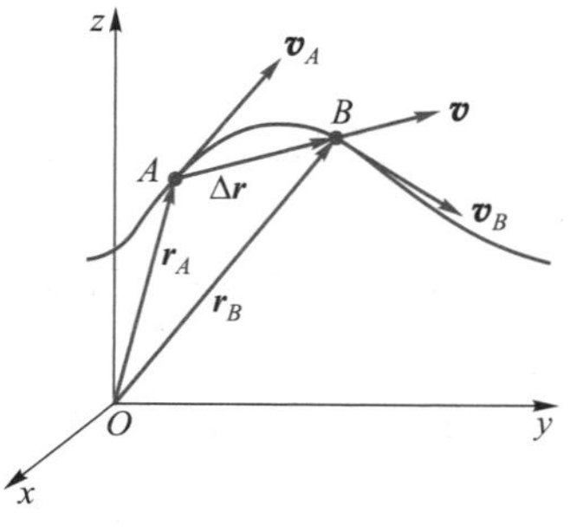

图 1-4 速度

平均速度是矢量，其大小为 $\frac{|\Delta\boldsymbol{r}|}{\Delta t}$，方向为 $\Delta\boldsymbol{r}$ 的方向.平均速度一般与所取的时间间隔有关，所以说到平均速度时必须指明是哪一段时间内的平均速度.

显然，用平均速度描述质点运动是比较粗糙的，它所反映的是质点在这一段时间内平均每单位时间发生的位移.

如果要知道质点在某一时刻 t（或某一位置）的运动情况，应使 Δt 尽量小而趋于零，用平均速度在 Δt 趋于零时的极限

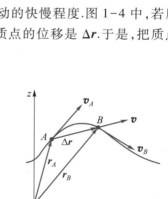

值——瞬时速度来描述，则瞬时速度(以下简称速度)表示为

$$\boldsymbol{v}=\lim_{\Delta t\to 0}\frac{\Delta \boldsymbol{r}}{\Delta t}=\frac{\mathrm{d}\boldsymbol{r}}{\mathrm{d}t} \tag{1-5}$$

亦即速度等于位矢对时间的一阶导数.

速度是矢量，其方向为当 $\Delta t\to 0$ 时位移 $\Delta \boldsymbol{r}$ 的极限方向.由图 1-4 可知，位移 $\Delta \boldsymbol{r}=\overrightarrow{AB}$，是割线 AB 的方向，当 $\Delta t\to 0$ 时，B 点趋于接近 A 点，亦即割线 AB 的方向趋近于 A 点的切线方向，所以速度的方向是质点所在点的轨迹切线方向.

在直角坐标系中，速度矢量可表示为

$$\boldsymbol{v}=\frac{\mathrm{d}\boldsymbol{r}}{\mathrm{d}t}=\frac{\mathrm{d}}{\mathrm{d}t}(x\boldsymbol{i}+y\boldsymbol{j}+z\boldsymbol{k})=\frac{\mathrm{d}x}{\mathrm{d}t}\boldsymbol{i}+\frac{\mathrm{d}y}{\mathrm{d}t}\boldsymbol{j}+\frac{\mathrm{d}z}{\mathrm{d}t}\boldsymbol{k}=v_x\boldsymbol{i}+v_y\boldsymbol{j}+v_z\boldsymbol{k} \tag{1-6}$$

其中 $v_x=\frac{\mathrm{d}x}{\mathrm{d}t}$，$v_y=\frac{\mathrm{d}y}{\mathrm{d}t}$，$v_z=\frac{\mathrm{d}z}{\mathrm{d}t}$分别是速度$\boldsymbol{v}$ 在直角坐标系中的三个分量，速度的大小可写为

$$v=|\boldsymbol{v}|=\sqrt{v_x^2+v_y^2+v_z^2}$$

在描述质点运动时，也常采用速率这个物理量.我们把路程 Δs 与时间 Δt 的比值$\frac{\Delta s}{\Delta t}$称为质点在 Δt 内的平均速率.可见，平均速率是一个标量，数值上等于单位时间内所通过的路程，而不考虑运动的方向.由于一般 $\Delta s\neq|\Delta \boldsymbol{r}|$，所以$\frac{\Delta s}{\Delta t}\neq\frac{|\Delta \boldsymbol{r}|}{\Delta t}$即平均速率一般不等于平均速度的大小.例如，在某一段时间内，质点环行了一个闭合路径，显然质点的位移 $\Delta \boldsymbol{r}=\boldsymbol{0}$，平均速度也为零，但质点的平均速率却不等于零.当 Δt 趋于零时，平均速率的极限就是质点的瞬时速率，简称速率，用字母 v 表示，即

$$v=\lim_{\Delta t\to 0}\frac{\Delta s}{\Delta t}=\frac{\mathrm{d}s}{\mathrm{d}t} \tag{1-7}$$

由图 1-4 可知，当 $\Delta t\to 0$ 时，$\Delta s=|\Delta \boldsymbol{r}|$，故

$$v=\frac{\mathrm{d}s}{\mathrm{d}t}=\lim_{\Delta t\to 0}\frac{\Delta s}{\Delta t}=\lim_{\Delta t\to 0}\frac{|\Delta \boldsymbol{r}|}{\Delta t}=|\boldsymbol{v}|$$

因此瞬时速度的大小等于质点在该时刻的瞬时速率.在国际单位制中，速度或速率的单位是米每秒($\mathrm{m}\cdot\mathrm{s}^{-1}$).

四、加速度

质点在运动过程中，其速度通常也是随时间变化的，为了描述这种变化，现引入加速度这个物理量.在图 1-5 中，$\boldsymbol{v}_A$ 表示质点在时刻 t、位置 A 处的速度，$\boldsymbol{v}_B$ 表示在时刻 $t+\Delta t$、位置 B 处的速度.从速度矢量图可知，在 Δt 时间内质点速度的变化为

$$\Delta \boldsymbol{v}=\boldsymbol{v}_B-\boldsymbol{v}_A$$

与速度矢量讨论的情况相类似，可定义

$$\overline{\boldsymbol{a}}=\frac{\Delta \boldsymbol{v}}{\Delta t}$$

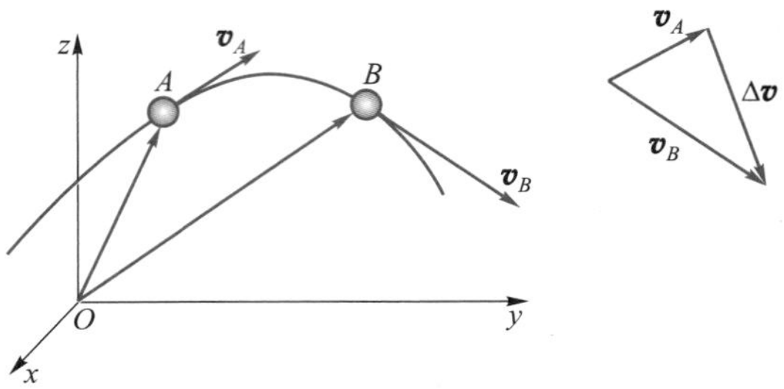

图 1-5　加速度

为平均加速度，而称 $\boldsymbol{a}$ 在 $\Delta t\to 0$ 时的极限值为瞬时加速度，简称加速度，表示为

$$\boldsymbol{a}=\lim_{\Delta t\to 0}\frac{\Delta \boldsymbol{v}}{\Delta t}=\frac{\mathrm{d}\boldsymbol{v}}{\mathrm{d}t}=\frac{\mathrm{d}}{\mathrm{d}t}\left(\frac{\mathrm{d}\boldsymbol{r}}{\mathrm{d}t}\right)=\frac{\mathrm{d}^2\boldsymbol{r}}{\mathrm{d}t^2} \tag{1-8}$$

故加速度等于速度对时间的一阶导数，或位置矢量对时间的二阶导数.在直角坐标系中，

$$\boldsymbol{a}=\frac{\mathrm{d}v_x}{\mathrm{d}t}\boldsymbol{i}+\frac{\mathrm{d}v_y}{\mathrm{d}t}\boldsymbol{j}+\frac{\mathrm{d}v_z}{\mathrm{d}t}\boldsymbol{k}=\frac{\mathrm{d}^2x}{\mathrm{d}t^2}\boldsymbol{i}+\frac{\mathrm{d}^2y}{\mathrm{d}t^2}\boldsymbol{j}+\frac{\mathrm{d}^2z}{\mathrm{d}t^2}\boldsymbol{k}=a_x\boldsymbol{i}+a_y\boldsymbol{j}+a_z\boldsymbol{k}$$

其中，$a_x=\dfrac{\mathrm{d}v_x}{\mathrm{d}t}=\dfrac{\mathrm{d}^2x}{\mathrm{d}t^2}$，$a_y=\dfrac{\mathrm{d}v_y}{\mathrm{d}t}=\dfrac{\mathrm{d}^2y}{\mathrm{d}t^2}$，$a_z=\dfrac{\mathrm{d}v_z}{\mathrm{d}t}=\dfrac{\mathrm{d}^2z}{\mathrm{d}t^2}$是加速度的三个分量表达式.而加速度的大小为

$$a=|\boldsymbol{a}|=\sqrt{a_x^2+a_y^2+a_z^2}$$

$\boldsymbol{a}$ 的方向是 $\Delta t\to 0$ 时，$\Delta\boldsymbol{v}$ 的极限方向，因为 $\Delta\boldsymbol{v}$ 总是指向曲线凹的一侧，所以加速度也总是指向曲线凹的一侧.必须注意的是，$\Delta\boldsymbol{v}$ 的方向和它的极限方向一般不同于 $\boldsymbol{v}$ 的方向，因而加速度的方向与同一时刻速度的方向一般不一致.直线运动的情况也是如此，读者可自行分析.

在国际单位制中，加速度的单位是米每二次方秒（$\mathrm{m}\cdot\mathrm{s}^{-2}$）.

例 1-3　已知质点的运动方程为 $\boldsymbol{r}=a\cos\omega t\,\boldsymbol{i}+b\sin\omega t\,\boldsymbol{j}$，其中 a、b、ω 均为常量.求任意时刻的速度和加速度.

解　已知运动方程，可用微分法计算，应用定义式：

$$\boldsymbol{v}=\frac{\mathrm{d}\boldsymbol{r}}{\mathrm{d}t}=\frac{\mathrm{d}x}{\mathrm{d}t}\boldsymbol{i}+\frac{\mathrm{d}y}{\mathrm{d}t}\boldsymbol{j}=-a\omega\sin\omega t\,\boldsymbol{i}+b\omega\cos\omega t\,\boldsymbol{j}$$

它沿两个坐标轴的分量分别为

$$v_x=-a\omega\sin\omega t,\ v_y=b\omega\cos\omega t$$

速率为

$$v=\sqrt{v_x^2+v_y^2}=\omega\sqrt{a^2\sin^2\omega t+b^2\cos^2\omega t}$$

以 θ 表示速度方向与 x 轴的夹角，则

$$\tan\theta=\frac{v_y}{v_x}=\frac{b\cos\omega t}{a\sin\omega t}$$

由加速度定义式

$$\boldsymbol{a}=\frac{\mathrm{d}\boldsymbol{v}}{\mathrm{d}t}=\frac{\mathrm{d}v_x}{\mathrm{d}t}\boldsymbol{i}+\frac{\mathrm{d}v_y}{\mathrm{d}t}\boldsymbol{j}=-a\omega^2\cos\ \omega t\ \boldsymbol{i}-b\omega^2\sin\ \omega t\ \boldsymbol{j}$$

加速度沿两个坐标轴的分量是

$$a_x=-a\omega^2\cos\ \omega t,a_y=-b\omega^2\sin\ \omega t$$

加速度的大小为

$$a=\sqrt{a_x^2+a_y^2}=\omega^2\sqrt{a^2\ \cos^2\omega t+b^2\ \sin^2\omega t}$$

又由上面的位矢表示式可得

$$\boldsymbol{a}=-\omega^2(a\cos\ \omega t\ \boldsymbol{i}+b\sin\ \omega t\ \boldsymbol{j})=-\omega^2\boldsymbol{r}$$

参见例 1-1 可知,质点作椭圆运动,其加速度方向处处与质点位置矢量方向相反.

五、质点运动学的两类问题

质点运动学中所遇到的问题可以分为两类:

(1) 已知质点的运动方程,求质点在任意时刻的位矢、速度和加速度.解决这类问题需用微分法.

(2) 已知质点运动的加速度或速度及初始条件(即 $t=0$ 时质点的位矢 $\boldsymbol{r}_0$ 和速度$\boldsymbol{v}_0$),求质点的运动方程.解决这类问题需用积分法.

例 1-4 一质点作直线运动,其运动方程为 $x=7+4t-t^2$,其中 x 的单位是 m,t 的单位是 s.求质点在任意时刻的速度和加速度.

解 应用速度和加速度的定义式,从运动方程可求得

$$v=\frac{\mathrm{d}x}{\mathrm{d}t}=\frac{\mathrm{d}}{\mathrm{d}t}(7+4t-t^2)=4-2t$$

可以看出,在 $t=2$ s 以前,速度是正的,质点沿 x 轴正方向运动;$t=2$ s 以后,速度是负的,质点向 x 轴负方向运动.

$$a=\frac{\mathrm{d}v}{\mathrm{d}t}=\frac{\mathrm{d}}{\mathrm{d}t}(4-2t)=-2\ \mathrm{m}\cdot\mathrm{s}^{-2}$$

负号表示加速度的方向与 x 轴正方向相反.

例 1-5 一质点在 Ox 轴上作加速运动,其加速度 a 有以下几种情况:(1) $a=$常量;(2) $a=k_1t$;(3) $a=-k_2v$;(4) $a=-k_3x$.设初始时刻($t=0$)质点位于 $x=x_0$ 处,速度为 $v=v_0$,求质点在任一时刻的速度和运动方程.假设 k_1、k_2、k_3 都是正值常量.

解 (1) 由加速度 $a=\dfrac{\mathrm{d}v}{\mathrm{d}t}$,即

$$\mathrm{d}v=a\mathrm{d}t$$

两边取积分，$\int_{v_0}^{v} \mathrm{d}v = \int_0^t a\mathrm{d}t$，得

$$v=v_0+at \tag{1}$$

又由速度 $v=\frac{\mathrm{d}x}{\mathrm{d}t}$，即

$$\mathrm{d}x=v\mathrm{d}t=(v_0+at)\mathrm{d}t$$

两边取积分，$\int_{x_0}^{x} \mathrm{d}x = \int_0^t (v_0+at)\mathrm{d}t$，得

$$x=x_0+v_0t+\frac{1}{2}at^2 \tag{2}$$

此外，如果把加速度改写成

$$a=\frac{\mathrm{d}v}{\mathrm{d}t}=\frac{\mathrm{d}v}{\mathrm{d}x}\frac{\mathrm{d}x}{\mathrm{d}t}=v\frac{\mathrm{d}v}{\mathrm{d}x}$$

即

$$v\mathrm{d}v=a\mathrm{d}x$$

两边取积分：

$$\int_{v_0}^{v} v\mathrm{d}v = \int_{x_0}^{x} a\mathrm{d}x$$

得

$$v^2-v_0^2=2a(x-x_0) \tag{3}$$

公式(1)、(2)、(3)就是中学物理中常见的匀变速直线运动公式.

(2) 将 $a=k_1t$ 代入 $\mathrm{d}v=a\mathrm{d}t$ 后积分

$$\int_{v_0}^{v} \mathrm{d}v = \int_0^t k_1t\mathrm{d}t$$

得

$$v=v_0+\frac{1}{2}k_1t^2$$

$$\mathrm{d}x=v\mathrm{d}t=\left(v_0+\frac{1}{2}k_1t^2\right)\mathrm{d}t$$

又积分：

$$\int_{x_0}^{x} \mathrm{d}x = \int_0^t \left(v_0+\frac{1}{2}k_1t^2\right)\mathrm{d}t$$

得

$$x=x_0+v_0t+\frac{1}{6}k_1t^3$$

加速度随时间而变化，其对时间的变化率称为加加速度或急动度.在汽车急转弯、航天

器升空过程中都要遇到加速度随时间变化这种情况.

(3) 将 $a=-k_2 v$ 代入 $\mathrm{d}v=a\mathrm{d}t$ 得

$$\mathrm{d}v=-k_2 v\mathrm{d}t$$

$$\frac{\mathrm{d}v}{v}=-k_2\mathrm{d}t$$

$$\int_{v_0}^{v}\frac{\mathrm{d}v}{v}=\int_0^t -k_2\mathrm{d}t$$

得

$$v=v_0\mathrm{e}^{-k_2 t}$$

$$\mathrm{d}x=v\mathrm{d}t=v_0\mathrm{e}^{-k_2 t}\mathrm{d}t$$

又积分:

$$\int_{x_0}^{x}\mathrm{d}x=\int_0^t v_0\mathrm{e}^{-k_2 t}\mathrm{d}t$$

得

$$x=x_0+\frac{v_0}{k_2}(1-\mathrm{e}^{-k_2 t})$$

这是物体在黏性流体中运动的情况.

(4) 将 $\mathrm{d}v=a\mathrm{d}t$ 变换成 $a=\frac{\mathrm{d}v}{\mathrm{d}x}\cdot\frac{\mathrm{d}x}{\mathrm{d}t}=v\frac{\mathrm{d}v}{\mathrm{d}x}$,则有

$$v\mathrm{d}v=a\mathrm{d}x=-k_3 x\mathrm{d}x$$

进行积分:

$$\int_{v_0}^{v}v\mathrm{d}v=\int_{x_0}^{x}-k_3 x\mathrm{d}x$$

得

$$v^2=v_0^2-k_3(x^2-x_0^2)$$

即

$$v=\sqrt{v_0^2-k_3(x^2-x_0^2)}$$

由 $v=\frac{\mathrm{d}x}{\mathrm{d}t}$ 计算运动方程,其表达式比较复杂.这里从略.一般直接解微分方程,很容易得到运动方程.这是简谐振动的情况.

例 1-6　如图所示,一物体自某点 O 以初速 v_0,在与水平方向成 θ_0 角的方向被抛出.如略去抛体在运动过程中空气的阻力作用,求:

(1) 抛射体的运动方程和轨迹方程;

(2) 抛射体的飞行时间 T、射程 R 及最大高度 H.

解　(1) 取 O 为原点,水平方向为 x 轴,竖直方向为 y 轴,那么物体的初速在水平和竖直方向的分量分别为

$$v_{0x}=v_0\cos\theta_0, v_{0y}=v_0\sin\theta_0$$

t 时刻物体的速度矢量在 x、y 方向上的分量分别为

$$v_x=v_0\cos\theta_0, v_y=v_0\sin\theta_0-gt$$

t 时刻物体的坐标为

$$\begin{cases}x=v_0\cos\theta_0\cdot t\\ y=v_0\sin\theta_0\cdot t-\dfrac{1}{2}gt^2\end{cases}\tag{1}$$

公式(1)常称为抛体的运动方程.由公式(1)消去 t 时,得抛体的轨迹方程为

$$y=x\tan\theta_0-\frac{gx^2}{2v_0^2\cos^2\theta_0}\tag{2}$$

表示抛体的轨迹为一抛物线.

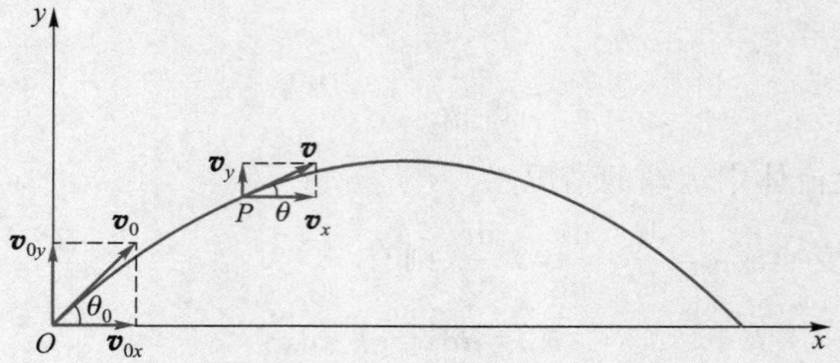

例 1-6 图

(2) 由公式(1),令 $y=0$,得

$$v_0\sin\theta_0\cdot t-\frac{1}{2}gt^2=0$$

上式为关于 t 的一元二次方程,有两个解,其中 $t_1=0$,对应于发射点(原点的坐标);$t_2=T=\dfrac{2v_0\sin\theta_0}{g}$对应于落地点的坐标,即飞行时间.

将 T 的值代入 $x=v_0\cos\theta_0\cdot t$,可得射程为

$$R=v_0\cos\theta_0\cdot T=v_0\cos\theta_0\frac{2v_0\sin\theta_0}{g}=\frac{v_0^2\sin 2\theta_0}{g}$$

由上式看出,在初速 v_0 一定时,要使射程 R 为最大应令抛射角 $\theta_0=\pi/4$,这时最大射程为

$$R_m=\frac{v_0^2}{g}$$

在飞行的最大高度处坐标 y 为极大值,即 $y_m=H$.从公式(1)可求 y 的极大值,取 y 对时间

t 的一阶导数并令其为零得

$$\frac{\mathrm{d}y}{\mathrm{d}t}=v_0\sin\ \theta_0-gt=0$$

由上式得到 $t_H=v_0\sin\ \theta_0/g$ 为抛射体达到最高点时所飞行的时间,恰为飞行总时间的一半.将 t_H 代入 $T=\frac{2v_0\sin\ \theta_0}{g}$ 中,解得最高点的高度 H 为

$$H=v_0^2\ \frac{\sin^2\ \theta_0}{2g}$$

从上式看出,在给定初速 v_0 时,要使高度最大,应令 $\theta_0=\pi/2$,这时最大高度为 $H_{\mathrm{m}}=v_0^2/2g$,恰为最大射程的一半.

思考题

1-1-1 一小球从水平桌面上某一点出发,绕半径为 R 的圆一周回到原点.

(1) 小球所通过的位移和路程分别是多少?

(2) 小球的平均速度和平均速率分别是多少?

1-1-2 (1) 一个物体能否具有零速度而仍在作加速运动?

(2) 一个物体能否具有恒定的速率而其速度在改变?

(3) 一个物体能否具有恒定的速度而其速率在改变?

1-1-3 设质点的运动方程为 $x=x(t)$,$y=y(t)$,在计算质点的速度和加速度时,有人先求出 $r=\sqrt{x^2+y^2}$,然后根据 $v=\frac{\mathrm{d}r}{\mathrm{d}t}$ 和 $a=\frac{\mathrm{d}^2r}{\mathrm{d}t^2}$ 求得结果;又有人先计算速度和加速度的分量,再合成而求得结果,即

$$v=\sqrt{\left(\frac{\mathrm{d}x}{\mathrm{d}t}\right)^2+\left(\frac{\mathrm{d}y}{\mathrm{d}t}\right)^2}\qquad 和 \qquad a=\sqrt{\left(\frac{\mathrm{d}^2x}{\mathrm{d}t^2}\right)^2+\left(\frac{\mathrm{d}^2y}{\mathrm{d}t^2}\right)^2}$$

你认为哪一种方法正确?为什么?

1-1-4 一人站在地面上用枪瞄准悬挂在树上的苹果.当子弹从枪口射出时,苹果正好从树上由静止自由下落.请问:子弹是否能够射中苹果?为什么?

1-2 圆周运动

一、匀速率圆周运动

质点沿圆形轨迹的运动称为圆周运动,它是曲线运动的一种特例.研究圆周运动是研究一般曲线运动和物体转动的基础.如果质点作圆周运动时,它的速度大小保持不变,这种运动称

为匀速率圆周运动.质点作匀速率圆周运动时,虽然它的速度大小不变,但速度的方向却随时间而变化,因此质点有加速度.

我们可在圆周上任一点沿圆的切线方向取一单位矢量 $\boldsymbol{e}_t$,称为切向单位矢量,圆周上不同点的切向单位矢量不同.相应地,可将速度写为$\boldsymbol{v}=v\boldsymbol{e}_t$.

设质点沿半径为 r 的圆周作匀速率圆周运动,图 1-6(a)中,t 时刻质点在 A 点,速度为$\boldsymbol{v}_A$,$t+\Delta t$ 时刻质点在 B 点,速度为$\boldsymbol{v}_B$,它们的大小相等($v_A=v_B=v$).但速度方向却不相同,分别沿 A 点和 B 点的切线方向.在 Δt 时间内速度的增量 $\Delta\boldsymbol{v}=\boldsymbol{v}_B-\boldsymbol{v}_A$[图 1-6(b)].根据加速度的定义,则有

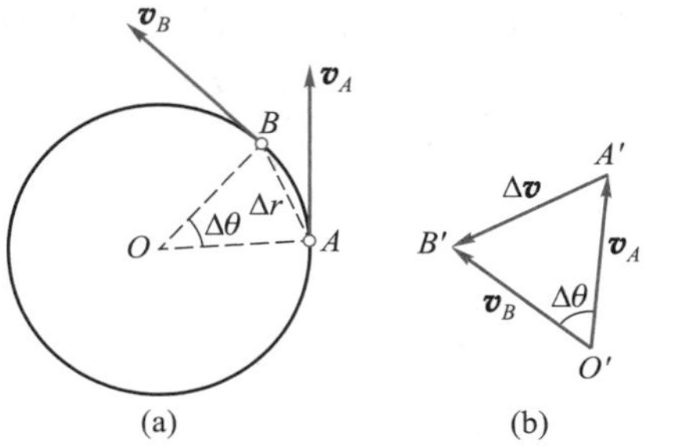

图 1-6 匀速率圆周运动

$$\boldsymbol{a}=\lim_{\Delta t\to 0}\frac{\Delta\boldsymbol{v}}{\Delta t}=\lim_{\Delta t\to 0}\frac{\boldsymbol{v}_B-\boldsymbol{v}_A}{\Delta t}$$

该加速度的大小和方向可用下述简单几何关系求得.从图 1-6 很容易看出,三角形 OAB 与三角形 $O'A'B'$是两个相似的等腰三角形.按相似三角形对应边成比例的关系,得

$$\frac{|\Delta\boldsymbol{v}|}{v}=\frac{|\Delta\boldsymbol{r}|}{r}$$

两边各除以 Δt,得

$$\frac{|\Delta\boldsymbol{v}|}{\Delta t}=\frac{v}{r}\,\frac{|\Delta\boldsymbol{r}|}{\Delta t}$$

当 $\Delta t\to 0$ 时,B 点趋近于 A 点,$|\Delta\boldsymbol{r}|$趋于弧长 Δs,则求得加速度大小为

$$|\boldsymbol{a}|=\lim_{\Delta t\to 0}\frac{|\Delta\boldsymbol{v}|}{\Delta t}=\lim_{\Delta t\to 0}\frac{v}{r}\cdot\frac{|\Delta\boldsymbol{r}|}{\Delta t}=\lim_{\Delta t\to 0}\frac{v}{r}\,\frac{\Delta s}{\Delta t}=\frac{v}{r}\cdot\frac{\mathrm{d}s}{\mathrm{d}t}=\frac{v^2}{r}$$

加速度的方向为 $\Delta\boldsymbol{v}$ 的极限方向,当 $\Delta t\to 0$ 时,$\Delta\theta\to 0$,$\Delta\boldsymbol{v}$ 趋于与$\boldsymbol{v}_A$ 垂直,所以 A 点的加速度沿半径 OA 并指向圆心.我们沿指向圆心的方向取一单位矢量,用 $\boldsymbol{e}_n$ 表示,称为法向单位矢量.相应地,匀速率圆周运动的加速度叫向心加速度或法向加速度,其矢量表达式为

$$\boldsymbol{a}_n=\frac{v^2}{r}\boldsymbol{e}_n \tag{1-9}$$

二、变速率圆周运动

如果质点作圆周运动时,速度的大小也随时间而改变,这种运动称为变速率圆周运动.匀速率圆周运动的加速度仅由速度的方向改变引起,而变速率圆周运动的加速度则是由速度的大小和方向的改变共同引起的.如图 1-7(a)所示,设 t 时刻质点在 A 处,速度为$\boldsymbol{v}_A$,在 $t+\Delta t$ 时刻质点在 B 点,速度为 $\boldsymbol{v}_B$,$\boldsymbol{v}_A$ 和$\boldsymbol{v}_B$ 不但方向不同,而且大小也不相等.在 Δt 时间内速度的增量为 $\Delta\boldsymbol{v}=\boldsymbol{v}_B-\boldsymbol{v}_A$[图 1-7(b)].

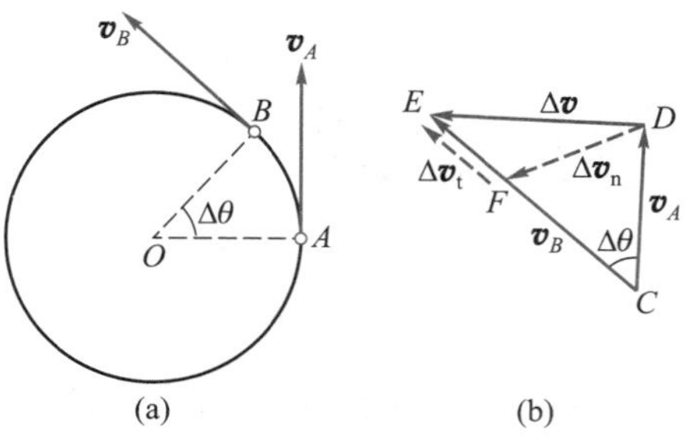

图 1-7 变速率圆周运动

在图 1-7(b)中,在 CE 上取一点 F,使 $|CF|=|CD|$,这样就可将速度增量 $\Delta\boldsymbol{v}$ 分解为两个矢量:$\Delta\boldsymbol{v}_{\mathrm{n}}(\overrightarrow{DF})$ 和 $\Delta\boldsymbol{v}_{\mathrm{t}}(\overrightarrow{FE})$,这两个矢量所起的作用不同,$\Delta\boldsymbol{v}_{\mathrm{n}}$ 反映了速度方向的改变,而 $\Delta\boldsymbol{v}_{\mathrm{t}}$ 则反映了速度大小的改变.由于

$$\Delta\boldsymbol{v}=\Delta\boldsymbol{v}_{\mathrm{n}}+\Delta\boldsymbol{v}_{\mathrm{t}}$$

所以加速度为

$$\boldsymbol{a}=\lim_{\Delta t\to 0}\frac{\Delta\boldsymbol{v}}{\Delta t}=\lim_{\Delta t\to 0}\frac{\Delta\boldsymbol{v}_{\mathrm{n}}}{\Delta t}+\lim_{\Delta t\to 0}\frac{\Delta\boldsymbol{v}_{\mathrm{t}}}{\Delta t}=\boldsymbol{a}_{\mathrm{n}}+\boldsymbol{a}_{\mathrm{t}} \tag{1-10}$$

上式中,$\boldsymbol{a}_{\mathrm{n}}=\dfrac{v^{2}}{r}\boldsymbol{e}_{\mathrm{n}}$.

$\boldsymbol{a}_{\mathrm{n}}$ 正是前面讲过的法向加速度(向心加速度),法向加速度反映了圆周运动的速度在方向上的变化.

$$\boldsymbol{a}_{\mathrm{t}}=\lim_{\Delta t\to 0}\frac{\Delta v_{\mathrm{t}}}{\Delta t}\boldsymbol{e}_{\mathrm{t}}=\frac{\mathrm{d}v}{\mathrm{d}t}\boldsymbol{e}_{\mathrm{t}} \tag{1-11}$$

$\boldsymbol{a}_{\mathrm{t}}$ 为切向加速度,反映了圆周运动的速度在大小上的变化.

而总加速度 $\boldsymbol{a}$ 的大小与方向分别由下列二式决定:

$$\begin{cases} a=\sqrt{a_{\mathrm{n}}^{2}+a_{\mathrm{t}}^{2}}=\sqrt{\left(\dfrac{v^{2}}{r}\right)^{2}+\left(\dfrac{\mathrm{d}v}{\mathrm{d}t}\right)^{2}} \\ \tan\theta=\dfrac{a_{\mathrm{n}}}{a_{\mathrm{t}}} \end{cases} \tag{1-12}$$

式中,θ 为 $\boldsymbol{a}$ 与 $\boldsymbol{v}$ 所成的夹角(图 1-8).

上述结果虽然由变速率圆周运动得出,但对一般曲线运动,式(1-12)仍然适用,只是半径 r 用轨迹曲线在该点的曲率半径 ρ 代替.应该注意的是,一般曲线运动中,曲线上各点处的曲率半径是逐点不同的.

三、圆周运动的角量描述

质点作圆周运动时,除了用位移、速度、加速度等线量描述,还可以用径矢绕圆心旋转扫描过的角度、角速度和角加速度等角量来描述.在图 1-9 中,质点绕 O 点作圆周运动,在 Δt 时间

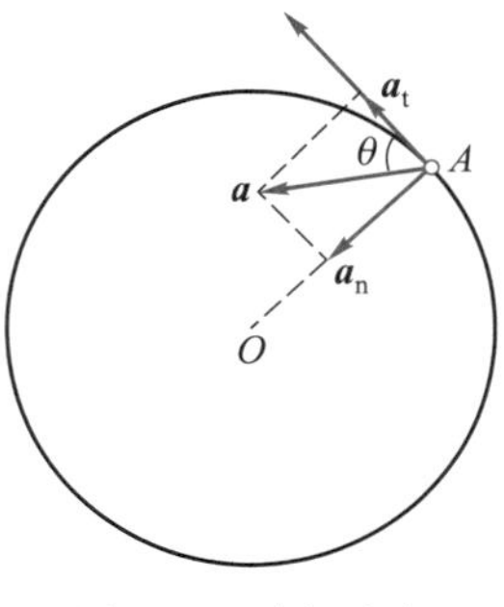

图 1-8　总加速度

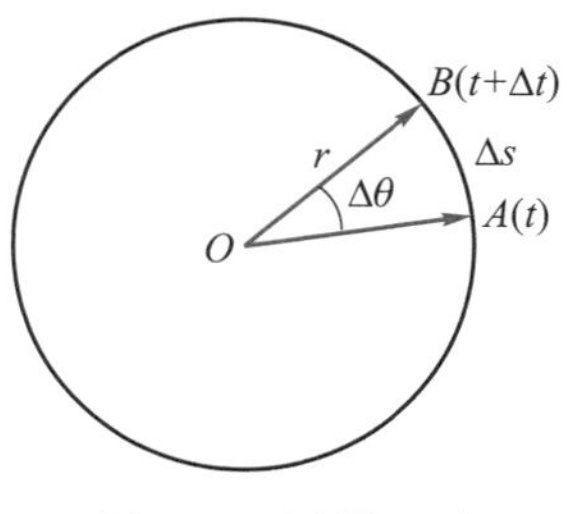

图 1-9　圆周运动

内,由 A 点运动到 B 点,则位置的变化用半径 r 转过的角度 $\Delta\theta$ 来表示,$\Delta\theta$ 称为角位移.质点在 t 时刻瞬时角速度(简称角速度)的定义式为

$$\omega=\lim_{\Delta t\to 0}\frac{\Delta\theta}{\Delta t}=\frac{\mathrm{d}\theta}{\mathrm{d}t} \tag{1-13}$$

在国际单位制中,角位移的单位是弧度(rad),角速度 ω 的单位是弧度每秒($\mathrm{rad\cdot s^{-1}}$).

设在 t 时刻,质点的角速度为 ω_1,在 $t+\Delta t$ 时刻,它的角速度为 ω_2,则在 Δt 时间内,角速度的增量为 $\Delta\omega=\omega_2-\omega_1$.质点在 t 时刻瞬时角加速度(简称角加速度)的定义式为

$$\alpha=\lim_{\Delta t\to 0}\frac{\Delta\omega}{\Delta t}=\frac{\mathrm{d}\omega}{\mathrm{d}t} \tag{1-14}$$

它的单位是弧度每二次方秒($\mathrm{rad\cdot s^{-2}}$).

当质点作匀速率圆周运动时,角速度 ω 是常量,角加速度 α 为零.当质点作变速率圆周运动时,角速度 ω 不是常量,角加速度 α 可以是常量也可以不是常量.如果角加速度 α 是常量,其运动称为匀变速率圆周运动.可以证明,匀变速率圆周运动类似于匀变速直线运动,也有和匀变速直线运动方程组相似的方程组:

$$\begin{cases}\omega=\omega_0+\alpha t\\ \theta=\theta_0+\omega_0 t+\dfrac{1}{2}\alpha t^2\\ \omega^2-\omega_0^2=2\alpha(\theta-\theta_0)\end{cases} \tag{1-15}$$

式中,θ_0 和 ω_0 分别是 $t=0$ 时刻的角位移和角速度.现将直线运动和圆周运动的一些公式列表 1-1 对照,可以帮助理解.

表 1-1 直线运动和圆周运动对比

直线运动	圆周运动
位移 Δr	角位移 $\Delta\theta$
速度 $v=\dfrac{\mathrm{d}x}{\mathrm{d}t}$	角速度 $\omega=\dfrac{\mathrm{d}\theta}{\mathrm{d}t}$
加速度 $a=\dfrac{\mathrm{d}v}{\mathrm{d}t}$	角加速度 $\alpha=\dfrac{\mathrm{d}\omega}{\mathrm{d}t}$
匀速直线运动 $x=vt$	匀角速度转动 $\theta=\omega t$
匀变速直线运动	匀变速转动
$v=v_0+at$	$\omega=\omega_0+\alpha t$
$x=v_0t+\dfrac{1}{2}at^2$	$\theta=\omega_0t+\dfrac{1}{2}\alpha t^2$
$v^2-v_0^2=2ax$	$\omega^2-\omega_0^2=2\alpha\theta$

四、角量与线量的关系

质点作圆周运动时,线量与角量之间有一定关系.推导如下:在图 1-9 中,质点在 Δt 时间

内通过的弧长为Δs,此圆弧所对的圆心角为 $\Delta\theta$,则

$$\Delta s = r\Delta\theta$$

$$\lim_{\Delta t\to 0}\frac{\Delta s}{\Delta t} = r\lim_{\Delta t\to 0}\frac{\Delta\theta}{\Delta t}$$

$\lim_{\Delta t\to 0}\frac{\Delta s}{\Delta t}=\frac{\mathrm{d}s}{\mathrm{d}t}=v$ 为质点在 A 点的线速度,$\lim_{\Delta t\to 0}\frac{\Delta\theta}{\Delta t}=\frac{\mathrm{d}\theta}{\mathrm{d}t}=\omega$ 为质点的角速度.故得线速度与角速度的关系式为

$$v = r\omega \tag{1-16}$$

将式(1-16)对时间求一阶导数,得切向加速度与角加速度关系式为

$$a_{\mathrm{t}} = \frac{\mathrm{d}v}{\mathrm{d}t} = r\frac{\mathrm{d}\omega}{\mathrm{d}t} = r\alpha \tag{1-17}$$

将 $v=r\omega$ 代入法向加速度公式 $a_{\mathrm{n}}=\frac{v^2}{r}$,得法向加速度与角速度之间的关系式为

$$a_{\mathrm{n}} = \frac{v^2}{r} = r\omega^2 \tag{1-18}$$

例 1-7　一质点按规律 $s=4t^2$(SI 单位)作半径 $r=2$ m 的圆周运动.试求质点在 2 s 末的速率、法向加速度、切向加速度和总加速度的大小.

解　应用速率定义式

$$v = \frac{\mathrm{d}s}{\mathrm{d}t} = \frac{\mathrm{d}}{\mathrm{d}t}(4t^2) = 8t$$

代入 $t=2$ s 可得

$$v = 16\ \mathrm{m\cdot s^{-1}}$$

法向加速度:

$$a_{\mathrm{n}} = \frac{v^2}{r} = \frac{(8t)^2}{r}$$

代入数值可得

$$a_{\mathrm{n}} = 128\ \mathrm{m\cdot s^{-2}}$$

切向加速度:

$$a_{\mathrm{t}} = \frac{\mathrm{d}v}{\mathrm{d}t} = \frac{\mathrm{d}}{\mathrm{d}t}(8t) = 8\ \mathrm{m\cdot s^{-2}}$$

总加速度:

$$a = \sqrt{a_{\mathrm{n}}^2 + a_{\mathrm{t}}^2} = \sqrt{(128)^2 + 8^2}\ \mathrm{m\cdot s^{-2}} = 128.2\ \mathrm{m\cdot s^{-2}}$$

例 1-8　一飞轮以转速 $n=1\ 500\ \mathrm{r\cdot min^{-1}}$转动,受到制动而均匀地减速,经 $t=50$ s 后静止.

(1) 求角加速度 α 和从制动开始到静止飞轮转过的转数 N;

(2) 求制动开始后 $t=25$ s 时飞轮的角速度 ω;

(3) 设飞轮的半径 $r=1$ m,求 $t=25$ s 时飞轮边缘上一点的速度和加速度.

解 (1) 初角速度 $\omega_0=2\pi n=2\pi\times\dfrac{1\ 500}{60}\ \text{rad}\cdot\text{s}^{-1}=50\pi\ \text{rad}\cdot\text{s}^{-1}$

当 $t=50$ s 时,$\omega=0$,代入 $\omega=\omega_0+\alpha t$ 得

$$\alpha=\frac{\omega-\omega_0}{t}=\frac{-50\pi}{50}\ \text{rad}\cdot\text{s}^{-2}=-3.14\ \text{rad}\cdot\text{s}^{-2}$$

从开始制动到静止飞轮的角位移及转数分别为

$$\theta-\theta_0=\omega_0 t+\frac{1}{2}\alpha t^2=\left[50\pi\times50-\frac{1}{2}\pi\times(50)^2\right]\ \text{rad}=1\ 250\pi\ \text{rad}$$

$$N=\frac{1\ 250\pi}{2\pi}=625\ \text{r}$$

(2) $t=25$ s 时飞轮的角速度为

$$\omega=\omega_0+\alpha t=(50\pi-\pi\times25)\ \text{rad}\cdot\text{s}^{-1}=25\pi\ \text{rad}\cdot\text{s}^{-1}$$

(3) $t=25$ s 时飞轮边缘上一点的速度为

$$v=\omega r=25\pi\times1\ \text{m}\cdot\text{s}^{-1}=78.5\ \text{m}\cdot\text{s}^{-1}$$

相应的切向加速度和法向加速度分别为

$$a_t=\alpha r=-\pi\times1\ \text{m}\cdot\text{s}^{-2}=-3.14\ \text{m}\cdot\text{s}^{-2}$$

$$a_n=\omega^2 r=(25\pi)^2\times1\ \text{m}\cdot\text{s}^{-2}=6.16\times10^3\ \text{m}\cdot\text{s}^{-2}$$

讨论:在此例题中,物体运动时的加速度是否指向圆心? 在什么情况下加速度指向圆心?

思考题

1-2-1 物体作曲线运动,有下面两种说法:

(1) 物体作曲线运动时,必有加速度,加速度的法向分量一定不为零;

(2) 物体作曲线运动时,其速度方向一定在运动轨迹的切线方向,法向速度恒为零,因此其法向加速度也一定为零.

你认为上述两种说法哪种正确? 为什么?

1-2-2 (1) 匀速率圆周运动的速度和加速度是否都恒定不变?

(2) 能不能说"曲线运动的法向加速度就是匀速率圆周运动的加速度"?

(3) 在什么情况下会有法向加速度? 在什么情况下会有切向加速度?

(4) 以一定初速度 v_0、抛射角 θ_0 抛出的物体,在轨迹上哪一点时的切向加速度最大? 在哪一点时的法向加速度最大? 在任一点(设这时物体飞行的仰角为 θ),物体上的法向加速度和切向加速度各为多少?

1-2-3 一质点以匀速率在平面上运动,其轨迹如图所示,试问:该质点在哪个位置的加速度最大?

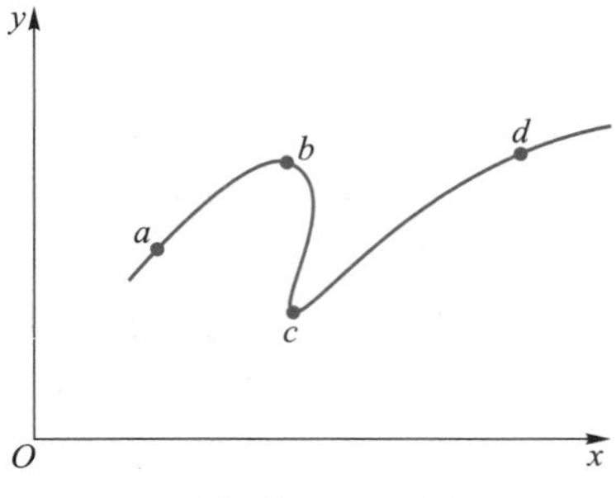

思考题 1-2-3 图

*1-3 相对运动

一、经典力学的绝对时空观

在不同的参考系中，描述同一物体运动的许多物理量，如位矢、速度和加速度都可能不同，这就需要研究两个参考系间相关物理量的变换关系.

设有两个参考系，一个为 S 系（即 Oxy 坐标系），另一个为 S'系（即 $O'x'y'$坐标系）.开始时（即 $t=0$），这两个参考系重合.有一个质点在 S 系中的位置以 P 表示，而在 S'系中的位置以 P'表示.显然，在 $t=0$ 时，P 点与 P'点共居于一点[图 1-10(a)].

如果在 Δt 时间内，S'系沿 x 轴以速度 $\boldsymbol{u}$ 相对 S 系运动的同时，质点运动到 Q 点.在这段时间内，S'系沿 x 轴相对 S 系的位移为 $\Delta\boldsymbol{D}=\boldsymbol{u}\Delta t$.在同样的时间里，在 S 系中，质点从 P 点运动到 Q 点，其位移为 $\Delta\boldsymbol{r}$，而在 S'系中，质点则由 P'点运动到 Q 点，其位移为 $\Delta\boldsymbol{r}'$[图 1-10(b)].在相等的时间内，显然 $\Delta\boldsymbol{r}$ 和 $\Delta\boldsymbol{r}'$是不相等的.因为在图 1-10(b)中可以看出，从 S 系看来，质点犹如同时参与两种运动：质点除随 S'系以速度 $\boldsymbol{u}$ 沿 x 轴运动外，还要从 P'点运动到 Q 点.质点在 S 系中的位移 $\Delta\boldsymbol{r}$ 应等于 S'系相对 S 系的位移 $\Delta\boldsymbol{D}$ 与质点在 S'系中的位移 $\Delta\boldsymbol{r}'$之和，即

$$\Delta\boldsymbol{r}=\Delta\boldsymbol{r}'+\Delta\boldsymbol{D}=\Delta\boldsymbol{r}'+\boldsymbol{u}\Delta t \tag{1-19}$$

上式表明，质点的位移取决于参考系的选择.若 S'系相对 S 系处于静止状态（即 $\boldsymbol{u}=\boldsymbol{0}$），那么，质点在两参考系中的位移应相等，即 $\Delta\boldsymbol{r}=\Delta\boldsymbol{r}'$.

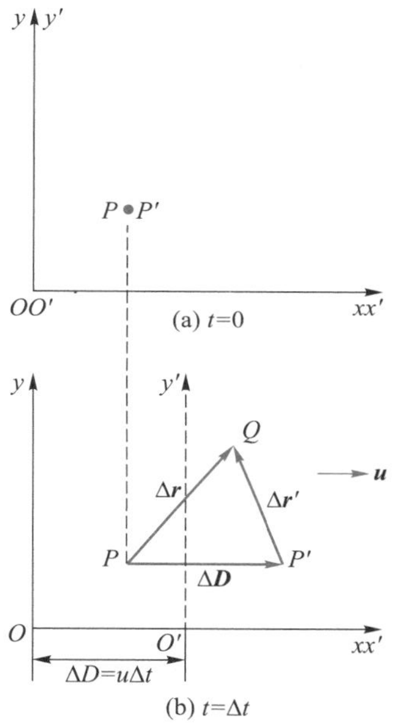

图 1-10　质点在相对作匀速直线运动的两个坐标系中的位移

式(1-19)似乎一看就明白，非常简单，其实该式的成立是有条件的.从 S 系讨论，$\Delta\boldsymbol{r}$ 和 $\Delta\boldsymbol{D}$ 是在 S 系中观测的值，而 $\Delta\boldsymbol{r}'$是在 S'系中的观测值.在矢量相加时，各个矢量必须由同一坐标系来测定.所以，只有 S 系观测得到$\overrightarrow{P'Q}$的矢量值确实与 $\Delta\boldsymbol{r}'$相同，对 S 系才有 $\Delta\boldsymbol{r}=\Delta\boldsymbol{r}'+\Delta\boldsymbol{D}$.

由此可见，上式成立的条件是：空间两点的距离不论从哪个坐标系测量，结果都应相同，这一结论称为空间绝对性.

另外，对运动的研究，不仅涉及空间，还要涉及时间，同一运动所经历的时间，由 S 系观测为 Δt，由 S'系观测为 $\Delta t'$，日常经验告诉我们，两个时间间隔是相同的，即 $\Delta t=\Delta t'$，这表明：时间与坐标系无关，这个结论称为时间绝对性，因此有 $\Delta\boldsymbol{D}=\boldsymbol{u}\Delta t$.

这两个关于时间和空间的结论就构成了经典力学的绝对时空观，这种观点是和大量日常经验相符合的.

二、伽利略速度变换式

由位移的相对性可得出速度的相对性.用时间 Δt 除式(1-19),有 $\dfrac{\Delta \boldsymbol{r}}{\Delta t}=\dfrac{\Delta \boldsymbol{r}'}{\Delta t}+\boldsymbol{u}$,取 $\Delta t\to 0$ 时的极限值,得

$$\frac{\mathrm{d}\boldsymbol{r}}{\mathrm{d}t}=\frac{\mathrm{d}\boldsymbol{r}'}{\mathrm{d}t}+\boldsymbol{u}$$

即

$$\boldsymbol{v}=\boldsymbol{v}'+\boldsymbol{u} \tag{1-20}$$

式中,$\boldsymbol{u}$ 为 S' 系相对 S 系的速度,$\boldsymbol{v}'$ 为质点相对 S' 系的速度,$\boldsymbol{v}$ 为质点相对 S 系的速度.上式的物理意义是:质点相对 S 系的速度等于它相对 S' 系的速度与 S' 系相对 S 系的速度之矢量和.

式(1-20)给出了质点在两个以恒定的速度作相对运动的参考系中速度与参考系间的关系,即质点的速度变换关系式,这个式子叫做**伽利略速度变换式**.

伽利略坐标变换的核心思想是经典力学中的绝对时空观.牛顿认为绝对的、真正的和数学的时间自己流逝着,并由于它的本性而均匀地、与任一外界对象无关地流逝着.绝对空间,就其本性而言,与外界任何事物无关.这种把物质和运动完全脱离的"绝对时间"和"绝对空间"的观点是把低速范围内总结出来的结论绝对化的结果.需要指出的是,当质点的速度接近光速时,伽利略速度变换不再适用,此时速度的变换应当遵循洛伦兹速度变换式(洛伦兹变换式将在下册第十三章讨论).

例 1-9 如图所示,一实验者 A 在以 $10\ \mathrm{m\cdot s^{-1}}$ 的速率沿水平轨道前进的平板车上控制一台弹射器.此弹射器以与车前进的反方向成 60° 角斜向上射出一弹丸.此时站在地面上的另一实验者 B 看到弹丸竖直向上运动.求弹丸上升的高度.

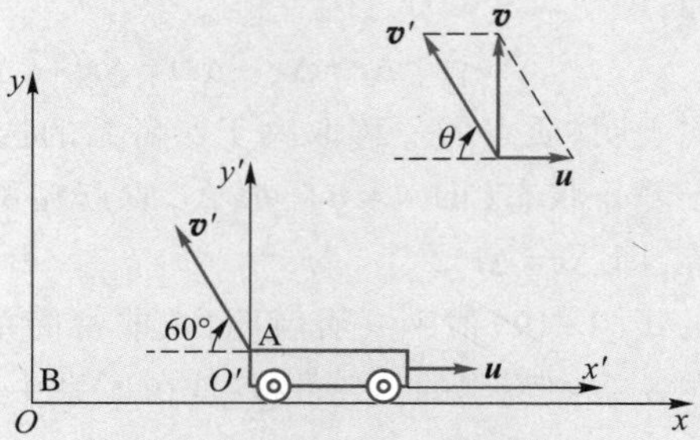

例 1-9 图

解 设地面参考系为 S 系,其坐标系为 Oxy,平板车参考系为 S' 系,其坐标系为 $O'x'y'$,且 S' 系以速率 $u=10\ \mathrm{m\cdot s^{-1}}$ 沿 Ox 轴正向相对 S 系运动.由图中所选定的坐标可知,在 S' 系中的实验者 A 射出弹丸的速度 $\boldsymbol{v}'$ 在 x' 轴、y' 轴上的分量分别为 v_x' 和 v_y',它们与抛出角 θ 的关系为

$$\tan\theta=\frac{v_x'}{v_y'} \tag{1}$$

若以 $\boldsymbol{v}$ 代表弹丸相对 S 系的速度,那么它在 x 轴,y 轴上的分量则为 v_x 和 v_y.由速度变换式(1-20)及题意可得

$$v_x=u+v_x' \tag{2}$$

$$v_y=v_y' \tag{3}$$

由于 S 系（地面）的实验者 B 看到弹丸是竖直向上运动的，故 $v_x=0$.于是由式（2），有

$$v_x'=-u=-10\ \mathrm{m\cdot s^{-1}}$$

另由式（3）和式（1）可得

$$|v_y|=|v_y'|=|v_x'\tan\alpha|=10\ \mathrm{m\cdot s^{-1}}\times\tan 60^\circ=17.3\ \mathrm{m\cdot s^{-1}}$$

由匀变速直线运动公式可得弹丸上升的高度为

$$y=\frac{v_y^2}{2g}=15.3\ \mathrm{m}$$

思考题

1-3-1　如果有两个质点分别以初速 $\boldsymbol{v}_{10}$ 和 $\boldsymbol{v}_{20}$ 抛出，$\boldsymbol{v}_{10}$ 和 $\boldsymbol{v}_{20}$ 在同一平面内且与水平面的夹角分别为 θ_1 和 θ_2.有人说，在任意时刻，两质点的相对速度是一常量.这种说法对吗？

1-3-2　一只鸟在水平面上沿直线以恒定速率相对地面飞行，有一汽车在公路上行驶，在什么情况下，汽车上的观察者观察到鸟是静止不动的？在什么情况下，他观察到鸟似乎往回飞？

1-4　牛顿运动定律

一、牛顿运动定律

前面我们只介绍了如何描述质点的运动，但并没有研究引起质点运动状态改变的原因.这里将研究质点之间的相互作用，以及由这种相互作用所引起质点运动状态变化的规律——牛顿运动定律.

牛顿在前人对机械运动研究的基础上，通过自己对大量事实的观察和实验，最后归纳出三条运动定律，陈述于下：

（1）牛顿第一定律：任何物体都保持静止或匀速直线运动的状态，直到外力迫使它改变这种状态为止.

牛顿第一定律包含了两个重要的物理概念.第一，任何物体都具有保持其运动状态不变的性质，这种性质称为惯性，因此牛顿第一定律也称为惯性定律.第二，要改变物体的运动状态，即要使物体获得加速度，就必须使它受到力的作用，即力是改变物体运动状态的原因.

此外，牛顿第一定律不是对所有参考系都适用的，如果在某种参考系中观察，一个不受力作用的物体将保持其静止或匀速直线运动状态，这种参考系叫惯性参考系，简称惯性系.实验指出，地面可近似地看作惯性系.不遵守牛顿第一定律的参考系，称为非惯性参考系，简称非惯性系，我们将在 1-5 节中简要讨论.

（2）牛顿第二定律：当力作用于物体时，物体得到的加速度的大小与所受合力大小成正

比，与物体质量成反比，加速度的方向与所受合力的方向一致.

牛顿第二定律通常的数学表达式为

$$\boldsymbol{F}=m\boldsymbol{a} \tag{1-21}$$

在国际单位制中，质量 m 的单位是千克(kg)，加速度 a 的单位是米每二次方秒($\mathrm{m\cdot s^{-2}}$)，力 F 的单位是牛顿(N).

式(1-21)是中学物理中常用的描述.而牛顿第二定律更基本的形式为

$$\boldsymbol{F}=\frac{\mathrm{d}\boldsymbol{p}}{\mathrm{d}t} \tag{1-22}$$

其中，$\boldsymbol{p}=m\boldsymbol{v}$ 为物体的动量，也是描述物体运动状态的物理量.上式表明：当外力作用于物体时，其动量随时间的变化率等于作用于物体的合力.

式(1-21)和式(1-22)在经典力学中是完全等效的.当物体在低速情况下运动时，物体的质量可视为不依赖于速度的常量.于是有

$$\boldsymbol{F}=\frac{\mathrm{d}\boldsymbol{p}}{\mathrm{d}t}=\frac{\mathrm{d}(m\boldsymbol{v})}{\mathrm{d}t}=m\frac{\mathrm{d}\boldsymbol{v}}{\mathrm{d}t}=m\boldsymbol{a}$$

但是在相对论中，质点的质量与速度有关，于是有

$$\boldsymbol{F}=\frac{\mathrm{d}\boldsymbol{p}}{\mathrm{d}t}=\frac{\mathrm{d}(m\boldsymbol{v})}{\mathrm{d}t}=m\frac{\mathrm{d}\boldsymbol{v}}{\mathrm{d}t}+\frac{\mathrm{d}m}{\mathrm{d}t}\boldsymbol{v}\neq m\boldsymbol{a}$$

由式(1-22)不能得到式(1-21).

本章以及接下来的第二章和第三章，讨论的都是物体宏观低速运动的规律，属于经典力学范畴，两个表达式均可使用.

对于牛顿第二定律，应注意下列几点：

① 牛顿第二定律只适用于质点的运动.物体作平动时，物体上各质点的运动情况完全相同，所以物体的运动可看作质点的运动，此时这个质点的质量就是整个物体的质量.以后如不特别指明，在论及物体的平动时，都是把物体当作质点来处理的.

② 牛顿第二定律指出，在相同外力的作用下，物体的质量与加速度成反比.质量大的物体获得的加速度小，这意味着质量越大的物体，其运动状态越不容易改变，即惯性越大.反之，惯性越小.因此，质量是平动惯性的量度.正因如此，这里的质量也被称为惯性质量.

③ 牛顿第二定律反映瞬时关系，$\boldsymbol{a}$ 表示瞬时加速度，$\boldsymbol{F}$ 表示瞬时力.力改变时，加速度也同时随着改变，当力变为零时，加速度也相应地变为零.

④ 牛顿第二定律反映矢量关系，实际应用时，常用直角坐标系中各坐标轴方向上的分量式：

$$F_x=ma_x,F_y=ma_y,F_z=ma_z$$

在讨论圆周运动和平面曲线运动问题时，常采用法向和切向分量式：

$$\begin{cases}F_\mathrm{t}=ma_\mathrm{t}=m\dfrac{\mathrm{d}v}{\mathrm{d}t}\\[2ex]F_\mathrm{n}=ma_\mathrm{n}=m\dfrac{v^2}{\rho}\end{cases} \tag{1-23}$$

式中，F_t、F_n 分别代表切向分力和法向分力.

（3）牛顿第三定律：两个物体之间的作用力与反作用力大小相等，方向相反，而且在同一条直线上，即

$$\boldsymbol{F}=-\boldsymbol{F}'$$

牛顿第三定律说明物体间的作用力具有相互作用的本质.作用力和反作用力总是成对出现的，即它们同时出现，或同时消失；它们属于同一性质的力，即若作用力是万有引力，那么反作用力也是万有引力，绝不会是其他性质的力.牛顿第三定律还指出作用力与反作用力分别作用于两个不同的物体上，两者是不能相平衡的.牛顿第三定律比牛顿第一定律、牛顿第二定律更进一步，由对单个质点的研究过渡到对两个以上质点的研究，它是由质点力学过渡到质点组力学的桥梁.

三条牛顿运动定律之间有着紧密联系，牛顿第一定律、牛顿第二定律分别定性和定量说明了机械运动中的因果关系，侧重说明一个特定的物体；牛顿第三定律则侧重于说明物体间的相互联系和相互制约，因此在解决实际问题时，三条定律应结合应用.

二、力学中常见的三种力

1. 万有引力

任何两物体之间都有相互吸引力，这种力称为万有引力，按万有引力定律，若两个质量分别为 m_1 和 m_2 的质点相距为 r，它们之间的万有引力为

$$\boldsymbol{F}=G\frac{m_1m_2}{r^2}\boldsymbol{e}_r \tag{1-24}$$

式中，G 叫引力常量，在国际单位制中，$G=6.674\ 30(15)\times 11^{-11}\ \mathrm{N\cdot m^2\cdot kg^{-2}}$.$\boldsymbol{e}_r$ 为两物体连线方向上的单位矢量.

在地球表面附近的物体都受到地球的引力，这个引力就叫重力，通常称为物体的重量.质量为 m 的物体所受的重力是 $m\boldsymbol{g}$，方向竖直向下，由式（1-24）可知：$g=G\dfrac{m_e}{r_e^2}$，m_e 是地球的质量，r_e 是地球的半径，$\boldsymbol{g}$ 叫做重力加速度，其大小通常取 $9.8\ \mathrm{m\cdot s^{-2}}$.

2. 弹性力

物体在外力作用下发生形变，形变物体内部产生试图恢复原来形状的力，这种力叫弹性力.例如当弹簧被拉长或压缩时，就会对连接物体有弹性力作用.这种弹性力总试图使弹簧恢复原状，因此又叫回复力.在弹性限度内，弹性力与形变成正比.若以 F_T 表示弹性力，x 表示形变，则有

$$F_\mathrm{T}=-kx \tag{1-25}$$

式中 k 是弹簧的弹性系数，负号表示弹性力的方向总是指向平衡位置，式（1-25）又叫胡克定律.物体相互挤压时产生的正压力、绳子或细棒拉伸时产生的张力，都是弹性力.

3. 摩擦力

相互接触的两个物体沿接触面发生相对运动时，在接触面之间所产生的一对阻止相对运动的力，称为滑动摩擦力.实验表明，滑动摩擦力 F_f 与接触面上的正压力 F_N 成正比，即

$$F_\mathrm{f}=\mu F_\mathrm{N} \tag{1-26}$$

μ 称为滑动摩擦系数，其数值由两接触物体的材料性质和表面情况决定.

两个相互接触的物体虽未发生相对运动，但沿接触面有相对运动的趋势时，在接触面之间产生的一对阻止相对运动趋势的力，称为静摩擦力.静摩擦力 F_{f0} 的大小不是定值，是由物体的受力情况根据平衡条件来确定的.最大静摩擦力 F_{f0max} 也与正压力成正比，即

$$F_{f0max}=\mu_0 F_N \tag{1-27}$$

μ_0 称为静摩擦系数，其数值也取决于两接触物体的材料性质和表面情况.对于同样的一对接触面来说，$\mu<\mu_0$，在不特别说明的情况下，可粗略地取 $\mu=\mu_0$.

三、牛顿运动定律的应用举例

下面，我们将通过具体例题的讨论，来说明运用牛顿运动定律求解力学问题的方法.

例 1-10 升降机的底板上，放置一质量为 m 的物体，当升降机以加速度 a 上升或下降时，求物体施予底板上的压力.

解 根据题意求物体施予底板的压力，我们可先求底板对物体向上的托力，这两个力是一对等值反向的作用力与反作用力.如图所示，我们按照隔离体法的步骤解题：

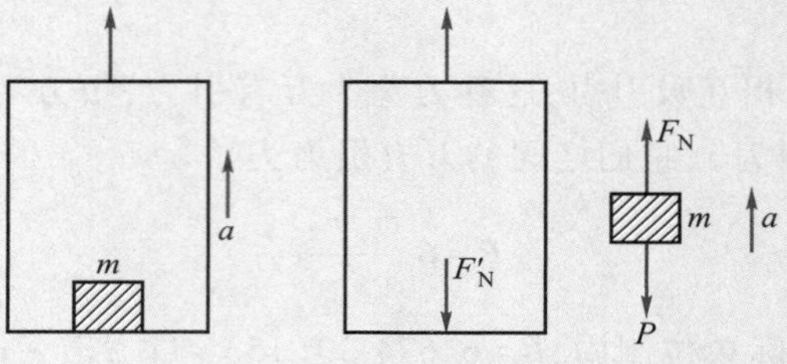

例 1-10 图

第一步：取物体 m 为隔离体.

第二步：分析物体 m 的受力，在此它受到向下的重力 $\boldsymbol{P}=m\boldsymbol{g}$ 和底板对物体向上的支持力 $\boldsymbol{F}_N$，并作出受力图.

第三步：列方程求解.当升降机以加速度 $\boldsymbol{a}$ 上升时，取向上的方向为正（也可以取向下的方向为正），则力的方向与指定的正方向一致的取正，反之取负，故有

$$F_N-mg=ma$$

由此求得支持力

$$F_N=m(g+a)$$

当升降机以加速度 $\boldsymbol{a}$ 下降时，令向下的方向为正（也可取向上的方向为正），则按照类似的分析而有

$$mg-F_N=ma$$

由此求得支持力

$$F_N=m(g-a)$$

物体对底板的压力就是支持力 F_N 的反作用力 F'_N，F'_N 与 F_N 等值反向.

例 1-11　一轻绳跨过一轴承光滑的定滑轮，绳的两端分别挂有质量为 m_1 和 m_2 的物体，其中 $m_1<m_2$，如图所示，设滑轮的质量可以略去不计，且绳不能伸长，试求物体的加速度以及悬挂物体的轻绳的张力.

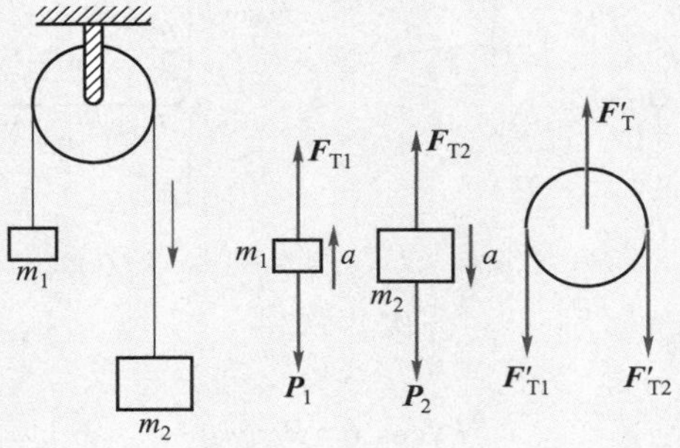

例 1-11 图

解　取隔离体并作出受力图.对 m_1 来说，在轻绳拉力 $\boldsymbol{F}_{T1}$ 及重力 $\boldsymbol{P}_1$ 的作用下，以加速度 $\boldsymbol{a}_1$ 向上运动，如取向上为正，则有

$$F_{T1}-m_1g=m_1a_1 \tag{1}$$

对 m_2 来说，在绳的拉力 $\boldsymbol{F}_{T2}$ 及重力 $\boldsymbol{P}_2$ 的作用下，以加速度 $\boldsymbol{a}_2$ 向下运动，如取向下的方向为正，则有

$$m_2g-F_{T2}=m_2a_2 \tag{2}$$

但应注意的是：因滑轮轴承光滑，滑轮和轻绳的质量可以略去不计，所以可以认为轻绳上各部分的张力皆相等；又因绳不能伸长，m_1 向下的加速度必与 m_2 向上的加速度在量值上相等，所以 $F_{T1}=F_{T2}=F_T$，$a_1=a_2=a$，解式(1)和式(2)得

$$a=\frac{m_2-m_1}{m_1+m_2}g \qquad F_T=\frac{2m_1m_2}{m_1+m_2}g$$

讨论：

(1) 悬挂滑轮的张力 F'_T，在 $m_1\neq m_2$ 的一般情况下，是否有 $F'_T=(m_1+m_2)g$？

(2) 若该装置固定在以加速度 $\boldsymbol{a}_0$ 向上运动的升降机内，是否有加速度 $a'=\dfrac{m_2-m_1}{m_1+m_2}g$？

例 1-12　如图(a)所示，质量为 m 的小球系于绳的一端，绳的另一端悬于天花板上，若使小球在水平面内作匀速率圆周运动，则形成圆锥摆.已知绳长 l，小球的转动速度为每秒 n 转，求绳中张力及绳与竖直方向的夹角 θ.

解　以小球为隔离体，小球受到两个力的作用：重力 $\boldsymbol{P}$ 和绳的拉力 $\boldsymbol{F}_T$，方向如图所示.在竖直方向上，小球所受的力是平衡的，即

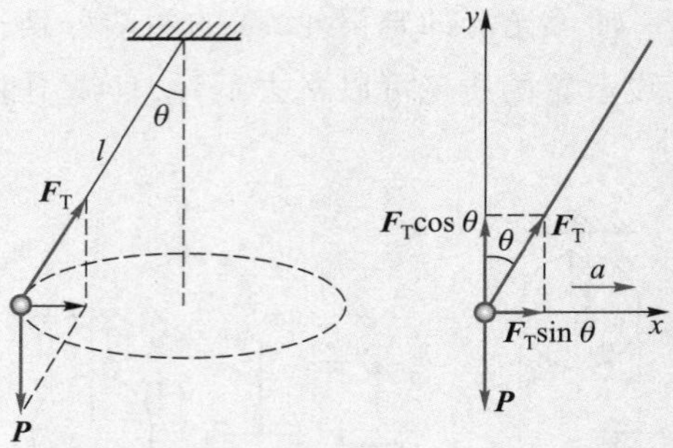

(a) (b)

例 1-12 图

$$F_{\mathrm{T}}\cos\theta = P = mg \tag{1}$$

在水平面内，小球所受合力 F 的大小为 $F_{\mathrm{T}}\sin\theta$，所以

$$F_{\mathrm{T}}\sin\theta = ma \tag{2}$$

式中，a 为小球作匀速率圆周运动的向心加速度，故有 $a=R\omega^2=(l\sin\theta)\omega^2$，而角速度 $\omega=2\pi n$，因此由式(2)可求出绳的张力

$$F_{\mathrm{T}} = 4\pi^2 n^2 ml \tag{3}$$

将式(3)代入式(1)，又可求出夹角

$$\theta = \arccos\frac{g}{4\pi^2 n^2 l} \tag{4}$$

从式(4)可以看出，物体的转速 n 越大，θ 也越大，而与小球的质量 m 无关.

例 1-13 一质量为 m 的小球开始时位于图(a)中的 A 点，释放后沿半径为 R 的光滑圆轨道下滑，求小球到达 C 点时的速度和对圆轨道的作用力.

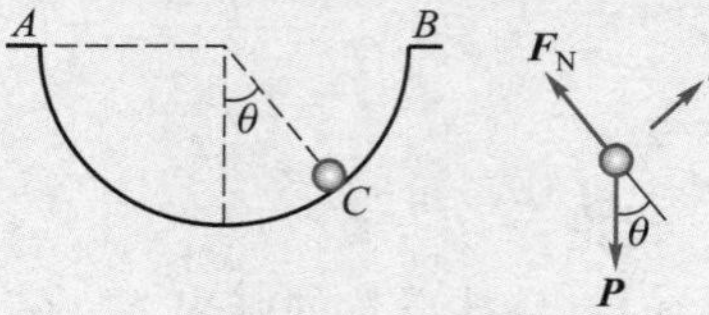

(a) (b)

例 1-13 图

解 小球的受力如图(b)所示，相应的牛顿第二定律方程为

$$\boldsymbol{P}+\boldsymbol{F}_{\mathrm{N}} = m\boldsymbol{a}$$

在自然坐标系中，切向和法向的分量式有

$$-mg\sin\theta = ma_{\mathrm{t}} = m\frac{\mathrm{d}v}{\mathrm{d}t} \tag{1}$$

$$F_{\mathrm{N}} = -mg\cos\theta = ma_{\mathrm{n}} = m\frac{v^2}{r} \tag{2}$$

为运算简便，需要转换积分变量，$\frac{\mathrm{d}v}{\mathrm{d}t}=\frac{\mathrm{d}v}{\mathrm{d}\theta}\cdot\frac{\mathrm{d}\theta}{\mathrm{d}t}=\frac{v}{R}\cdot\frac{\mathrm{d}v}{\mathrm{d}\theta}$，代入式(1)，并移项得

$$-gR\sin\theta\mathrm{d}\theta = ma_{\mathrm{t}} = v\mathrm{d}v$$

根据小球运动的始末条件,进行积分有

$$\int_{-\frac{\pi}{2}}^{\theta} -gR\sin\theta\ \mathrm{d}\theta = ma_{\mathrm{t}} = \int_{0}^{v} v\mathrm{d}v$$

得

$$v=\sqrt{2gR\cos\,\theta}$$

代入式(2)得

$$F_{\mathrm{N}}=m\,\frac{v^2}{R}+mg\cos\,\theta=3mg\cos\,\theta$$

根据牛顿第三定律得小球对圆轨道的作用力大小为 $3mg\cos\,\theta$.

*例 1-14　物体在黏性流体中的运动

当物体在流体(气体或液体)中运动时,要受到流体的阻力作用.一般来说,流体阻力的大小与物体的尺寸、形状、速率以及物体和流体的性质等有关.当速率不太大时,对于球形的物体,黏性阻力的大小为 $F_{\mathrm{f}}=6\pi\eta rv$,阻力的方向与物体运动的方向相反.式中 r 为球形物体的半径,v 为其速率,η 为流体的黏度.上式也叫做斯托克斯公式.

有一个质量为 m,半径为 r 的球体,由水面静止释放沉入水底,试求此球体的下沉速度与时间的函数关系.设球体竖直下沉,其路径为一直线.

解　如图(a)所示,球体在水中受到重力 $\boldsymbol{P}$、浮力 $\boldsymbol{F}$ 和黏性阻力 $\boldsymbol{F}_{\mathrm{f}}$ 的作用.浮力 $\boldsymbol{F}$ 的大小等于物体所排除的流体的重量,即 $F=m'g$.重力 $\boldsymbol{P}$ 与浮力 $\boldsymbol{F}$ 的合力称为驱动力.其大小为 $F_0=P-F=mg-m'g$,其方向与球体的运动方向相同,为一恒力[图(a)].由牛顿第二定律,可得出球体的运动方程为

$$F_0-F_{\mathrm{f}}=ma$$

即

$$F_0-6\pi\eta rv=m\,\frac{\mathrm{d}v}{\mathrm{d}t}$$

令 $b=6\pi r\eta$,上式为

$$F_0-bv=m\,\frac{\mathrm{d}v}{\mathrm{d}t} \tag{1}$$

因此有

$$\frac{\mathrm{d}v}{\mathrm{d}t}=-\frac{b}{m}\left(v-\frac{F_0}{b}\right) \tag{2}$$

上式分离变量,并根据已知条件,代入积分上下限,得

$$\int_0^v \frac{\mathrm{d}v}{v-\dfrac{F_0}{b}}=-\frac{b}{m}\int_0^t \mathrm{d}t$$

于是有

$$v=\frac{F_0}{b}\left[1-e^{-(k/m)t}\right] \tag{3}$$

按照式(3)的速度-时间函数，可作如(b)所示的图线.

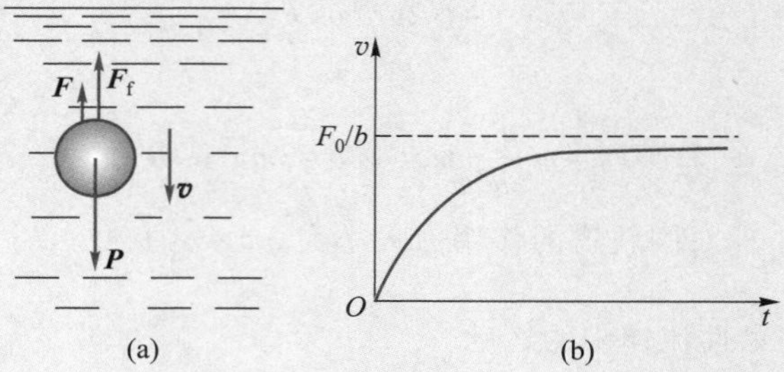

例 1-14 图

另外，请读者思考，若本题中球体落在水面上具有竖直向下的速度$\boldsymbol{v}_0$，且在水中所受浮力与重力相等，则速度随时间的函数关系又该如何？

思考题

1-4-1 试回答下列问题：

(1) 物体受到几个力的作用时，是否一定产生加速度？(2) 物体的速度很大，是否意味着其他物体对它作用的合外力也一定很大？(3) 物体运动的方向和合外力的方向总是相同的，对不对？(4) 物体运动时，如果它的速率不变，它所受到的合外力是否为零？

1-4-2 物体所受摩擦力的方向是否一定和它的运动方向相反？试举例说明.

1-4-3 绳子的一端系着一金属小球，另一端用手握着使其在竖直平面内作匀速圆周运动，问：球在哪一点时绳子的张力最小？在哪一点时绳子的张力最大？为什么？

1-4-4 飞机转弯时为什么要倾斜机身？

*1-5 惯性系和非惯性系

一、惯性系 非惯性系

在 1-1 节中，我们曾提到，描述物体运动时，需要选定一个参考系，而参考系的选择是任意的.但是，在动力学中，参考系就不能任意选择了，因为牛顿运行定律不是对任何参考系都适用的.例如，在火车车厢里的一张光滑桌面上放着一个小球，如图 1-11 所示.显然作用于小球的合外力 $\boldsymbol{F}=\boldsymbol{0}$，当火车以加速度 $\boldsymbol{a}_0$ 向前开动时，车厢里的人看见小球以加速度$-\boldsymbol{a}_0$ 向后运动，而对地面的人来说，小球的加速度为零.如果取地面为参考系，小球的加速度等于零，而作用于

小球合外力 $\boldsymbol{F}=\boldsymbol{0}$，故对于这个参考系来说，牛顿运动定律成立.如果取车厢为参考系，这个小球的加速度不等于零，但作用于小球的合外力 $\boldsymbol{F}=\boldsymbol{0}$，因此对于车厢这个参考系来说，牛顿运动定律不成立.

凡是牛顿运动定律适用的参考系都叫做惯性系，而牛顿运动定律不适用的参考系叫做非惯性系.一个参考系是不是惯性系只能通过观察与实验来判断.天文观察表明，如果选取太阳的中心为原点，指向任一恒星的直线为坐标轴的参考系，那么观察到的大量天文现象，都和根据牛顿运动定律推算的结果一致，因此这个参考系是一个惯性系.理论和实验都证明：凡是相对上述惯性系作匀速直线运动的参考系都是惯性系，凡是相对上述参考系作变速运动的参考系都是非惯性系.

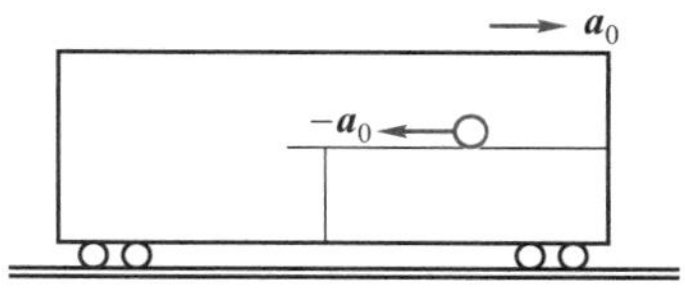

图 1-11 惯性力

地球相对太阳有公转，同时又有自转，它相对于太阳作加速运动，因此严格地说，地球不是惯性系.但因地球自转和公转的加速度都是极其微小的，因此在一般精度范围内，地球可近似地看作惯性系.同样，在地面上作匀速直线运动的物体也可近似地看作惯性系，但在地面上作变速运动的物体不能看作惯性系.

二、惯性力

实际中有不少属非惯性系的力学问题，对这些问题该如何处理呢？为了仍可方便地运用牛顿运动定律求解非惯性系中的力学问题，人们引入了惯性力的概念.

在图 1-11 中，当火车以加速度 $\boldsymbol{a}_0$ 向前运动时，我们设想有一个惯性力作用在质量为 m 的小球上，并认为这个惯性力为

$$\boldsymbol{F}_i=-m\boldsymbol{a}_0 \tag{1-28}$$

那么对火车这个非惯性参考系也可应用牛顿第二定律了.这就是说，对处于加速度为 $\boldsymbol{a}_0$ 的火车中的观察者来说，他认为有一个大小等于 $m\boldsymbol{a}_0$，方向与 $\boldsymbol{a}_0$ 相反的惯性力作用在小球上.

一般来说，如果作用在物体上的力含有惯性力 $\boldsymbol{F}_i$，那么牛顿第二定律的数学表达式为

$$\boldsymbol{F}+\boldsymbol{F}_i=m\boldsymbol{a} \tag{1-29a}$$

或

$$\boldsymbol{F}-m\boldsymbol{a}_0=m\boldsymbol{a} \tag{1-29b}$$

式中，$\boldsymbol{a}_0$ 是非惯性系相对于惯性系的加速度，$\boldsymbol{a}$ 是物体相对于非惯性系的加速度，$\boldsymbol{F}$ 是物体所受到的除惯性力以外的合力.

在匀速转动的非惯性参考系中，为方便地运用牛顿运动定律，还可以引入惯性离心力.

如图 1-12 所示，设一个圆盘以匀角速度 ω 转动着，圆盘上坐着一人，手中捧着一个小球，球的质量为 m，球与转轴的距离为 R.从地面参考系来看，小球是以角速度 ω 随圆盘一起转动的，具有向心加速度 $\boldsymbol{a}_0$，对小球提供向心力的是人手的拉力 $\boldsymbol{F}$，这符合牛顿运动定律.但从圆盘上的人看来，小球受力情况不变，但静止着，手虽然捧着小球，小球却并不运动，这显然不符合牛顿运动定律.因此，转动的圆盘是一个非惯性系，可以设想质点受到一个方向

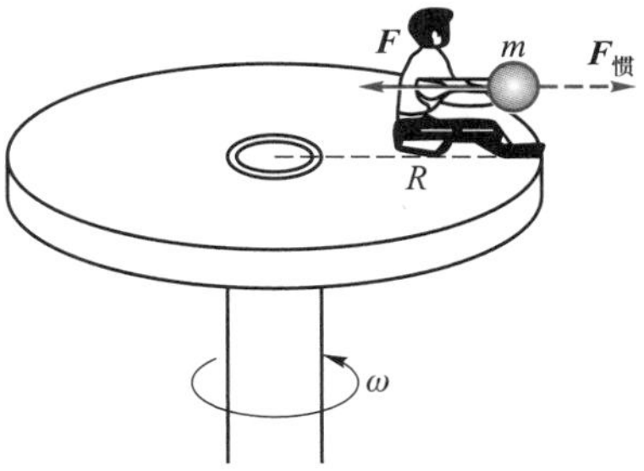

图 1-12 惯性离心力

与固定轴垂直且沿着位矢向外的惯性力称为惯性离心力,其表达式为

$$\boldsymbol{F}_i=-m\boldsymbol{a}_0=-mR\omega^2\boldsymbol{e}_n \tag{1-30}$$

惯性离心力和使小球转动的向心力(人手拉力)都作用在小球上,所以它们不可能是作用力与反作用力的关系.向心力的反作用力是离心力.现在,离心力是小球对人手的作用力.离心力和惯性离心力不能混为一谈.

惯性力在军事领域中有着广泛的应用.例如,导弹和舰艇的惯性导航系统中安装的加速度计(图 1-13),就是通过测量系统在加速移动时作用于质量 m 上的惯性力的大小来确定系统的加速度的.

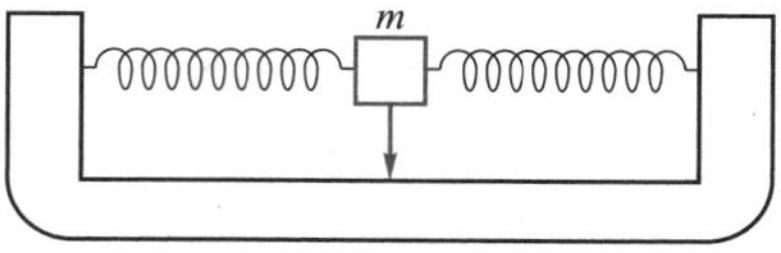

图 1-13 加速度计

例 1-15 动力摆可用来测定车辆的加速度.

在如图所示的车厢内,有一根质量可略去不计的细棒,其一端固定在车厢的顶部,另一端系一小球,当列车以加速度 $\boldsymbol{a}$ 行驶时,细杆偏离竖直线成 θ 角.试求加速度 $\boldsymbol{a}$ 与摆角 θ 的关系.

解 设以加速度 $\boldsymbol{a}$ 运动的车厢为参考系,此参考系为非惯性系.在此非惯性系中的观测者认为,当细棒的摆角为 θ 时,小球受到重力 $\boldsymbol{P}$、拉力 $\boldsymbol{F}$ 和惯性力 $\boldsymbol{F}=-m\boldsymbol{a}$ 的作用.由于小球处于平衡状态,所以有如下方程

$$m\boldsymbol{g}+\boldsymbol{F}_T-m\boldsymbol{a}=\boldsymbol{0}$$

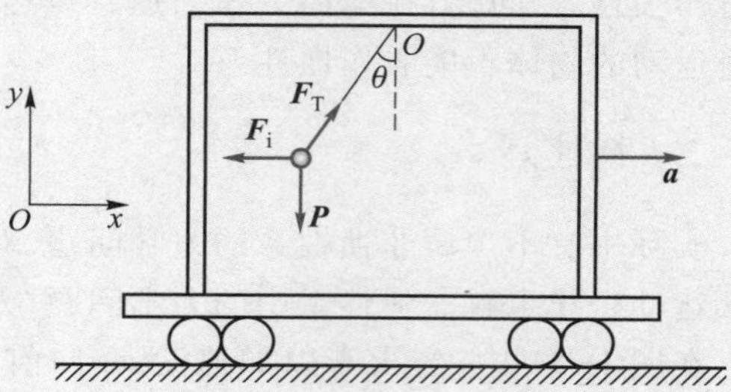

例 1-15 图

则上式在 Ox 轴和 Oy 轴上的分量式分别为

$$F_T\cos\theta-mg=0$$

$$F_T\sin\theta-ma=0$$

解得

$$a=g\tan\theta$$

例 1-16 试分析物体的重量与地球纬度之间的关系.

解 物体相对于地面静止时作用在支撑物(磅秤)上的力,就是物体的重量.

在地球非惯性系上的观测者看来,物体静止不动.物体除受地球的引力 $\boldsymbol{F}_{引}$ 外,由于地球的自转运动,还受到惯性离心力 $\boldsymbol{F}_{惯}$(如图所示).物体所受的支撑力 $\boldsymbol{F}_N$ 就是物体重量的反作用力.所以物体的重量就是地球引力 $\boldsymbol{F}_{引}$ 与惯性离心力的矢量和.在地面上纬度为 φ 处,物体的重量为

$$F_g=\sqrt{F_{引}^2+F_{惯}^2-2F_{引}F_{惯}\cos\varphi}$$

$F_{惯}$ 的大小为

$$F_{惯}=m\omega^2r=m\omega^2R\cos\varphi$$

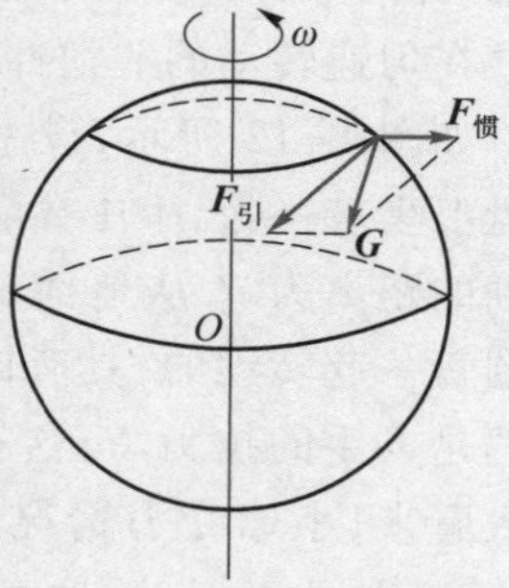

例 1-16 图

而地球自转的角速度为

$$\omega=\frac{2\pi}{T}=7.29\times10^{-5}\ \mathrm{rad\cdot s^{-1}}$$

将 $R=6\ 370\ \mathrm{km}$,将 $g_0=9.80\ \mathrm{m/s^2}$ 代入可得

$$\frac{F_{惯}}{F_{引}}=\frac{\omega^2R\cos\varphi}{g_0}\approx\frac{1}{289}\cos\varphi\ll1$$

所以有

$$F_g\approx F_{引}\left(1-\frac{F_{惯}}{F_{引}}\cos\varphi\right)=F_{引}\left(1-\frac{1}{289}\cos^2\varphi\right)$$

$$=mg_0(1-0.000\ 35\cos^2\varphi)$$

在地球两极处有 $\varphi=\pm\frac{\pi}{2}$,$\cos\varphi=0$,重量最大;在赤道处,$\varphi=0$,重量最小.

思考题

1-5-1 人在磅秤上静止称量时读数为 mg,若人突然下蹲,磅秤的读数将如何变化?然后起立时,磅秤的读数又将如何?

1-5-2 一物体相对于某参考系处于静止状态,是否可说此物体所受的合力一定为零呢?

习题

1-1 某质点的运动方程为 $x=3t-5t^3+6$(SI 单位),则该质点作 [ ]

(A) 匀加速直线运动,加速度沿 x 轴正方向.

(B) 匀加速直线运动,加速度沿 x 轴负方向.

(C) 变加速直线运动,加速度沿 x 轴正方向.

(D) 变加速直线运动,加速度沿 x 轴负方向.

1-2 质点作直线运动,某时刻的瞬时速度 $v=2\ \mathrm{m\cdot s^{-1}}$,瞬时加速度 $a=-2\ \mathrm{m\cdot s^{-2}}$,则 1 s 后质点的速度 [ ]

(A) 等于零.　　(B) 等于 $-2\ \mathrm{m\cdot s^{-1}}$.

(C) 等于 $2\ \mathrm{m\cdot s^{-1}}$.　　(D) 不能确定.

1-3 一质点作抛物线运动,其速度用 $\boldsymbol{v}$ 表示,速率用 v 表示,若忽略空气阻力,则在质点的运动过程中 [ ]

(A) $\frac{\mathrm{d}\boldsymbol{v}}{\mathrm{d}t}$ 要改变,$\frac{\mathrm{d}v}{\mathrm{d}t}$ 不改变.　　(B) $\frac{\mathrm{d}\boldsymbol{v}}{\mathrm{d}t}$ 不改变,$\frac{\mathrm{d}v}{\mathrm{d}t}$ 要改变.

(C) $\frac{\mathrm{d}\boldsymbol{v}}{\mathrm{d}t}$ 不改变,$\frac{\mathrm{d}v}{\mathrm{d}t}$ 也不改变.　　(D) $\frac{\mathrm{d}\boldsymbol{v}}{\mathrm{d}t}$ 要改变,$\frac{\mathrm{d}v}{\mathrm{d}t}$ 也要改变.

1-4 对于沿曲线运动的物体,以下几种说法中哪一种是正确的? [ ]

(A) 切向加速度必不为零.

(B) 法向加速度必不为零(拐点处除外).

(C) 由于速度沿切线方向,法向分速度必为零,因此法向加速度必为零.

(D) 若物体作匀速率运动,其总加速度必为零.

(E) 若物体的加速度 $\boldsymbol{a}$ 为常矢量,它一定作匀变速率运动.

1-5 用水平力 F 把一个物体压着靠在粗糙的竖直墙面上保持静止,当 F 逐步增大时,物体所受的静摩擦力 F_f [ ]

(A) 恒为零.

(B) 不为零,但保持不变.

(C) 随 F 成正比地增大.

(D) 开始随 F 增大,达到某一最大值后,就保持不变.

1-6 用轻绳系一小球,使之在竖直平面内作圆周运动,绳中张力最小时,小球的位置 [ ]

(A) 是圆周最高点.

(B) 是圆周最低点.

(C) 是圆周上和圆心处于同一水平面上的两点.

(D) 因条件不足,不能确定.

1-7 已知一质点的运动矢量方程为

$$\boldsymbol{r}=2t\boldsymbol{i}+(19-2t^2)\boldsymbol{j} \quad (\text{SI 单位})$$

求:

(1) 1 s 末和 3 s 初质点的位置矢量;

(2) 运动方程的坐标分量形式;

(3) 轨迹方程.

1-8 一质点作直线运动,它的运动方程是 $x=10t^2-5t$(SI 单位).

(1) 试求质点的速度和加速度的表达式;

(2) 质点的初位置在何处? 初速度是多少?

(3) 在 $t=5$ s 的时刻,质点的速度、加速度是多少?

(4) 分别作出 $x-t$ 图、$v-t$ 图和 $a-t$ 图.

1-9 在 Oxy 平面上运动的物体的坐标为

$$x=t^2 \qquad y=(t-4)^2 \quad (\text{SI 单位})$$

(1) 求速度与加速度的表达式;

(2) 求 $t=2$ s 时刻物体速度和加速度的大小和方向.

1-10 物体作抛射角为 α 的斜上抛运动,已知物体在最高点的速率为 $12.25\ \text{m}\cdot\text{s}^{-1}$,落地点距抛出点水平距离为 38.2 m.忽略空气阻力,求:

(1) 物体的初速度;

(2) 物体的最大高度.

1-11 一质点沿 x 轴作直线运动,已知其加速度为

$$a=5\cos 10t \quad (\text{SI 单位})$$

当 $t=0$ 时,质点初位移 $x_0=5$ cm,初速度 $v_0=0$,求 v 和 x 的数学表达式.

***1-12** 在离水面高度为 h 的岸边上,有人用绳子拉船靠岸,船在离岸边 s 距离处.当人以 v_0 的速率收绳时,试求船的速率、加速度的大小.

1-13 一质点从静止出发沿半径为 $R=3$ m 的圆周运动,切向加速度为 $a_t=3\ \text{m}\cdot\text{s}^{-2}$,试问:

(1) 经过多少时间它的总加速度 $\boldsymbol{a}$ 恰与半径成 45°角?

(2) 在上述时间内物体所通过的路程 s 是多少?

1-14 一质点沿半径为 R 的圆周按规律 $s=v_0t-\frac{1}{2}bt^2$ 运动,v_0、b 都是常量.

(1) 求 t 时刻质点的总加速度;

(2) t 为何值时总加速度在数值上等于 b?

(3) 当加速度到达 b 时,质点已沿圆周运动了多少圈?

1-15 一质点沿半径为 0.10 m 的圆周运动,其角位置(以弧度表示)随时间变化规律为 $\theta=2+4t^3$(SI 单位).问:

(1) 在 $t=2$ s 时,它的法向加速度和切向速度各是多少?

(2) 总加速度与半径成 45°时,θ 的值是多少?

1-16 有 A、B、C 三物体如习题 1-16 图所示放置,已知 $m_A=1$ kg,$m_B=2$ kg,$m_C=3$ kg,m_B 与桌面的摩擦系数为 0.05,试计算 m_B 的加速度和两绳的张力.

1-17 如习题 1-17 图所示,把一质量为 m 的木块放在与水平面成 θ 角的固定斜面上,两者间的静摩擦因数 μ_0 较小,因此若不加支持,木块将加速下滑.试问:必须施多大的水平力 $\boldsymbol{F}$,可使木块恰不下滑?此时木块对斜面的正压力多大?

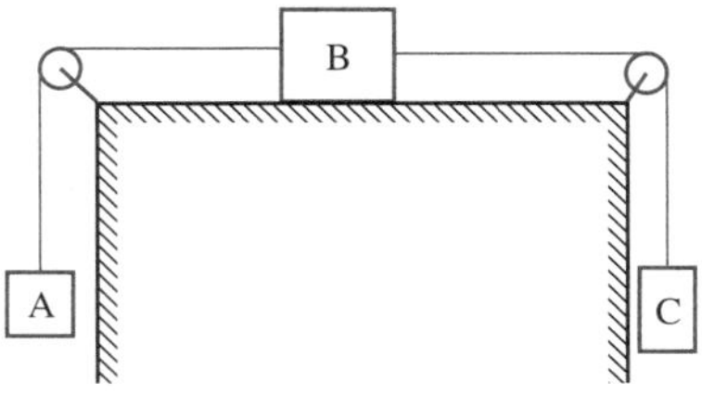

习题 1-16 图

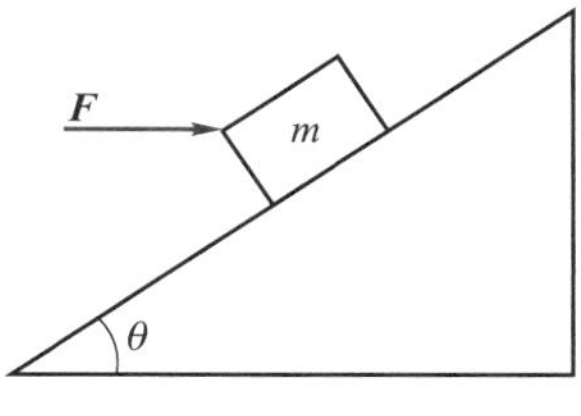

习题 1-17 图

1-18 一质量为 10 kg 的质点在力 F 的作用下沿 x 轴作直线运动,已知 $F=120t+40$(SI 单位).在 $t=0$ 时,质点位于 $x=5.0$ m 处,其速度 $v=6.0$ m/s.求质点在任意时刻的速度和位置.

1-19 在一只半径为 R 的半球形碗内,有一个质量为 m 的小钢球,当小钢球以角速度 ω 在水平面内沿碗内壁作匀速圆周运动时,它距碗底有多高?

1-20 光滑的水平桌面上放置一半径为 R 的固定圆环,物体紧贴环的内侧作圆周运动,其摩擦系数为 μ,开始时物体的速率为 v_0,求:

（1）t 时刻物体的速率；

（2）当物体速率从 v_0 减少到 v 时，物体所经历的时间及经过的路程.

1-21 一艘正在沿直线行驶的快艇，在发动机关闭后，其加速度方向与速度方向相反，大小与速度平方成正比，即 $\mathrm{d}v/\mathrm{d}t=-kv^2$，式中 k 为常量.试证明快艇在关闭发动机后又行驶 x 距离时的速度为

$$v=v_0(1-\mathrm{e}^{-kt})$$

其中 v_0 是发动机关闭时的速度.

1-22 一质量为 m 的质点在流体中作直线运动，受到与速度大小成正比、方向相反的阻力 kv 的作用（$k>0$，为常量），$t=0$ 时质点的速度为 v_0，不计重力作用，试证明：

（1）t 时刻质点的速度为 $v=v_0\mathrm{e}^{-\frac{k}{m}x}$；

（2）停止运动前经过的距离为 $x=\dfrac{m}{k}v_0$.

答案

第二章

能量守恒定律和动量守恒定律

在第一章我们研究了质点运动的描述和牛顿运动定律，确定了质点在某一时刻所受力和该力所产生加速度之间的瞬时关系，而实际上力对物体的作用总要经历一段路程或持续一段时间.本章在上一章的基础上将研究对象由质点转向质点系，进一步讨论力对空间的累积作用，引入功、动能定理和机械能守恒定律；讨论力对时间的累积作用，引入冲量、动量定理和动量守恒定律.

2-1 功 动能定理

一、功

力对空间的累积效应可以用做功来表示.

1. 恒力的功

大小和方向都不变的力叫做恒力.恒力做功的定义是：力对质点所做的功等于力在质点位移方向的分量与位移大小的乘积.如图 2-1 所示，质点作直线运动，当发生位移 $\Delta\boldsymbol{r}$ 时，恒力 $\boldsymbol{F}$ 所做的功为

$$W=F\cos\theta\left|\Delta\boldsymbol{r}\right| \tag{2-1a}$$

功也可用矢量的标积表示为

$$W=\boldsymbol{F}\cdot\Delta\boldsymbol{r} \tag{2-1b}$$

功是标量，但有正负，当 $\theta<\frac{\pi}{2}$ 时，功是正值，表示力对受力物体做正功；当 $\theta>\frac{\pi}{2}$ 时，功是负值，表示力对受力物体做负功；当 $\theta=\frac{\pi}{2}$，力就不做功.

如图 2-2 所示，力 $\boldsymbol{F}$ 将物体拉上斜面，此时力 $\boldsymbol{F}$ 做正功（$\theta=0$），重力 $\boldsymbol{P}$ 做负功$\left(\theta>\frac{\pi}{2}\right)$，摩擦力 $\boldsymbol{F}_{\mathrm{f}}$ 做负功（$\theta=\pi$），斜面对物体的支持力 $\boldsymbol{F}_{\mathrm{N}}$ 则不做功$\left(\theta=\frac{\pi}{2}\right)$.

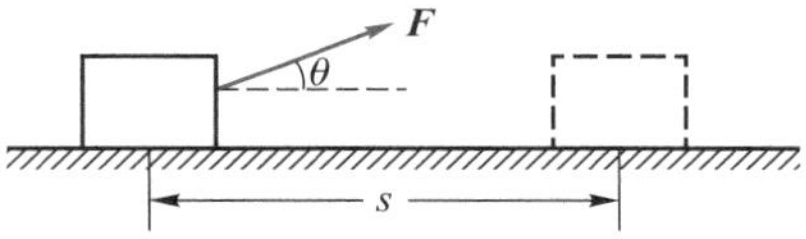

图 2-1 恒力的功

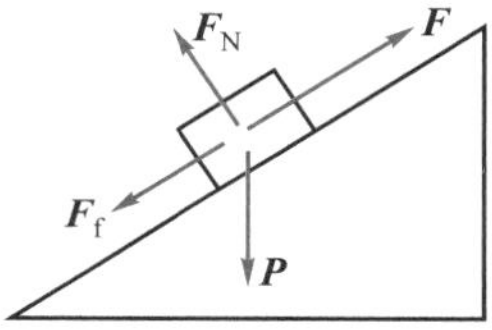

图 2-2 恒力做功示例

2. **变力的功**

一般情况质点沿曲线运动(图 2-3),质点从 a 点运动到 b 点的过程中,作用于质点的力的大小和方向都在变化.在这种情形下,我们可以将全部路程分成许多足够小的位移,使得在各位移内力可作为恒力,力在位移元 d$\boldsymbol{r}$ 中的功是

$$\mathrm{d}W=\boldsymbol{F}\cdot\mathrm{d}\boldsymbol{r}=F\cos\theta\mathrm{d}s \tag{2-2}$$

而力在全部路程中的功是

$$W=\int_a^b\mathrm{d}W=\int_a^b\boldsymbol{F}\cdot\mathrm{d}\boldsymbol{r}=\int_{s_a}^{s_b}F\cos\theta\mathrm{d}s \tag{2-3a}$$

以 s 为横坐标,$F\cos\theta$ 为纵坐标作出一条曲线(图 2-4),那么功在数值上等于曲线下的面积,当功是正值时,曲线在横坐标之上,当功是负值时,曲线在横坐标之下.$F\cos\theta-s$ 图线称为示功图.

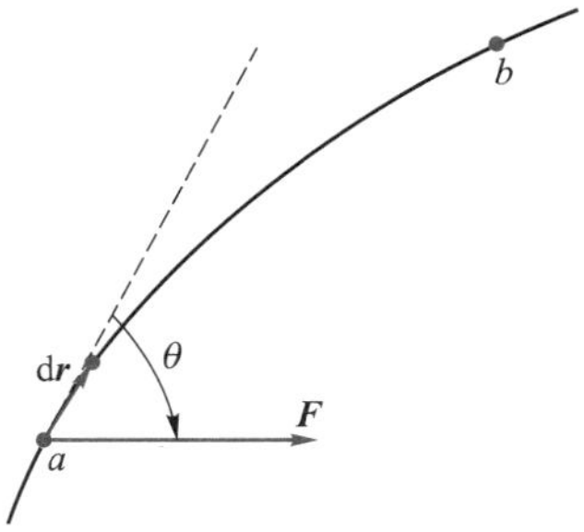

图 2-3 变力的功

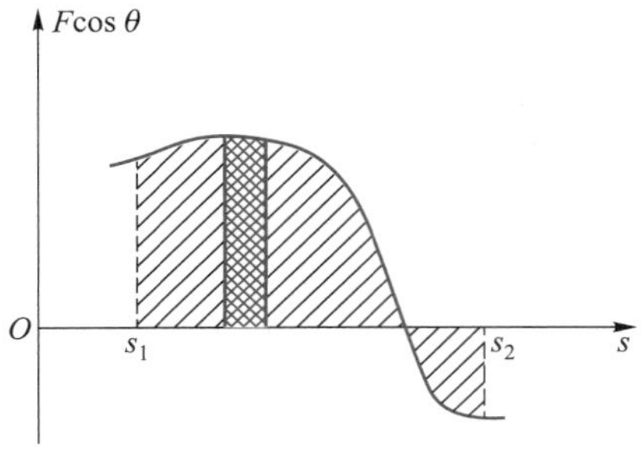

图 2-4 示功图

在直角坐标系中,$\boldsymbol{F}=F_x\boldsymbol{i}+F_y\boldsymbol{j}+F_z\boldsymbol{k}$,$\mathrm{d}\boldsymbol{r}=\mathrm{d}x\boldsymbol{i}+\mathrm{d}y\boldsymbol{j}+\mathrm{d}z\boldsymbol{k}$,则有

$$W=\int_a^b\boldsymbol{F}\cdot\mathrm{d}\boldsymbol{r}=\int_{x_a}^{x_b}F_x\mathrm{d}x+\int_{y_a}^{y_b}F_y\mathrm{d}y+\int_{z_a}^{z_b}F_z\mathrm{d}z \tag{2-3b}$$

假如质点同时受到几个力的作用:$\boldsymbol{F}=\boldsymbol{F}_1+\boldsymbol{F}_2+\boldsymbol{F}_3+\cdots$,由功的定义式可知

$$W=\int_a^b(\boldsymbol{F}_1+\boldsymbol{F}_2+\boldsymbol{F}_3+\cdots)\cdot\mathrm{d}\boldsymbol{r}=\int_a^b\boldsymbol{F}_1\cdot\mathrm{d}\boldsymbol{r}+\int_a^b\boldsymbol{F}_2\cdot\mathrm{d}\boldsymbol{r}+\int_a^b\boldsymbol{F}_2\cdot\mathrm{d}\boldsymbol{r}+\cdots$$

即

$$W=W_1+W_2+W_3+\cdots \tag{2-4}$$

式(2-4)表明,合力对质点所做的功,等于各个分力所做功的代数和.

在国际单位制中,功的单位是牛米(N·m),称为焦耳(J).

3. **功率**

在实际生产中,不仅要知道做功的多少,还要知道做功的快慢,因此还需引入功率这一物理量.功率是功随时间的变化率,用 P 表示,则有

$$P=\frac{\mathrm{d}W}{\mathrm{d}t}$$

利用式(2-2),可得

$$P=\frac{\mathrm{d}W}{\mathrm{d}t}=\frac{\boldsymbol{F}\cdot\mathrm{d}\boldsymbol{r}}{\mathrm{d}t}=\boldsymbol{F}\cdot\boldsymbol{v} \tag{2-5}$$

在国际单位制中，功率的单位是焦耳每秒($\mathrm{J\cdot s^{-1}}$)，叫做瓦特，简称瓦(W)，工程上常用马力(ps)为单位，规定 1 ps＝0.735 kW＝735 W.

例 2-1　重量为 P 的小物体系于绳的一端，绳长为 l，如图所示.水平变力 $\boldsymbol{F}$ 从零开始逐渐增大，缓慢地作用于该物体上，使得该物体在所有时刻均可认为处于平衡状态，一直到绳与竖直线成 θ_0 角位置.试计算力 $\boldsymbol{F}$ 的功.

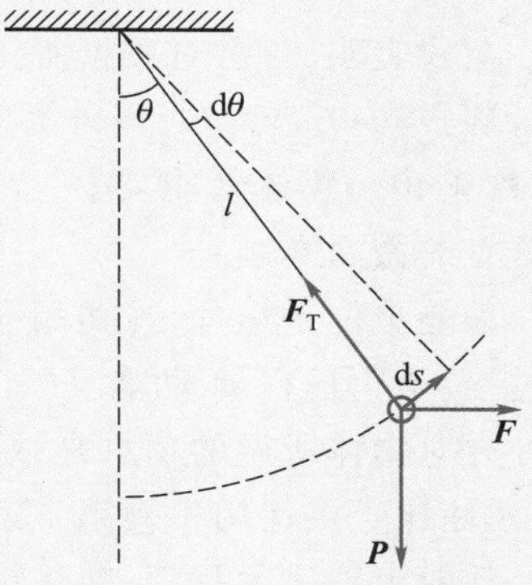

例 2-1 图

解　因小物体每时刻都可认为处于平衡状态，故有

$$\boldsymbol{F}+\boldsymbol{F}_{\mathrm{T}}+\boldsymbol{P}=0$$

在水平方向

$$F_{\mathrm{T}}\sin\theta=F$$

在竖直方向

$$F_{\mathrm{T}}\cos\theta=P$$

两式相除得

$$F=P\tan\theta$$

因 $\mathrm{d}s=l\mathrm{d}\theta$，因而有

$$W=\int F\cos\theta\mathrm{d}s=\int_0^{\theta_0}P\tan\theta\cos\theta l\mathrm{d}\theta$$

$$=Pl\int_0^{\theta_0}\sin\theta\mathrm{d}\theta=Pl(1-\cos\theta_0)$$

二、动能定理

高速运动的子弹射入墙体的过程中，子弹克服墙体的摩擦阻力做了功，这表明运动的子弹具有能量，这种能量通过做功的方式转化为热能，使墙砖的温度升高.运动着的物体所具有的能量称为动能.通过讨论力对空间累积作用的效果，可以得出力对质点做功与其动能变化之间的关系.

如图 2-5 所示，设物体在合外力 $\boldsymbol{F}$ 作用下沿一曲线由 a 点运动到 b 点，在 a、b 两点的速率分别为 v_1 和 v_2，按牛顿第二定律，曲线运动的切向方程为

$$F_{\mathrm{t}}=m\frac{\mathrm{d}v}{\mathrm{d}t}$$

其中 F_{t} 为合外力 $\boldsymbol{F}$ 在切线方向的分量.由图 2-5 可见，$F_{\mathrm{t}}=F\cos\theta$，又有 $\mathrm{d}s=v\mathrm{d}t$，代入式(2-2)可得

$$\mathrm{d}W=F\cos\theta\mathrm{d}s=m\frac{\mathrm{d}v}{\mathrm{d}t}v\mathrm{d}t=mv\mathrm{d}v$$

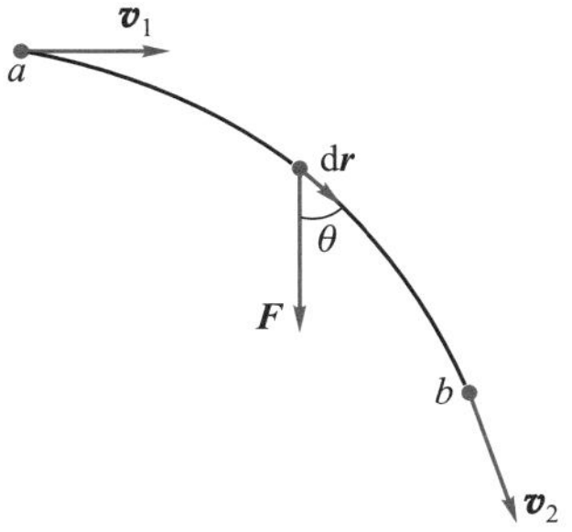

图 2-5　动能定理

物体从 a 点运动到 b 点，合外力所做的功为

$$W=\int_a^b F\cos\theta \mathrm{d}s=\int_{v_1}^{v_2} mv\mathrm{d}v=\frac{1}{2}mv_2^2-\frac{1}{2}mv_1^2 \tag{2-6a}$$

式中，$E_{k1}=\frac{1}{2}mv_1^2$ 和 $E_{k2}=\frac{1}{2}mv_2^2$ 分别表示质点在始末位置的动能，由此上式可改写为

$$W=E_{k2}-E_{k1}=\Delta E_k \tag{2-6b}$$

上式表明，合力对质点所做的功等于质点动能的增量，这个结论叫质点的动能定理.

从式(2-6a)可知，当外力对物体做正功时($W>0$)，物体的动能增加；当外力对物体做负功时($W<0$)，物体动能减少，也是物体在反抗外力做功.因此，动能这一概念表示运动着的物体所具有的做功本领.

动能单位是焦耳，与功相同，但两者的物理意义不同.功是力的空间累积结果，其大小取决于过程，是个过程量.动能反映了物体的运动状态，是个状态量.不管物体运动过程如何复杂，合外力对物体所做的功总是取决于物体始末动能之差.因此，动能定理在解决某些力学问题时，往往比直接运用牛顿第二定律的瞬时关系要简便得多.

动能定理启示我们：功是物体在某过程中能量改变的一种量度，这个观点将有助于我们去理解其他形式的能量.

最后，应该指出的是，由于位移和速度的相对性，功和动能也都有相对性，它们的大小都依赖于参考系的选择.但动能定理的形式却与参考系的选择无关，每个惯性参考系中都存在各自的动能定理.

例 2-2 质量 $m=2$ kg 的物体沿 x 轴作直线运动，所受合外力 $F=10+6x^2$(SI 单位)，如果在 $x_0=0$ 处时速度 $v_0=0$，试求该物体运动到 $x=4$ m 处时速度的大小.

解 合外力所做的功为

$$W=\int_0^4 F\mathrm{d}x=\int_0^4 (10+6x^2)\mathrm{d}x=168 \text{ J}$$

由动能定理，对物体有

$$\frac{1}{2}mv^2-0=W$$

得

$$v=13 \text{ m}\cdot\text{s}^{-1}$$

思考题

2-1-1 合外力的功等于物体动能的增量，问：其中某一分力的功能否大于上述动能的增量？请举例说明.

2-1-2 一物体沿粗糙斜面下滑，试问：在这过程中哪些力做正功？哪些力做负功？哪些力不做功？

2-1-3 外力对质点不做功时，质点是否一定做匀速运动？

2-2 保守力的功 势能

一、保守力的功

应用动能定理时要计算力的线积分,而复杂路径的积分过程是十分困难的.但有些力的线积分却与积分路径无关,只与质点的起始和终末位置有关,这些力就是保守力.在建筑工地上,我们常能看到打桩机把重锤高高举起,然后下落砸向桩顶,把桩柱打入地下.重锤在从高处下落的过程中释放出的能量,用于桩柱克服地层阻力做功.我们把这样一种与物体的位置有关的潜在能量称为势能.

下面我们从万有引力、弹性力以及摩擦力等力的做功特点出发,引出保守力和非保守力概念,然后介绍引力势能、弹性势能和重力势能.

1. 重力的功

设质量为 m 的物体在重力作用下从 a 点沿任一曲线 acb 运动到 b 点.设 a、b 两点对所选择的参考平面的高度分别为 h_a 和 h_b,如图 2-6 所示.在位移元 $\mathrm{d}\boldsymbol{r}$ 中重力 $\boldsymbol{P}$ 所做的元功是

$$\mathrm{d}W=\boldsymbol{P}\cdot\mathrm{d}\boldsymbol{r}=P\cos\theta\mathrm{d}s=mg\mathrm{d}h$$

式中 $\mathrm{d}h=\mathrm{d}s\cos\theta$,就是物体在位移元 $\mathrm{d}\boldsymbol{r}$ 中下降的高度.在离地面不远处,重力 $P=mg$ 可视为不变.所以在物体沿 acb 运动过程中,重力所做的功为

$$W=\int_a^b\boldsymbol{P}\cdot\mathrm{d}\boldsymbol{r}=-\int_{h_a}^{h_b}mg\mathrm{d}h=mgh_a-mgh_b \tag{2-7}$$

从计算中可以看出,假使物体从 a 点沿另一曲线 adb 运动到 b 点,所做的功仍同上式.由此可知,重力有一特点,即重力所做的功只与路径的始末位置(h_a 和 h_b)有关,而与所经历的路径无关.

2. 万有引力的功

如图 2-7 所示,设一质量为 m 的物体处于另一质量为 m'的静止物体的引力场中,沿某路径由起始点 a 运动到终点 b.若以 m'中心为原点,m 在某时刻的位矢为 $\boldsymbol{r}$,则它在完成元位移 $\mathrm{d}\boldsymbol{r}$ 时,万有引力所做元功为

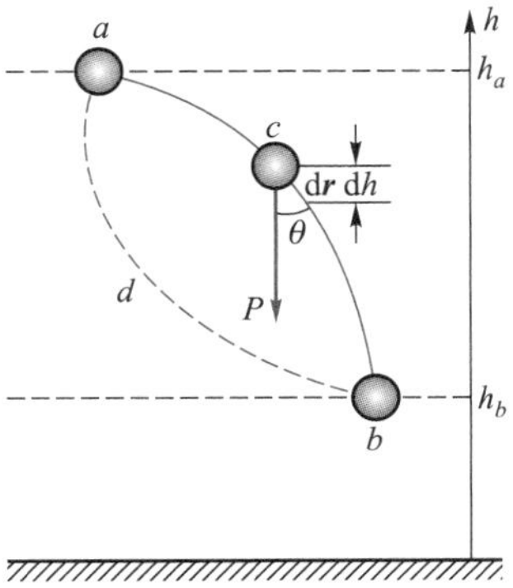

图 2-6 重力的功

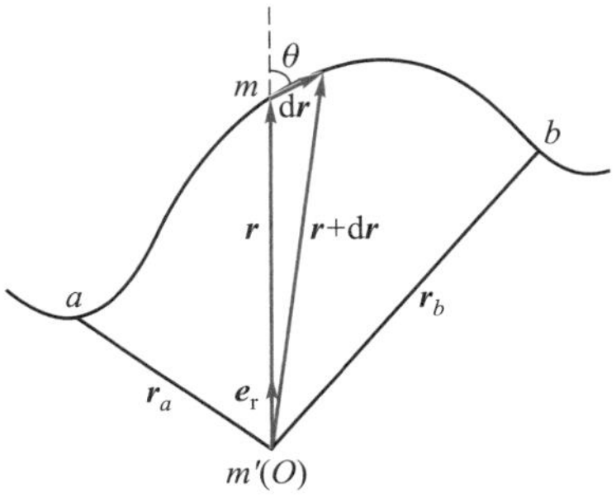

图 2-7 万有引力的功

$$dW=\boldsymbol{F}\cdot d\boldsymbol{r}=-G\frac{m'm}{r^2}\boldsymbol{e}_r\cdot d\boldsymbol{r}$$

由图可以看出 $\boldsymbol{e}_r\cdot d\boldsymbol{r}=|\boldsymbol{e}_r|\cos\theta|d\boldsymbol{r}|=dr$,其中 dr 为位矢大小的增量.

由此可以得出此质点从 a 到 b 运动过程中万有引力所做的总功为

$$W=-\int_{r_a}^{r_b}G\frac{m'm}{r^2}dr=-Gm'm\left(\frac{1}{r_a}-\frac{1}{r_b}\right) \tag{2-8}$$

由此可见,万有引力的功只和始末位置有关,而与所经过的路径无关.

3. 弹性力的功

弹性力做功的特点可以用图 2-8 说明.在光滑的水平面上有一质量为 m 的物体,与弹性系数 k 的轻弹簧一端相连,弹簧的另一端固定.今以弹簧处于自然长度时,物体所在位置为坐标原点,水平向右为坐标轴 x 的正方向.若将弹簧向右拉长,则弹簧对物体施以向左的弹性力 $\boldsymbol{F}$.根据胡克定律,在弹性限度内,弹簧的弹性力 $\boldsymbol{F}$ 的大小与弹簧的伸长量 x 成正比,$\boldsymbol{F}$ 的方向总是指向平衡位置,即

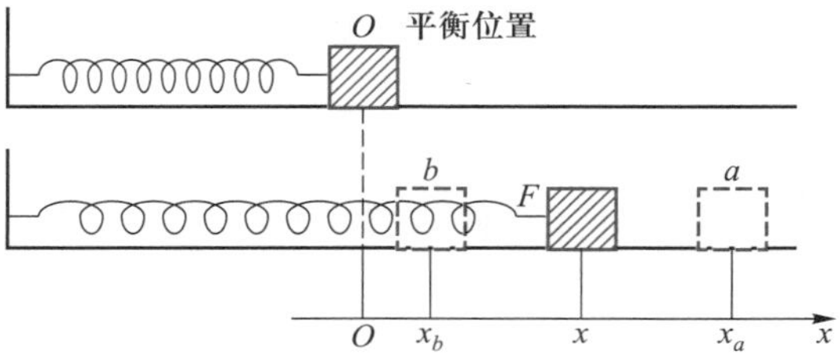

图 2-8 弹性力的功

$$F=-kx$$

因弹性力是一变力,所以计算弹性力的功,须用积分.参看图 2-8,物体由 a 点到 b 点的路径中,弹性力 F 所做的功为

$$W=\int_{x_a}^{x_b}F\,dx=\int_{x_a}^{x_b}-kx\,dx=\frac{1}{2}kx_a^2-\frac{1}{2}kx_b^2 \tag{2-9}$$

它和重力的功有共同的特点,即所做的功也只与物体的始末位置有关,而与路径无关.

从上述对重力、万有引力和弹性力做功的讨论中可以看出,它们做功只与质点的始末位置相关,而与路径无关,我们把具有这种特点的力叫做保守力.除前面所讲的三种力以外,后面要讲到的电荷间相互作用的库仑力也是保守力.

还可以用另一种表述方法来描述保守力的性质,即质点沿任意闭合路径运动一周,保守力对它所做的功为零,数学表述为

$$W=\oint_l\boldsymbol{F}\cdot d\boldsymbol{r}=0 \tag{2-10}$$

如果力做功不仅取决于受力质点的始末位置,而且还与质点所经过的路径有关,或者说,力沿任意闭合路径所做的功不等于零,则这种力称为非保守力.例如,摩擦力就是非保守力,它所做的功就与路径有关,路径越长,摩擦力做的功也越大.

二、势能

由于功是能量变化的量度,因此保守力做功必将造成相应能量的变化.根据上述保守力做功的特点,这种能量的变化应该只取决于质点位置的变化.这种由空间位置决定的能量就是势能,一般用 E_p 表示,E_p 是空间位置的函数.

引入势能概念以后,保守力做的功可写成

$$W=\int_a^b \boldsymbol{F}\cdot \mathrm{d}\boldsymbol{r}=-(E_{pb}-E_{pa})=-\Delta E_p \tag{2-11}$$

上式的意思是,系统在由位置 a 改变到位置 b 的过程中,成对保守内力做的功等于系统势能的减少.

若选择位置 b 为零势能点,即设 $E_{pb}=0$,则位置 a 的势能为 $E_{pa}=W_{ab}=\int_a^b \boldsymbol{F}\cdot \mathrm{d}\boldsymbol{r}$.因此,有保守力做功的系统,若选定零势能点,空间任一点 $\boldsymbol{r}$ 处的势能表达式为

$$E_p(\boldsymbol{r})=\int_{(r)}^{(E_p=0)} \boldsymbol{F}\cdot \mathrm{d}\boldsymbol{r} \tag{2-12a}$$

1. 重力势能

重力是地球对物体的作用,同时一般物体所处的高度总是相对于地面来说的,重力势能既和物体与地球间的相互作用有关,又和这二者的相对位置有关.若以选取的参考平面(如地面)为零势能点,则有

$$E_p=mgh \tag{2-12b}$$

2. 引力势能

对于引力做功,我们同样可引入引力势能的概念,引力势能和两物体之间的引力相互作用有关,又和两物体的相对位置有关,若以 $r\to\infty$ 处为引力零势能点,则有

$$E_p=-Gm'm\frac{1}{r} \tag{2-12c}$$

3. 弹性势能

对于处于弹性形变状态的物体,它也具有能量,我们把这种能量叫做弹性势能.和重力势能相似,弹性势能和物体各部分之间相互作用有关,又和这些部分的相对位置有关.若以物体在平衡位置时的弹性势能为零势能点,则弹性势能可表示为

$$E_p=\frac{1}{2}kx^2 \tag{2-12d}$$

为加深对势能的理解,我们再作一些讨论.

(1) 势能是状态的函数.在保守力作用下,只要质点的起始和终末位置确定了,保守力所做的功也就确定了,与所经过的路径是无关的.所以说,势能是坐标的函数,亦即状态的函数,即 $E_p=E_p(x,y,z)$.前面还说过,动能亦是状态的函数:$E_k=E_k(v_x,v_y,v_z)$.

(2) 势能的相对性.势能的值与零势能点的选取有关.一般选地面的重力势能为零,引力势能的零点取在无限远处,而水平放置的弹簧处于平衡位置时,其弹性势能为零.当然,零势能点也可以任意选取,选取不同的零势能点,物体的势能就将具有不同的值.所以,通常说势能具有相对意义.但也应当注意,任意两点间的势能之差具有绝对性.

(3) 势能是属于系统的.势能是由于系统内各物体间具有保守力作用而产生的,因而它是属于系统的.单独谈单个质点的势能是没有意义的.弹性势能和引力势能是属于弹性力和引力系统的.应当注意的是,在平常叙述时,常将地球与质点系统的重力势能说成是质点的,这只是为了叙述上的简便,其实它是属于地球和质点系统的.质点的引力势能和弹性势能也是这样.

三、势能曲线

如果把势能和相对位置的关系绘成曲线,用来讨论物体在保守力作用下的运动是很方便的.前面提到的三种势能的势能曲线如图 2-9 所示.

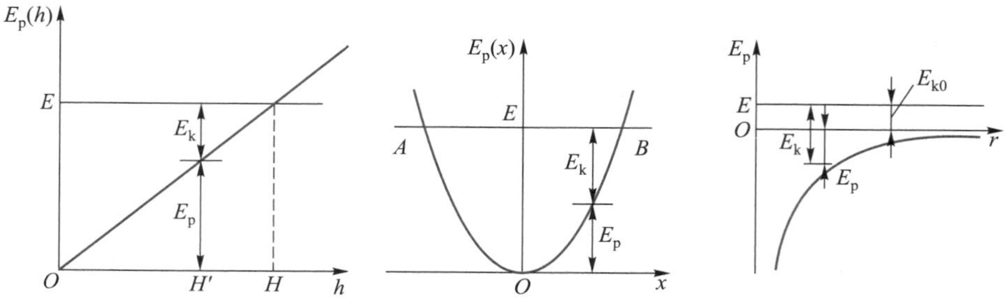

(a) 重力势能　(b) 弹性势能　(c) 引力势能

图 2-9 势能曲线

在系统的总能量 $E=E_k+E_p$(动能与势能之和也统称为机械能)保持不变的条件下,在势能曲线图上,可用一平行于横坐标轴的直线来表示它.系统在每一位置时的动能的大小($E_k=E-E_p$),就可方便地在图上显示出来.因为动能不可能为负值,只有符合 $E_k\geqslant 0$ 的运动才可能发生.所以,根据势能曲线的形状可以讨论物体的运动.例如,在图 2-9(b)中,表示总能量的直线与势能曲线相交于 A、B 两点,这表明质点只能在 AB 的范围内运动,而且在 A、B 两点,质点的动能为零,速度也为零.在图 2-9(a)中,当质点的 $h=H$ 时,其动能为零;而当 $h=H'$ 时,其动能为图中所示的 E_k.

利用势能曲线,还可判断物体在各个位置所受保守力的大小和方向.我们知道,保守力做的功等于势能增量的负值,即

$$W=-(E_{pb}-E_{pa})=-\Delta E_p$$

写成微分形式就是

$$\mathrm{d}W=-\mathrm{d}E_p$$

当系统内的物体在保守力 $\boldsymbol{F}$ 作用下,沿 Ox 轴发生位移 $\mathrm{d}x$ 时,保守力所做的功为

$$\mathrm{d}W=F_x\mathrm{d}x$$

比较上面两个式子,得

$$F_x=-\frac{\mathrm{d}E_p}{\mathrm{d}x} \tag{2-13}$$

上式表明,保守力沿某坐标轴的分量等于势能对此坐标的导数的负值.不难验证,上式对重力、弹性力和万有引力都是正确的.

例 2-3 设两个粒子之间的相互作用力是排斥力,其大小与粒子间距离 r 的函数关系为 $F=k/r^3$,k 为常量,试求这两个粒子相距为 r 时的势能.(设相互作用力为零的地方势能为零.)

解　已知两粒子的相互作用力 $F=k/r^3$

由题意，当 $r\to\infty$ 时，$F=0, E_p=0$.

由式(2-12a)知，两粒子相距为 r 时的势能为

$$E_p=W_{r\infty}=\int_r^\infty \boldsymbol{F}\cdot\mathrm{d}\boldsymbol{r}=\int_r^\infty \frac{k}{r^3}\mathrm{d}r=\frac{k}{r^2}$$

思考题

2-2-1　一人用 196 N 的力将 10 kg 重的物体举高 1 m，问：人做功多少？重力做功多少？两者是否相等？为什么？

2-2-2　势能是系统的，也是相对的，如何理解这句话？

2-2-3　在弹性限度内，如果将弹簧的伸长量增加到原来的两倍，那么弹性势能是否也增加为原来的两倍？

2-3　功能原理　机械能守恒定律

一、质点系的动能定理

在前面 2-1 节，我们学习了质点的动能定理，单个物体(质点)的动能定理也可以推广到由若干物体(质点)所组成的系统.

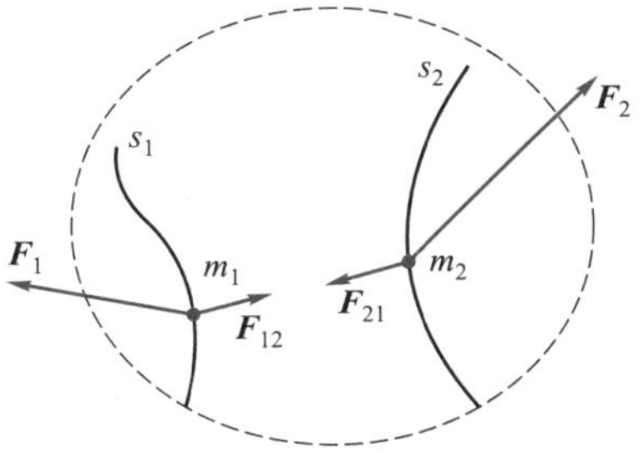

图 2-10　系统的外力和内力的功

如图 2-10 所示，在系统 S 内有两个质点 1 和 2，它们的质量分别为 m_1 和 m_2.外界对系统内质点作用的力叫做外力，系统内质点间的相互作用力则叫做内力.设作用在两质点上的外力分别是 $\boldsymbol{F}_1$ 和 $\boldsymbol{F}_2$，而两质点间相互作用的内力分别为 $\boldsymbol{F}_{12}$和 $\boldsymbol{F}_{21}$.在这些力的作用下，质点 1 和质点 2 沿各自的路径 s_1、s_2 在运动.对质点 1 应用动能定理，有

$$\int \boldsymbol{F}_1\cdot\mathrm{d}\boldsymbol{r}_1+\int \boldsymbol{F}_{12}\cdot\mathrm{d}\boldsymbol{r}_1=\Delta E_{k1}$$

同样，对质点 2 有

$$\int \boldsymbol{F}_2\cdot\mathrm{d}\boldsymbol{r}_2+\int \boldsymbol{F}_{21}\cdot\mathrm{d}\boldsymbol{r}_2=\Delta E_{k2}$$

上面两式相加，即得

$$\int \boldsymbol{F}_1\cdot\mathrm{d}\boldsymbol{r}_1+\int \boldsymbol{F}_2\cdot\mathrm{d}\boldsymbol{r}_2+\int \boldsymbol{F}_{12}\cdot\mathrm{d}\boldsymbol{r}_1+\int \boldsymbol{F}_{21}\cdot\mathrm{d}\boldsymbol{r}_2=\Delta E_{k1}+\Delta E_{k2}$$

上式右边是系统动能的增量，用 ΔE_k 表示；左边前两项之和为系统外力做的功，用 $W_{外}$ 表示；后两项之和为系统内力做的功，用 $W_{内}$ 表示.这样，上式可写成为

$$W_{外}+W_{内}=\Delta E_{k} \tag{2-14}$$

上式也适用于由多个质点所组成的系统.上式表明:作用于质点系的外力和内力做功之和等于该质点系的动能增量,这也叫做质点系的动能定理.

二、质点系的功能原理

对系统的内力来说,它们有保守力和非保守力之分.所以,内力做的功应分成两部分,即保守内力做的功 $W_{保内}$ 和非保守内力做的功 $W_{非保内}$:

$$W_{内}=W_{保内}+W_{非保内}$$

在 2-2 节中已知,保守力所做的功等于系统势能增量的负值,即

$$W_{保内}=-\Delta E_{p}$$

所以式(2-14)可写为

$$W_{外}-\Delta E_{p}+W_{非保内}=\Delta E_{k}$$

移项可得

$$W_{外}+W_{非保内}=\Delta E_{k}+\Delta E_{p}=\Delta E \tag{2-15}$$

$E=E_{k}+E_{p}$ 代表系统的机械能.上式说明:外力和非保守内力对系统所做功的总和等于系统机械能的增量,这通常称为质点系的功能原理.

从功能原理可以看出,功和能量这两个概念是密切联系着的,但又有区别.功总是和能量的转化过程相联系,它是能量转化的量度,是一个过程量.而能量是表示系统在一定状态下所具有的做功本领,它和系统的状态有关,是一个状态量.例如,考虑重力场中运动的物体,当它在一定运动状态时(在一定位置,具有一定的速度),它就具有一定量值的机械能.

功能原理是从质点系的动能定理推导出来的,因此它们之间并无本质上的区别.使用动能定理可解决的问题,使用功能原理同样可以解决.由于功能原理中将保守内力的功用相应的势能增量的负值代替了,而计算势能的增量往往比直接计算功来得方便.因此,功能原理更适用于讨论机械能和其他形式能量之间的转化问题.

例 2-4 一质量为 60 kg 的滑雪运动员,从高 $h=100$ m 的山顶 A 点,以 5 m · s^{-1}的初速度沿山坡滑下,到山脚 B 点时速度为 20 m · s^{-1},如图所示,求此过程中摩擦力所做的功.

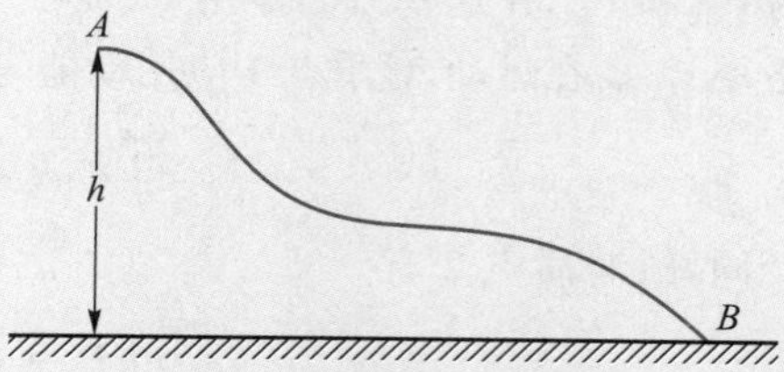

例 2-4 图

解 以地球和运动员为系统,作用于运动员的力有重力 $m\boldsymbol{g}$,地面的支持力 $\boldsymbol{F}_{N}$ 及摩擦力 $\boldsymbol{F}_{f}$.支持力 $\boldsymbol{F}_{N}$ 与轨道垂直,故不做功,而重力 $m\boldsymbol{g}$ 是保守力,$\boldsymbol{F}_{f}$ 是非保守力,取过 B 点的水平面为重力势能零点,则

$$E_{A}=\frac{1}{2}mv_{A}^{2}+mgh \qquad E_{B}=\frac{1}{2}mv_{B}^{2}+0$$

由功能原理得摩擦力的功为

$$
\begin{aligned}
W &= E_B - E_A = \left(\frac{1}{2}mv_B^2 + 0\right) - \left(\frac{1}{2}mv_A^2 + mgh\right) \\
&= \left[\left(\frac{1}{2}\times 60\times 20^2\right) - \left(\frac{1}{2}\times 60\times 5^2 + 60\times 9.8\times 100\right)\right]\ \mathrm{J} \\
&= -4.75\times 10^4\ \mathrm{J}
\end{aligned}
$$

负号表示摩擦力做负功.

功能原理是由动能定理推导出来的,因而完全包含在动能定理之中,凡是可以用功能原理求解的力学问题都可以用动能定理求解.应用功能原理时,只须计算外力的功和非保守内力的功,因为保守内力的功已包含在相应的势能中,如果再计入保守内力的功就重复了.应用动能定理时,既要计算外力的功、非保守内力的功,又要计算保守内力的功.读者可用动能定理重解上题.

三、机械能守恒定律

在式(2-15)中,如 $W_{外}=0$、$W_{非保内}=0$ 同时成立,则可得到

$$\Delta E = 0$$

或者表示为

$$E = E_{\mathrm{k}} + E_{\mathrm{p}} = 常量 \tag{2-16}$$

式(2-16)表明,当外力所做的功与非保守内力所做的功均为零时,虽然在质点系内,各质点之间的动能与势能可以相互转化,但是质点系的总机械能却保持不变,这一结论叫做机械能守恒定律.

应用机械能守恒定律,必须正确选取所研究的系统,分析该系统是否满足机械能守恒定律,因为决定系统的内力和外力的情况,都是相对于一定的系统而言的.

另外,还要注意参考系的选择.因为质点系功能原理是从牛顿运动定律推导出来的,所以只适用于惯性系,在非惯性系中不能直接使用.即使在惯性系中,由于外力做功与参考系的选择有关,在某一惯性系中系统的机械能守恒,而在另一惯性系中系统的机械能可能并不守恒.

例 2-5 如图所示,质量为 0.1 kg 的小球,拴在弹性系数为 $k=1\ \mathrm{N\cdot m^{-1}}$ 的轻弹簧的一端,另一端固定,这个弹簧的原长 $l_0=0.8\ \mathrm{m}$,起初弹簧在水平位置,并保持原长,然后释放小球,让它落下,当弹簧通过竖直位置时,被拉长为 $l=1\ \mathrm{m}$,求该时刻小球的速率 v.

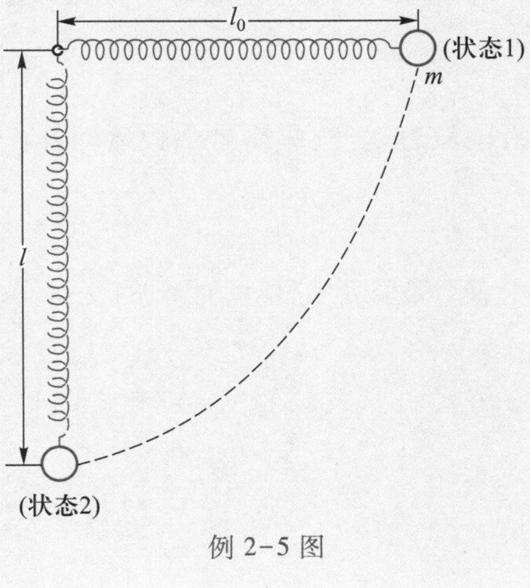

例 2-5 图

解 取小球、地球及弹簧组成系统,在小球由水平位置运动到竖直位置的过程中,小球受到重力和弹簧的弹性力的作用,两者都是保守力.当忽略摩擦力和空气阻力时,系统的机械能守恒.

选状态 1 的弹性势能等于零,状态 2 的重力势能等于零.于是物体系在状态 1 的机械能 $E_1=mgl$,状态 2 的机械能 $E_2=\frac{1}{2}mv^2+\frac{1}{2}k\,(l-l_0)^2$.根据机械

能守恒定律：

$$mgl=\frac{1}{2}mv^2+\frac{1}{2}k\ (l-l_0)^2 \tag{1}$$

解得

$$v=\sqrt{2gl-\frac{k}{m}(l-l_0)^2}$$

代入已知数据：

$$v=\sqrt{2\times9.8\times1-\frac{1}{0.1}(1-0.8)^2}\ \mathrm{m\cdot s^{-1}}=4.38\ \mathrm{m\cdot s^{-1}}$$

由式(1)可看出，初始重力势能有一部分转化为弹性势能.

例 2-6 一水平光滑面上放置一弹性系数为 k 的轻质弹簧，一端固定在墙上，另一端连一质量为 m' 的物体，开始时，用另一质量为 m 的物体靠紧 m' 并将弹簧压缩，如图所示.问：至少需将弹簧压缩多少才能使物体 m 恰能通过半径为 R 的光滑圆轨道的顶点？

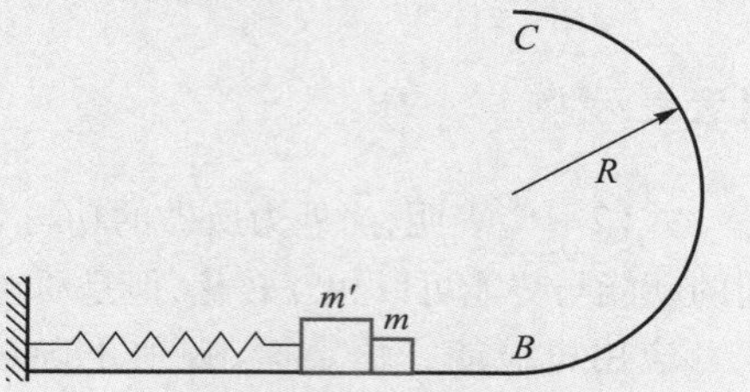

例 2-6 图

解 整个运动可分为两个物理过程，放手后 m' 与 m 一起运动，到弹簧自然长度处为第一个过程，m 脱离 m' 后并自行沿光滑圆轨道作圆周运动为第二个过程，在整个运动过程中由于只有弹性力和重力作功，所以 m'、m、弹簧及地球组成的系统的机械能守恒.

对第一个过程列出方程：

$$\frac{1}{2}kx^2=\frac{1}{2}(m'+m)v_1^2 \tag{1}$$

式中，x 为弹簧的压缩量，v_1 为 m' 与 m 分离时的速率.

对第二过程，选 B 点为零势能位置，m 从脱离点到圆轨道顶点 C 处，有

$$\frac{1}{2}mv_1^2=mg2R+\frac{1}{2}mv_C^2 \tag{2}$$

m 沿圆轨道运动，应满足牛顿运动方程，在通过最高点 C 时有

$$\boldsymbol{F}_\mathrm{N}+mg=m\frac{v_C^2}{R} \tag{3}$$

式中，$\boldsymbol{F}_\mathrm{N}$ 是轨道在 C 点对 m 的支持力.m 恰能通过 C 点条件是

$$\boldsymbol{F}_\mathrm{N}=0 \tag{4}$$

联立解式(1)、式(2)、式(3)和式(4)，可得

$$x=\sqrt{\frac{5(m'+m)gR}{k}}$$

* **例 2-7**　求宇宙飞船脱离地球束缚所需的逃逸速度.

解　设在地球表面附近发射航天器,发射速度方向和地面平行.当航天器达到速度 v_1(第一宇宙速度)时,它会沿着圆形轨道绕地球飞行,这就是人造地球卫星.当发射速度大于 v_1 时,轨道变成椭圆,发射点是其近地点.当发射速度增大到 v_2(第二宇宙速度)时,轨道成为抛物线,航天器将摆脱地球的引力而成为太阳系的人造行星.当发射速度大于 v_2 时,航天器的轨道为双曲线,如图所示.

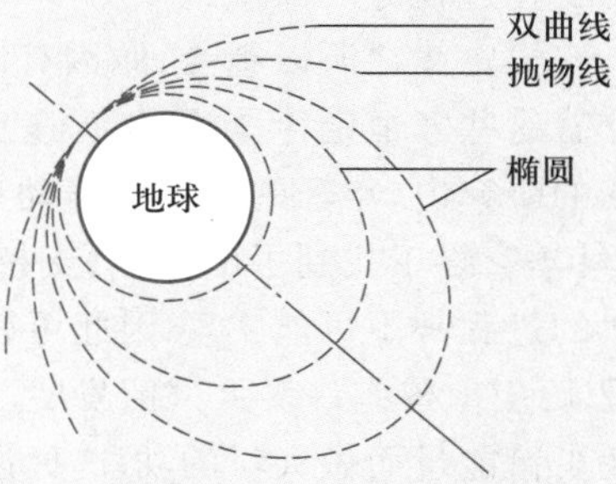

例 2-7 图

宇宙飞船脱离地球束缚所需的逃逸速度就是第二宇宙速度.飞船脱离地球引力时,系统机械能最小:$E=0$,则有

$$\frac{1}{2}mv_2^2-G\frac{m_{\mathrm{E}}m}{r}=0$$

式中,m_{E} 为地球质量,由此得

$$v_2=\sqrt{\frac{2Gm_{\mathrm{E}}}{r}}$$

设地面上宇宙飞船的重量为 mg,地球半径为 R,则飞船所受地球的引力 $\frac{Gmm_{\mathrm{E}}}{R^2}=mg$,由此可得 $g=\frac{Gm_{\mathrm{E}}}{R^2}$,代入上式,则有

$$v_2=\sqrt{\frac{2gR^2}{r}}$$

当飞船在地面附近时,上式中 $r=R$,则有

$$v_2=\sqrt{2Rg}=11.2\times10^3\ \mathrm{m/s}$$

请读者自行证明第一宇宙速度 $v_1=7.91\times10^3\ \mathrm{m/s}$ 和第三宇宙速度 $v_3=16.7\times10^3\ \mathrm{m/s}$.

四、能量守恒定律

如果物体系统内除保守力外,还有非保守力(如摩擦力)做功,系统的机械能将发生变化.人类经长期实践证明,在系统机械能增加或减少的同时,必须有等值的其他形式的能量减少或增加.而系统的机械能和其他形式的能量的总和仍然是一个常量.这就是说,能量不能消失,也不能创造,它只能以一种形式转化为另一种形式.这一结论称为能量守恒和转化定律,简称为能量守恒定律.对于一个与外界没有能量交换的系统(称为封闭系统),能量守恒定律可以这样叙述:在封闭系统内,不论发生何种变化过程,各种形式的能量可以互相转化,但能量的总和不变.

能量守恒定律是从无数事实中得出的结论,所以是物理学中最具有普遍性的定律之一.它可以适用于任何变化过程,不论是机械的、热的、电磁的、原子和原子核的过程,还是化学的、生物的变化过程等.

守恒定律之所以重要,原因有以下两个.一方面,自然界一切已经实现的过程无一例外都遵守着这些守恒定律.如果有所违反,那通常是因为过程中蕴藏着还未被认识的新事物.在β衰变的研究中,年轻的泡利坚信动量守恒定律和能量守恒定律,并提出中微子假说.20多年以后,科学家终于找到了中微子,支持了泡利的假说,捍卫了守恒定律.另一方面,凡是违背守恒定律的过程都不可能实现.因此可以根据守恒定律判断哪些过程不可能发生,哪些构想不可能实现.历史上曾有许多人试图发明一种"永动机",它不消耗能量而能连续不断地对外做功,或消耗少量能量而做大量的功.这种设想违反能量守恒定律,这类永动机只能以失败告终.

利用守恒定律研究物体系统,可以不管系统内各物体间的相互作用如何复杂,也不用关心过程的细节如何,而是直截了当地对系统始末状态的某些特征下结论,为解决问题另辟新思路.从某种意义上来说,物理学家所追求的就是想方设法找寻所研究的现象中存在哪些守恒定律.

思考题

2-3-1 把物体抛向空气中,有哪些力对它做功?这些力是否都是保守力?

2-3-2 举例说明用能量守恒定律和用牛顿运动定律各自求解哪些力学问题比较方便,哪些力学问题不方便.

2-3-3 一物体在粗糙的水平面上,用力 F 拉它作匀速直线运动,问:物体的运动是否满足机械能守恒的条件?

2-4 动量定理 动量守恒定律

一、冲量 质点的动量定理

我们已经知道,速度是反映物体运动状态的物理量,但是在长期的生产和生活实践中,我们所遇到的许多现象表明:物体的运动状态不仅取决于速度,而且与物体的质量有关.例如:在同样刹车制动力的作用下,速度越快的车辆越不容易停下来,因此容易造成车辆追尾事故;同样,车辆超载造成车体质量大大增加,即使车速并不快,也很难靠刹车制动及时把车停下来,从而造成事故.类似的例子还有很多.这就是说,从动力学的角度来考察物体的机械运动状态时,必须同时考虑速度和质量这两个因素.为此,我们引入动量的概念.把一个质点的质量 m 与其运动速度 $\boldsymbol{v}$ 的乘积定义为质点的动量,用 $\boldsymbol{p}$ 表示.根据上一章讨论,牛顿第二定律可表述为

$$\boldsymbol{F}=\frac{\mathrm{d}\boldsymbol{p}}{\mathrm{d}t}=\frac{\mathrm{d}(m\boldsymbol{v})}{\mathrm{d}t}$$

可得

$$\boldsymbol{F}\mathrm{d}t=\mathrm{d}(m\boldsymbol{v})$$

如果作用在物体(质点)上的力 $\boldsymbol{F}$ 是随时间 t 变化的变力,即 $\boldsymbol{F}=\boldsymbol{F}(t)$,将上式从时间 t_1 到 t_2 内积分可得

$$\int_{t_1}^{t_2}\boldsymbol{F}\mathrm{d}t=m\boldsymbol{v}_2-m\boldsymbol{v}_1=\boldsymbol{p}_2-\boldsymbol{p}_1 \tag{2-17}$$

式中 $\boldsymbol{I}=\int_{t_1}^{t_2}\boldsymbol{F}\mathrm{d}t$ 称为冲量,式(2-17)是质点的动量定理.

冲量 $\boldsymbol{I}$ 是矢量,其方向与质点动量增量的方向一致,切勿以为冲量的方向与质点动量的方向一致.一般在打击、碰撞等问题中,物体与物体之间的相互作用时间极其短暂,但作用力却很大,这种力称为冲力.由于冲力随时间的变化非常大,很难用确切的解析函数式来表示,因此可用平均冲力 $\overline{\boldsymbol{F}}$ 来替代.平均冲力为

$$\overline{\boldsymbol{F}}=\frac{\int_{t_1}^{t_2}\boldsymbol{F}(t)\mathrm{d}t}{t_2-t_1}$$

此时冲量可表述为

$$\boldsymbol{I}=\overline{\boldsymbol{F}}(t_2-t_1)$$

由质点的动量定理可知,在动量变化一定的情况下,作用时间越长,物体受到的平均冲力就越小;反之则越大.因此,在跳高场地上要铺设厚厚的海绵垫子,以延长运动员落地时的作用时间,从而减小运动员着地时地面对人的冲力.

(2-17)是矢量式,实际计算时可用它在各坐标轴方向的分量式,即

$$\begin{cases} I_x=\int_{t_1}^{t_2}F_x\mathrm{d}t=mv_{2x}-mv_{1x} \\ I_y=\int_{t_1}^{t_2}F_y\mathrm{d}t=mv_{2y}-mv_{1y} \\ I_z=\int_{t_1}^{t_2}F_z\mathrm{d}t=mv_{2z}-mv_{1z} \end{cases} \tag{2-18}$$

这些分量式说明:冲量在各坐标轴上的分量等于它在相应方向上的动量分量的增量.

在国际单位制中,冲量的单位是牛秒(N·s).动量的单位是千克米每秒(kg·m/s),不难验算,这两单位实际上是等效的.

动量定理表明:在相等冲量的作用下,不同质量的物体其速度变化是不相同的,但它们的动量增量却是一样的,所以动量 $\boldsymbol{p}$ 比速度 $\boldsymbol{v}$ 能更确切地反映物体的运动状态,是一个应用很广的物理量.

还需注意的是:在应用动量定理时,物体的始末动量应由同一个惯性系来确定.尽管对不同的惯性系,物体的动量是不同的,但是动量定理的形式却没有改变,这就是动量定理的不变性.

例 2-8 一弹性球，质量为 $m=0.2\ \mathrm{kg}$，以速度 $v=5\ \mathrm{m\cdot s^{-1}}$ 与墙壁碰撞后跳回，设跳回时速度大小不变，碰撞前后的运动方向和墙的法线所夹的角均为 α，如图所示.设球和墙碰撞时间 $\Delta t=0.05\ \mathrm{s}$，$\alpha=60°$，求在碰撞时间内，球和墙的平均相互作用力.

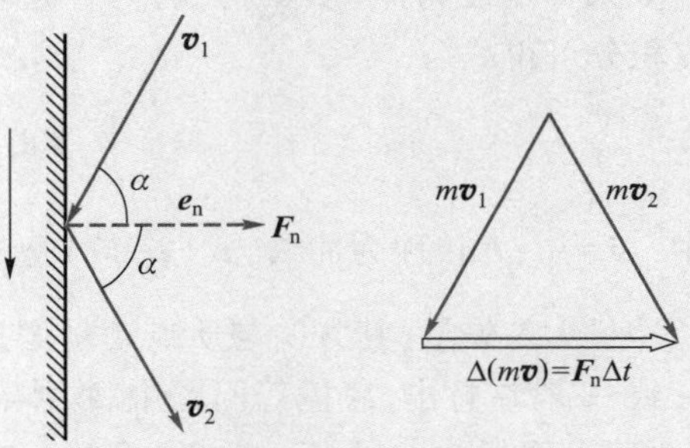

例 2-8 图

解 设墙对球的平均作用力为 $\boldsymbol{F}$，球在碰撞前后的速度为 $\boldsymbol{v}_1$ 和 $\boldsymbol{v}_2$，按动量定理得

$$\boldsymbol{F}\Delta t=m\boldsymbol{v}_2-m\boldsymbol{v}_1 \qquad (1)$$

将冲量和动量分别沿 $\boldsymbol{e}_n$ 和 x 两方向分解，得分量式：

$$F_x\Delta t=mv_{2x}-mv_{1x} \qquad (2)$$

$$F_n\Delta t=mv_{2n}-mv_{1n} \qquad (3)$$

从图中可知，$v_{1x}=v\sin\alpha$，$v_{2x}=v\sin\alpha$，$v_{1n}=-v\cos\alpha$，$v_{2n}=v\cos\alpha$，代入式(2)和式(3)，得

$$F_x\Delta t=mv\sin\alpha-mv\sin\alpha=0$$

$$F_n\Delta t=mv\cos\alpha+mv\cos\alpha=2mv\cos\alpha$$

所以

$$F_x=0$$

$$F_n=\frac{2mv\cos\alpha}{\Delta t} \qquad (4)$$

由此可见，墙对球作用力的方向和墙的法线方向相同(注意：这一结论并不适用于所有的斜碰).代入数字，得

$$F_n=F=\frac{2\times0.2\times5\times0.5}{0.05}\ \mathrm{N}=20\ \mathrm{N}$$

由牛顿第三定律，球对墙的作用力和 F_n 相等而反向.请注意式(4)，F_n 反比于碰撞时间 Δt.

二、质点系的动量定理

先讨论由两个质点组成的系统，这两个质点的质量分别为 m_1 和 m_2，如图 2-11 所示，$\boldsymbol{F}_1$、$\boldsymbol{F}_2$ 为作用于系统内的两个物体的外力，$\boldsymbol{F}_{21}$、$\boldsymbol{F}_{12}$ 为系统内两个物体相互作用的内力.假设两个物体在 t_0 时刻的速度为 $\boldsymbol{v}_{10}$ 和 $\boldsymbol{v}_{20}$，在 t 时刻的速度为 $\boldsymbol{v}_1$ 和 $\boldsymbol{v}_2$.对两物体分别应用动量定理，则有

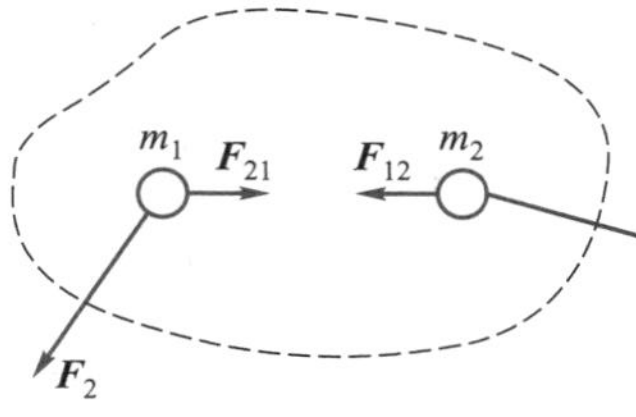

图 2-11 系统的内力和外力的冲量

$$\int_{t_0}^{t}(\boldsymbol{F}_1+\boldsymbol{F}_{21})\,\mathrm{d}t=m_1\boldsymbol{v}_1-m_1\boldsymbol{v}_{10}$$

$$\int_{t_0}^{t}(\boldsymbol{F}_2+\boldsymbol{F}_{12})\,\mathrm{d}t=m_2\boldsymbol{v}_2-m_2\boldsymbol{v}_{20}$$

将以上两式相加，得

$$\int_{t_0}^{t}(\boldsymbol{F}_1+\boldsymbol{F}_2+\boldsymbol{F}_{21}+\boldsymbol{F}_{12})\mathrm{d}t=(m_1\boldsymbol{v}_1+m_2\boldsymbol{v}_2)-(m_1\boldsymbol{v}_{10}+m_2\boldsymbol{v}_{20})$$

由牛顿第三定律知道,系统内力满足 $\boldsymbol{F}_{21}=-\boldsymbol{F}_{12}$,因此

$$\int_{t_0}^{t}(\boldsymbol{F}_1+\boldsymbol{F}_2)\mathrm{d}t=(m_1\boldsymbol{v}_1+m_2\boldsymbol{v}_2)-(m_1\boldsymbol{v}_{10}+m_2\boldsymbol{v}_{20})$$

上式表明,系统所受合外力的冲量等于系统内两质点动量之和的增量(也就是系统的总动量增量).

上述结论也可推广到由 n 个质点所组成的系统,这时有

$$\int_{t_0}^{t}\sum_{i=1}^{n}\boldsymbol{F}_i\mathrm{d}t=\sum_{i=1}^{n}m_i\boldsymbol{v}_i-\sum_{i=1}^{n}m_i\boldsymbol{v}_{i0}=\boldsymbol{p}-\boldsymbol{p}_0 \qquad (2-19a)$$

上式表明,作用于质点系的合外力的冲量等于质点系总动量的增量,这一结论称为质点系的动量定理.

由以上讨论可知,质点系总动量的增量仅与合外力的冲量有关,内力能使系统内各质点动量发生变化,但它们对系统的总动量没有影响.

质点系的动量定理微分式可表示为

$$\sum_{i=1}^{n}\boldsymbol{F}_i=\frac{\mathrm{d}\boldsymbol{p}}{\mathrm{d}t} \qquad (2-19b)$$

三、动量守恒定律

由质点系的动量定理知,如果系统所受的合外力为零,有

$$\boldsymbol{p}=\sum_{i=1}^{n}m_i\boldsymbol{v}_i=\text{常矢量} \qquad (2-20)$$

式(2-20)表示,如果系统不受外力作用或合外力为零,则系统的总动量保持不变,这一结论称为动量守恒定律.

动量守恒定律指出,在系统不受外力作用或合外力为零时,系统中各个物体由于受外力及内力作用,它的动量可以发生变化,但系统中一切物体的动量的矢量和却保持不变.外力及内力的作用仅仅是使系统的总动量在各物体之间的分配发生变化.

式(2-20)是矢量式,运算时通常用分量式,即

$$\left.\begin{aligned}&\text{当}\sum F_{ix}=0\text{ 时},m_1v_{1x}+m_2v_{2x}+\cdots+m_nv_{nx}=\text{常量}\\&\text{当}\sum F_{iy}=0\text{ 时},m_1v_{1y}+m_2v_{2y}+\cdots+m_nv_{ny}=\text{常量}\\&\text{当}\sum F_{iz}=0\text{ 时},m_1v_{1z}+m_2v_{2z}+\cdots+m_nv_{nz}=\text{常量}\end{aligned}\right\} \qquad (2-21)$$

应用动量守恒定律时,应该注意以下几点:

(1) 在动量守恒定律中,系统的动量是守恒量或不变量.由于动量是矢量,故系统的总动量不变是指系统内各物体动量的矢量和不变,而不是指其中某一个物体的动量不变.此外,各物体的动量还必须都相对于同一惯性参考系而言.

(2) 系统的动量守恒是有条件的,这个条件就是系统所受的合外力必须为零.然而,有时系统所受的合外力虽不为零,但与系统的内力相比较,外力远小于内力,这时可以略去外力对

系统的作用,认为系统的动量是守恒的.比如爆炸这类问题,一般都可以这样来处理,则在爆炸过程的前后,系统的总动量可近似视为不变.

(3)如果系统所受外力的矢量和并不为零,但合外力在某个坐标轴上的分矢量为零,此时,系统的总动量虽不守恒,但在该坐标轴的分动量却是守恒的.这一点对处理某些问题是很有用的.

(4)在牛顿力学中,动量守恒定律是牛顿运动定律的推论,但动量守恒定律是比牛顿运动定律更普遍、更基本的定律,它在宏观或微观领域范围内、低速或高速情况下均适用.按现代物理学的观点,与能量守恒定律一样,动量守恒定律是物理学中最基本的普适原理之一.

动量守恒定律在工程上有许多应用,例如火箭和喷气飞机在飞行时,利用化学作用,沿着飞行方向的反方向不断喷出大量速度很大的气体,使火箭或飞机以高速度飞行.

* 四、火箭飞行

我国是最早发明火箭的国家.随着火药的出现,约在公元 9 世纪、10 世纪,我国就开始把火药运用到军事上.公元 1232 年就已在战争中使用了真正的火箭.明代人万户利用 47 枚飞龙火箭,做推动座椅升空的试验.

火箭在飞行时,不断地喷出大量速度很大的气体,使火箭在飞行方向上获得很大的动量.因为这一切并不依赖于空气的作用,所以它可在空气稀薄的高空或宇宙空间飞行.

火箭飞行是运用动量守恒定律处理变质量运动问题的一个典型例子.设有一枚火箭发射升空,取固定于地面(惯性系)的坐标系 Oz,其正方向竖直向上,如图 2-12 所示.在某一时刻 t,火箭的质量为 m,沿 z 轴的方向相对于地面以速度$\boldsymbol{v}$ 向上运动.经过时间 $\mathrm{d}t$,火箭喷出气体的质量为$-\mathrm{d}m$(其中 $\mathrm{d}m$ 为火箭质量的增量,为一负值),使火箭的速度变为 $\boldsymbol{v}+\mathrm{d}\boldsymbol{v}$,喷出的气体相对于火箭的速度(向下)为 $\boldsymbol{u}$($\boldsymbol{u}$ 的大小可视为不变).这样,喷出的气体相对于地面的速度为 $\boldsymbol{v}+\mathrm{d}\boldsymbol{v}+(-\boldsymbol{u})$.

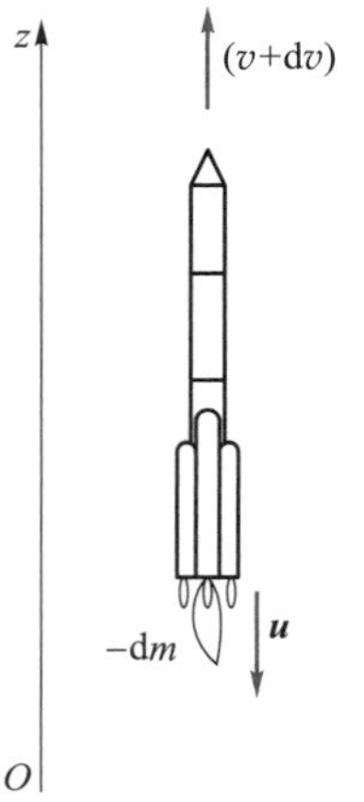

图 2-12 火箭飞行

在时刻 t,质量为 m 的火箭沿 Oz 轴的动量为 $m\boldsymbol{v}$,在时刻 $t+\mathrm{d}t$,质量为 $m+\mathrm{d}m$ 的火箭和质量为$-\mathrm{d}m$ 的气体的总动量为

$$(m+\mathrm{d}m)(v+\mathrm{d}v)-\mathrm{d}m(v+\mathrm{d}v-u)$$

我们把整个火箭壳体连同所装的燃料及助燃剂等视作一个系统,由于重力、飞行时的空气阻力等系统外力与火箭的内力相比皆可忽略不计,因而该系统的动量守恒,即

$$mv=(m+\mathrm{d}m)(v+\mathrm{d}v)-\mathrm{d}m(v+\mathrm{d}v-u)$$

略去二阶小量 $\mathrm{d}m\mathrm{d}v$,化简后可得

$$\mathrm{d}v=-u\frac{\mathrm{d}m}{m}$$

设开始喷气时火箭的速度为零,火箭壳体连同携带的燃料及助燃剂等的总质量为 m_0,壳体本身的质量为 m_1,燃料耗尽时火箭的速度为 v,积分得

$$\int_0^v \mathrm{d}v = -u\int_{m_0}^{m_1}\frac{\mathrm{d}m}{m}$$

$$v = u\ln\frac{m_0}{m_1}$$

式中 m_0/m_1 称为质量比.由此可见,在同样的条件下,火箭的喷气速度 $\boldsymbol{u}$ 及质量比越大,火箭所能达到的速度也就越大.根据目前的理论分析,化学燃烧过程所能达到的喷射速度的理论值为 $5\times10^3\ \mathrm{m\cdot s^{-1}}$,而实际上能达到的喷射速度只是该理论值的一半左右,因此要提高火箭的速度只能凭借提高其质量比来实现.然而仅靠增加单级火箭的质量比来实现超越第一宇宙速度($7.9\times10^3\ \mathrm{m\cdot s^{-1}}$)在技术上有很大的困难,所以一般采用多级火箭的方式来达到提高速度的目的.

以三级火箭为例,设第一、第二、第三级火箭的质量比分别为 N_1、N_2、N_3,各级火箭的喷射速度均为 u,则第一、第二、第三级火箭燃料耗尽后达到的速率分别为

$$v_1 = u\ln N_1$$

$$v_2 = v_1 + u\ln N_2$$

$$v_3 = v_2 + u\ln N_3$$

当第三级火箭的燃料耗尽后,人造地球卫星的速率为

$$v_3 = u(\ln N_1 + \ln N_2 + \ln N_3) = u\ln(N_1N_2N_3)$$

若 $u = 2.5\times10^3\ \mathrm{m\cdot s^{-1}}$,$N_1 = N_2 = N_3 = 3$,则可算得

$$v_3 = 2.5\times10^3\ \mathrm{m\cdot s^{-1}}\times3\times\ln 3 = 8.2\times10^3\ \mathrm{m\cdot s^{-1}}$$

这个速率已超过了第一宇宙速度,达到了人造地球卫星的发射要求.

1957 年 11 月,中国运载火箭技术研究院成立,我国运载火箭事业开启了从无到有,从弱到强不断向前发展的历程.在这充满挑战与坎坷的六十多年间,一代又一代的火箭人,肩负着党和人民的重托,满怀为国争光的雄心壮志,团结一心、顽强拼搏,取得了一系列辉煌成就.

例 2-9 设炮车以仰角 θ 发射一炮弹,炮车和炮弹的质量分别为 m' 和 m,炮弹的出口速度的大小为 v,求炮车的反冲速度 v' 及后退距离.炮车与地面之间的摩擦力略去不计.

解 把炮车和炮弹看成一个系统.发炮前,该系统在竖直方向所受的外力有重力 $\boldsymbol{G}$ 和地面的支持力 $\boldsymbol{F}_\mathrm{N}$,而且 $\boldsymbol{G} = -\boldsymbol{F}_\mathrm{N}$.但在发射过程中,上述关系并不成立(想一想,为什么?),系统所受的外力的矢量和不为零,所以这一系统的总动量不守恒.

按假设忽略炮车与地面之间的摩擦力,则系统所受外力在水平方向的分量之和为零,因而系统沿水平方向的总动量守恒.在发射炮弹前,系统的总动量等于零,系统沿水平方向的总动量也为零,所以在炮弹出口的一瞬间,系统沿水平方向的总动量也应等于零.取炮弹前进时的水平方向为 Ox 轴正方向,那么炮弹出口速度(即炮弹相对于炮车的速度)沿 Ox 轴的分量是 $v\cos\theta$,炮车沿 Ox 轴的速度分量就是 $-v'$.因此,对地面参考系而言,炮弹相对于地面的速度 $\boldsymbol{u}$,按速度变换定理为 $\boldsymbol{u} = \boldsymbol{v} + \boldsymbol{v}'$.它的水平分量为 $u_x = v\cos\theta - v'$,于是,炮弹在水平方向的动量为 $m(v\cos\theta - v')$,而炮车在水平方向的动量为 $-m'v'$.根据动量守恒定律有

$$-m'v'+m(v\cos\theta-v')=0$$

由此得炮车的反冲速度为

$$v'=\frac{m}{m+m'}v\cos\theta$$

在过程中的任一时刻,系统沿水平方向的动量守恒,有

$$mu_x(t)-m'v'(t)=0$$

两边对 t 积分:

$$m\int_0^t u_x(t)\,\mathrm{d}t-m'\int_0^t v'(t)\,\mathrm{d}t=0$$

设 d,D 分别为子弹和炮车相对于地面的距离,因而

$$d=l\cos\theta-D$$

代入得,炮车后退的距离为

$$D=\frac{m}{m+m'}l\cos\theta$$

如考虑炮车与地面之间有摩擦力,请读者自行计算.

例 2-10 如图所示,今有一长为 l,质量为 m'的小船,船的一端站有一人,质量为 m.人与小船原来都静止不动,现设该人从船的一端走到另一端,如不计水对船的阻力,问人和船各移动多少距离?

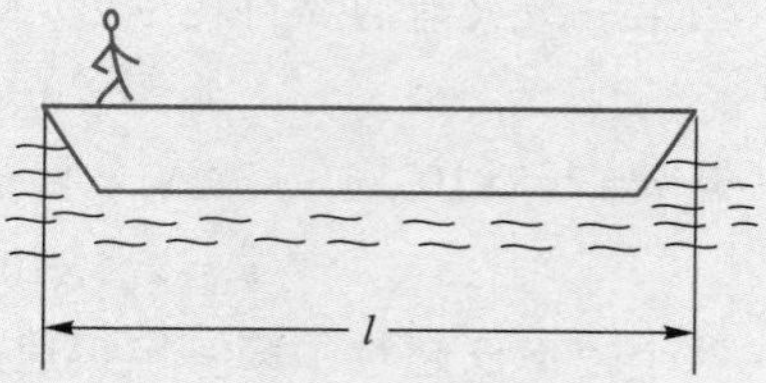

例 2-10 图

解 人和小船这一系统沿水平方向不受外力作用,应用动量守恒定律得

$$mv+m'v'=0$$

式中 v 和 v'分别表示人和船相对于地面的速度,由上式得

$$v'=-\frac{m}{m'}v$$

式中负号表示人与小船反向运动,人相对于小船的速度为

$$u'=v-v'=\frac{m'+m}{m'}v$$

人在小船上走完船长 l 所需的时间为

$$t=\frac{l}{u'}=\frac{m'l}{(m'+m)v}$$

在这段时间内,人相对于地面走的距离为

$$x=vt=\frac{m'l}{m'+m}$$

故小船移动的距离为

$$x'=l-x=\frac{ml}{m'+m}$$

思考题

2-4-1　举例说明：

(1) 一物体可否具有机械能而无动量？可否具有动量而无机械能？

(2) 物体的动量发生变化，动能是否一定发生变化？

2-4-2　用锤压钉，很难把钉压入木块，如果用锤击钉，钉很容易进入木块，这是为什么？

2-4-3　质点系动量守恒的条件是什么？在什么情况下，即使外力不为零，也可用动量守恒定律近似求解？

2-4-4　假使你处在摩擦可略去不计的覆盖着冰的湖面上，周围又无其他可以利用的工具，你怎么样靠自身的努力返回湖岸呢？

2-5　质心　质心运动定理

一、质心

在研究由许多质点组成的系统的运动时，由于系统内各质点的运动状态不尽相同，给描述质点系的运动带来了很大的麻烦.为了能够简洁地描述质点系的运动状态，我们引入质量中心（简称质心）的概念.

设某个质点系由 n 个质点所组成，各质点的质量分别为 $m_1, m_2, \cdots, m_n$，位矢分别为 $\boldsymbol{r}_1, \boldsymbol{r}_2, \cdots, \boldsymbol{r}_n$，如图 2-13 所示.定义质点系的质心 C 的位矢为

$$\boldsymbol{r}_C=\frac{m_1\boldsymbol{r}_1+m_2\boldsymbol{r}_2+\cdots+m_n\boldsymbol{r}_n}{m_1+m_2+\cdots+m_n}=\frac{\sum\limits_{i=1}^{n}m_i\boldsymbol{r}_i}{m} \qquad (2-22a)$$

式中，m 为质点系的总质量.

在直角坐标系中，质心的坐标可表示为

$$x_C=\frac{\sum\limits_{i=1}^{n}m_ix_i}{m},\ y_C=\frac{\sum\limits_{i=1}^{n}m_iy_i}{m},\ z_C=\frac{\sum\limits_{i=1}^{n}m_iz_i}{m} \qquad (2-22b)$$

对于质量连续分布的物体，质心的位矢为

$$\boldsymbol{r}_C=\frac{\int_V \boldsymbol{r}\mathrm{d}m}{m} \qquad (2-23a)$$

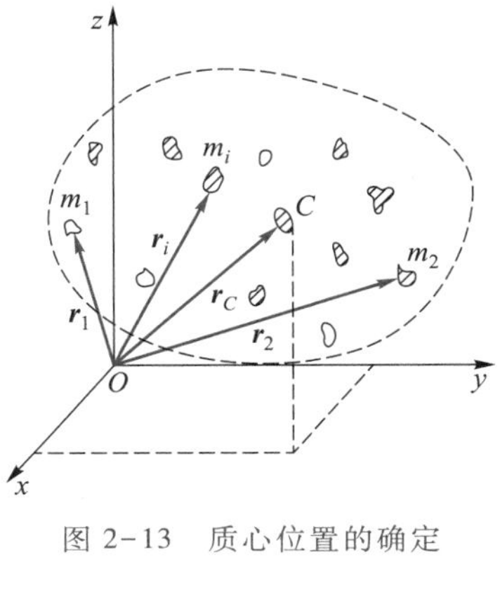

图 2-13　质心位置的确定

式中，V 表示物体质量的分布区域.在直角坐标系中，可表示为

$$x_C=\frac{\int_V x\mathrm{d}m}{m},y_C=\frac{\int_V y\mathrm{d}m}{m},z_C=\frac{\int_V z\mathrm{d}m}{m} \tag{2-23b}$$

一般说来，质点系的质心可能不在系统中的某一个质点上.对于密度均匀、形状对称分布的物体，其质心都在它的几何中心处，例如圆环的质心在圆环中心，球的质心在球心等.

二、质心运动定理

将式(2-22a)对时间 t 求导数，可得质心运动的速度为

$$\boldsymbol{v}_C=\frac{\mathrm{d}\boldsymbol{r}_C}{\mathrm{d}t}=\frac{\sum_{i=1}^{n}m_i\frac{\mathrm{d}\boldsymbol{r}_i}{\mathrm{d}t}}{m}=\frac{\sum_{i=1}^{n}m_i\boldsymbol{v}_i}{m}$$

由此可得

$$m\boldsymbol{v}_C=\sum_{i=1}^{n}m_i\boldsymbol{v}_i \tag{2-24}$$

上式表明：质点系的总动量 $\boldsymbol{p}=\sum_{i=1}^{n}m_i\boldsymbol{v}_i$ 等于总质量与其质心运动速度的乘积.

将式(2-24)代入式(2-19b)，可得

$$\sum_{i=1}^{n}\boldsymbol{F}_i=\frac{\mathrm{d}\boldsymbol{p}}{\mathrm{d}t}=m\frac{\mathrm{d}\boldsymbol{v}_C}{\mathrm{d}t}=m\boldsymbol{a}_C \tag{2-25}$$

上式表明：质点系所受到的合外力等于质点系的总质量与质心加速度的乘积，这一结论称为质心运动定理.

质心运动定理给研究质点系的整体运动带来了很大的方便，质点系内的各个质点由于受到内力和外力的共同作用，它们的运动情况可能很复杂，但其质心的运动很简单，它仅由质点系所受的合外力决定，内力对质心的运动不产生影响.

例如，一跳水运动员起跳后，她在空中不断地翻转，最后入水.在整个过程中，她身上各点的运动情况都相当复杂，但由于她所受的合外力只有重力（略去空气阻力），故她的质心在空中的轨道是一条抛物线，如图 2-14 所示.

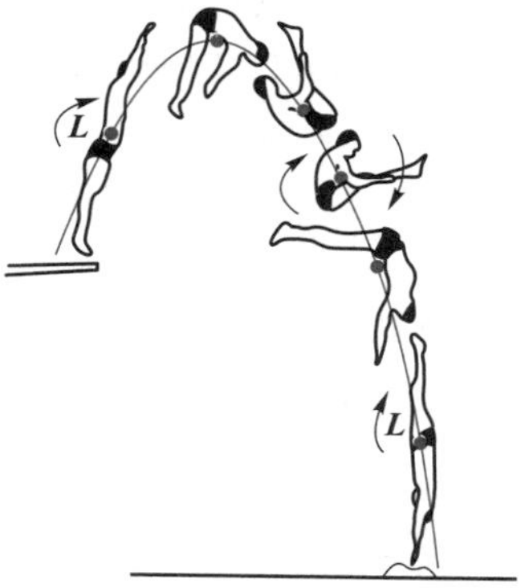

图 2-14　跳水运动员质心轨迹

从质心运动定理可以作出如下推论：当质点系所受合外力 $\boldsymbol{F}=\boldsymbol{0}$ 时，$\boldsymbol{a}_C=\boldsymbol{0}$，即$\boldsymbol{v}_C$ = 常矢量.也就是说：在合外力等于零的条件下，质点系的质心保持原来的静止或匀速直线运动状态不变.内力既不能改变质点系的总动量，也不能改变质心的运动状态.

此外，当质点系所受合外力在某个方向上的分量为零时，质心速度$\boldsymbol{v}_C$ 在这个方向上的分量保持不变.由于质点系的动量守恒与质心作惯性运动的等价性，我们可以从质心运动的角度

来处理某些涉及动量守恒的问题.

同学们可以利用质心运动定理再次求解例 2-10.

思考题

2-5-1　人体的质心是否固定在体内？能否从体内移到体外？

2-5-2　假设在宇宙空间站外面，两位宇航员甲和乙漂浮在太空中.起先甲将扳手扔给乙，然后乙又将此扳手扔还给甲.试问：他们的质心如何运动？

2-6　碰撞

碰撞现象在生活中随处可见，例如在台球桌上台球之间的相互作用，建筑工地上打桩机气锤对桩柱的撞击，交通事故中车辆的相撞，乃至推广到微观粒子的散射等，都是碰撞的具体事例.一般来说，如果两个或两个以上的物体在运动中相遇，在极其短暂的时间内，通过相互作用使物体的运动状态发生急剧变化，此类过程统称为碰撞.如果将相互碰撞的物体作为一个系统，由于碰撞过程中物体之间的作用时间很短，所以相互作用内力很大.在通常情况下可以忽略外力的影响，因此可以认为系统的动量守恒.以下仅就两个物体构成的系统来讨论物体的碰撞问题.

设质量分别为 m_1 和 m_2 的两个物体在碰撞前的速度分别为$\boldsymbol{v}_{10}$和$\boldsymbol{v}_{20}$，碰撞后的速度分别为$\boldsymbol{v}_1$和 $\boldsymbol{v}_2$，则应用动量守恒定律可得

$$m_1\boldsymbol{v}_1+m_2\boldsymbol{v}_2=m_1\boldsymbol{v}_{10}+m_2\boldsymbol{v}_{20}$$

倘若已知$\boldsymbol{v}_{10}$和$\boldsymbol{v}_{20}$，要求出$\boldsymbol{v}_1$和$\boldsymbol{v}_2$，除上述方程外，还需要从碰撞前、后的能量关系找到第二个方程，这个方程由两物体的弹性所决定.如果在碰撞后，物体系统的机械能没有任何损失，我们就称这种碰撞为完全弹性碰撞.完全弹性碰撞是理想的情形，实际上，物体之间的碰撞多少总会有机械能的损失（一般转化为热能等）.因此，一般的碰撞为非弹性碰撞.如果两个物体在碰撞后以同一速度运动，则这种碰撞称为完全非弹性碰撞，例如子弹射入木块并嵌在其中随木块一起运动.以下，我们对这三种情况分别予以讨论.

一、完全弹性碰撞

在完全弹性碰撞时，两物体间相互作用的内力只是弹性力，碰撞前、后两物体的总动能不变，即

$$\frac{1}{2}m_1v_{10}^2+\frac{1}{2}m_2v_{20}^2=\frac{1}{2}m_1v_1^2+\frac{1}{2}m_2v_2^2$$

一般情况下，两物体作完全弹性碰撞以后，它们的速度的大小和方向都要发生改变.如果两物体在碰撞前、后速度的方向在同一条直线上，则把这种碰撞称为对心碰撞，如图 2-15 所示.

在对心碰撞时，取如图所示的坐标系 Ox，则动量守恒式可表示为

$$m_1\boldsymbol{v}_1+m_2\boldsymbol{v}_2=m_1\boldsymbol{v}_{10}+m_2\boldsymbol{v}_{20}$$

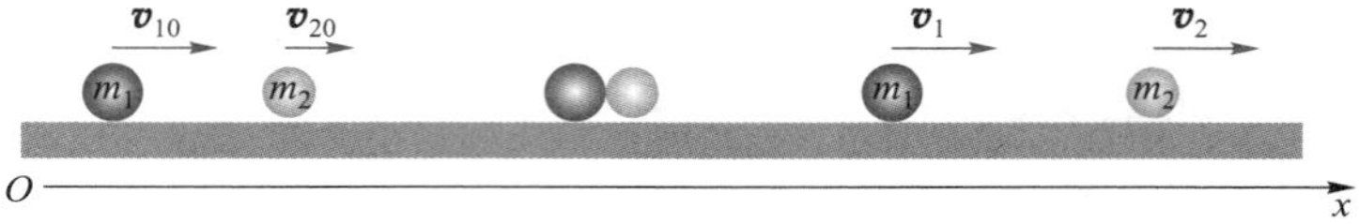

图 2-15 两物体对心碰撞

联立求解上面两式,可得

$$\begin{cases} v_1=\dfrac{(m_1-m_2)v_{10}+2m_2v_{20}}{m_1+m_2} \\ v_2=\dfrac{(m_2-m_1)v_{20}+2m_1v_{10}}{m_1+m_2} \end{cases} \tag{2-26}$$

现在讨论两种常见的特殊情况:

(1) 如果两物体的质量相等,即 $m_1=m_2$,则由式(2-26)可得$\boldsymbol{v}_1=\boldsymbol{v}_{20}$,$\boldsymbol{v}_2=\boldsymbol{v}_{10}$,即两物体在碰撞时速度发生了交换.

(2) 如果质量为 m_2 的物体在碰撞前静止不动,即$\boldsymbol{v}_{20}=\boldsymbol{0}$,且 $m_2\gg m_1$,则由式(2-26)近似可得$\boldsymbol{v}_1=-\boldsymbol{v}_{10}$,$\boldsymbol{v}_2=\boldsymbol{0}$,即质量很大并且原来静止的物体在碰撞后仍然静止不动;质量很小的运动物体在碰撞前、后的速度等值反向.橡皮球在与墙壁或地面碰撞时,近似是这种情形.

二、完全非弹性碰撞

当两物体发生完全非弹性碰撞时,在它们相互压缩以后,完全不能恢复原状,两个物体一起以相同的速度运动,如黏土、油灰等物体的碰撞就是如此.由于在碰撞后,物体的形状完全不能恢复,因此总动能要减少.

在一维的完全非弹性碰撞中,设两物体碰撞后以相同的速度$\boldsymbol{v}$ 运动,于是,由动量守恒定律可以解得碰撞后的速度大小为

$$v=\frac{m_1v_{10}+m_2v_{20}}{m_1+m_2} \tag{2-27}$$

利用上式,可以算出在完全非弹性碰撞中动能的损失为

$$\Delta E=\left(\frac{1}{2}m_1v_{10}^2+\frac{1}{2}m_2v_{20}^2\right)-\left(\frac{1}{2}m_1+m_2\right)v^2=\frac{m_1m_2(v_{10}-v_{20})^2}{2(m_1+m_2)}$$

三、非弹性碰撞

在非弹性碰撞中,由于相互压缩后的物体不能完全恢复原状,造成碰撞前、后系统的动能有所损失,因此仅就一个动量守恒定律的公式不足以求得碰撞分离后两物体的速率.就这一问题,牛顿总结了大量实验的结果,提出了碰撞定律:在一维对心碰撞中,碰撞后两物体的分离速度$\boldsymbol{v}_2-\boldsymbol{v}_1$,与碰撞前两物体的接近速度$\boldsymbol{v}_{10}-\boldsymbol{v}_{20}$成正比,比值由两物体的材料性质决定,即

$$e=\frac{v_2-v_1}{v_{10}-v_{20}} \tag{2-28}$$

通常称 e 为恢复系数.如果 $e=0$,则$\boldsymbol{v}_2=\boldsymbol{v}_1$,这就是完全非弹性碰撞;如果 $e=1$,则分离速度等于接近速度,根据式(2-26)可以证明,这就是完全弹性碰撞的情形;对于一般的碰撞,$0<e<1$. e 可用实验方法测定.

例 2-11　如图所示,A、B 两球质量相等,A 球以速度 5 m · s^{-1}与静止于光滑水平桌面上的 B 球作完全弹性碰撞,已知碰撞后 A 球速度的方向与原来速度方向的夹角 $\theta_A=37°$.求 A、B 两球碰撞后的速度.

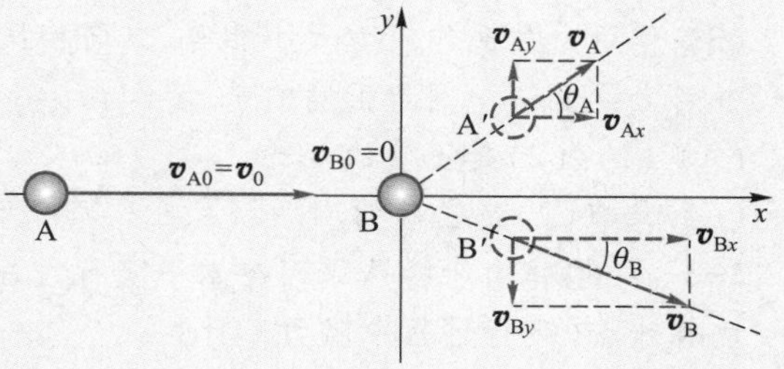

例 2-11 图

解　以 A、B 两球为一系统,两球在碰撞时,除相互碰撞时的冲力(系统的内力)外,在水平面内不受任何其他外力的作用(摩擦力忽略).所以系统的动量守恒,即

$$m_A\boldsymbol{v}_{A0}=m_A\boldsymbol{v}_A+m_B\boldsymbol{v}_B$$

式中,$m_A\boldsymbol{v}_{A0}$是 A 球碰撞前的动量,$m_A\boldsymbol{v}_A$ 和 $m_B\boldsymbol{v}_B$ 分别是 A、B 两球在碰撞后的动量.选择水平面上如图所示直角坐标系 Oxy,则上式在 x 轴和 y 轴方向的两个分量式为

$$m_Av_{A0}=m_Av_A\cos\theta_A+m_Bv_B\cos\theta_B \tag{1}$$

$$0=m_Av_A\sin\theta_A-m_Bv_B\sin\theta_B \tag{2}$$

由于是完全弹性碰撞,所以系统的机械能守恒,有

$$\frac{1}{2}m_Av_{A0}^2=\frac{1}{2}m_Av_A^2+\frac{1}{2}m_Bv_B^2 \tag{3}$$

利用 $m_A=m_B$ 的条件,联立解式(1)、式(2)和式(3),得

$$\theta_A+\theta_B=90°$$

$$\theta_B=90°-\theta_A=53°$$

$$v_A=v_{A0}\cos\theta_A=4\ \text{ms}^{-1}$$

$$v_B=v_{A0}\cos\theta_B=3\ \text{ms}^{-1}$$

思考题

2-6-1　弹性碰撞和非弹性碰撞的本质区别是什么?

2-6-2　在弹性碰撞中,有哪些量保持不变?在非弹性碰撞中,又有哪些量保持不变?

习题

2-1　将一个物体提高 10 m,下列哪一种情况下提升力所做的功最小?　[　　]

(A) 以 5 m/s 的速度匀速提升.

(B) 以 10 m/s 的速度匀速提升.

(C) 将物体由静止开始匀加速提升 10 m,速度增加到 5 m/s.

(D) 物体以 10 m/s 的初速度匀减速上升 10 m,速度减小到 5 m/s.

2-2 对功的概念有以下几种说法:

(1) 保守力做正功时,系统内相应的势能增加;

(2) 质点运动经一闭合路径,保守力对质点做的功为零;

(3) 作用力和反作用力大小相等、方向相反,所以两者所做功的代数和必为零.

下列上述说法中判断正确的是 [ ]

(A) (1)、(2)是正确的. (B) (2)、(3)是正确的.

(C) 只有(2)是正确的. (D) 只有(3)是正确的.

2-3 一炮弹由于特殊原因在水平飞行过程中突然炸裂成两块,其中一块作自由下落,则另一块着地点(飞行过程中阻力不计) [ ]

(A) 比原来更远. (B) 比原来更近.

(C) 仍和原来一样远. (D) 条件不足,不能判定.

2-4 对质点组有以下几种说法:

(1) 质点组总动量的改变与内力无关;

(2) 质点组总动能的改变与内力无关;

(3) 质点组机械能的改变与保守内力无关.

下列对上述说法判断正确的是 [ ]

(A) 只有(1)是正确的. (B) (1)、(2)是正确的.

(C) (1)、(3)是正确的. (D) (2)、(3)是正确的.

2-5 有两个倾角不同、高度相同、质量一样的斜面放在光滑的水平面上,斜面是光滑的,有两个一样的物块分别从这两个斜面的顶点由静止开始滑下,则 [ ]

(A) 物块到达斜面底端时的动量相等.

(B) 物块到达斜面底端时动能相等.

(C) 物块和斜面(以及地球)组成的系统,机械能不守恒.

(D) 物块和斜面组成的系统在水平方向上动量守恒.

2-6 如图所示,质量分别为 m_1 和 m_2 的物体 A 和 B,置于光滑桌面上,A 和 B 之间连有一轻弹簧.另有质量为 m_1 和 m_2 的物体 C 和 D 分别置于物体 A 与 B 之上,且物体 A 和 C、B 和 D 之间的摩擦系数均不为零.首先用外力沿水平方向相向推压 A 和 B,使弹簧被压缩,然后撤掉外力,则在 A 和 B 弹开的过程中,对 A、B、C、D 以及弹簧组成的系统,有 [ ]

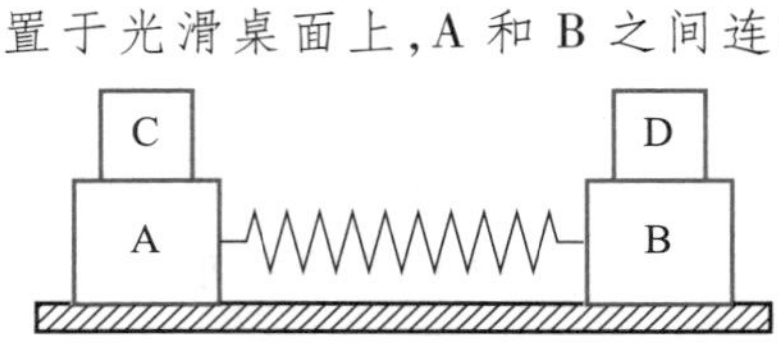

习题 2-6 图

(A) 动量守恒,机械能守恒.

(B) 动量不守恒,机械能守恒.

(C) 动量不守恒,机械能不守恒.

(D) 动量守恒,机械能不一定守恒.

2-7　一力作用在一质量为 3.0 kg 的质点上，已知质点的位置与时间的函数关系为 $x=3t-4t^2+t^3$（SI 单位），试求：

（1）力在最初 40 s 内所做的功；

（2）在 $t=1$ s 时，力对质点的瞬时功率.

2-8　用铁锤将一铁钉击入木板，设木板对铁钉的阻力与铁钉进入木板内的深度成正比.在铁锤击第一次时，能将铁钉击入木板内 1 cm，问：击第二次时能将铁钉击入多深？假设铁锤打击铁钉的速度相同.

2-9　一人从 10.0 m 深的井中提水，起始桶中装有 10.0 kg 的水，由于水桶漏水，每升高 1.00 m 要漏去 0.20 kg 的水.水桶被匀速地从井中提到井口，求此人所做的功.

2-10　如图所示，一雪橇从高为 50 m 的山顶上 A 点沿冰道由静止下滑.山顶到山下的坡道长为 500 m，雪橇滑至山下 B 点后，又沿水平冰道继续滑行，滑行若干米后停止在 C 点.若雪橇与冰道的摩擦系数为 0.050，求此雪橇沿水平冰道滑行的路程.B 点附近可视为连续弯曲的滑道，略去空气阻力的作用.

2-11　在倾角为 37°的斜面底端固定一轻弹簧，其弹性系数 $k=100\ \mathrm{N\cdot m^{-1}}$.设斜面的顶端有一质量 $m=1$ kg 的物体 A，A 与轻弹簧自由端的距离 $s=2.8$ m，如图所示.已知 A 从静止下滑，与弹簧接触后将弹簧压缩了 $\Delta l=0.2$ m.求物体沿斜面下滑过程中，斜面对它的平均阻力.

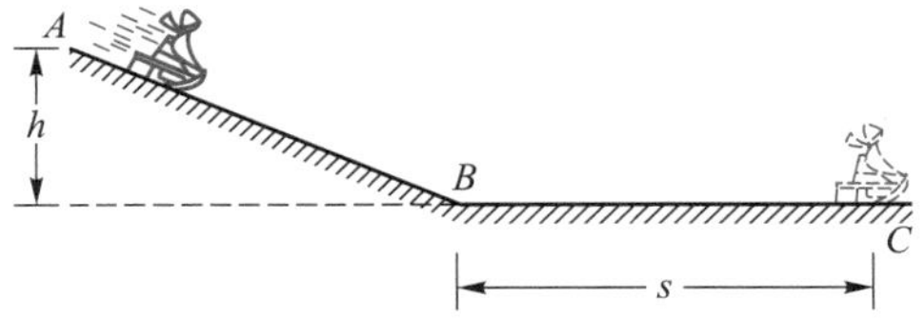

习题 2-10 图

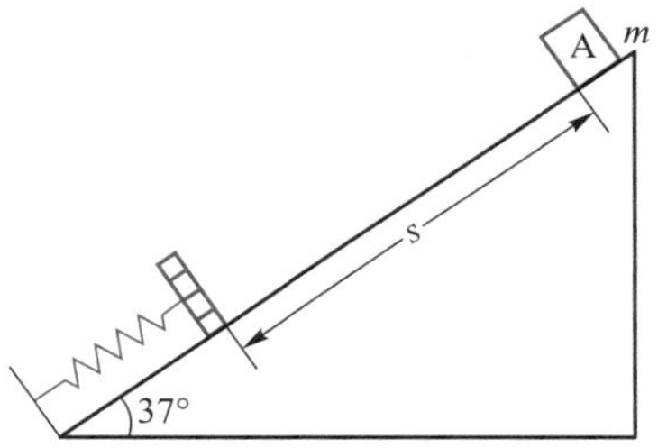

习题 2-11 图

2-12　如图所示，体重为 80 kg 的一个人，从 2 m 高处自由下落到用弹簧支起的轻木板上，木板下降的最大距离为 0.2 m，问：木板下降 0.1 m 时，此人的速率为多少？

2-13　质量为 m 的小球（如图所示），系在绳的一端，绳的另一端固定在 O 点，绳长为 l.今把小球以水平初速率 v_0 从 A 点抛出，使小球在竖直平面内绕一周（不计空气摩擦阻力）.

（1）试证明 v_0 必须满足下述条件：$v_0\geqslant\sqrt{5gl}$；

（2）设 $v_0=\sqrt{5gl}$，求小球在圆周上 C 点（$\theta=60°$）时，绳子对小球的拉力.

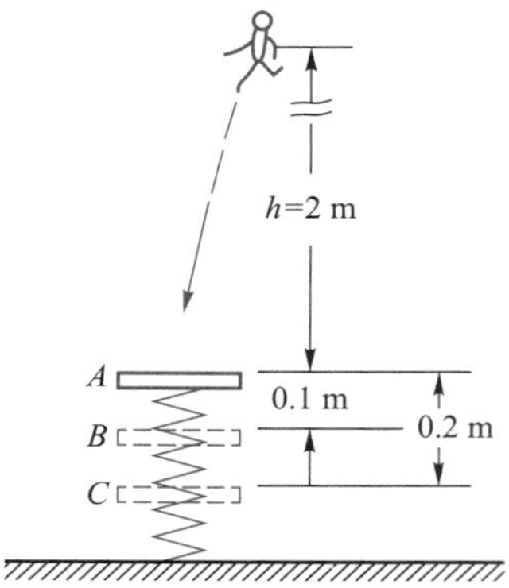

习题 2-12 图

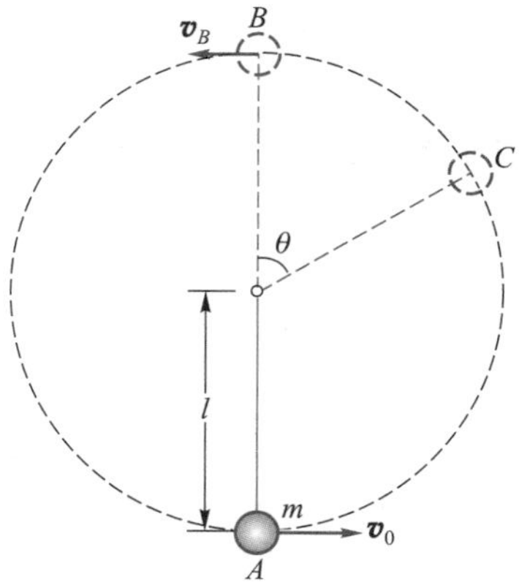

习题 2-13 图

2-14 力 $F=30+4t$(SI 单位)作用在质量为 10 kg 的物体上.

(1) 从力开始作用到第 3 s 初,求此力对物体的冲量的大小;

(2) 若要使冲量达到 300 N·s,该力需作用多长时间?

(3) 设物体的初速度为 10 m·s^{-1},运动方向和力的方向相同,在(2)问的时间末,此物体的速率多大?

2-15 质量为 m 的小球,在合外力 $F=-kx$ 作用下运动,已知 $x=A\cos\omega t$,其中 k、ω、A 均为正常量,求在 $t=0$ 到 $t=\dfrac{\pi}{2\omega}$ 的时间内小球动量的增量.

2-16 如图所示,质量为 m 的物体,由水平面上 O 点以初速 $\boldsymbol{v}_0$ 抛出,$\boldsymbol{v}_0$ 与水平面成仰角 α.若不计空气阻力,求:

(1) 物体从发射点 O 到最高点的过程中,重力的冲量;

(2) 物体从发射点到落回至同一水平面的过程中,重力的冲量.

2-17 冲击摆是一种用来测定子弹速度的装置(如图所示).子弹击中沙箱时陷入箱内,使沙箱摆至某一高度 h.设子弹和沙箱的质量分别为 m 和 m',求子弹的速率 v.

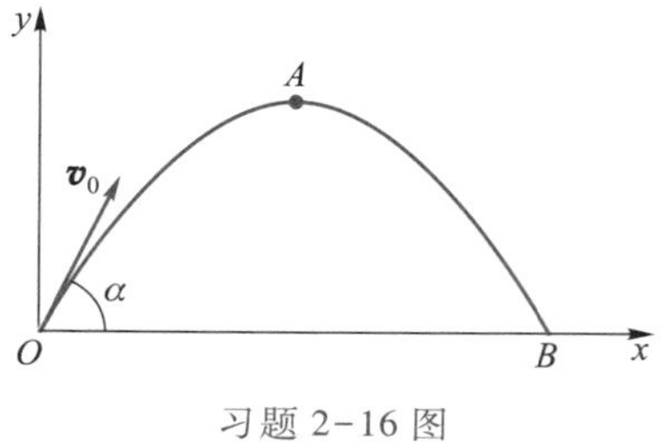

习题 2-16 图

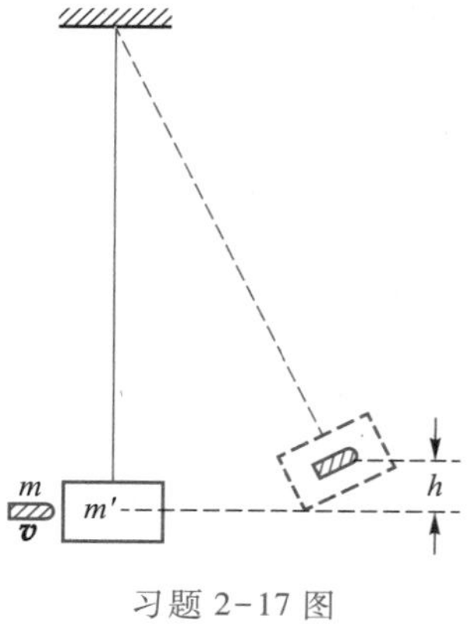

习题 2-17 图

2-18　一个质量为 $m'=10\ \mathrm{kg}$ 的物体静止于光滑水平桌面上，并与轻弹簧连接，弹簧的另一端固定在壁上，如图所示，弹簧的弹性系数 $k=1\ 000\ \mathrm{N\cdot m^{-1}}$. 今有一质量 $m=1\ \mathrm{kg}$ 的小球，以水平速度 $v_0=4\ \mathrm{m\cdot s^{-1}}$ 运动，并与物体相撞.

（1）若碰撞后小球以速度 $v_1=2\ \mathrm{m\cdot s^{-1}}$ 弹回，求弹簧的最大压缩量；

（2）若小球上涂有粘性物质，碰撞后小球与物体粘在一起，求弹簧的最大压缩量.

2-19　如图所示，质量为 m、速度为 $\boldsymbol{v}$ 的钢球，射向质量为 m' 的靶，靶中心有一小孔，内有弹性系数为 k 的弹簧，此靶最初处于静止状态，但可在水平面上作无摩擦滑动. 试证明子弹射入靶内弹簧后，弹簧的最大压缩距离为

$$x_0=\sqrt{\frac{mm'}{k(m+m')}}v$$

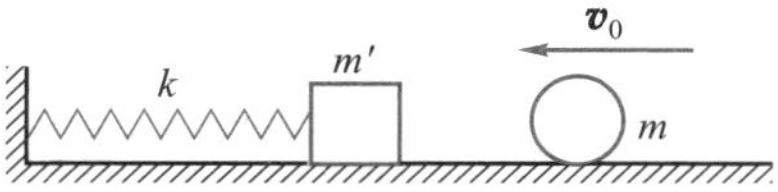

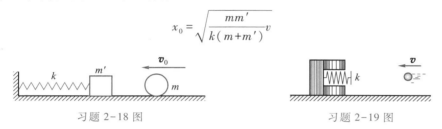

习题 2-18 图

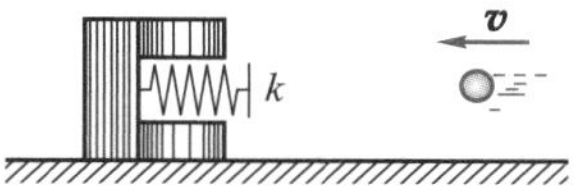

习题 2-19 图

2-20　假设在理想的刹车情况下，汽车轮子不在路面上滚动，而仅有滑动，试从功、能的观点出发，证明质量为 m 的汽车以速率 v 沿着水平道路运动时，刹车后，要它停下来所需要的最短距离为 $\dfrac{v^2}{2\mu_k g}$（μ_k 为车轮与路面之间的滑动摩擦系数）.

答案

第三章

刚体转动和流体运动

在自然界中,固体、液体和气体是物质存在的三种形式,要描述这些被视为连续体的物体的运动是十分复杂的,需要进一步把问题简单化,建立相应的理想力学模型,刚体和理想流体都是常用的质点系模型.一般可以把在外力作用下形变很小(可以忽略)的固体抽象为刚体,把不可压缩又无黏性的液体或气体抽象为理想流体.

刚体虽然是一个特殊的质点系统,但我们仍然可以运用质点的运动规律来加以分析和研究,从而使牛顿力学的研究范围从质点向刚体拓展开来,通过对质点进行力学分析得到刚体作定轴转动时所遵循的规律,并与质点的运动规律进行类比.对理想流体这类质点系的研究,则通过质点系功能原理分析得到常用的流体力学方程.

本章将着重讲述刚体绕固定轴的转动,其主要内容有:角速度和角加速度、转动惯量、力矩、转动动能、角动量等物理量,转动定律和角动量守恒定律.然后对理想流体运动作简单介绍,以简述经典力学的成就和局限性作为经典力学的结尾.

3-1 刚体的定轴转动

一、平动和转动

所谓刚体就是当物体受到外力作用时,物体内任意两点间距离都保持不变,也就是说在受力过程中,物体不产生形变.一般说来,在外力作用下物体都要产生或多或少的形变,有些物体在外力作用下形变甚微,以至可以忽略不计,这种物体可以近似看作刚体.刚体是实际物体的理想化模型.

刚体最基本的运动是平动和转动.如果刚体运动时,刚体内任何一条给定的直线始终保持它的方向不改变,这种运动称为平动(图 3-1).汽缸中活塞的运动、刨床上刨刀的运动等都是平动.刚体平动时,在任意一段时间内,刚体中所有质点的位移都是相等的,而且在任何时刻,各个质点的速度、加速度也都是相同的,所以刚体内任意一点的运动都可以代表整个刚体的运动.因此,前述关于质点运动的规律都可以用来描述刚体的平动.

如果刚体运动时,刚体内任意一个质点都绕同一直线作圆周运动,这种运动称为转动(图 3-2),这一直线称为转轴.如果刚体在运动过程中转轴固定不动,则称之为定轴转动.例如机器上飞轮的运动,车床工件的转动等都是定轴转动.单杠运动员的绕杠旋转和芭蕾舞演员在原地旋转的表演等,也都可以近似看作定轴转动.

刚体的一般运动比较复杂，但可以证明：刚体的一般运动可看作平动和转动的合成运动。例如，一个车轮的滚动，可以分解为车轮随着轴承的平动和车轮绕轴承的转动。

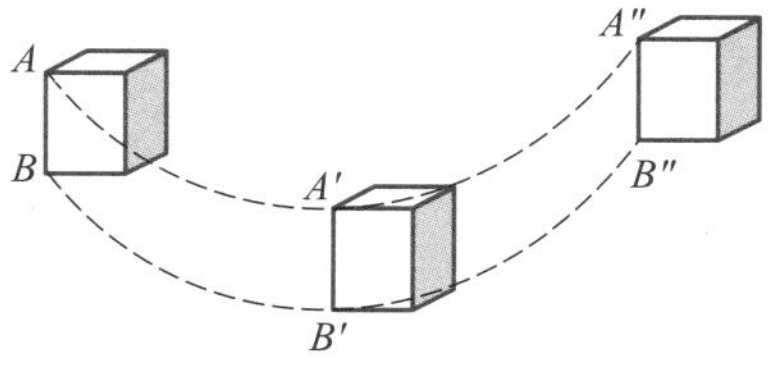

图 3-1　刚体平动

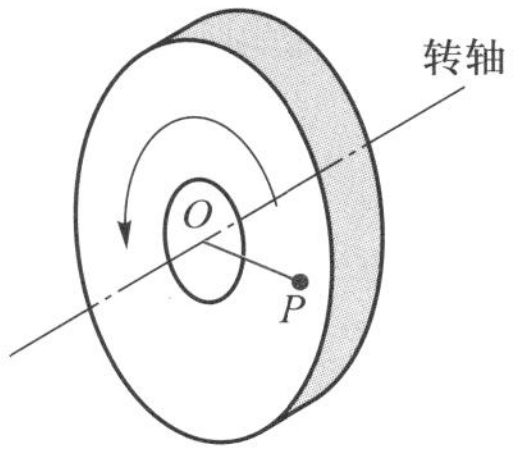

图 3-2　刚体转动

二、定轴转动的描述

刚体在作定轴转动时，刚体中的各个点在各自的平面内绕轴作不同半径的圆周运动。它们的位移和速度都不相同，然而它们在相同的时间内转过的角度却是相等的。根据这一特点，可以采用角量来描述刚体的定轴转动。

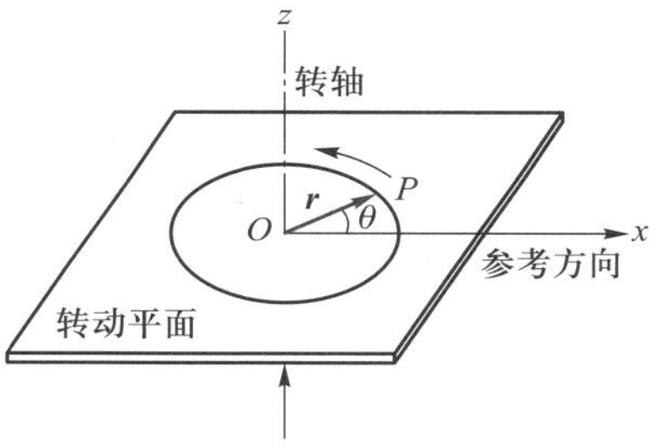

图 3-3　刚体的定轴转动

研究刚体绕定轴转动时，通常取任一垂直于转轴的平面作为转动平面，如图 3-3 所示。O 为转轴与某一转动平面的交点，P 为刚体上位于转动平面内的一个质点，P 在这个转动平面内绕 O 点作圆周运动，具有一定的角位移、角速度和角加速度。显然，刚体中任何其他质点也都具有与 P 点相同的角位移、角速度和角加速度。在此平面上取一参考线，且把这参考线作为坐标轴 Ox，则刚体的角位置可由原点 O 到 P 点的位矢 $\boldsymbol{r}$ 与 Ox 轴的夹角 θ 确定，角 θ 也叫做角坐标。当刚体绕固定轴转动时，角坐标 θ 要随时间 t 改变，即 $\theta=\theta(t)$。

由 1-2 节讨论可知，刚体的角速度大小 $\omega=\dfrac{\mathrm{d}\theta}{\mathrm{d}t}$，角速度的方向由右手螺旋定则确定。在刚体作定轴转动时，由于转轴已固定，刚体绕轴转动的方向只有顺时针或逆时针两种可能，因此角速度 ω 的方向也只有沿转轴向上或向下两种可能。刚体上 P 点的速度大小为 $v=r\omega$，其方向为圆周的切线方向。

同样，刚体的角加速度大小 $\alpha=\dfrac{\mathrm{d}\omega}{\mathrm{d}t}$。不难推想，在刚体作定轴转动时，角加速度 α 的方向也只能有沿转轴向上或向下两种可能。当刚体作加速转动时，ω 与 α 方向相同；若作减速转动，则 ω 与 α 方向相反。

当刚体绕定轴转动时，组成刚体的所有质点都绕定轴作圆周运动。因此，描述刚体运动状态的角量和线量之间的关系，可以用圆周运动中相应的角量和线量关系来表述。

刚体上任意一点 P 的切向加速度和法向加速度分别为 $a_{\mathrm{t}}=r\alpha$，$a_{\mathrm{n}}=r\omega^2$。

可以看出，对一绕定轴转动的刚体，距轴越远处，其切向加速度和法向加速度越大。

例 3-1 一个飞轮以角加速度 2 rad/s^2 转动，在某时刻以后的 5 s 内飞轮转过了 100 rad.若此飞轮是由静止开始转动的，问：在上述的某时刻以前飞轮转动了多少时间？

解 设在某时刻之前，飞轮已转动了时间 t_1，由于初角速度 $\omega_0=0$，则

$$\omega_1=\alpha t_1$$

而在某时刻后 $t_2=5$ s 的时间内，转过的角位移为

$$\Delta\theta=\omega_1 t_2+\frac{1}{2}\alpha t_2^2$$

将已知量代入得 $\omega_1=15$ rad/s，从而有

$$t_1=\frac{\omega_1}{\alpha}=7.5\ \mathrm{s}$$

即在某时刻之前，飞轮已经转动了 7.5 s.

例 3-2 在高速旋转的微型电机里，有一圆柱形转子可绕垂直其横截面并通过中心的转轴旋转.开始起动时，角速度为零，起动后其转速随时间变化的关系为 $\omega=\omega_m(1-e^{-t/\tau})$，式中，$\omega_m=540\ r\cdot s^{-1}$，$\tau=2.0$ s.求：

（1）$t=6$ s 时电动机的转速；

（2）起动后，电动机在 $t=6$ s 时间内转过的圈数；

（3）角加速度随时间变化的规律.

解 （1）将 $t=6$ s 代入 $\omega=\omega_m(1-e^{-t/\tau})$ 可得

$$\omega=0.95\omega_m=513\ r\cdot s^{-1}$$

（2）电动机在 6 s 内转过的圈数为

$$N=\frac{1}{2\pi}\int_0^{6\ s}\omega\mathrm{d}t=\frac{1}{2\pi}\int_0^{6\ s}\omega_m(1-e^{-t/\tau})\mathrm{d}t=2.21\times10^3\ r$$

（3）电动机转动的角加速度为

$$\alpha=\frac{\mathrm{d}\omega}{\mathrm{d}t}=\frac{\omega_m e^{-t/\tau}}{\tau}=540\pi e^{-t/2}\ rad\cdot s^{-2}$$

思考题

3-1-1 以恒定角速度转动的飞轮上有两个点，一个点在飞轮的边缘，另一个点在转轴与边缘之间的一半处.试问：在时间 Δt 内，哪一个点运动的路程较长？哪一个点转过的角度较大？哪一个点具有较大的线速度、角速度、线加速度和角加速度？

3-1-2 刚体的平动是否一定是直线运动？游客在游乐场中乘坐摩天轮和乘坐过山车，分别是什么运动？

3-1-3 对于定轴转动刚体上的不同点来说，试分析下面物理量中哪些具有相同的值，哪些具有不同的值：线速度、法向加速度、切向加速度、角位移、角速度、角加速度.

3-2 力矩 转动定律 转动惯量

一、力矩

具有固定转轴的刚体，在外力作用下可能发生转动，也可能不发生转动.由经验可知，转动的难易不仅与力的大小有关，而且与力的作用点及力的方向有关.例如，用同样大小的力推门，当作用点靠近门轴时，不容易把门推开；当作用点远距门轴时，就容易把门推开；当力的作用线通过门轴时，就不能把门推开.为了将力的大小、力的方向与力的作用点这三个要素全部考虑到刚体的转动过程中，我们需要引入一个新的物理量——力矩.力矩这一物理量可以概括这三个因素，将用来描述力对刚体的转动作用.

设有一个方向任意的外力 $\boldsymbol{F}$ 作用在刚体上的 P 点，P 点相对于原点 O 的位矢为 $\boldsymbol{r}$，则力 $\boldsymbol{F}$ 对原点 O 的力矩定义为

$$\boldsymbol{M}=\boldsymbol{r}\times\boldsymbol{F} \tag{3-1}$$

当刚体的转轴固定时，如果作用在物体上的力并不和转轴垂直，那么我们可将这个力分解为两个正交分力，一个和转轴平行，另一个和转轴垂直.因为平行于转轴的分力不能使刚体发生转动，所以使刚体转动的作用力矩只取决于垂直分力(如图 3-4).

根据力矩的定义和矢量叉乘法则，力矩的方向是按右手螺旋定则规定的，即由径矢的方向(经小于 180°的角度)转到力的方向时右手拇指的指向(如图 3-5).在定轴转动中垂直于转轴的力所贡献的力矩矢量 $\boldsymbol{M}$ 只有两个可能方向，即沿转轴正方向和沿转轴负方向.可任取其中一个方向为正，另一个方向则为负，此时力矩可当作代数量处理.

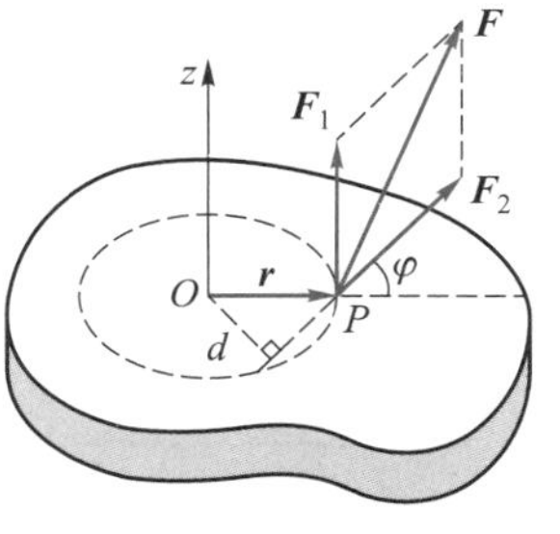

图 3-4 刚体的力矩

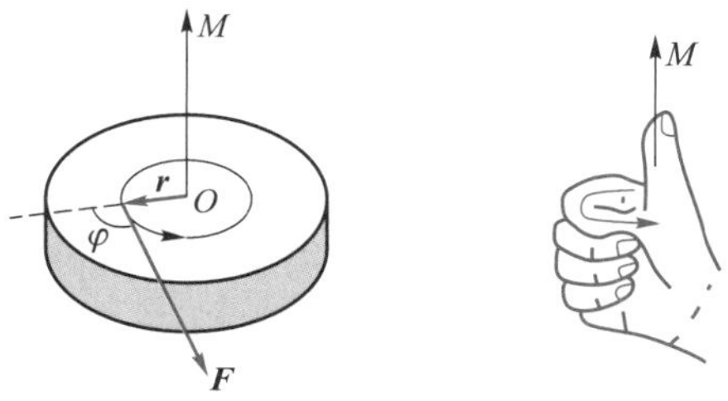

图 3-5 力矩方向的右手螺旋定则

根据力矩的定义式，力矩的大小可表示为

$$M=Fr\sin\varphi \tag{3-2a}$$

力对转轴的力矩又可以表示为力的大小和力臂的乘积，即

$$M=Fd \tag{3-2b}$$

其中，力臂 $d=r\sin\varphi$ 为力的作用线和转轴间的垂直距离.

在上述力矩表达式(3-2a)和式(3-2b)中的 F 应为外力在垂直于转轴方向的分力.

在定轴转动中，如果有几个外力同时作用在刚体上，则它们的作用将相当于一个力矩的作用，这个力矩称为这些力的合力矩.实验指出，合力矩的量值等于这几个力各自产生力矩的代数和.

如图 3-6 所示，作用在刚体上的外力有 $\boldsymbol{F}_1$，$\boldsymbol{F}_2$ 和 $\boldsymbol{F}_3$，其中，$\boldsymbol{F}_1$ 不在转动平面上，其在平面上的分力为 $\boldsymbol{F}_1'$，则刚体所受合力矩为

$$M=F_1'd_1-F_2d_2+F_3d_3$$

式中正负号是根据右手螺旋定则规定的.在力矩使刚体转动的转向与右手螺旋的指向一致时，它就被定为力矩的正方向，反之为负方向.这样，M 为正值时代表总力矩的方向沿 z 轴正方向，为负值时则相反.

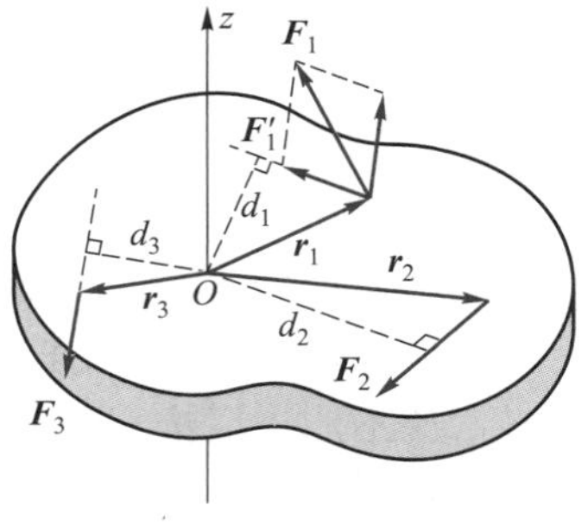

图 3-6 几个力的合力矩

在国际单位制中，力矩的单位是牛 · 米（N · m）.

前面我们讨论了作用于刚体的外力的力矩，而刚体作为一个质点系，刚体内各质点间还有内力的作用，下面我们分析刚体作定轴转动时，这些内力力矩的贡献.

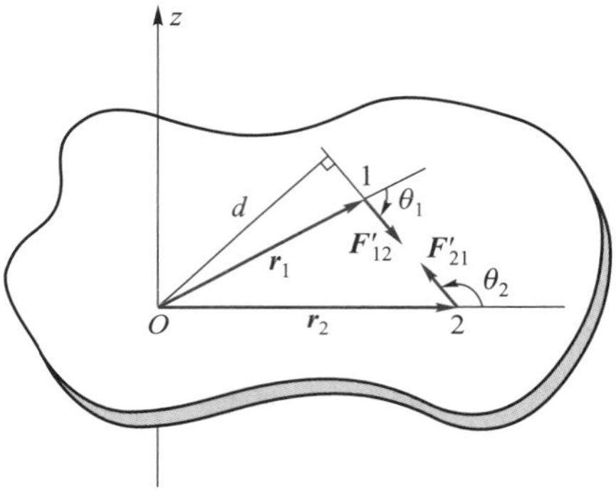

图 3-7 内力对转轴的力矩

图 3-7 中，质点 1 和质点 2 是刚体内的两个质点，它们之间有相互作用内力 $\boldsymbol{F}_{12}$ 和 $\boldsymbol{F}_{21}$，这两个力大小相等、方向相反，且在同一直线上.由图可以看出，这两个力对转轴 Oz 的合内力矩为

$$M=M_{21}-M_{12}=F_{21}'r_2\sin\ \theta_2-F_{12}'r_1\sin\ \theta_1=0$$

因为刚体内质点间相互作用内力总是成对出现的，并遵守牛顿第三定律，所以刚体内各质点间的作用内力对转轴的总内力矩为零，即

$$M=\sum M_{ij}=0$$

例 3-3 一个质量为 m、长为 L 的均匀细棒，可在水平桌面上绕通过其一端的竖直固定轴转动，已知细棒与桌面的摩擦系数为 μ，求细棒转动时受到的摩擦力矩的大小.

解 由于摩擦力并不集中作用于一点，而是分布在整个细棒与桌面的接触面上，因此摩擦力矩的计算要用积分法.如图所示，把细棒分成许多线元，每个线元的质量为 $\mathrm{d}m=\dfrac{m}{L}\mathrm{d}x$，所受的摩擦力矩是 $\mathrm{d}M=x(\mu\mathrm{d}mg)$，则整个棒所受的总摩擦力矩为

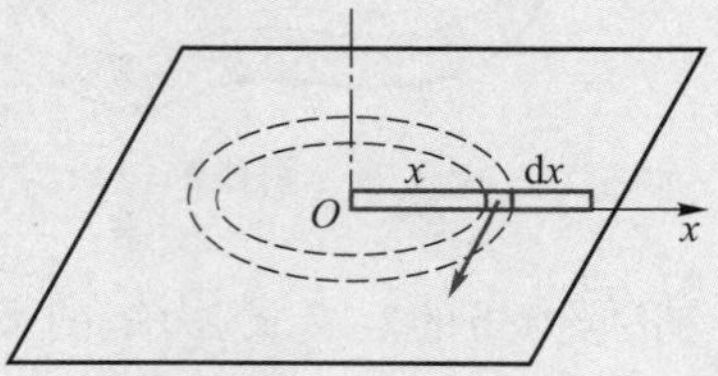

例 3-3 图

$$M=\int x\mu\mathrm{d}mg=\frac{\mu mg}{L}\int_0^L x\mathrm{d}x=\frac{1}{2}\mu mgL$$

二、转动定律

刚体可以看成是由无数质点组成的，当刚体绕定轴转动时，各个质点都绕转轴作圆周运动.取质点 P_i 进行讨论，设其质量为 m_i，与转轴的距离为 r_i，图 3-8 表示过 P_i 点而垂直于转轴的刚体截面，质点 P_i 所受的外力为 $\boldsymbol{F}_i$，刚体中所有其他各质点对 P_i 作用的合内力为 $\boldsymbol{F}_i'$.为了简化讨论，我们假设 $\boldsymbol{F}_i$ 和 $\boldsymbol{F}_i'$ 都位于质点 P_i 所在的转动平面内，根据牛顿第二定律

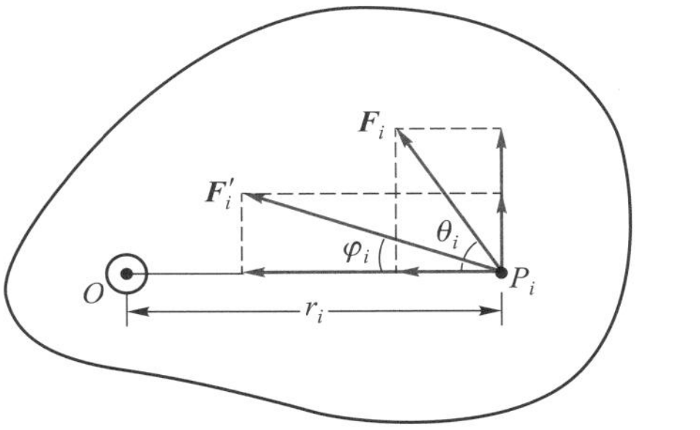

图 3-8　刚体的转动定律

$$\boldsymbol{F}_i+\boldsymbol{F}_i'=m_i\boldsymbol{a}_i$$

把力和加速度都分解为法向分量和切向分量，于是

$$F_i\cos\theta_i+F_i'\cos\varphi_i=m_ia_{in}=m_ir_i\omega^2$$

$$F_i\sin\theta_i+F_i'\sin\varphi_i=m_ia_{it}=m_ir_i\alpha$$

对于上面第一个方程，由于法向分力的作用线通过转轴，其力矩为零，我们不予考虑.将第二个方程的两边各乘 r_i，得到

$$F_ir_i\sin\theta_i+F_i'r_i\sin\varphi_i=m_ir_i^2\alpha \tag{3-3}$$

此式左边第一项是外力 $\boldsymbol{F}_i$ 对转轴的力矩，而第二项是内力 $\boldsymbol{F}_i'$ 对转轴的力矩.

同理，对于刚体中所有质点都可以写出和式(3-3)相当的方程.把这些方程式全部相加，则有

$$\sum F_ir_i\sin\theta_i+\sum F_i'r_i\sin\varphi_i=\left(\sum m_ir_i^2\right)\alpha \tag{3-4}$$

因为内力中每对作用力和反作用力的力矩相加为零，则有 $\sum F_i'r_i\sin\varphi_i=0$，这样式(3-4)只剩下第一项，即刚体所受合外力对转轴力矩的代数和，即合外力矩，用 M 表示.则式(3-4)化为

$$M=\left(\sum m_ir_i^2\right)\alpha \tag{3-5}$$

对于一定的刚体，当转轴确定之后，$\sum m_ir_i^2$ 为一常量，称其为刚体对该转轴的转动惯量，用 J 表示，即

$$J=\sum m_ir_i^2 \tag{3-6}$$

这样式(3-5)便化为

$$M=J\alpha=J\frac{\mathrm{d}\omega}{\mathrm{d}t} \tag{3-7}$$

此式表示，刚体在合外力矩 M 作用下，所获得的角加速度 α 与合外力矩的大小成正比，与刚体的转动惯量成反比，这一关系称为转动定律.如同牛顿第二定律是解决质点运动问题的基本定律一样，转动定律是刚体定轴转动的基本定律.应该注意的是，转动定律是力矩的瞬时作用规律，刚体绕定轴转动的其他规律都可以由这条定律导出.

三、转动惯量

把刚体的转动定律和质点的牛顿第二定律表达式进行类比：

$$M = J\alpha \qquad F = ma$$

可以看出,两式在形式上是相似的,M 和 F 对应,α 和 a 对应,J 和 m 对应.我们知道,物体的质量 m 是物体平动惯性大小的量度,与此对应,物体的转动惯量 J 是物体转动惯性大小的量度.

转动惯量 J 的物理意义,还可以从转动定律来理解.如果以相同的力矩分别作用在两个绕定轴转动的不同刚体上,转动惯量大的刚体所获得的角加速度小,角速度改变就慢,也就是说,刚体保持原来转动状态的惯性大;反之,转动惯量小的刚体获得的角加速度大,则角速度改变快,也就是说刚体保持原有转动状态的惯性小.

对于质量连续分布的刚体,转动惯量定义可用积分式表示:

$$J = \int r^2 \mathrm{d}m \tag{3-8}$$

如果用 V 代表刚体所占据的空间区域,r 为质量元 $\mathrm{d}m$ 到转轴的距离,ρ 表示刚体的质量体密度,$\mathrm{d}V$ 表示质量元 $\mathrm{d}m$ 的体积,那么上式可写成:

$$J = \int_V r^2 \rho \mathrm{d}V \tag{3-8a}$$

如果刚体的质量连续分布在一个面上,则可用质量面密度 σ 替代体密度 ρ,得到二维刚体的转动惯量表达式:

$$J = \int_S r^2 \sigma \mathrm{d}S \tag{3-8b}$$

如果刚体的质量连续分布在一条线上,则可用质量线密度 λ 替代体密度 ρ,得到一维刚体的转动惯量表达式:

$$J = \int_l r^2 \lambda \mathrm{d}l \tag{3-8c}$$

在国际单位制中,转动惯量 J 的单位是千克二次方米($\mathrm{kg} \cdot \mathrm{m}^2$).

从式(3-6)或式(3-8)可以看出,转动惯量等于刚体中各质点的质量和它们到转轴距离平方的乘积之和,由此可见:刚体的转动惯量 J 与刚体的形状、大小、质量分布及转轴的位置都有关.

刚体的转动惯量在刚体动力学中是一个非常重要的物理量,一般在研究刚体的转动问题时,首先必须确定它相对于转轴的转动惯量.表 3-1 给出了几种常见的质量均匀分布刚体绕通过质心轴的转动惯量.但是,对于一些几何形状较复杂、转轴位置较特殊或质量分布不均匀的刚体,很难直接从定义式出发通过积分计算其转动惯量.这时通常采用实验测定的办法,也可以采用其他方法.

表 3-1 几种刚体的转动惯量

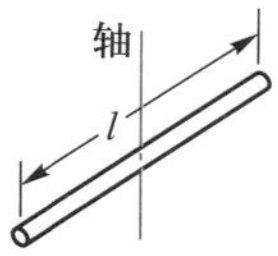	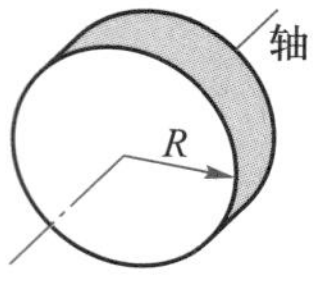	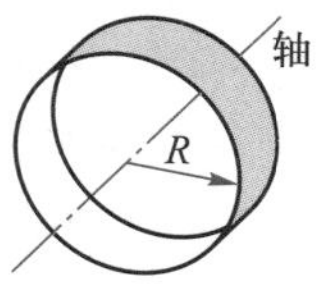
细棒(转动轴通过中心与棒垂直)	圆柱体(转动轴沿几何轴)	薄圆环(转动轴沿几何轴)
$J = \dfrac{ml^2}{12}$	$J = \dfrac{mR^2}{2}$	$J = mR^2$
(a)	(b)	(c)

续表

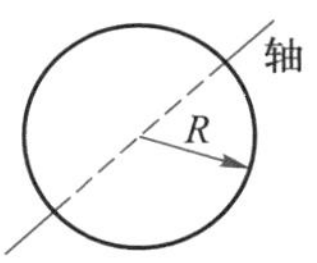 球体（转动轴沿球的任一直径） $J=\dfrac{2mR^2}{5}$ （d）	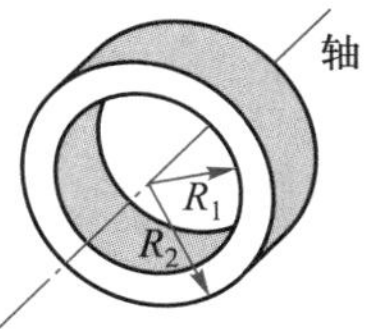 圆筒（转动轴沿几何轴） $J=\dfrac{m}{2}(R_1^2+R_2^2)$ （e）	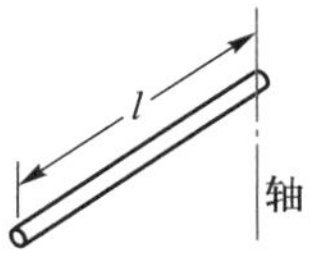 细棒（转动轴通过棒的一端与棒垂直） $J=\dfrac{ml^2}{3}$ （f）

除了简单计算和实验测定等方法，还可以采用平行轴定理来确定一些特殊情况下的刚体的转动惯量.如果已知质量为 m 的刚体绕通过其质心的某一轴的转动惯量为 J_c，则它相对于与该质心轴平行且相距为 d 的另一轴的转动惯量为

$$J=J_c+md^2 \tag{3-9}$$

上式是平行轴定理的表达式.

例 3-4　三个质量均为 m 的质点 1、2、3 分布在一条直线上，它们被两根长为 l 的轻杆固结起来，如图所示.设转轴与轻杆垂直，求质点系的转动惯量：

（1）转轴过质点 1；

（2）转轴过质点 2.

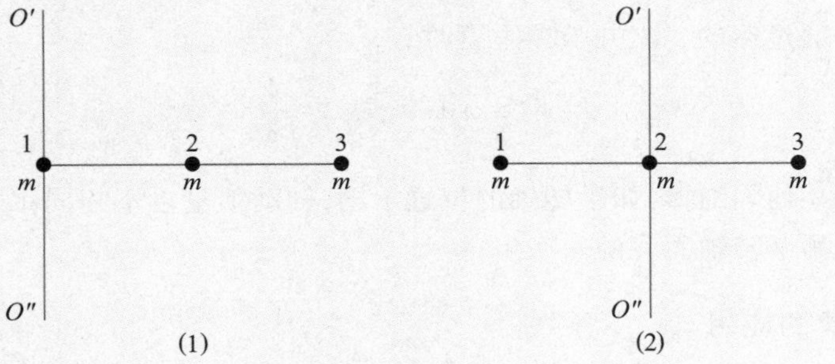

例 3-4 图

解　当刚体上的质点作离散分布时，其转动惯量可用式(3-6)计算.

（1）转轴过质点 1 时：

$$J_1=\sum m_i r_i^2=m\cdot 0+m\cdot l^2+m\cdot(2l)^2=5ml^2$$

（2）转轴过质点 2 时：

$$J_2=\sum m_i r_i^2=m\cdot l^2+m\cdot 0+m\cdot l^2=2ml^2$$

例 3-5 求质量为 m,长为 l 的均匀细棒的转动惯量:

(1) 转轴过细棒的中心并与棒垂直;

(2) 转轴过细棒的一端并与棒垂直.

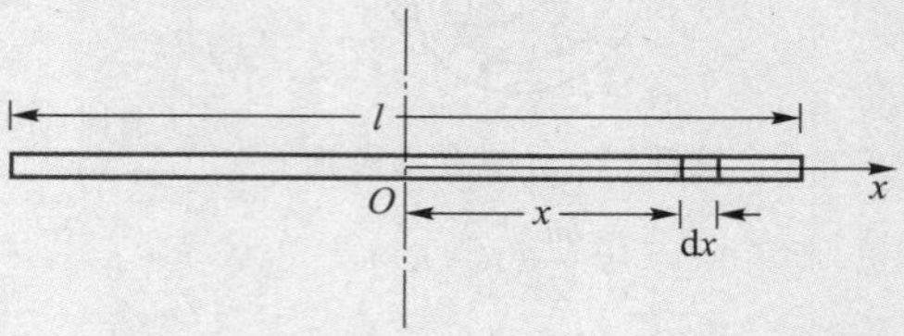

例 3-5 图

解 如图所示,在细棒上任取一长度元 $\mathrm{d}x$,离转轴距离为 x,其质量为 $\mathrm{d}m=\lambda\mathrm{d}x$,其中 λ 为棒的质量线密度,根据转动惯量的定义 $J=\int r^2\mathrm{d}m$ 得

(1) 当转轴过中心并与棒垂直时:

$$J=\int_{-l/2}^{l/2}x^2\lambda\mathrm{d}x=\frac{1}{3}\lambda x^3\Big|_{-l/2}^{l/2}=\frac{l^3}{12}\lambda$$

棒的质量线密度 $\lambda=\dfrac{m}{l}$,代入上式得

$$J=\frac{1}{12}ml^2$$

(2) 当转轴通过棒的一端并与棒垂直时:

$$J=\int_0^l x^2\lambda\mathrm{d}x=\frac{1}{3}l^3\lambda=\frac{1}{3}ml^2$$

由此可见,同一均匀细棒,如果转轴的位置不同,转动惯量也不相同.因此在提到转动惯量时,必须指明是对哪个转轴而言的.

四、转动定律的应用

应用转动定律分析刚体运动问题的思路和方法,与应用牛顿第二定律分析质点运动问题相似.首先要把研究的物体隔离出来,画出受力图分析它们所受的力和力矩,根据牛顿第二定律和转动定律列出动力学方程,然后求解它们的运动学方程并讨论结果.

例 3-6 轮的半径为 $R=0.5\ \mathrm{m}$,它的转动惯量为 $J=20\ \mathrm{kg\cdot m^2}$,今在轮缘上沿切线方向施一大小不变的力 $F=10\ \mathrm{N}$.求:

(1) 角加速度;

(2) 第 10 s 末时轮缘上一点的线速度(设初速等于零).

解 轮子所受的力矩为

$$M=FR$$

按转动定律，轮子的角加速度为

$$\alpha=\frac{M}{J}=\frac{FR}{J} \tag{1}$$

运动开始后任一时刻 t 的角速度为

$$\omega=\alpha t=\frac{FR}{J}t$$

因而轮缘上任意一点的线速度为

$$v=\omega R=\frac{FR^2t}{J} \tag{2}$$

将数值代入式(1)和式(2)，得

$$\alpha=\frac{10\times0.5}{20}\ \mathrm{rad\cdot s^{-1}}=0.25\ \mathrm{rad\cdot s^{-2}}$$

$$v=\frac{10\times(0.5)^2\times10}{20}\ \mathrm{m\cdot s^{-1}}=1.25\ \mathrm{m\cdot s^{-1}}$$

例 3-7 一轻绳跨过定滑轮，其两端挂着质量分别为 m_1 和 m_2 的物体($m_1>m_2$)，滑轮半径为 R，质量为 m，滑轮可以看作质量均匀分布的圆盘，转轴垂直于盘面通过盘心，转动惯量为 $\frac{1}{2}mR^2$，忽略轴承处摩擦，且绳与滑轮间无相对滑动，求重物下降的加速度及绳两端的拉力.

解 分别隔离物体 m_1、m_2 和滑轮，受力及运动情况如图所示.

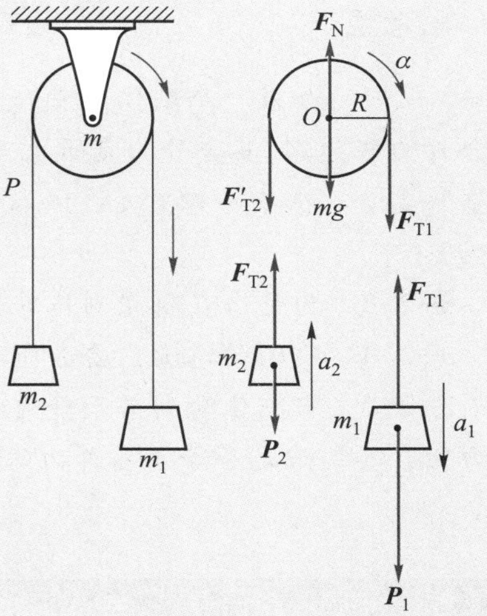

例 3-7 图

m_1 受两个力作用：重力 m_1g，方向竖直向下；绳的拉力 F_{T1}，方向竖直向上. m_2 受两个力作用：重力 m_2g，方向竖直向下；绳的拉力 F_{T2}，方向竖直向上. 对两物体分别应用牛顿第二定律：

$$m_1g-F_{T1}=m_1a_1$$

$$F_{T2}-m_2g=m_2a_2$$

滑轮受到四个力作用：重力 mg 方向竖直向下，作用在轴 O 上，所以重力对轴 O 的力矩为零；轴承支持力 F_T，方向竖直向上，也作用在轴 O 上，对轴 O 的力矩也为零；拉力 F'_{T2} 作用在滑轮左边缘切点处，方向竖直向下，它对轴 O 的力矩为 $F'_{T1}R$；拉力 F'_{T1}，方向竖直向下，作用在滑轮右边缘切点处，它对轴 O 的力矩为 $-F'_{T2}R$. 根据转动定律有

$$F'_{T1}R-F'_{T2}R=\left(\frac{1}{2}mR^2\right)\alpha$$

绳不伸长，则 $a_1=a_2=a$；轻绳质量不计，则 $F'_{T1}=F_{T1}$，$F'_{T2}=F_{T2}$；绳不打滑，则物体的加速度与轮缘处任一点的切向加速度数值相等，即 $a=a_t=R\alpha$.

联立以上各式，解得

$$a=\frac{(m_1-m_2)g}{m_1+m_2+\frac{1}{2}m}$$

$$F_{T1}=m_1(g-a)=\frac{\left(2m_2+\frac{1}{2}m\right)m_1g}{m_1+m_2+\frac{1}{2}m}$$

$$F_{T2}=m_2(g+a)=\frac{\left(2m_1+\frac{1}{2}m\right)m_2g}{m_1+m_2+\frac{1}{2}m}$$

本题中的装置叫阿特伍德机，是一种可用来测量重力加速度 g 的简单装置.在已知 m_1，m_2，r 和 J 的情况下，可以通过实验测出物体 1 和 2 的加速度 a，再通过加速度把 g 算出来.在实验中可使两物体的 m_1 和 m_2 相近，从而使它们的加速度 a 和速度 v 都比较小，这样就能比较精确地测出加速度 a.

思考题

3-2-1　如果一个刚体所受合外力为零，其合外力矩是否也一定为零？如果一个刚体所受合外力矩为零，其合外力是否也一定为零？

3-2-2　在某一瞬时，物体在力矩作用下，其角速度可以为零吗？其角加速度可以为零吗？

3-2-3　为什么在研究刚体转动时，要研究力矩的作用？力矩和哪些因素有关？

3-2-4　飞轮的质量主要分布在边缘上，这样有什么好处？

3-2-5　当刚体受到若干外力作用时，能否用平行四边形法则先求它们的合力，再求合力的力矩？其结果是否等于各外力的力矩之和？

3-3　力矩的功　定轴转动的动能定理

一、力矩的功

当质点在外力作用下发生位移时，力就对质点做了功.与之相似，刚体在外力矩作用下转动时，力矩也对刚体做功.在刚体转动时，作用力可以作用在刚体的不同质元上，各个质元的位移也不相同,只有将各个力对各个相应质元做的功加起来,才能求得力对刚体所做的功.由于在转动过程中,使用角量比使用线量分析更方便,因此在讨论力对刚体做功的表达式中,力将以力矩的形式出现,力做的功也就是力矩的功,这就是力矩的空间累积效应.

如图 3-9 所示,外力 $\boldsymbol{F}$ 作用在刚体上的 P 点,刚体绕过 O 点并与平面垂直的轴转动.当刚体转过一微小角度 $\mathrm{d}\theta$ 时,P 点位移 $\mathrm{d}\boldsymbol{r}$ 的大小为 $\mathrm{d}s=r\mathrm{d}\theta$,则力 $\boldsymbol{F}$ 在位移 $\mathrm{d}\boldsymbol{r}$ 中所做的功为

$$\mathrm{d}W=\boldsymbol{F}\cdot\mathrm{d}\boldsymbol{r}=F\cos\varphi\mathrm{d}s$$

因为 α 与 φ 互为余角,$\cos\varphi=\sin\alpha$,$\mathrm{d}s=r\mathrm{d}\theta$,故上式改写为

$$\mathrm{d}W=Fr\sin\alpha\mathrm{d}\theta$$

其中 $Fr\sin\alpha$ 为力 F 对转轴的力矩 M,故又可写为

$$\mathrm{d}W=M\mathrm{d}\theta$$

这就是力矩 M 在微小角位移 $\mathrm{d}\theta$ 过程中对刚体所做的功.

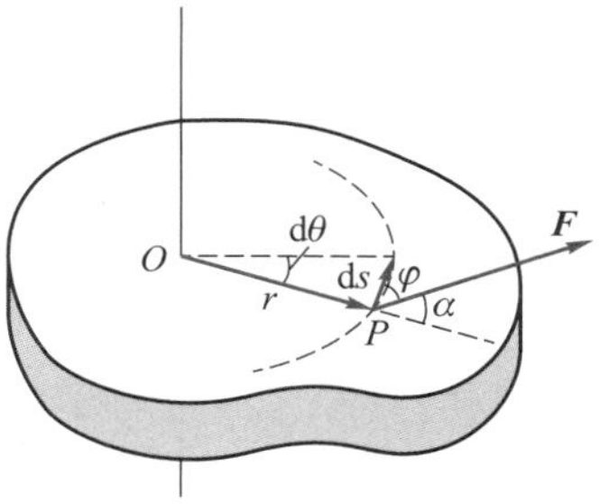

图 3-9 力矩的功

当刚体在力矩 M 作用下产生一有限角位移 θ 时,力矩的功等于上式的积分:

$$W=\int_0^\theta M\mathrm{d}\theta \tag{3-10}$$

如果力矩 M 为常量,则

$$W=\int_0^\theta M\mathrm{d}\theta=M\int_0^\theta\mathrm{d}\theta=M\theta$$

如果用若干个力作用在刚体上,则总功应等于合力矩的功.

刚体在力矩作用下绕定轴转动时,力矩的功率是

$$P=\frac{\mathrm{d}W}{\mathrm{d}t}=M\frac{\mathrm{d}\theta}{\mathrm{d}t}=M\omega \tag{3-11}$$

即力矩的功率等于力矩和角速度的乘积.当功率一定时,转速越低,力矩越大;反之转速越高,力矩越小.

二、转动动能

当刚体绕定轴转动时,各质点的角速度完全相同.设第 i 个质点的质量是 m_i,到转轴的垂直距离是 r_i,那么它的速度是 $v_i=r_i\omega$,动能是 $m_iv_i^2/2=m_ir_i^2\omega^2/2$.于是刚体的所有质点动能之和为

$$E_\mathrm{k}=\sum\frac{1}{2}m_iv_i^2=\sum\frac{1}{2}m_ir_i^2\omega^2=\frac{1}{2}\left(\sum m_ir_i^2\right)\omega^2$$

因 $\sum m_ir_i^2$ 是刚体对轴的转动惯量 J,故

$$E_\mathrm{k}=\frac{1}{2}J\omega^2 \tag{3-12}$$

式(3-12)与平动动能公式 $E_\mathrm{k}=\dfrac{1}{2}mv^2$ 相似,转动惯量 J 与质量 m 相当,角速度 ω 与线速度 v 相当.

很容易证明，在重力作用下的刚体，其重力势能等于组成刚体的各质点的重力势能之和.若以 $h=0$ 为零势能位置，则

$$E_p=\sum m_i g h_i = mgh_C$$

式中 h_C 为刚体重心（严格地讲是质心）的位置高度.

三、刚体绕定轴转动时的动能定理

当外力矩对刚体做功时，刚体的动能就要发生变化.由转动定律：

$$M=J\alpha=J\frac{\mathrm{d}\omega}{\mathrm{d}t}=J\frac{\mathrm{d}\omega}{\mathrm{d}\theta}\frac{\mathrm{d}\theta}{\mathrm{d}t}=J\frac{\mathrm{d}\omega}{\mathrm{d}\theta}\omega$$

因此有

$$M\mathrm{d}\theta=J\omega\mathrm{d}\omega$$

当刚体的角速度由 ω_1 变到 ω_2 时，合力矩 M 对刚体所做的功等于上式的积分，即

$$W=\int_{\theta_1}^{\theta_2}M\mathrm{d}\theta=\int_{\omega_1}^{\omega_2}J\omega\mathrm{d}\omega=\frac{1}{2}J\omega_2^2-\frac{1}{2}J\omega_1^2 \tag{3-13}$$

式（3-13）表明，合外力矩对刚体所做的功等于刚体转动动能的增量，这个关系式叫做刚体定轴转动的动能定理，这和质点动力学中的动能定理的关系相类似.

同样需要指出的是，质点系的动能增量是作用在质点系上所有外力和质点系内所有内力做功的结果.然而对于刚体来说，虽然任意两点间也有作用力与反作用力这一对内力，但两质点间却没有相对位移，故内力矩不做功，即刚体内力矩做功的总和为零.因此绕定轴转动的刚体，其转动动能的增量就等于合外力矩做的功.

如果刚体受到摩擦力矩或阻力矩的作用，则刚体的转动将逐渐变慢，这时阻力矩与角位移反向，阻力矩做负功，转动动能的增量为负值，也就是说，转动刚体反抗阻力矩做功，它的转动动能将逐渐减小.

刚体转动的动能定理在工程上有很多应用.为了储能，许多机器都配置了飞轮.转动的飞轮因转动惯量很大，可以把能量以转动动能的形式储存起来，在需要做功的时候再予以释放.例如冲床在冲孔时，冲力很大，如果由电动机直接带动冲头，电机将无法承受这样大的负荷，因此，中间要装上减速箱和飞轮储能装置，电动机通过减速箱带动飞轮转动，使飞轮储有动能.在冲孔时，由飞轮带动冲头对钢板冲孔做功，飞轮转动动能减少.

例 3-8 如图所示，一质量为 m，长度为 l 的均匀细杆，可绕通过其一端且与杆垂直的水平轴 O 转动.若将此杆自水平位置静止释放，求：

（1）当杆转到与竖直方向成 30°角时的角速度；

（2）杆转到竖直位置时，其端点的线速度和线加速度.

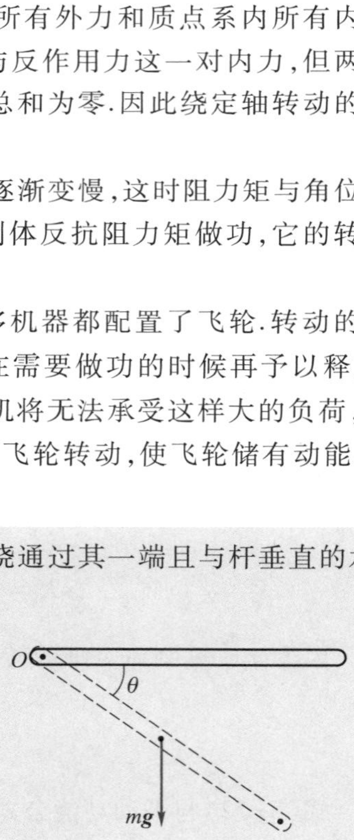

例 3-8 图

解 考虑功能关系.以杆和地球组成系统，在杆的摆动过程中，杆受重力和支持力，而支持力对轴 O 的力矩为零，对杆不做功，只有保守内力即重力做功，故系统的机械能守恒.

（1）设杆处于水平位置时，势能为零，则机械能的初值亦为零，即 $E_0=0$.到达与水平方向成 θ 角位置时的机械能为

$$E=\frac{1}{2}J\omega^2+mgh_C=\frac{1}{2}J\omega^2-mg\frac{l}{2}\sin\theta$$

由机械能守恒：$E=E_0=0$，得

$$\omega=\sqrt{\frac{mgl\sin\theta}{J}}=\sqrt{\frac{mgl\sin\theta}{\frac{1}{3}ml^2}}=\sqrt{\frac{3g\sin\theta}{l}}$$

当杆转到与竖直方向成 30°角时，$\theta=60°$，所以

$$\omega=\sqrt{\frac{3g}{l}\sin 60°}$$

（2）由转动的角量与线量间的关系，得杆在竖直位置时其端点的线速度为

$$v=\omega R=\sqrt{\frac{3g}{l}\sin 90°}\cdot l=\sqrt{3gl}$$

端点向心加速度和切向加速度分为

$$a_n=\omega^2R=\frac{3g}{l}\cdot l=3g$$

$$a_t=\alpha\cdot l$$

由转动定律 $mg\frac{l}{2}\cos\theta=J\alpha$ 可知，$\alpha=\frac{mgl}{2J}\cos\theta=\frac{mgl}{2J}\cos 90°=0$，所以 $a_t=0$，因而杆在竖直位置时，其端点的加速度为

$$a=a_n=3g$$

方向沿杆指向轴.

例 3-9　如图所示，匀质圆柱体质量为 m'，半径为 R，绕在圆柱体上的不可伸长的轻绳一端系一质量为 m 的物体.假设重物从静止下落并带动柱体转动，不计阻力，试求重物下落 h 高度时的速度和加速度.

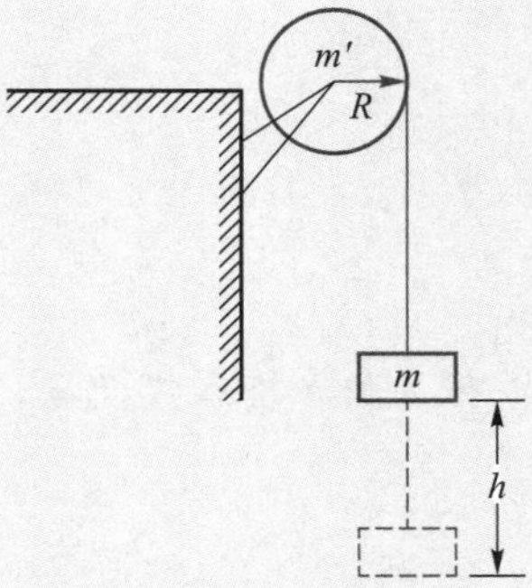

例 3-9 图

解　用两种方法求解.

方法一：用质点和刚体转动的动能定理.

重物 m 作平动，视为质点，m 受重力 mg 和绳的拉力 F_T.重力做正功 mgh，绳的拉力 F_T 做负功 $-F_Th$，质点的动能由零增至 $\frac{1}{2}mv^2$，按质点动能定理有

$$mgh-F_Th=\frac{1}{2}mv^2 \tag{1}$$

圆柱体作定轴转动，视为刚体，若不计阻力，仅受力矩 $F_T R$ 作用，并做正功 $F_T R\Delta\theta$，$\Delta\theta$ 为 m 下落 h 时与之对应的圆柱体的角位移，此时圆柱体的转动动能由零增至$\frac{1}{2}J\omega^2$. 根据转动动能定理有

$$F_T R\Delta\theta = \frac{1}{2}J\omega^2 - 0 \tag{2}$$

又因 $J=\frac{1}{2}m'R^2$，代入式(2)得

$$F_T R\Delta\theta = \frac{1}{4}m'R^2\omega^2$$

因为绳不可伸长，故有 $R\Delta\theta = h$，且有 $v = R\omega$，代入上式得

$$F_T h = \frac{1}{4}m'v^2$$

解出 F_T 并代入式(1)，得

$$v = 2\sqrt{\frac{mgh}{2m+m'}}$$

方法二：用机械能守恒定律.

取重物、圆柱体、绳和地球组成系统. 由于绳的拉力为内力且做功的代数和为零，又不计一切阻力，故非保守内力、外力做功为零，只有保守内力(重力)做功，故系统的机械能守恒. 取重物落下 h 时的位置为重力势能的零点，则由机械能守恒定律得

$$mgh = \frac{1}{2}mv^2 + \frac{1}{2}J\omega^2 \tag{3}$$

将 $J=\frac{1}{2}m'R^2$，$\omega = v/R$ 代入上式得

$$mgh = \frac{1}{2}mv^2 + \frac{1}{4}Mv^2 \tag{4}$$

解出 v，得

$$v = 2\sqrt{\frac{mgh}{2m+m'}}$$

把 v 和 h 均看作变量，式(4)两边对时间求导，并注意到$\frac{\mathrm{d}v}{\mathrm{d}t}=a$，$\frac{\mathrm{d}h}{\mathrm{d}t}=v$，得到

$$mgv = \frac{va}{2}(2m+m')$$

故

$$a = \frac{2mg}{2m+m'}$$

若 $m'\to 0$,圆柱体没有转动惯量,$v=\sqrt{2gh}$,$g=a$,与物体自由下落结果一致.这结果表明,此例中重物的末速度小于从同一高度由静止自由下落的末速度.这是下落过程中,物体重力势能的一部分转化成了滑轮的转动动能的缘故.

此外,本例题还可分别对重物和圆柱体用牛顿第二定律和转动定律,求出重物的加速度,再由匀加速直线运动公式解得运动末速度.

思考题

3-3-1 为什么质点系动能的改变不仅与外力有关,而且与内力有关,而刚体绕定轴转动动能的改变只与外力矩有关,而与内力矩无关呢?

3-3-2 一根均匀细棒绕其一端在竖直平面内转动,从水平位置转到竖直位置时,其势能变化是多少?

3-3-3 两个飞轮,一个是木制的,周围镶上铁制的轮缘,另一个是铁制的,周围镶上木制的轮缘.若这两个飞轮的半径相同,总质量相等,以相同的角速度绕通过飞轮中心的轴转动,哪一个飞轮的动能较大?

3-4 角动量 角动量守恒定律

一、质点的角动量定理和角动量守恒定律

对于刚体,我们首先讨论了在外力矩作用下刚体绕定轴转动的转动定律.同样,力矩作用于刚体总是在一定的时间和空间中进行的.上一节我们讨论了力矩对空间的累积作用,得出刚体的转动动能定理,这一节我们将讨论力矩对时间的累积作用,得出刚体的角动量定理和角动量守恒定律.因为刚体总是可以看作由很多质元组成的质点系,因此我们可以从质点的角动量出发来分析刚体的角动量.

1. 质点的角动量

如图 3-10 所示,设一个质量为 m 的质点位于直角坐标系中某点 A,该点相对原点 O 的位矢为 $\boldsymbol{r}$,并具有速度 $\boldsymbol{v}$(即动量为 $\boldsymbol{p}=m\boldsymbol{v}$).我们定义,质点 m 对原点 O 的角动量为

$$\boldsymbol{L}=\boldsymbol{r}\times\boldsymbol{p}=\boldsymbol{r}\times m\boldsymbol{v} \tag{3-14}$$

质点的角动量 $\boldsymbol{L}$ 是一个矢量,它的方向垂直于 $\boldsymbol{r}$ 和 $\boldsymbol{v}$(或 $\boldsymbol{p}$)构成的平面,并遵守右手螺旋定则:右手拇指伸直,当四指由 $\boldsymbol{r}$ 经小于 180°的角 θ 转向 $\boldsymbol{v}$(或 $\boldsymbol{p}$)时,拇指的指向就是 $\boldsymbol{L}$ 的方向.至于质点角动量 $\boldsymbol{L}$ 的值,由矢量的矢积法则知

$$L=rmv\sin\theta \tag{3-15}$$

式中 θ 为 $\boldsymbol{r}$ 与 $\boldsymbol{v}$(或 $\boldsymbol{p}$)之间的夹角.

应当指出的是,质点的角动量是与位矢 $\boldsymbol{r}$ 和动量 $\boldsymbol{p}$ 有关的,也就是与参考点 O 的选择有关.因此在讲述质点的角动量时,必须指明是对哪一点的角动量.

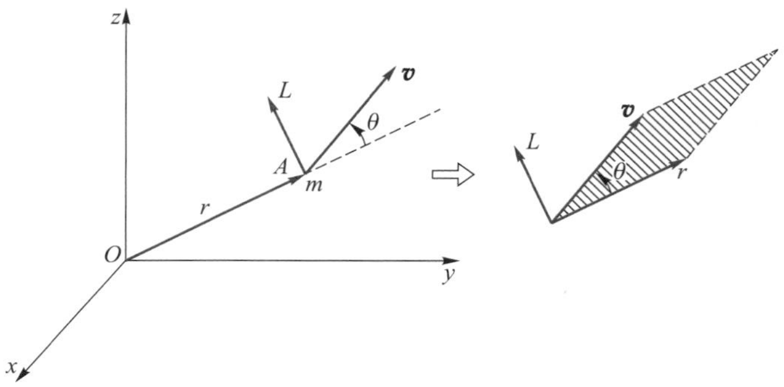

图 3-10 质点的角动量

当质点在半径为 r 的圆周上运动时，如以圆心 O 为参考点，那么 $\boldsymbol{r}$ 与 $\boldsymbol{v}$（或 $\boldsymbol{p}$）总是相垂直的，于是质点对圆心 O 的角动量 $\boldsymbol{L}$ 的大小为

$$L=rmv=mr^2\omega \tag{3-16}$$

2. 质点的角动量定理

设质量为 m 的质点，在合力 $\boldsymbol{F}$ 作用下，由牛顿第二定律得

$$\boldsymbol{F}=\frac{\mathrm{d}(m\boldsymbol{v})}{\mathrm{d}t}$$

由于质点对参考点 O 的位矢为 $\boldsymbol{r}$，故以 $\boldsymbol{r}$ 叉乘上式两边，有

$$\boldsymbol{r}\times\boldsymbol{F}=\boldsymbol{r}\times\frac{\mathrm{d}}{\mathrm{d}t}(m\boldsymbol{v}) \tag{3-17}$$

考虑到

$$\frac{\mathrm{d}}{\mathrm{d}t}(\boldsymbol{r}\times m\boldsymbol{v})=\boldsymbol{r}\times\frac{\mathrm{d}}{\mathrm{d}t}(m\boldsymbol{v})+\frac{\mathrm{d}\boldsymbol{r}}{\mathrm{d}t}\times m\boldsymbol{v}$$

而且

$$\frac{\mathrm{d}\boldsymbol{r}}{\mathrm{d}t}\times\boldsymbol{v}=\boldsymbol{v}\times\boldsymbol{v}=\boldsymbol{0}$$

故式(3-17)可写成

$$\boldsymbol{r}\times\boldsymbol{F}=\frac{\mathrm{d}}{\mathrm{d}t}(\boldsymbol{r}\times m\boldsymbol{v})$$

式中 $\boldsymbol{r}\times\boldsymbol{F}$ 为合力 $\boldsymbol{F}$ 对参考点 O 的力矩 $\boldsymbol{M}$.于是上式可写为

$$\boldsymbol{M}=\frac{\mathrm{d}}{\mathrm{d}t}(\boldsymbol{r}\times m\boldsymbol{v})=\frac{\mathrm{d}\boldsymbol{L}}{\mathrm{d}t} \tag{3-18}$$

上式表明，作用于质点的合力对参考点 O 的力矩，等于质点对该点 O 的角动量随时间的变化率.这与牛顿第二定律 $\boldsymbol{F}=\dfrac{\mathrm{d}\boldsymbol{p}}{\mathrm{d}t}$ 在形式上是相似的，只是用 $\boldsymbol{M}$ 代替了 $\boldsymbol{F}$，用 $\boldsymbol{L}$ 代替了 $\boldsymbol{p}$.

上式还可写成 $\boldsymbol{M}\mathrm{d}t=\mathrm{d}\boldsymbol{L}$，$\boldsymbol{M}\mathrm{d}t$ 为力矩 $\boldsymbol{M}$ 与作用时间 $\mathrm{d}t$ 的乘积，叫做冲量矩.取积分有

$$\int_{t_1}^{t_2} \boldsymbol{M}\mathrm{d}t=\boldsymbol{L}_2-\boldsymbol{L}_1 \tag{3-19}$$

式中 $\boldsymbol{L}_1$ 和 $\boldsymbol{L}_2$ 分别为质点在时刻 t_1 和 t_2 对参考点 O 的角动量，$\int_{t_1}^{t_2}\boldsymbol{M}\mathrm{d}t$ 为质点在时间间隔 t_2-t_1 所受的冲量矩.因此，上式的物理意义是：对同一参考点 O，质点所受的冲量矩等于质点角动量的增量.这就是质点的角动量定理.

3. 质点的角动量守恒定律

由式(3-19)可以看出，若质点所受合力矩为零，即 $\boldsymbol{M}=\boldsymbol{0}$，则有

$$\boldsymbol{L}=\boldsymbol{r}\times m\boldsymbol{v}=\text{常矢量} \tag{3-20}$$

上式表明，当质点对参考点 O 所受的合力矩为零时，质点对该参考点 O 的角动量为一常矢量.这就是质点的角动量守恒定律.

应当注意的是，质点的角动量守恒的条件是合力矩 $\boldsymbol{M}=\boldsymbol{0}$.这可能有两种情况：一种是合力 $\boldsymbol{F}=\boldsymbol{0}$；另一种是合力 $\boldsymbol{F}$ 虽不为零，但合力 $\boldsymbol{F}$ 通过参考点 O，致使合力矩为零.质点作匀速圆周运动就是这种例子，此时，作用于质点的合力是指向圆心的所谓有心力（如果质点在运动过程中所受的力总是指向某一给定点，那么这种力就称为有心力，而该点就叫力心），故其力矩为零，所以质点作匀速圆周运动时，它对圆心的角动量是守恒的.不仅如此，只要作用于质点的力是有心力，有心力对力心的力矩就是零，所以，在有心力作用下质点对力心的角动量都是守恒的.太阳系中行星的轨道为椭圆，太阳位于两焦点之一，太阳作用于行星的引力是指向太阳的有心力，因此若以太阳为参考点 O，则行星的角动量是守恒的.

在国际单位制中，角动量的单位是千克二次方米每秒，符号为 $\mathrm{kg\cdot m^2\cdot s^{-1}}$.

例 3-10　如图所示，一半径为 R 的光滑圆环置于竖直平面内，有一质量为 m 的小球穿在圆环上，并可以在圆环上滑动.小球开始时静止于圆环上的 A 点（该点在通过环心 O 的水平面上），然后从 A 点开始下滑.求小球滑到 B 点时对环心 O 的角动量和角速度.设小球与圆环间的摩擦略去不计.

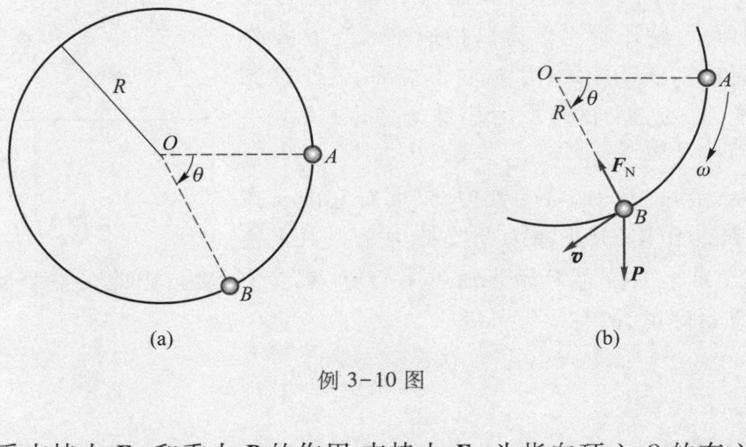

例 3-10 图

解　小球受支持力 $\boldsymbol{F}_{\mathrm{N}}$ 和重力 $\boldsymbol{P}$ 的作用.支持力 $\boldsymbol{F}_{\mathrm{N}}$ 为指向环心 O 的有心力，其对 O 点的力矩为零，故小球所受的力矩仅为重力矩，其大小为

$$M=mgR\cos\theta$$

由右手螺旋定则可确定，重力矩的方向垂直纸面向里.此外，小球从 A 向 B 滑动的过程中，角动量的大小是随时间改变的，但其方向总是垂直纸面向里.因此，由式(3-18)，有

$$mgR\cos\theta=\frac{\mathrm{d}L}{\mathrm{d}t} \tag{1}$$

$$\mathrm{d}L=mgR\cos\theta\mathrm{d}t$$

考虑到 $\omega=\mathrm{d}\theta/\mathrm{d}t$ 及 $L=mRv=mR^2\omega$，有

$$\mathrm{d}t=\frac{mR^2}{L}\mathrm{d}\theta \tag{2}$$

将式(2)代入式(1)，得

$$L\mathrm{d}L=m^2gR^3\cos\theta\mathrm{d}\theta$$

由题设条件，$t=0$ 时，$\theta_0=0$，$L_0=0$.故上式的积分为

$$\int_0^L L\mathrm{d}L=m^2gR^3\int_0^\theta\cos\theta\mathrm{d}\theta$$

得

$$L=mR^{3/2}(2g\sin\theta)^{1/2} \tag{3}$$

将

$$L=mR^2\omega$$

代入式(3)又可得

$$\omega=\left(\frac{2g}{R}\sin\theta\right)^{1/2} \tag{4}$$

应当指出的是，这道题也可以用质点的功能原理先求解出速度，再求出角速度，并根据角动量的定义再求出 L 的值.

例 3-11 在桌面上开一小孔 O，把质量为 m 的光滑小球系在细绳一端并置于桌面上，绳的另一端穿过小孔执于手中，如图所示.设开始时小球以初速率 v 绕 O 点作半径为 r 的圆周运动.现用手施力 $\boldsymbol{F}$ 向下拉绳，当小球圆周运动的半径变为 $r/2$ 时，试求此时小球的速率(不计一切摩擦).

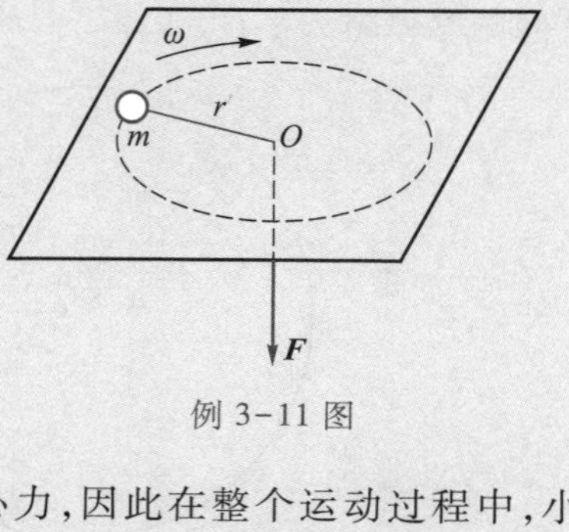

例 3-11 图

解 小球在运动过程中，共受重力、桌面对它的支撑力及绳的拉力 $\boldsymbol{F}$ 的作用，其中重力与支撑力是一对平衡力，而绳作用在小球上的拉力 $\boldsymbol{F}$ 始终通过中心 O 点，是有心力，因此在整个运动过程中，小球对 O 点的角动量守恒，故有

$$mv_1r_1=mv_2r_2$$

所以

$$v_2=\frac{r_1}{r_2}v_1$$

二、刚体定轴转动的角动量定理和角动量守恒定律

1. 刚体定轴转动的角动量

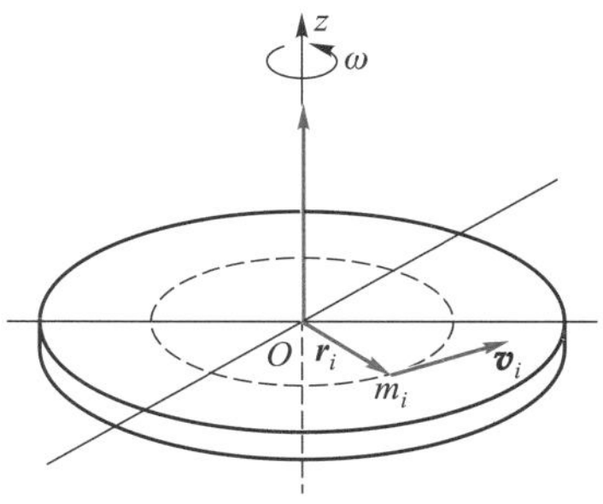

图 3-11　刚体的角动量

如图 3-11 所示，有一刚体以角速度 ω 绕定轴 Oz 转动．由于刚体绕定轴转动，刚体上每一个质点都以相同的角速度绕轴 Oz 作圆周运动．其中质点 m_i 对轴 Oz 的角动量为 $m_i v_i r_i = m_i r_i^2 \omega$，于是刚体上所有质点对轴 Oz 的角动量，即刚体对定轴 Oz 的角动量为

$$L = \sum_i m_i r_i^2 \omega = \left(\sum_i m_i r_i^2\right)\omega$$

式中 $\sum_i m_i r_i^2$ 为刚体绕轴 Oz 的转动惯量 J．于是刚体对定轴 Oz 的角动量为

$$L = J\omega \tag{3-21}$$

2. 刚体定轴转动的角动量定理

从式(3-18)可以知道，作用在质点 m_i 上的合力矩 M_i 应等于质点的角动量随时间的变化率，即

$$M_i = \frac{\mathrm{d}L_i}{\mathrm{d}t} = \frac{\mathrm{d}}{\mathrm{d}t}(m_i r_i^2 \omega)$$

而合力矩 M_i 中含有外力作用在质点 m_i 的力矩，即外力矩 M_i^{ex}，以及刚体内质点间作用力的力矩，即内力矩 M_i^{in}．

对绕定轴 Oz 转动的刚体来说，刚体内各质点的内力矩之和应为零，即 $\sum M_i^{\mathrm{in}} = 0$．故由上式，可得作用于绕定轴 Oz 转动刚体的合外力矩 M 为

$$M = \sum_i M_i^{\mathrm{ex}} = \frac{\mathrm{d}}{\mathrm{d}t}\left(\sum L_i\right) = \frac{\mathrm{d}}{\mathrm{d}t}\left(\sum m_i r_i^2 \omega\right)$$

亦可写成

$$M = \frac{\mathrm{d}}{\mathrm{d}t}(J\omega) = \frac{\mathrm{d}L}{\mathrm{d}t} \tag{3-22}$$

上式表明，刚体绕某定轴转动时，作用于刚体的合外力矩等于刚体绕此定轴的角动量随时间的变化率．对照式(3-7)可见，式(3-22)是转动定律的另一种表达方式，但其意义更加普遍．即使在绕定轴转动物体的转动惯量 J 因内力作用而发生变化时，式(3-7)已不适用，但式(3-22)仍然成立．这与质点动力学中，牛顿第二定律的表达式 $\boldsymbol{F} = \mathrm{d}\boldsymbol{p}/\mathrm{d}t$ 较之 $\boldsymbol{F} = m\boldsymbol{a}$ 更普遍是一样的．

设有一转动惯量为 J 的刚体绕定轴转动，在合外力矩 M 的作用下，在时间 $\Delta t = t_2 - t_1$ 内，其角速度由 ω_1 变为 ω_2．由式(3-22)得

$$\int_{t_1}^{t_2} M\mathrm{d}t = \int_{L_1}^{L_2} \mathrm{d}L = L_2 - L_1 = J\omega_2 - J\omega_1 \tag{3-23a}$$

式中 $\int_{t_1}^{t_2} M\mathrm{d}t$ 叫做力矩对给定轴的冲量矩．

如果物体在转动过程中，其内部各质点相对于转轴的位置发生了变化，那么物体的转动惯量 J 也必然随时间变化.若在 Δt 时间内，转动惯量由 J_1 变为 J_2，则式(3-23a)中的 $J\omega_2$ 应改为 $J_2\omega_2$.于是下面的关系式是成立的，即

$$\int_{t_1}^{t_2} M\mathrm{d}t = J_2\omega_2 - J_1\omega_1 \tag{3-23b}$$

式(3-23b)表明，当转轴给定时，作用在物体上的冲量矩等于角动量的增量.这一结论叫做角动量定理，它与质点的角动量定理在形式上很相似.

3. 刚体定轴转动的角动量守恒定律

当作用在质点上的合力矩等于零时，由质点的角动量定理可以导出质点的角动量守恒定律.同样，当作用在绕定轴转动的刚体上的合外力矩等于零时，由刚体的角动量定理也可导出刚体的角动量守恒定律.

由式(3-23b)可以看出，当合外力矩为零时，可得

$$J\omega = 常量 \tag{3-24}$$

这就是说，如果物体所受的合外力矩等于零，或者不受外力矩的作用，物体的角动量保持不变，这个结论叫做角动量守恒定律.

必须指出的是，虽然角动量守恒定律在得到的过程中受到刚体、定轴等条件的限制，但它的适用范围却远远超出这些限制.

角动量守恒定律可用转动凳子来表演(图 3-12)，有一个人坐在凳子上，凳子绕竖直轴转动(摩擦力极小)，人的两手各握一个很重的哑铃，伸开两臂，并令人和凳子一起以角速度 ω 转起来，然后放下双臂.由于在没有外力矩作用时，人和凳子的角动量保持不变，所以人放下双臂后，转动惯量减小，结果角速度增大，也就是说比平举两臂时转得快些.

图 3-12 角动量守恒定律的演示

在日常生活中也很容易发现应用角动量守恒的例子.跳水运动员在空中翻转时，先把手足伸直，他从跳板跳起时使自己尽量蜷缩起来，以减小转动惯量，因而角速度增大，在空中迅速翻转.当他快接近水面时，再伸直双臂和腿以增大转动惯量，减小角速度，并以一定的方向落入水中.芭蕾舞演员跳舞时，先把两臂张开，并绕通过足尖的垂直转轴以一定角速度旋转，然后迅速把两臂和腿朝向身体靠拢，使自己的转动惯量迅速减小，根据角动量守恒定律，角速度必会增大，因而旋转更快.

为了便于理解刚体绕定轴转动的规律性，现将平动和转动的一些重要公式列表对照(表3-2)，以资参考.

在非定轴转动的情形中，物体的角动量保持不变不仅意味着角动量的大小不变，而且还意味着物体的转轴方向保持不变.对此，我们用图 3-13(a)所示的回转仪来演示.图中是一个悬在常平架上的回转仪.常平架是由支在框架 L 上的内外两个圆环组成的，外环能绕由光滑支点 A、A'所确定的轴自由转动，内环能绕与外环相连的光滑支点 B、B'所确定的轴自由转动.回转仪是一个能以高速旋转的厚重对称的转子，其轴 CC'装在常平架的内环上.AA'、BB'、CC'三轴相互垂直，这就使回转仪的转轴在空间可取任何方位.我们看到，使转子高速旋转之后，对它不

表 3-2　质点运动与刚体定轴转动对照表

质点运动	刚体定轴转动
速度　$\boldsymbol{v}=\frac{\mathrm{d}\boldsymbol{r}}{\mathrm{d}t}$	角速度　$\omega=\frac{\mathrm{d}\theta}{\mathrm{d}t}$
加速度　$\boldsymbol{a}=\frac{\mathrm{d}\boldsymbol{v}}{\mathrm{d}t}$	角加速度　$\alpha=\frac{\mathrm{d}\omega}{\mathrm{d}t}$
力　$\boldsymbol{F}$	力矩　M
质量　m	转动惯量　$J=\int r^2\mathrm{d}m$
动量　$\boldsymbol{p}=m\boldsymbol{v}$	角动量　$L=J\omega$
牛顿第二定律　$\boldsymbol{F}=m\boldsymbol{a}=\frac{\mathrm{d}\boldsymbol{p}}{\mathrm{d}t}$	转动定律　$M=J\alpha=\frac{\mathrm{d}L}{\mathrm{d}t}$
动量定理　$\int\boldsymbol{F}\mathrm{d}t=m\boldsymbol{v}_2-m\boldsymbol{v}_1$	角动量定理　$\int M\mathrm{d}t=J\omega_2-J\omega_1$
动量守恒定律　$F=0, m\boldsymbol{v}=$常矢量	角动量守恒定律　$M=0, J\omega=$常量
动能　$\frac{1}{2}mv^2$	转动动能　$\frac{1}{2}J\omega^2$
功　$W=\int\boldsymbol{F}\cdot\mathrm{d}\boldsymbol{r}$	力矩的功　$W=\int M\mathrm{d}\theta$
动能定理　$W=\frac{1}{2}mv_2^2-\frac{1}{2}mv_1^2$	转动动能定理　$W=\frac{1}{2}J\omega_2^2-\frac{1}{2}J\omega_1^2$

再作用外力矩，由于角动量守恒，其转轴方向将保持恒定不变.即使把支架作各种转动，也不影响转子转轴的方向.因此，回转仪在现代技术中应用很广泛.回转仪的这一特性通常用作定向装置(例如回转罗盘)，作为舰船、飞机、导弹上的导向标准.我国早在《西京杂记》上就有这方面的记载.西汉时丁缓制造的卧褥香炉[图 3-13(b)]，就用了常平架，因而“环转四周，而炉体常平”，显示出非凡的制造技巧.

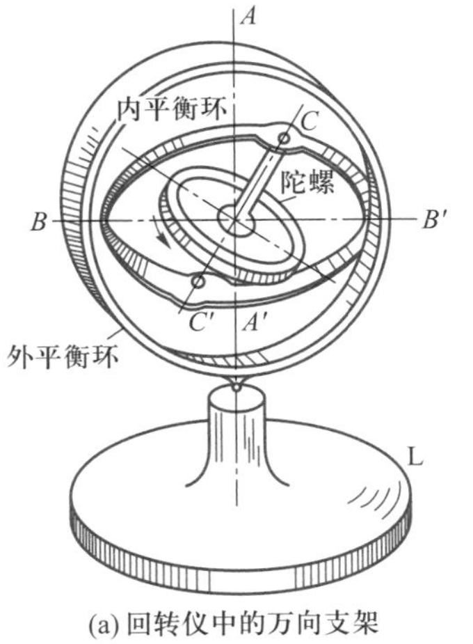

(a) 回转仪中的万向支架

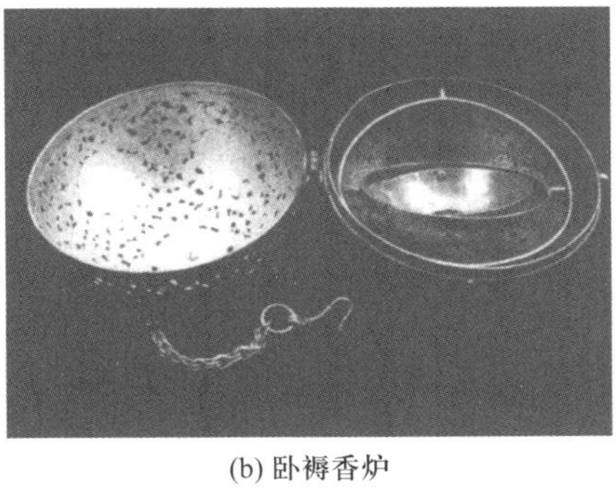
(b) 卧褥香炉

图 3-13

最后还应再次指出的是,前面的角动量守恒定律、动量守恒定律和能量守恒定律,都是在不同的理想化条件(如将物体视为质点、刚体……)下,用经典的牛顿力学原理“推证”出来的,但它们的使用范围却远远超出原有条件的限制.它们不仅适用于牛顿力学所研究的宏观、低速(远小于光速)领域,而且通过相应的扩展和修正后也适用于牛顿力学“失效”的微观、高速(接近光速)领域,即量子力学和相对论.这就充分说明,上述三条守恒定律有其时空特征,是近代物理理论的基础,是更为普适的物理定律.

例 3-12 如图所示,A 和 B 两飞轮的轴杆在同一中心线上,设两轮的转动惯量分别为 $J=10\ \mathrm{kg\cdot m^2}$ 和 $J=20\ \mathrm{kg\cdot m^2}$.开始时,A 轮转速为 $600\ \mathrm{r\cdot min^{-1}}$,B 轮静止,C 为摩擦啮合器,其转动惯量可忽略不计.A、B 分别与 C 的左、右两个组件相连,当 C 的左右组件啮合时,B 轮加速而 A 轮减速,直到两轮的转速相等为止.设轴光滑,求:

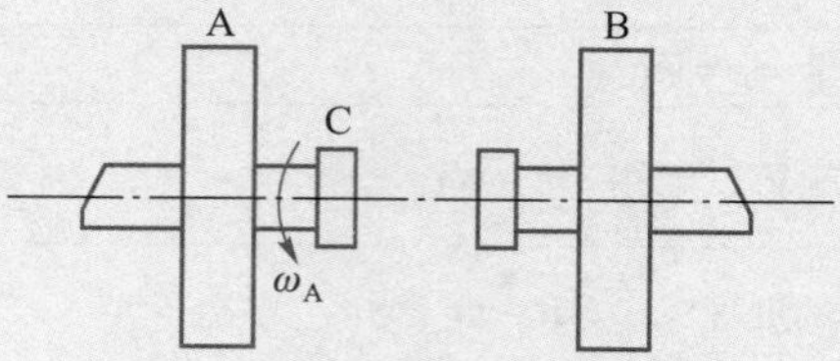

例 3-12 图

(1) 两轮啮合后的转速 n;

(2) 两轮各自所受的冲量矩.

解 (1) 选择 A、B 两轮为系统,啮合过程中只有内力矩作用,故系统角动量守恒:

$$J_A\omega_A+J_B\omega_B=(J_A+J_B)\omega$$

又因 $\omega_B=0,\omega_A=2\pi\cdot n_A=62.8\ \mathrm{rad\cdot s^{-1}}$,

$$\omega\approx\frac{J_A\omega_A}{J_A+J_B}=20.9\ \mathrm{rad\cdot s^{-1}}$$

转速

$$n\approx200\ \mathrm{r\cdot min^{-1}}$$

(2) A 轮受的冲量矩为

$$\int M_A\mathrm{d}t=J_A(\omega-\omega_A)=-4.19\times10^2\ \mathrm{N\cdot m\cdot s}$$

负号表示与 ω_A 方向相反.

B 轮受的冲量矩为

$$\int M_B\mathrm{d}t=J_B(\omega-0)=4.19\times10^2\ \mathrm{N\cdot m\cdot s}$$

方向与 ω_A 相同.

例 3-13 如图所示,一杂技演员 M 由距水平跷板高为 h 处自由下落到跷板的一端 A,并把跷板另一端 B 处的演员 N 弹了起来.设跷板是匀质的,长度为 l,质量为 m',支撑点在板的中点 C,跷板可绕点 C 在竖直平面内转动,演员 M,N 的质量都是 m.假定演员 M 落在跷板上,与跷板的碰撞是完全非弹性碰撞.问:演员 N 可弹起多高?

解 为使讨论简化,把演员视为质点,演员 M 落在板 A 处的速率为 $v_M=\sqrt{2gh}$,这个速率也就是演员 M 与板 A 处刚碰撞时的速率,此时演员 N 的速率为 0.在碰撞后的瞬时,

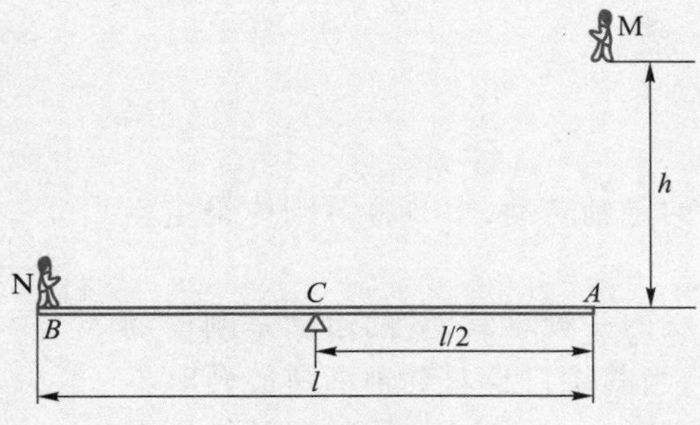

例 3-13 图

演员 M,N 具有相同的线速率 u,其值为 $u=\frac{l}{2}\omega$,ω 为演员和板绕点 C 的角速率.现把演员 M,N 和跷板作为一个系统,并以通过点 C 垂直纸平面的轴为转轴.由于 M,N 两演员的质量相等,所以当演员 M 碰撞板的 A 处时,作用在系统上的合外力矩为零,故系统的角动量守恒,有

$$mv_{\mathrm{M}}\frac{l}{2}=J\omega+2mu\frac{l}{2}=J\omega+\frac{1}{2}ml^2\omega$$

其中 J 为跷跷板的转动惯量,把板看作长条形状,代入 $J=\frac{1}{12}m'l^2$ 可得

$$\omega=\frac{mv_{\mathrm{M}}\frac{l}{2}}{\frac{1}{12}m'l^2+\frac{1}{2}ml^2}=\frac{6m(2gh)^{1/2}}{(m'+6m)l}$$

这样,演员将以速率 u 跳起,达到的高度为

$$h'=\frac{u^2}{2g}=\frac{l^2\omega^2}{8g}=\left(\frac{3m}{m'+6m}\right)^2h$$

思考题

3-4-1　一人手持长为 L 的棒的一端打击岩石,但又要避免手受到剧烈的冲击,请问:此人应当用棒的哪一点去打击岩石?

3-4-2　开普勒第二定律指出:“太阳系里的行星在椭圆轨道上运动时,在相等的时间内,太阳到行星的位矢扫过的面积是相等的.”你能用质点的角动量守恒定律予以证明吗?

3-4-3　人造地球卫星绕地球运动.设想人造地球卫星上有一个窗口,此窗口背离地球.若欲使人造地球卫星中的宇航员依靠自己的能力,从窗口看到地球,这位宇航员应当怎样做才能使窗口朝向地球呢?

*3-5 进动

前面我们讨论了刚体的定轴转动，本节将对刚体绕定点的转动进行简单的分析.

玩具陀螺是孩子们喜欢的一种玩具，它的运动是刚体绕定点转动的一个典型实例，当其绕自身对称轴高速旋转时不会翻倒.仔细观察会发现，陀螺在自转的同时，其自转轴又会绕通过定点 O 的竖直轴作缓慢的回旋，如图 3-14(a)所示.这一现象称为进动，或称为回转效应.但是随着陀螺自转速度的减缓，进动速度会增加，最后会翻倒.运用刚体动力学的知识可以解释陀螺在旋转时为什么会产生回转效应.

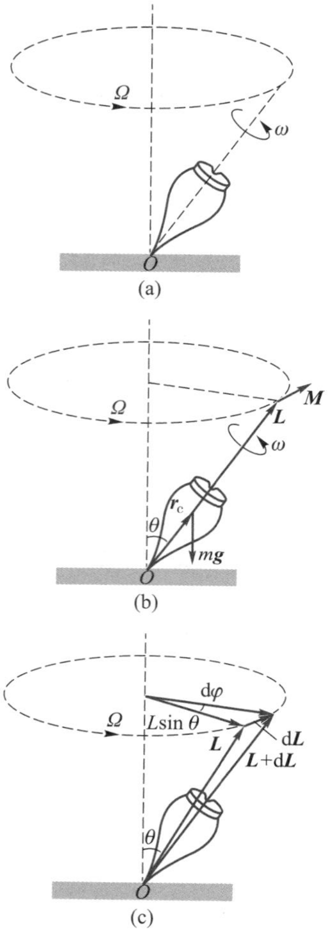

图 3-14 进动

如图 3-14(b)所示，设陀螺的质量为 m，对自身对称轴的转动惯量为 J，对称轴与竖直方向的夹角为 θ，陀螺自转的角速度为 ω，自身对称轴绕竖直轴进动的角速度为 Ω.当陀螺在进动时，陀螺对定点 O 的总角动量应等于陀螺的自转角动量 $\boldsymbol{L}$ 与进动角动量的矢量和.但是因为陀螺自转角速度 ω 远大于进动角速度 Ω，所以一般可不计进动角动量，而近似认为陀螺的总角动量等于自转角动量 L，即

$$L=J\omega \tag{3-25}$$

自转角动量 $\boldsymbol{L}$ 与 $\boldsymbol{\omega}$ 的方向一致，都沿自转轴方向.设陀螺质心的位置矢量为 $\boldsymbol{r}_c$，重力作用于质心，对于固定点 O 的重力矩为

$$\boldsymbol{M}=\boldsymbol{r}_c\times m\boldsymbol{g} \tag{3-26a}$$

重力矩 M 的大小为

$$M=r_c mg\sin\theta \tag{3-26b}$$

在重力矩的作用下，对于定点 O 运用角动量定理，有

$$\mathrm{d}\boldsymbol{L}=\boldsymbol{M}\mathrm{d}t \tag{3-27}$$

上式表明，重力矩将引起陀螺角动量的改变，角动量增量 $\mathrm{d}\boldsymbol{L}$ 的方向与重力矩 $\boldsymbol{M}$ 的方向一致.对于对称陀螺，$\boldsymbol{r}_c$ 沿自转轴方向，由式(3-26a)可知重力矩 $\boldsymbol{M}$ 的方向应垂直于自转轴，也即垂直于自转角动量 $\boldsymbol{L}$，如图 3-14(b)所示.由此可以得出结论，重力矩 $\boldsymbol{M}$ 不能改变自转角动量 $\boldsymbol{L}$ 的大小，而只能改变其方向.因此，陀螺在时刻 $t+\mathrm{d}t$ 的角动量 $\boldsymbol{L}+\mathrm{d}\boldsymbol{L}$ 与在时刻 t 的角动量 $\boldsymbol{L}$ 的数值相等，方向不同，如图 3-14(c)所示.这样就使得自转角动量 $\boldsymbol{L}$ 的方向(也即自转轴的方位)不断发生改变，形成了绕竖直轴的进动.一般来说，进动现象就是高速自转的物体在外力矩的作用下，沿外力矩方向改变其角动量矢量的结果.

依据图 3-14(c)所示各矢量的几何关系，$\mathrm{d}t$ 时间内陀螺的进动角度为

$$d\varphi=\frac{dL}{L\sin\theta} \tag{3-28}$$

由式(3-22)和式(3-28),陀螺进动的角速度可表示为

$$\Omega=\frac{d\varphi}{dt}=\frac{dL}{L\sin\theta dt}=\frac{M}{L\sin\theta}$$

将式(3-25)和式(3-26b)代入上式,可得

$$\Omega=\frac{mgr_c}{J\omega} \tag{3-29}$$

由此可见,陀螺的转动惯量 J 或自转角速度 ω 越大,则进动角速度 Ω 越小,即进动越慢;而进动的方向取决于外力矩 $\boldsymbol{M}$ 和自转角速度 $\boldsymbol{\omega}$ 的方向.此外,当陀螺的自转角速度 ω 较小时,进动角速度 Ω 会增大,除此之外,陀螺的自转轴还会在竖直面内上下摆动,即自转轴与竖直轴的夹角 θ 会有周期性的变化,这一现象称为章动.详尽的章动分析比较复杂,这里不再进一步讨论.

回转效应在工程实践中有着广泛的应用,例如,飞行中的炮弹要受到空气阻力的作用,阻力的方向总与炮弹质心速度 $\boldsymbol{v}_c$ 的方向相反,但其合力 $\boldsymbol{F}$ 的作用线一般并不通过质心 C,所以,阻力对质心的力矩会使炮弹在空中翻转.这样,当炮弹射中目标时,就有可能是弹尾先打到目标而不能引爆,从而丧失威力.为了避免这种事故,通常是在炮膛内设置螺旋形的来复线,使炮弹在射出时获得绕自身对称轴的高速旋转.由于自转,同样在空气阻力矩的作用下,炮弹将不会翻转,而是绕自己质心飞行的方向进动,因此炮弹的轴线将会始终只与前进的方向(弹道)有不大的偏离,而弹头就总是大致指向前方,从而提高了炮弹的命中率和威力.

地球绕自身轴旋转的同时,又受到太阳和其他星球的引力,所以地球在运动过程中会产生进动.

*3-6 流体 伯努利方程

一、理想流体模型

1. 理想流体的定义

液体和气体都具有流动性,统称为流体.为了突出流体的主要性质(流动性)而忽略它的次要性质(可压缩性和黏性),我们得到了一个理想化的模型:绝对不可压缩,且完全没有黏性的理想流体.

当理想流体流动时,由于忽略了黏性力,所以流体各部分之间也不存在这种切向力,流动流体仍然具有静止流体内的压强的特点,即压力总是垂直于作用面的.流体在流动时内部的压强称为流体动压强.

2. 定常流动

流体流动时,其中任一质元流过不同地点的流速不尽相同,而且流经同一地点时其流速也

会随时间改变.但在某些常见的情况下,尽管流体内各处的流速不同,各处的流速却不随时间而变化,这种流动称为定常流动.

为了描述流体的运动,可在流体中作一系列曲线,使曲线上任一点的切线方向都与该点处流体质元的速度方向一致,这种曲线称为流线(见图 3-15).如果在稳定流动的流体中划出一个小截面 ΔS_1,如图 3-16 所示,并且通过它的周边各点作许多流线,由这些流线所组成的管状体叫流管.流管是为了讨论问题方便所设想的.因为在稳定流动的流体中,一点只能有一个速度,所以流线是不能相交的.又因为速度矢量相切于流线,所以管内流体不会流出管外,管外流体也不可能流入流管里面,流管确实和真实的管道相似.我们可以把整个流动的流体看成由许多流管组成,只要知道每一个流管中流体的运动规律,就可以知道流体的运动规律.

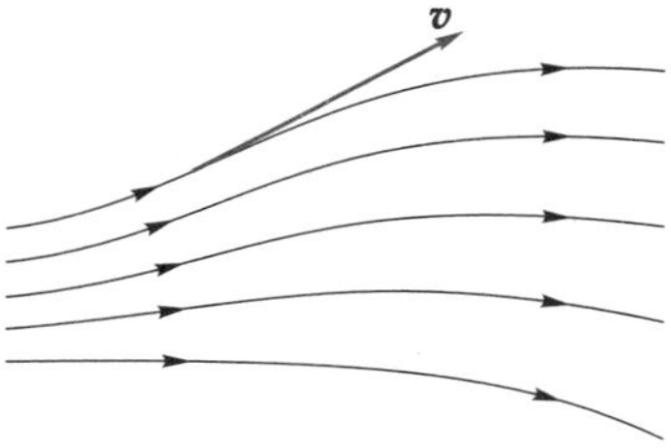

图 3-15 流线

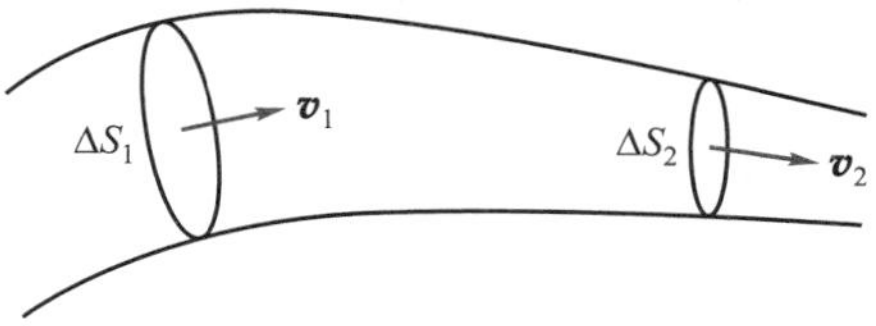

图 3-16 流管

二、伯努利方程

伯努利方程式是流体动力学的基本定律,它说明了理想流体在流管中作稳定流动时,流体中某点的压强、流速和高度三个量之间的关系.本质上它是牛顿力学的功能原理在理想流体中的应用.

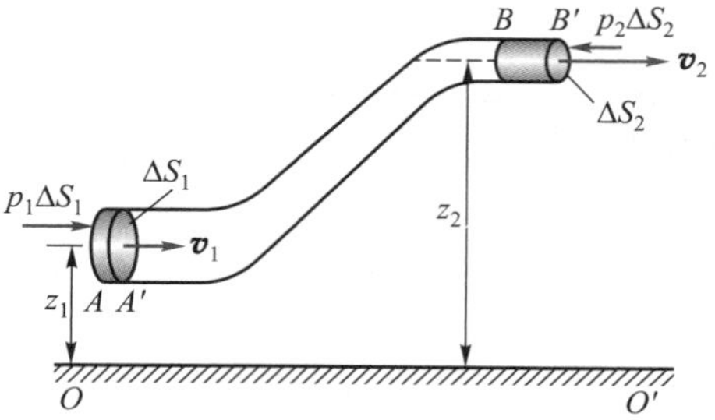

图 3-17 伯努利方程的推导

当流体由左向右作稳定流动时,选取其中的一个流管,并将 AB 这段流体作为我们的研究对象,如图 3-17 所示.设流体在 A 处的截面积为 ΔS_1,压强为 p_1,流速为 v_1,距参考面高度为 z_1;在 B 处的截面积为 ΔS_2,压强为 p_2,流速为 v_2,高度为 z_2.经过一段时间 Δt 后,此段流体的位置由 AB 移到了 $A'B'$,通过截面积 ΔS_1 和 ΔS_2 的流体体积分别为 $\Delta V_1=\Delta S_1 v_1 \Delta t$ 和 $\Delta V_2=\Delta S_2 v_2 \Delta t$,且有 $\Delta V_1=\Delta V_2=\Delta V$.在流管的两端,作用于 ΔS_1 的压力为 $p_1\Delta S_1$,作用于 ΔS_2 的压力为 $p_2\Delta S_2$,这两端的位移分别为 $v_1\Delta t$ 和 $v_2\Delta t$.在 Δt 时间内合外力对整段流体所做的功为

$$W=p_1\Delta S_1 v_1\Delta t-p_2\Delta S_2 v_2\Delta t=(p_1-p_2)\Delta V \tag{3-30}$$

根据功能原理,外力对这段流体系统所做的净功,应等于这段流体机械能的增量,即

$$W=\Delta E_k+\Delta E_p \tag{3-31}$$

仔细分析一下流动过程中所发生的变化可知,过程前后,A' 与 B 之间的流体状态并未出现任何变化,变化仅仅是表现在截面 A 与 A' 之间流体的消失和截面 B 和 B' 之间流体的出现.显然,这

两部分流体的质量是相等的.以 m 表示这一质量,则此段流体的动能和势能的增量分别为

$$\Delta E_{\mathrm{k}}=\frac{1}{2}mv_2^2-\frac{1}{2}mv_1^2 \quad \Delta E_{\mathrm{p}}=mgh_2-mgh_1$$

于是就有

$$(p_1-p_2)\Delta V=\left(\frac{1}{2}mv_2^2-\frac{1}{2}mv_1^2\right)+(mgh_2-mgh_1)$$

即

$$p_1\Delta V+\frac{1}{2}mv_1^2+mgh_1=p_2\Delta V+\frac{1}{2}mv_2^2+mgh_2$$

$$p_1+\frac{1}{2}\rho v_1^2+\rho gh_1=p_2+\frac{1}{2}\rho v_2^2+\rho gh_2 \tag{3-32}$$

式中 $\rho=m/\Delta V$ 是液体的密度.因为 ΔS_1 和 ΔS_2 这两个截面是在流管上任意选取的,故上式对流管中任一横截面都成立,即

$$p+\frac{1}{2}\rho v^2+\rho gh=\text{常量} \tag{3-33}$$

式(3-32)和式(3-33)称为伯努利方程式,它说明理想流体在流管中作稳定流动时,每单位体积的动能和重力势能以及该点的压强之和是一常量.

伯努利方程在水利、造船、化工、航空等部门有着广泛的应用,在工程上伯努利方程常写成

$$\frac{p}{\rho g}+\frac{v^2}{2g}+h=\text{常量} \tag{3-34}$$

上式左端三项依次称为压力头、速度头、和高度头,因此,我们也可以将伯努利方程表述为:理想流体作定常流动时,在同一条流管内任一横截面上,压力头、速度头和高度头之和为一常量.

*3-7　对称性与守恒定律

一、对称性与守恒定律

物理学家首先是从物质结构中认识到对称性的,从雪花到晶体的结构,从地球到盘状银河系,无不具有对称性.特别是进入 20 世纪以后,物理学家认识到对称性与守恒定律之间存在着紧密的关系,从而使对称性更加受到物理学界的青睐.可以说,现代物理学的不少重大突破,都直接或间接与对称性以及对称破缺有关.

什么是对称性? 德国数学家外尔(H. Weyl,1885—1955)曾对此作了一个普遍的定义:“如果系统的状态在某种操作下保持不变,则称该系统对于这一操作具有对称性.” 例如某一物体经一块平面镜的反射,形成了一个与物体完全相同的像,这就是物体关于镜像反射的对称性.

1918 年德国女科学家诺特(E. Noether,1882—1935)将守恒定律与对称性联系在一起,建

立了诺特定理:每一种对称性均对应于一个物理量的守恒定律;反之,每一种守恒定律均对应于一种对称性.下面我们来讨论力学中的三条守恒定律与时空对称性的关系.

1. 动量守恒与空间平移对称性

空间平移对称性反映了空间的均匀性质,空间的均匀性是指一个给定的物理实验或现象的进展过程与实验室的位置无关.物理实验可以在不同的地点重复,得到的物理规律完全相同,没有哪一个位置比其他位置优越,空间没有绝对的原点,绝对位置是不可测量的,所能观测的只是物体在空间的相对位置.在人类认识自然的历史进程中,“地心说”和“日心说”虽然起到过积极的作用,但最终都被证明是错误的.由空间平移对称性可以推出动量守恒定律.

2. 角动量守恒与空间旋转对称性

空间的旋转对称性反映了空间的各向同性.空间各向同性是指在太空实验室中,任一给定的物理实验或现象的进展过程与该实验装置在空间的取向无关.把实验装置旋转一个方向并不影响实验的进程,即物理规律在空间各方向上是等价的,没有哪一个方向比其他方向更优越.或者说,空间的绝对方向是不可观测的,在空间位置上,不存在绝对的“上”,也不存在绝对的“下”,“上”“下”位置是相对的,就像你不必担心地球另一面的人会掉下去一样.空间旋转对称性造成了角动量的守恒.

3. 能量守恒与时间平移对称性

时间平移对称性反映了时间的均匀性.时间的均匀性是指任一给定的物理实验或现象的进展过程与实验开始的时间无关.无论是今天做实验,还是明天做实验,实验得出的规律应该完全相同,即物理规律具有时间平移对称性.或者说,不存在绝对的时间原点.由物理规律的时间平移对称性导出了能量守恒定律.

从上述三个守恒定律与时空对称性的关系可以看出,动力学基本原理的深刻根源在于时空的对称性.已揭示出来的守恒定律与对称性的关系,使得人们对那些定律和法则的认识变得更加深刻.

二、对称性与守恒定律在物理学中的地位和作用

早期的力学是以力为核心展开的,特别是牛顿三个运动定律早已成为经典力学的金科玉律.不过这种以力为核心的经典力学在近代物理中遇到了困难.首先,按照近代物理的观点,力是通过场以有限速度传递的,一个粒子对其他粒子的作用要经过一段时间才能达到,而在这段时间内,粒子间的距离以及作用力的大小和方向已经发生了变化,这就使某一瞬间两粒子间相互作用力大小相等,方向相反这一关系不再成立.所以在近代物理的理论中,力的概念已不再处于中心地位,牛顿力学在微观领域也不再适用,取而代之的是守恒定律.

守恒定律比一般定理、定律有着更普遍、更深刻的自然根基,它是关于某一过程变化结果的必然反映,守恒定律的共同特征是:只要过程满足一定的整体条件,就可以不必考虑过程的细节,而对系统的始、末状态的某些特征直接给出结论,从而使问题的求解大大简化.除了前面已经学过的动量守恒定律、角动量守恒定律和能量守恒定律,物理学中还有质量守恒定律、电荷守恒定律、宇称守恒定律、重子数守恒定律和轻子数守恒定律,等等.这些守恒定律支配着至今所知的一切宏观和微观的自然现象.

自从对称性与守恒定律的关系被揭示之后，通过对对称性的观察和研究来寻找相关的守恒定律，已成为科学家手中的一件“武器”.特别是在核物理和粒子物理的研究中，虽然我们至今还不能准确地写出强、弱相互作用中力的表达式，但该领域中的若干守恒定律却早已建立，而且正在发挥着强有力的作用.

然而，自然界中既存在着对称性，又存在着不对称性.对称与不对称有时随条件改变而转变，在某些条件下具有对称性，而在另外一些条件下表现出对称破缺.从物质结构到守恒定律都存在着对称性遭到破坏的情况.例如镜像对称性造成了宇称守恒，然而来自中国的物理学家李政道、杨振宁于 1956 年对它的普遍性提出了怀疑，提出了弱相互作用下宇称是不守恒的，并被吴健雄的实验所证实，李政道、杨振宁二人也因此于 1957 年获得了诺贝尔物理学奖.

在美学上有一条真理：对称+破缺=美，断臂的维纳斯之所以成为传世之作，原因大概就在于此.物理学既有对称性又有对称破缺，这就是一种科学之美，也是自然规律的本质.

*3-8 经典力学的成就和局限性

前面所讲的质点力学和刚体力学都是在牛顿运动定律的基础上建立起来的，属于经典力学范畴.事实上，在牛顿运动定律的基础上还建立了流体力学、弹性力学和结构力学等力学分支.经典力学是从研究宏观物体机械运动中总结出来的客观规律，它是一门理论严密、体系完整、应用广泛的学科.经典力学在物理学中发展较早，已经历了长期的实践考验并取得了巨大的成就.它促进了蒸汽机和电动机的发明，为产业革命和电力技术革命奠定了基础，并且还是经典电磁学和经典统计力学的基础，在自然科学和工程技术的各个领域都有巨大的影响.

当今科学技术发展很快，尤其是智能技术和信息技术正飞速发展，而材料科学已深入到分子和原子层次，形成了纳米材料技术.然而时至今日，小到微型机器人，大到宇宙飞船，经典力学还是极为重要的理论基础之一.而且可以肯定的是，在今后的科学技术发展中，它仍将发挥其不可替代的作用.

但是，随着物理学的不断发展，自 19 世纪末期以来，人们发现了经典力学的若干概念和定律不适用的新现象，这反映出经典力学的局限性.

经典力学适用于低速运动的宏观物体.大量事实证明，在高速物体运动或微观粒子运动的领域中，经典力学已不再适用.高速运动的物体遵循相对论力学的规律，而微观粒子遵循量子力学的规律.在相对论力学中，若运动速度远远小于光速（$v \ll c$）；或者在量子力学中，物体的质量远远大于微观粒子（电子、原子、分子）的质量，那么，我们发现，相对论力学和量子力学所推出的结果和经典力学所推出的结果十分相似，或者说难以觉察出它们的差别.所以经典力学可以看作相对论力学和量子力学在上述条件下很好的近似理论.

由上述可知，只有物体的速度极大或物体的质量极小时，经典力学才不适用.对一般情况而言，包括一般工程技术上的应用，经典力学是适用的，从经典力学推出的结果是和客观事实一致的.

应该指出的是，虽然经典力学的若干概念已被修改，经典力学中若干定律有一定的适用范围,但是经典力学中的能量守恒定律、动量守恒定律以及角动量守恒定律,直到现在,并未发现它们的适用范围有任何限制.在已研究过的各种现象中,这三条守恒定律都被证明是正确的.

习题

3-1 有两个力作用在一个有固定转轴的刚体上:

(1) 这两个力都平行于转轴作用时,它们对轴的合力矩一定是零;

(2) 这两个力都垂直于转轴作用时,它们对轴的合力矩可能是零;

(3) 当这两个力的合力为零时,它们对轴的合力矩也一定是零;

(4) 当这两个力对轴的合力矩为零时,它们的合力也一定是零.

对上述说法,下述判断正确的是 [ ]

(A) 只有(1)是正确的. (B) (1)、(2)正确,(3)、(4)错误.

(C) (1)、(2)、(3)都正确,(4)错误. (D) (1)、(2)、(3)、(4)都正确.

3-2 关于力矩有以下几种说法:

(1) 对某个定轴转动刚体而言,内力矩不会改变刚体的角加速度;

(2) 一对作用力和反作用力对同一轴的力矩之和必为零;

(3) 质量相等,形状和大小不同的两个刚体,在相同力矩的作用下,它们的运动状态一定相同.

对上述说法,下述判断正确的是 [ ]

(A) 只有(2)是正确的. (B) (1)、(2)是正确的.

(C) (2)、(3)是正确的. (D) (1)、(2)、(3)都是正确的.

3-3 如图所示,一轻绳绕在有水平轴的定滑轮上,滑轮质量为 m,绳下端挂一物体,物体所受重力为 P,滑轮的角加速度为 α.若将物体去掉而以与 P 相等的力直接向下拉绳,滑轮的角加速度 α 将 [ ]

(A) 不变. (B) 变小. (C) 变大. (D) 无法判断.

3-4 均匀细棒 OA 可绕通过其一端 O 而与棒垂直的水平固定光滑轴转动,如图所示,今使棒从水平位置由静止开始自由下落,在棒摆到竖直位置的过程中,下述说法正确的是 [ ]

(A) 角速度从小到大,角加速度不变. (B) 角速度从小到大,角加速度从小到大.

(C) 角速度从小到大,角加速度从大到小. (D) 角速度不变,角加速度为零.

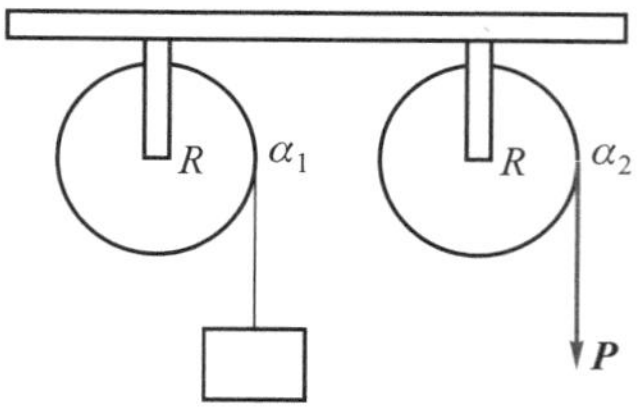

习题 3-3 图

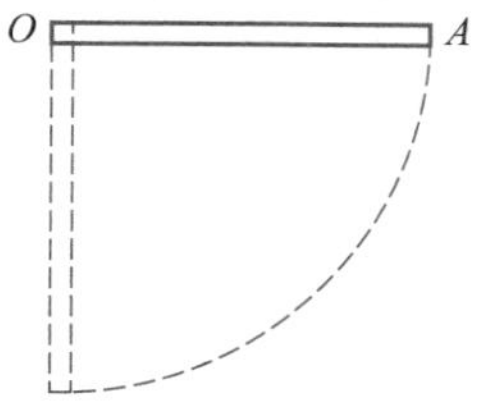

习题 3-4 图

3-5　假设人造地球卫星环绕地球中心作椭圆运动，则在运动过程中，人造地球卫星对地球中心的　[　　]

(A) 角动量守恒，动能守恒.

(B) 角动量守恒，机械能守恒.

(C) 角动量不守恒，机械能守恒.

(D) 角动量不守恒，动量也不守恒.

(E) 角动量守恒，动量也守恒.

3-6　一汽车发动机曲轴的转速在 12 s 内由 $1.2\times10^3\ \mathrm{r\cdot min^{-1}}$ 均匀增加到 $2.7\times10^3\ \mathrm{r\cdot min^{-1}}$.

(1) 求曲轴转动的角加速度；

(2) 在此时间内，曲轴转了多少转？

3-7　在边长为 a 的正六边形的顶点上，分别固定六个质点，每个质点的质量都为 m，设这正六边形放在 Oxy 平面内，如图所示，求其对 Ox 轴和 Oy 轴的转动惯量.

3-8　设有一匀质细钢棒，长为 1.2 m，质量为 6.4 kg，在其两端各固定一个质量为 1.60 kg 的匀质小球，让它绕过棒中心的竖直轴 OO' 在水平面内转动，如图所示. 在某一时刻其转速为 $39.0\ \mathrm{r\cdot s^{-1}}$，由于摩擦力的作用，经过 3.2 s 停止转动. 假定摩擦力矩恒定不变，求刚体的角加速度 α 及阻力矩 M.

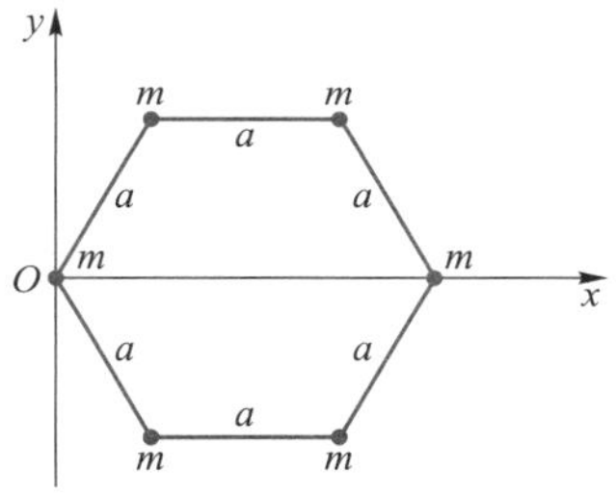

习题 3-7 图

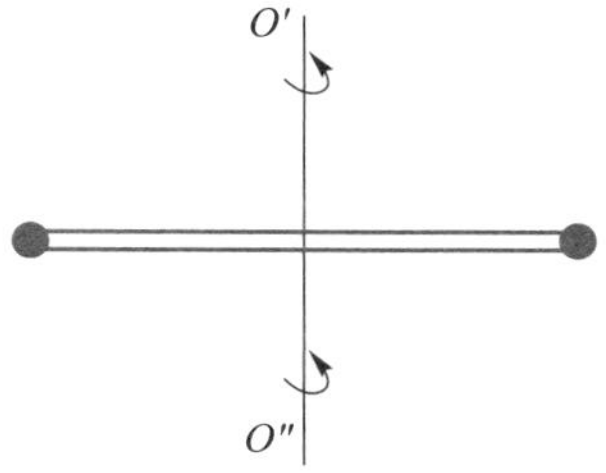

习题 3-8 图

3-9　一质量 $m=6.00$ kg、长 $l=1.00$ m 的匀质棒，放在水平桌面上，可绕通过其中心的竖直固定轴转动. $t=0$ 时棒的角速度 $\omega_0=10.0\ \mathrm{rad\cdot s^{-1}}$. 由于受到恒定的阻力矩的作用，$t=20$ s 时，棒停止运动. 求：

(1) 棒的角加速度的大小；

(2) 棒所受阻力矩的大小；

(3) 从 $t=0$ 到 $t=10$ s 时间间隔内棒转过的角度.

3-10　一燃气轮机在试车时，燃气作用在涡轮上的力矩为 $2.03\times10^3\ \mathrm{N\cdot m}$，涡轮的转动惯量为 $25.0\ \mathrm{kg\cdot m^2}$. 当涡轮的转速由 $2.80\times10^3\ \mathrm{r\cdot min^{-1}}$ 增大到 $1.12\times10^4\ \mathrm{r\cdot min^{-1}}$ 时，所经历的时间 t 为多少？

3-11　用落体观察法测定飞轮的转动惯量，是将半径为 R 的飞轮支承在 O 点上，然后在绕过飞轮的绳子的一端挂一质量为 m 的重物，令重物以初速度零下落，带动飞轮转动（如图所示）. 记下重物下落的距离和时间，就可算出飞轮的转动惯量. 试写出转动惯量的计算式.（假设轴承间无摩擦.)

3-12 如图所示,质量 $m_1 = 16$ kg 的实心圆柱体 A,其半径为 $r = 15$ cm,可以绕其固定水平轴转动,阻力忽略不计.一条轻的柔绳绕在圆柱体上,其另一端系一个质量 $m_2 = 8.0$ kg 的物体 B.求:

(1) 物体 B 由静止开始下降 1.0 s 后的距离;

(2) 绳的张力.

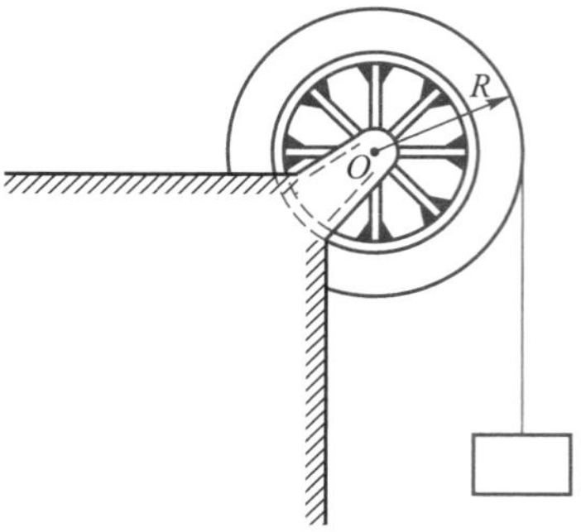

习题 3-11 图

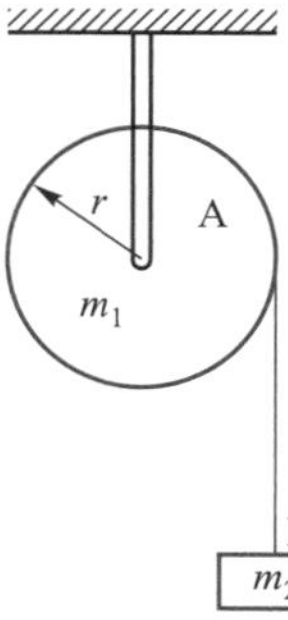

习题 3-12 图

3-13 质量为 m_1 和 m_2 的两物体 A、B 分别悬挂在如图所示的组合轮两端.设两轮的半径分别为 R 和 r,两轮的转动惯量分别为 J_1 和 J_2,轮与轴承间、绳索与轮间的摩擦力均略去不计,绳的质量也略去不计.试求两物体的加速度和绳的张力.

3-14 如图所示,物体 1 和 2 的质量分别为 m_1 与 m_2,滑轮的转动惯量为 J,半径为 r.

(1) 若物体 2 与桌面间的摩擦系数为 μ,求系统的加速度 a 及绳中的张力 F_{T1} 和 F_{T2}(设绳子与滑轮间无相对滑动,滑轮与转轴无摩擦);

(2) 若物体 2 与桌面间为光滑接触,求系统的加速度 a 及绳中的张力 F_{T1} 和 F_{T2}.

3-15 如图所示,一通风机的转动部分以初角速度 ω_0 绕其轴转动,空气的阻力矩与角速度成正比,比例系数 C 为一常量.若转动部分对其轴的转动惯量为 J,问:

(1) 经过多少时间后其转动角速度减少为初角速度的一半?

(2) 在此时间内共转过多少转?

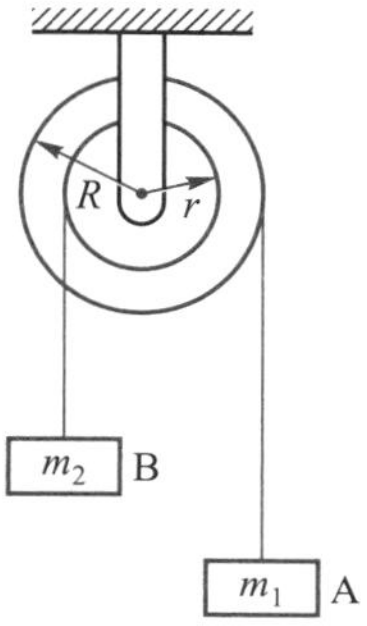

习题 3-13 图

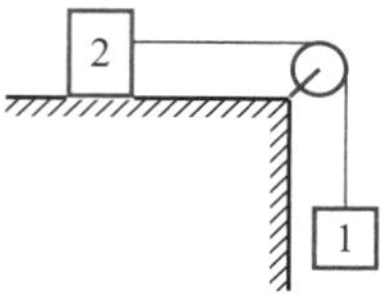

习题 3-14 图

习题 3-15 图

3-16　轻质弹簧、定滑轮和物体组成的系统如图所示.已知弹簧的弹性系数 $k=2.0\ \mathrm{N\cdot m^{-1}}$，滑轮对定轴的转动惯量 $J=0.5\ \mathrm{kg\cdot m^2}$，半径 $r=0.3\ \mathrm{m}$，物体的质量 $m=60\ \mathrm{kg}$.问：物体下落位移 $x=0.40\ \mathrm{m}$ 时，其速率 v 为多少？假设在物体由静止释放时，弹簧伸长量 $\Delta l=0$，轻绳与滑轮之间无相对滑动，且不计滑轮与转轴之间的摩擦.

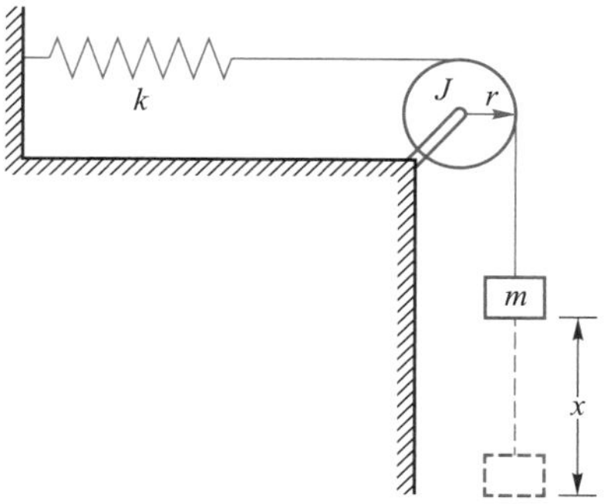

习题 3-16 图

3-17　如图所示，一长为 l，质量为 m 的均匀细杆 OA，绕过其一端点 O 的水平轴在竖直平面内自由摆动.已知另一端点 A 过最低点时的速率为 v_0，杆对端点 O 的转动惯量为 $J=\dfrac{1}{3}ml^2$，若空气阻力及轴上摩擦力都可忽略不计，求杆摆动时 A 点升高的最大高度 h.

3-18　一个质量为 m'、半径为 R 并以角速度 ω 旋转着的飞轮(可看成匀质圆盘)，在某一瞬时突然有一片质量为 m 的碎片从轮的边缘上飞出，如图所示.假定碎片脱离飞轮时的瞬时速度方向正好竖直向上.

(1) 问：它能上升多高？

(2) 求余下部分的角速度、角动量和转动动能.

3-19　一根质量为 m'，长为 $2l$ 的均匀细棒，可在光滑水平面内通过其中心的竖直轴转动，如图所示.开始时细棒静止.有一质量为 m 的小球，以速度 v_0 垂直地碰到棒的一端.设小球与棒作完全弹性碰撞，不计转轴处的摩擦.问：碰撞后小球弹回的速度以及棒的角速度各为多少？

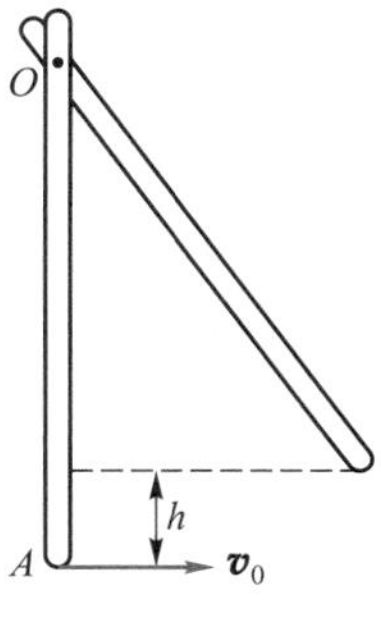

习题 3-17 图

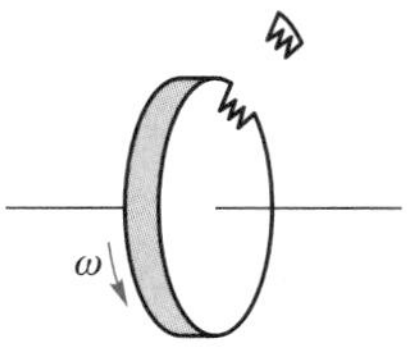

习题 3-18 图

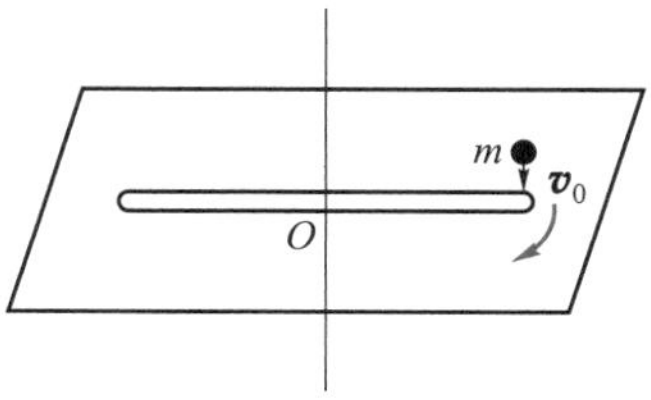

习题 3-19 图

3-20 一质量为 20.0 kg 的小孩，站在一半径为 3.00 m、转动惯量为 450 kg · m^2的静止水平转台的边缘上，此转台可绕通过转台中心的竖直轴转动，转台与轴间的摩擦不计.如果此小孩相对转台以 1.00 m · s^{-1}的速率沿转台边缘行走，问：转台的角速率有多大？

3-21 我国 1970 年 4 月 24 日发射的第一颗人造地球卫星，其近地点为 4.39×10^5 m，远地点为 2.38×10^6 m.试计算该卫星在近地点和远地点的速率.（设地球半径为 6.38×10^6 m.）

3-22 长 $l=0.40$ m、质量 $m'=1.00$ kg 的匀质木棒，可绕水平轴 O 在竖直平面内转动.开始时棒自然竖直悬垂，现有质量 $m=8$ g 的子弹以 $v=200$ m/s 的速率从 A 点射入棒中，A 点与 O 点的距离为$\dfrac{3}{4}l$，如图所示.求：

（1）棒开始运动时的角速度；

（2）棒的最大偏转角.

3-23 如图所示，长为 l 的轻杆，两端各固定质量分别为 m 和 $2m$ 的小球，杆可绕水平光滑固定轴 O 在竖直面内转动，转轴 O 距两端的距离分别为$\dfrac{1}{3}l$ 和$\dfrac{2}{3}l$.轻杆原来静止在竖直位置.今有一质量为 m 的小球，以水平速度 $\boldsymbol{v}_0$ 与杆下端小球 m 作对心碰撞，碰后以$-\dfrac{1}{2}\boldsymbol{v}_0$ 的速度返回，试证明碰撞后轻杆所获得的角速度为 $\omega=\dfrac{3v_0}{2l}$.

3-24 如图所示，一半径为 R 的匀质小木球固结在一长度为 l 的匀质细棒的下端，且可绕水平光滑固定轴 O 转动.今有一质量为 m，速度为 $\boldsymbol{v}_0$的子弹，沿着与水平面成 α 角的方向射向球心，且嵌于球心.已知小木球、细棒对通过 O 的水平轴的转动惯量的总和为 J，试证明子弹嵌入球心后系统的共同角速度为 $\omega=\dfrac{mv_0(R+l)\cos\alpha}{J+m(R+l)^2}$.

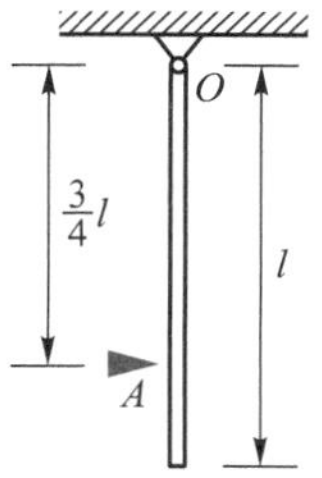

习题 3-22 图

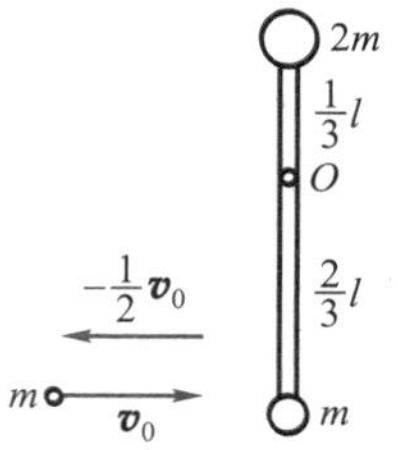

习题 3-23 图

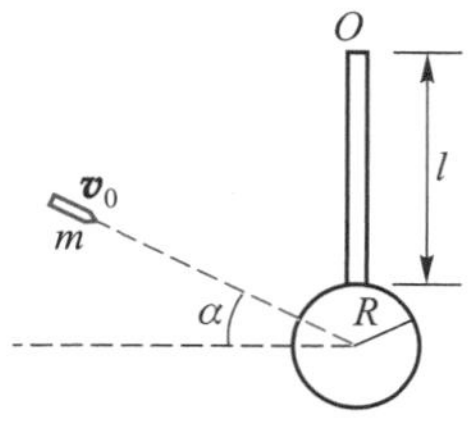

习题 3-24 图

答案

第二篇

电磁学

电磁运动是物质运动中最基本的一种运动形式,作为经典物理学的一个重要分支——电磁学,则是研究物质电磁运动、电磁相互作用规律及其应用的学科.电磁学理论的发展大大推动了社会的进步.在人们的日常生活中,从电灯照明、家用电器的出现再到电视、广播以及无线通信的普及,这些极大改变和丰富了人们的生活,而所有这些无不以电磁学基本理论作为核心.从根本上讲,我们周围发生的许多现象,都是电磁相互作用的结果.

人类对电和磁现象的认识可以追溯到远古时期.关于电磁现象的观察记录,早在公元前 6 世纪,古希腊的泰勒斯就观察到琥珀被毛皮摩擦后能够吸引草屑的现象.在我国,最早是在公元前 4 到公元前 3 世纪战国时期《韩非子》中有关"司南"和《吕氏春秋》中有关"慈石召铁"的记载.西方在 16 世纪末年,吉尔伯特对"顿牟缀芥"现象以及磁石的相互作用做了较仔细的观察和记录,使整个电磁学由经验转变为科学,对当时的科学发展起到了一定的推动作用.

但是在相当长的历史阶段中,电和磁被看作两种完全不同的现象.由此对它们的理论研究完全是从两个不同的方面进行的,进展十分缓慢.关于电磁现象的定量的理论研究,最早可以从库仑 1785 年研究电荷之间的相互作用算起,其后通过泊松、高斯等人的研究,形成了静电场以及静磁场的超距作用理论.伽伐尼于 1786 年发现了电流,后经伏特、欧姆等人发现了关于电流的定律.1820 年,奥斯特发现了电流的磁效应,很快,毕奥、萨伐尔、安培、拉普拉斯等作了进一步定量的研究.1831 年,法拉第发现了有名的电磁感应现象,给出了场和力线的概念,进一步揭示了电与磁的联系.在这样的基础上,麦克斯韦集前人之大成,再加上他极富创见的关于感应电场和位移电流的假说,建立了第一个完整的电磁理论体系,不仅预言当电荷运动和电流变化时,引起周围的电磁场强度变化的同时,电磁场强度的变化会以波动的形式传播出去,形成电磁波,而且揭示了光、电、磁现象的统一性,对电磁现象有了本质的认识.麦克斯韦电磁场方程组的出现使人们对宏观电磁现象的认识达到了一个新的高度.麦克斯韦的这一成就可以认为是从牛顿建立力学理论到爱因斯坦提出相对论的这段时期中物理学史上最重要的理论成果之一.这个理论的重要意义在于它不仅支配着一切宏观电磁现象,促进了工程技术和现代文明的飞速发展，而且将光现象统一在这个理论框架之内，深刻地影响着人们认识物质世界的方式.如今，电磁理论不仅普遍地应用在日常生活、科技和生产各个领域，而且也成为新科学、新技术发展越来越重要的理论基础.

本篇共有四章内容：第四章从电场对电荷的作用力、电荷在电场中移动时电场力对电荷做功两个角度引入描述电场性质的两个基本物理量——电场强度和电势，讨论叠加原理，介绍反映电场基本性质的高斯定理和静电场的环路定理，并讨论电场强度和电势之间的微分关系.第五章讨论存在导体和电介质时的静电场的基本性质和规律，从导体储存电荷和储存电能本领的角度出发引入电容器的概念，最后简述静电场的能量.第六章在介绍恒定电流的描述及产生条件之后，着重讨论电流激发磁场的基本公式毕奥-萨伐尔定律、描述磁场基本性质的磁场高斯定理和安培环路定理以及电流和运动电荷在电磁场中的受力和运动的规律.根据实物物质的电结构出发，简单说明各类磁介质磁化的微观机制，并介绍有磁介质时磁场所遵循的普遍规律.第七章先讨论电磁感应现象及其基本规律，包括动生电动势、感生电动势、自感和互感现象，进而讨论磁场的能量，最后论述了麦克斯韦方程组所揭示的电磁场理论.

第四章

静电场

本章我们首先研究真空中静电场的基本特性，从电场对电荷有力的作用、电荷在电场中移动时电场力对电荷做功两个方面引入描述电场的两个重要物理量——电场强度和电势来描述电场的特点；讨论反映静电场基本性质的高斯定理和环路定理；介绍电场强度和电势之间的关系.

4-1 电荷 库仑定律

一、电荷 电荷守恒定律

人们对于电荷的认识，最初来自摩擦起电和自然界的雷电.实验指出，硬橡胶棒与毛皮摩擦后或玻璃棒与丝绸摩擦后对轻小物体都有吸引作用，人们把这种现象称为带电，并认为硬橡胶棒和玻璃棒分别带有不同的电荷.人们把物体所带电荷的多少称为电荷量.电荷量的国际单位是库仑，记作 C.物体所带的电荷有两种，分别称为正电荷和负电荷.带同号电荷的物体互相排斥，带异号电荷的物体互相吸引.

物体通常是由分子、原子组成的，而原子又由一个带正电的原子核和一定数目的绕核运动的电子组成，原子核又由带正电的质子和不带电的中子组成.一个质子所带的电荷量和一个电子所带的电荷量的数值相等，也就是说，如果用 e 代表一个质子的电荷量，那么一个电子的电荷量就是 $-e$.实验证明，电荷的量值是不连续的，电荷的基本单元即一个质子或一个电子所带电荷量的绝对值 e，一切物体所带的电荷量都只能是这个基本单元的整数倍.测量表明，这个基本单元的电荷量的值为 $e=1.602\ 176\ 634\times10^{-19}$ C.

大量实验表明：在一个孤立系统中，电荷既不能被创造，也不能被消灭，它们只能从一个物体转移到另一个物体，或者从物体的一部分转移到另一部分，这就是电荷守恒定律.它是一切宏观、微观过程所普遍遵从的重要的基本定律之一.

二、库仑定律

1785 年，法国物理学家库仑用扭秤实验测定了两个带电球体之间相互作用的电力.库仑在实验的基础上提出了两个点电荷之间相互作用的规律，即库仑定律."点电荷"是一个抽象的模型，当带电体的线度与所研究问题中涉及的距离相比很小时，可以忽略其形状和大小，把它看作一个带电且具有质量的点.

库仑定律的表述为：在真空中，两个静止的点电荷之间的相互作用力，其大小与它们电荷的乘积成正比，与它们之间距离的二次方成反比；作用力的方向沿着两点电荷的连线，同号电荷相斥，异号电荷相吸.

如图 4-1 所示，两个点电荷分别为 q_1 和 q_2，由电荷 q_1 指向电荷 q_2 的矢量用 $\boldsymbol{r}$ 表示.那么，电荷 q_2 受到电荷 q_1 的作用力 $\boldsymbol{F}$ 为

$$\boldsymbol{F}=\frac{1}{4\pi\varepsilon_0}\frac{q_1q_2}{r^2}\boldsymbol{e}_r \qquad (4-1)$$

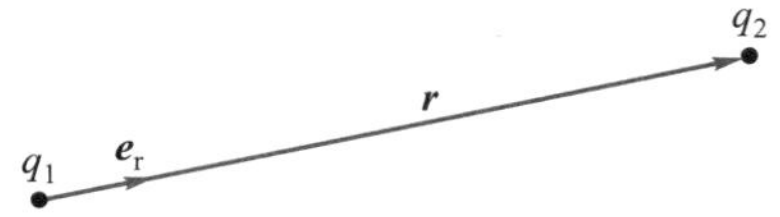

图 4-1 库仑定律

式中，$\boldsymbol{e}_r$ 为从电荷 q_1 指向电荷 q_2 的单位矢量，即 $\boldsymbol{e}_r=\boldsymbol{r}/r$；$\varepsilon_0$ 称为真空电容率，又称真空介电常量，其量值为 $\varepsilon_0=8.85\times10^{-12}\ \mathrm{C^2\cdot N^{-1}\cdot m^{-2}}$.

由上式可以看出，当 q_1 和 q_2 同号时，$q_1q_2>0$，q_2 受到斥力作用；当 q_1 和 q_2 异号时，$q_1q_2<0$，q_2 受到引力作用.静止电荷间的电作用力，又称为库仑力.应当指出的是，两静止点电荷之间的库仑力遵守牛顿第三定律.由于我们所研究的电荷或是处于静止，或是其速率非常小（$v\ll c$），都属于低速的情况，牛顿第二定律以及由牛顿第二定律所导出的结论，也都能适用于有库仑力作用的情形.

例 4-1 在氢原子中，电子与质子的距离约为 5.29×10^{-11} m，问：核吸引电子的力为多大？电子和质子间的万有引力为多大？

解 由于质子的半径 $r_{\mathrm{p}}\approx10^{-15}$ m，电子的半径 $r_{\mathrm{e}}<10^{-24}$ m，故电子与质子之间的距离约为它们本身直径的 10^4 倍以上，故电子与质子都可看成点电荷.质子带的电荷为 $+e$，电子带的电荷为 $-e$，故它们之间的电力为引力，由库仑定律式（4-1），此电力的大小为

$$F_{\mathrm{e}}=\frac{1}{4\pi\varepsilon_0}\frac{e^2}{r^2}=9.0\times10^9\times\frac{(1.60\times10^{-19})^2}{(5.29\times10^{-11})^2}\ \mathrm{N}=8.23\times10^{-8}\ \mathrm{N}$$

万有引力的大小为

$$F_{\mathrm{g}}=G\frac{m_{\mathrm{e}}m_{\mathrm{p}}}{r^2}=3.7\times10^{-47}\ \mathrm{N}$$

则

$$\frac{F_{\mathrm{e}}}{F_{\mathrm{g}}}\approx2.2\times10^{39}\ \mathrm{N}$$

通过对比，可以看出电子和质子间的万有引力比它们之间的库仑力小得多，在微观领域中，万有引力可忽略不计.

思考题

4-1-1 点电荷是否一定是很小的带电体？什么样的带电体可以看作点电荷？

4-1-2 在干燥的冬季，人们脱毛衣时，常听见劈里啪啦的放电声，试对这一现象进行解释.

4-2 电场强度

一、静电场

库仑定律只给出了两个点电荷之间相互作用的定量关系，并未指明这种作用是通过怎样的方式进行的.那么，两点电荷间的作用力究竟是如何传递的呢？围绕这个问题，历史上曾有过长期的争论，一种观点认为这些力的作用不需要中间介质，也不需要时间，就能实现远距离的相互作用，这种作用常称为超距作用.另一种观点认为电荷与电荷之间的相互作用是通过电荷周围存在着的一种特殊形态的物质（称之为电场）来传递的.近代物理学证明，“超距作用”的观点是错误的.任何电荷周围都会激发起电场，电荷之间的相互作用是通过其中一个电荷所激发的电场对另一个电荷的作用来传递的，可表达为

$$电荷\rightleftarrows电场\rightleftarrows电荷$$

电场对处在其中的其他电荷的作用力称为电场力.两个电荷之间的相互作用力本质上是一个电荷的电场作用在另一个电荷上的电场力.

现代科学的理论和实践已证实，电磁场是物质存在的一种形态，它与实物粒子一样具有质量、能量、动量等物质的基本属性.

相对于观察者静止的电荷在周围空间激发的电场称为静电场，它是电磁场的一种特殊状态.处于静电场中的电荷要受到电场力的作用，并且当电荷在电场中运动时，电场力也要对它做功.我们将从施力和做功这两方面来研究静电场的性质，分别引出描述电场性质的两个物理量——电场强度和电势.

二、电场强度

我们利用电荷在电场中所受的力来定量地描述电场.设想一带电体 Q 在空间建立起一个电场，我们把 Q 称为场源电荷，为了研究 Q 所产生的电场在空间的分布情况，引入一个试验电荷 q_0，通过测量电场对它的作用力来研究电场.试验电荷应满足两个要求：① 试验电荷必须是点电荷；② 试验电荷的电荷量应足够小，以至于把它放进电场中对原有电场几乎没有什么影响.

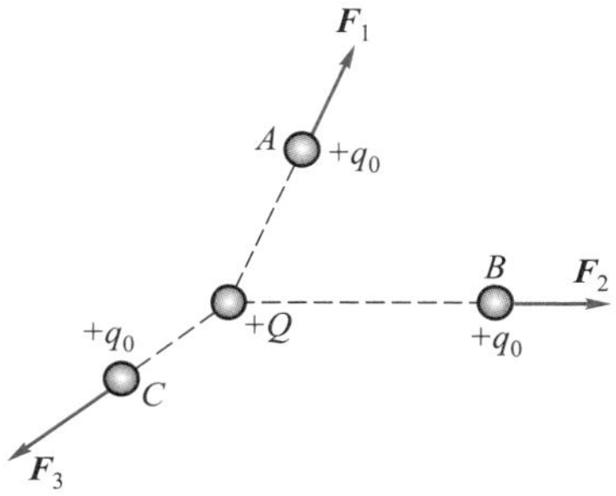

图 4-2 试验电荷在电场中不同位置受电场力的情况

如图 4-2 所示，将试验电荷 q_0 引入电场中后，我们发现它在不同位置上所受作用力 $\boldsymbol{F}$ 的大小和方向一般是不同的，这说明电场中各点的性质一般是不同的.在电场中同一位置上，$\boldsymbol{F}$ 的大小与试验电荷的电荷量 q_0 成正比，$\boldsymbol{F}$ 的方向与试验电荷是正电荷还是负电荷有关（对于这两种情形，$\boldsymbol{F}$ 的方向恰好相反）.但是 $\boldsymbol{F}$ 与 q_0的比值$\dfrac{\boldsymbol{F}}{q_0}$，其大小和方向都与 q_0 无关.从这些结果可以看出，试验电

荷在电场中各处所受到的作用力确实能反映出电场的分布情况，而比值$\dfrac{\boldsymbol{F}}{q_0}$的大小和方向与$q_0$无关这一事实正说明这个比值反映了试验电荷所在处电场本身的物理性质.因此，我们就从电场对电荷施力的角度，把这个比值$\dfrac{\boldsymbol{F}}{q_0}$作为描述电场的一个物理量，称之为电场强度，用符号$\boldsymbol{E}$表示，即

$$\boldsymbol{E}=\frac{\boldsymbol{F}}{q_0} \tag{4-2}$$

由上式可知，电场中某点电场强度的大小等于单位正电荷在该点所受的电场力的大小，其方向与正电荷在该点受到的电场力的方向一致.电场强度是矢量.

在国际单位制中，电场强度（简称场强）的单位为 N/C，也可以写成 V/m.这两种表示方法是一样的，在电工计算中常采用后一种表示方法.

如果已知电场强度分布$\boldsymbol{E}$，根据式（4-2）可以计算出电场中任一点电荷q所受的电场力，即

$$\boldsymbol{F}=q\boldsymbol{E} \tag{4-3}$$

从式（4-3）可以看出，作用在电荷上的电场力的方向与电荷的符号有关.当q为正时，所受电场力的方向与电场强度方向相同；当q为负时，所受电场力的方向与电场强度方向相反.

三、点电荷的电场强度

场源电荷为点电荷Q，设想把一个试验电荷q_0放在距点电荷Q为r的P点处，根据库仑定律，q_0受到的电场力$\boldsymbol{F}$为

$$\boldsymbol{F}=\frac{1}{4\pi\varepsilon_0}\frac{Qq_0}{r^2}\boldsymbol{e}_r$$

式中，$\boldsymbol{e}_r$是从场源电荷Q指向场点P的径矢$\boldsymbol{r}$的方向的单位矢量.根据式（4-2），P点的电场强度为

$$\boldsymbol{E}=\frac{\boldsymbol{F}}{q_0}=\frac{1}{4\pi\varepsilon_0}\frac{Q}{r^2}\boldsymbol{e}_r \tag{4-4}$$

由上式可以看出，场强$\boldsymbol{E}$只与产生电场的电荷Q的量值及它到场点的距离有关.

若Q是正电荷（即$Q>0$），$\boldsymbol{E}$的方向与$\boldsymbol{e}_r$的方向相同；若Q是负电荷（即$Q<0$），则$\boldsymbol{E}$的方向与$\boldsymbol{e}_r$的方向相反，如图 4-3 所示.

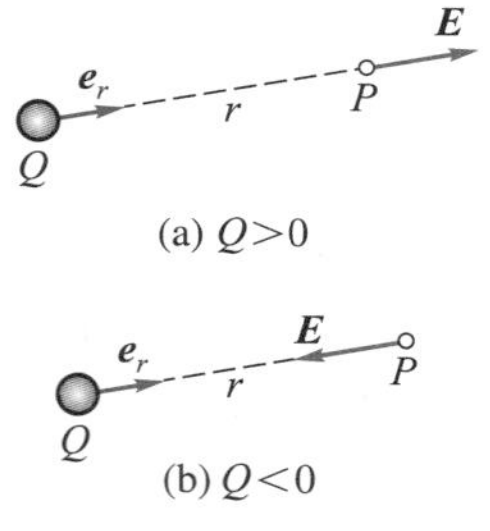

图 4-3 点电荷的电场强度

四、点电荷系的电场强度 电场强度的叠加原理

设场源电荷是由若干个点电荷$Q_1,Q_2,\cdots,Q_n$组成的一个系统，每个点电荷周围都有各自激发出的电场.把试验电荷q_0放在场点P处，根据力的叠加原理，作用在q_0上的电场力的合力$\boldsymbol{F}$应该等于各个点电荷分别作用于q_0上的电场力$\boldsymbol{F}_1,\boldsymbol{F}_2,\cdots,\boldsymbol{F}_n$的矢量和，即

$$\boldsymbol{F}=\boldsymbol{F}_1+\boldsymbol{F}_2+\cdots+\boldsymbol{F}_n$$

由式(4-2),可得 P 点的合电场强度 $\boldsymbol{E}$ 为

$$\boldsymbol{E}=\frac{\boldsymbol{F}}{q_0}=\frac{\boldsymbol{F}_1}{q_0}+\frac{\boldsymbol{F}_2}{q_0}+\cdots+\frac{\boldsymbol{F}_n}{q_0}$$

上式右方各项代表电荷 $Q_1, Q_2, \cdots, Q_n$ 在该点所产生的场强 $\boldsymbol{E}_1, \boldsymbol{E}_2, \cdots, \boldsymbol{E}_n$,所以

$$\boldsymbol{E}=\boldsymbol{E}_1+\boldsymbol{E}_2+\cdots+\boldsymbol{E}_n=\sum_{i=1}^{n}\boldsymbol{E}_i \tag{4-5}$$

即点电荷系在空间某点激发的电场强度,等于各个点电荷单独存在时在该点激发的电场强度的矢量和,这一结论称为电场强度的叠加原理.

例 4-2　电偶极子的电场

有两个电荷量相等、符号相反,相距为 l 的点电荷 $+q$ 和 $-q$,它们在空间要激发电场.若场点到这两个点电荷的距离比 l 大得多时,这两个点电荷系称为电偶极子.从 $-q$ 指向 $+q$ 的矢量 $\boldsymbol{l}$ 称为电偶极子的轴,$q\boldsymbol{l}$ 称为电偶极子的电偶极矩(简称电矩),用符号 $\boldsymbol{p}$ 表示,有 $\boldsymbol{p}=q\boldsymbol{l}$.求:

(1) 电偶极子轴线延长线上一点的电场强度;

(2) 电偶极子轴线的中垂面上一点的电场强度.

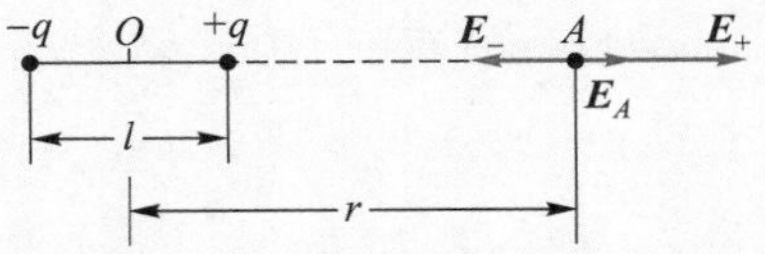

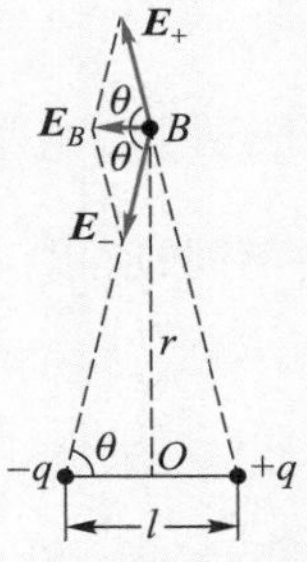

例 4-2 图

解　(1) 如例 4-2 图(a)所示,设所求点 A 与 l 的中点 O 的距离为 $r, r\gg l$, $+q$ 和 $-q$ 到 A 点的距离分别为 $r-\dfrac{l}{2}$ 和 $r+\dfrac{l}{2}$. $+q$ 和 $-q$ 在 A 点产生的场强大小分别为

$$E_+=\frac{1}{4\pi\varepsilon_0}\frac{q}{\left(r-\dfrac{l}{2}\right)^2}$$

$$E_-=\frac{1}{4\pi\varepsilon_0}\frac{q}{\left(r+\dfrac{l}{2}\right)^2}$$

$\boldsymbol{E}_+$ 和 $\boldsymbol{E}_-$ 同在一直线上,而方向相反.因此,求 $\boldsymbol{E}_+$ 和 $\boldsymbol{E}_-$ 的矢量和就可简化为求它们的代数和,故总场强大小为

$$E_A=E_+-E_-=\frac{q}{4\pi\varepsilon_0}\left[\frac{1}{\left(r-\frac{l}{2}\right)^2}-\frac{1}{\left(r+\frac{l}{2}\right)^2}\right]=\frac{1}{4\pi\varepsilon_0}\frac{2qrl}{\left(r^2-\frac{l^2}{4}\right)^2}$$

因为 $r\gg l$,所以

$$E_A\approx\frac{1}{4\pi\varepsilon_0}\frac{2ql}{r^3}$$

$\boldsymbol{E}_A$ 的方向向右,即 $\boldsymbol{E}_A$ 与 $\boldsymbol{l}$ 同方向,亦即 $\boldsymbol{E}_A$ 与 $\boldsymbol{p}$ 同方向,所以有

$$\boldsymbol{E}_A=\frac{1}{4\pi\varepsilon_0}\frac{2\boldsymbol{p}}{r^3}$$

若 A 点在 $-q$ 的一侧,也有此结果,由读者自己证明.

(2) 如例 4-2 图(b)所示,设所求点 B 与 l 的中点 O 的距离为 r,$r\gg l$.$+q$ 和 $-q$ 到 B 点的距离都是 $\sqrt{r^2+\frac{l^2}{4}}$,$+q$ 和 $-q$ 在 B 点产生的场强大小相等,即

$$E_+=E_-=\frac{1}{4\pi\varepsilon_0}\frac{q}{r^2+\frac{l^2}{4}}$$

但 $\boldsymbol{E}_+$ 和 $\boldsymbol{E}_-$ 的方向不同,所以由例 4-2 图(b)可知,B 点处合场强的大小为

$$E_B=E_+\cos\theta+E_-\cos\theta$$

因为

$$\cos\theta=\frac{\frac{l}{2}}{\sqrt{r^2+\frac{l^2}{4}}}$$

所以总场强大小为

$$E_B=\frac{1}{4\pi\varepsilon_0}\frac{ql}{\left(r^2+\frac{l^2}{4}\right)^{3/2}}$$

因为 $r\gg l$,故 $\left(r^2+\frac{l^2}{4}\right)^{3/2}\approx r^3$,所以上式可写为

$$E_B\approx\frac{1}{4\pi\varepsilon_0}\frac{ql}{r^3}$$

$\boldsymbol{E}_B$ 的方向向左,与 $\boldsymbol{p}$ 的方向相反,所以有

$$\boldsymbol{E}_B\approx-\frac{1}{4\pi\varepsilon_0}\frac{\boldsymbol{p}}{r^3}$$

五、连续分布电荷的电场强度

利用电场强度的叠加原理,我们可以计算电荷连续分布的带电体的场强.这只是计算场强的一种方法,还有其他的方法,以后我们再陆续介绍.

对于电荷连续分布的任意带电体,可以将它看成许多电荷元 $\mathrm{d}q$ 的集合,而每个电荷元 $\mathrm{d}q$ 视为点电荷,因此电荷元 $\mathrm{d}q$ 在距离它为 r 的 P 点处所产生的场强为

$$\mathrm{d}\boldsymbol{E}=\frac{1}{4\pi\varepsilon_0}\frac{\mathrm{d}q}{r^2}\boldsymbol{e}_r \tag{4-6}$$

其中 $\boldsymbol{e}_r$ 是从 $\mathrm{d}q$ 所在点指向 P 点的单位矢量.

根据电场强度的叠加原理,整个带电体在该点产生的总电场强度可用积分式表示为

$$\boldsymbol{E}=\int\mathrm{d}\boldsymbol{E}=\frac{1}{4\pi\varepsilon_0}\int\frac{\mathrm{d}q}{r^2}\boldsymbol{e}_r \tag{4-7}$$

如果带电体电荷均匀分布,电荷体密度为 ρ,电荷元的体积为 $\mathrm{d}V$,则电荷元电荷量 $\mathrm{d}q=\rho\mathrm{d}V$;如果电荷均匀分布在一个面上,电荷面密度为 σ,电荷元的面积为 $\mathrm{d}S$,则电荷元电荷量 $\mathrm{d}q=\sigma\mathrm{d}S$;如果电荷均匀分布在一条线上,电荷线密度为 λ,电荷元的长度为 $\mathrm{d}l$,则电荷元电荷量 $\mathrm{d}q=\lambda\mathrm{d}l$.

由上可见,在计算连续分布电荷的电场强度时大致有这样几个步骤:首先在带电体上按其几何形状和带电特征任取一电荷元 $\mathrm{d}q$;然后写出该电荷元 $\mathrm{d}q$ 在所求场点的电场表达式 $\mathrm{d}\boldsymbol{E}$,分析不同电荷元在所求场点的电场方向是否相同,如果不同则必须将矢量式 $\mathrm{d}\boldsymbol{E}$ 分解,写出 $\mathrm{d}\boldsymbol{E}$ 在具体坐标系各坐标轴方向上的分量式,并对这些分量式作积分运算;最后将分量结果合成,得到所求点的电场强度 $\boldsymbol{E}$.下面举几个典型的例子.

例 4-3　带电圆环轴线上的电场强度.

一半径为 R 的均匀带电圆环,电荷的线密度为 λ,求轴线上离环心距离为 x 的 P 点的电场强度.

解　如图所示,在环上取一小段长度为 $\mathrm{d}l$ 的电荷元 $\mathrm{d}q$,它所带的电荷量为

$$\mathrm{d}q=\lambda\mathrm{d}l$$

由式(4-6),在 P 点的场强的大小为

$$\mathrm{d}E=\frac{1}{4\pi\varepsilon_0}\frac{\lambda\mathrm{d}l}{r^2}=\frac{1}{4\pi\varepsilon_0}\frac{\lambda\mathrm{d}l}{x^2+R^2}$$

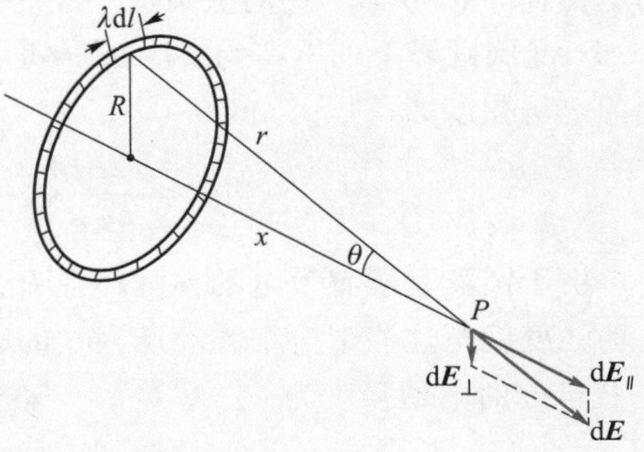

例 4-3 图

$\mathrm{d}\boldsymbol{E}$ 的方向沿着线元指向 P 的方向,由于圆环上各小段电荷在 P 点的场强 $\mathrm{d}\boldsymbol{E}$ 的方向不同,我们把 $\mathrm{d}\boldsymbol{E}$ 分解为平行于轴线的分量 $\mathrm{d}E_{/\!/}$,与垂直于轴线的分量 $\mathrm{d}E_{\perp}$.对于任一直径两端的小段电荷 $\lambda\mathrm{d}l$ 在 P 点的电场强度 $\mathrm{d}\boldsymbol{E}$ 而言,它们的垂直分量 $\mathrm{d}E_{\perp}$ 大小相等方向相反,相互抵消,故总场强 $\boldsymbol{E}$ 的大小即 $\mathrm{d}E_{/\!/}$ 的代数和:

$$E=\int_l \mathrm{d}E_{/\!/}=\int_l \mathrm{d}E\cos\theta$$

$$=\frac{1}{4\pi\varepsilon_0}\frac{\lambda x}{r^3}\int_0^{2\pi R}\mathrm{d}l$$

$$=\frac{1}{4\pi\varepsilon_0}\frac{2\pi R\lambda x}{(x^2+R^2)^{3/2}}=\frac{1}{4\pi\varepsilon_0}\frac{qx}{(x^2+R^2)^{3/2}}$$

式中 $q=\lambda 2\pi R$ 为环上的总电荷量.

由上式可以看出：当 $x=0$ 时，即环心处的场强 $E=0$.

当 $x\gg R$ 时，即当 P 点远离圆环时，上式可近似地写为

$$E=\frac{1}{4\pi\varepsilon_0}\frac{2\pi R\lambda}{x^2}=\frac{1}{4\pi\varepsilon_0}\frac{q}{x^2}$$

与环上电荷全部集中在环心处的一个点电荷所激发的电场强度相同.从这例子可进一步看出点电荷这一概念的相对性.

例 4-4 均匀带电圆盘轴线上的电场.

如图所示，有一半径为 R、电荷均匀分布的薄圆盘，其电荷面密度为 σ.求通过盘心且垂直盘面的轴线上任意一点处的电场强度.

解 根据本题的电荷分布具有轴对称的特点，可以把圆盘分成一系列同心的细圆环，每个细圆环可看作电荷元，圆盘轴线上各点处的电场强度就是这些半径不同的细圆环产生的电场强度的叠加.

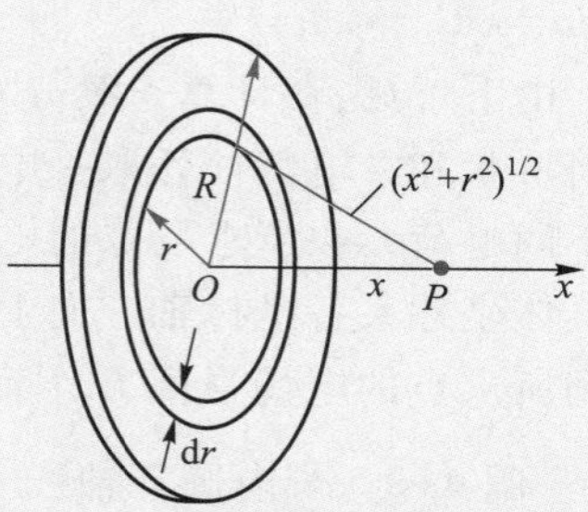

例 4-4 图

取如图所示的坐标，薄圆盘的平面在 Oyz 平面内，盘心位于坐标原点 O.由于圆盘上的电荷分布是均匀的，故圆盘上的电荷量为 $q=\sigma\pi R^2$.我们把圆盘分成许多细圆环，其中半径为 r，宽度为 $\mathrm{d}r$ 的细圆环面积为 $2\pi r\mathrm{d}r$，此细圆环上的电荷为 $\mathrm{d}q=\sigma 2\pi r\mathrm{d}r$.由例 4-3 可知，细圆环上的电荷对 x 轴上 P 点处激起的电场强度为

$$\mathrm{d}E_x=\frac{\sigma 2\pi r\mathrm{d}r}{4\pi\varepsilon_0}\frac{x}{(x^2+r^2)^{3/2}}=\frac{\sigma}{2\varepsilon_0}\frac{xr\mathrm{d}r}{(x^2+r^2)^{3/2}}$$

由于圆盘上所有带电的细圆环在 P 点处的电场强度都沿 x 轴同一方向，而带电圆盘的电场强度就是这些带电细圆环所激发的电场强度的矢量和，故由上式可得带电圆盘的轴线上 P 点处的电场强度为

$$E=\int\mathrm{d}E_x=\frac{\sigma x}{2\varepsilon_0}\int_0^R\frac{r\mathrm{d}r}{(x^2+r^2)^{3/2}}=\frac{\sigma x}{2\varepsilon_0}\left(\frac{1}{\sqrt{x^2}}-\frac{1}{\sqrt{x^2+R^2}}\right)$$

由上述结果，下面讨论两个特殊情况：

(1) 如果 $R\gg x$，带电圆盘可看作“无限大”的均匀带电平面，这时

$$\frac{1}{\sqrt{x^2}}-\frac{1}{\sqrt{x^2+R^2}}\approx\frac{1}{\sqrt{x^2}}$$

于是带电圆盘的轴线上 P 点处的电场强度为

$$E=\begin{cases}\dfrac{\sigma}{2\varepsilon_0},x>0\\ -\dfrac{\sigma}{2\varepsilon_0},x<0\end{cases}$$

上式表明,无限大均匀带电平面所激发的电场与距离 x 无关,在平面两侧各点有大小相等、方向都与平面相垂直的匀强电场或称作均匀电场.

只要 P 点与任意带电平面间的距离远小于该点到带电平面边缘各点的距离,即对均匀带电平面中部附近各点来说,这平面都可看作无限大,其电场强度都可以由上式近似表示,因此,很大的均匀带电平面附近的电场可看作均匀电场.

此外,若有两个相互平行、彼此相隔很近的平面,它们的电荷面密度各为 $\pm\sigma$.利用上述结论及电场强度的叠加原理,很容易求得两平行带电平面中部的电场强度为 $E=\sigma/\varepsilon_0$.这是获得均匀电场的一种常用方法.

(2) 如果 $x\gg R$,通过近似处理,略去利用二项式定理展开的近似式的高次项,得 P 点的电场强度为

$$\boldsymbol{E}=\frac{\sigma R^2}{4\varepsilon_0 x^2}\boldsymbol{e}_x=\frac{q}{4\pi\varepsilon_0 x^2}\boldsymbol{e}_x$$

式中 $q=\sigma\pi R^2$,是圆盘所带电荷量.由此可见,当 P 点离开圆盘的距离比圆盘本身的几何尺寸大得多时,P 点的电场强度与电荷量 q 集中在圆盘中心的一个点电荷在该点所激发的电场强度相同.这里与例 4-3 类似,也可以进一步理解点电荷的概念.

如果我们已知电场强度分布 $\boldsymbol{E}$,就不难求得任一点电荷 q 在电场中所受的力 $\boldsymbol{F}=q\boldsymbol{E}$.当 q 为正时,力 $\boldsymbol{F}$ 的方向与电场强度 $\boldsymbol{E}$ 的方向相同;q 为负时,力 $\boldsymbol{F}$ 的方向与电场强度 $\boldsymbol{E}$ 的方向相反.

库仑定律表述了点电荷之间的作用力,对一个受复杂带电体作用的点电荷的受力计算,直接应用库仑定律是困难的,但若知道任何复杂带电体的电场强度 $\boldsymbol{E}$,那么根据 $\boldsymbol{F}=q\boldsymbol{E}$ 就可很方便地计算点电荷 q 在其中所受到的作用力.

例 4-5　试求电偶极子在均匀外电场中所受的力和力矩.

解　如图所示,设在均匀外电场中,电偶极子的电矩 $\boldsymbol{p}$ 的方向与场强 $\boldsymbol{E}$ 的方向间的夹角为 θ,则作用在电偶极子正负电荷上的力 $\boldsymbol{F}_1$ 和 $\boldsymbol{F}_2$ 的大小均为 $F_1=F_2=qE$.

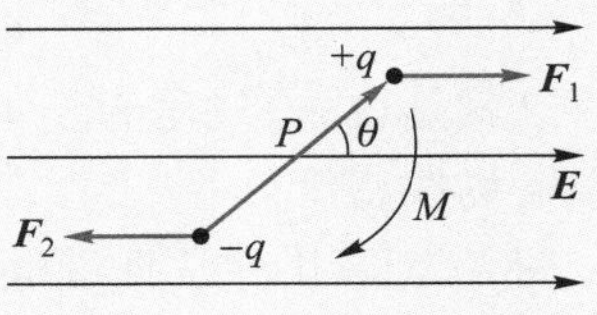

例 4-5 图

由于 $\boldsymbol{F}_1$ 和 $\boldsymbol{F}_2$ 的大小相等,方向相反,合力为零,电偶极子没有平动;但因为作用力不在同一直线上,所以电偶极子要受到力矩的作用,这个力矩的大小为

$$M=Fl\sin\theta=qEl\sin\theta=pE\sin\theta$$

可以写成矢量形式，为

$$\boldsymbol{M}=\boldsymbol{p}\times\boldsymbol{E}$$

在这力矩的作用下，电偶极子的电偶极矩 $\boldsymbol{p}$ 将转向外电场 $\boldsymbol{E}$ 的方向，直到 $\boldsymbol{p}$ 和 $\boldsymbol{E}$ 的方向一致（$\theta=0$），力矩才等于零而平衡. 当 $\boldsymbol{p}$ 和 $\boldsymbol{E}$ 的方向相反时（$\theta=\pi$），力矩也等于零，但这种情况是不稳定平衡，如果电偶极子稍受扰动，偏离这个位置，那么力矩的作用将使电偶极子 $\boldsymbol{p}$ 的方向转到和 $\boldsymbol{E}$ 的方向一致.

思考题

4-2-1 判断下列说法是否正确，并说明理由.

（1）电场中某点电场强度的方向就是将点电荷放在该点处所受电场力的方向；

（2）电荷在电场中某点受到的电场力很大，该点的电场强度 E 一定很大.

4-2-2 在点电荷的电场强度公式中，若 $\boldsymbol{r}\to 0$，则电场强度 E 将趋于无穷大，对此该如何解释？

4-3 电场线 电场强度通量

一、电场线

为了形象地描述电场强度在空间的分布情形，通常引入电场线的概念. 在电场线上每一点的切线方向都与该点处的电场强度 $\boldsymbol{E}$ 的方向一致. 电场线不仅能表示电场强度的方向，而且电场线的疏密还可以形象地反映电场中电场强度大小的分布. 在某区域内，电场强度较大的地方电场线较密，电场强度较小的地方电场线较疏.

为了给出电场线密度和电场强度间的数量关系，我们对电场线的密度作如下规定：如图 4-4 所示，在电场中经过任一点作一面积元 dS（dS 取得很小，在 dS 面上的 $\boldsymbol{E}$ 可视为相同的），并使它与该点的 $\boldsymbol{E}$ 垂直，则通过面积元 dS 的电场线条数 dN 与该点的 $\boldsymbol{E}$ 的大小满足如下关系：

$$\frac{\mathrm{d}N}{\mathrm{d}S}=E \tag{4-8}$$

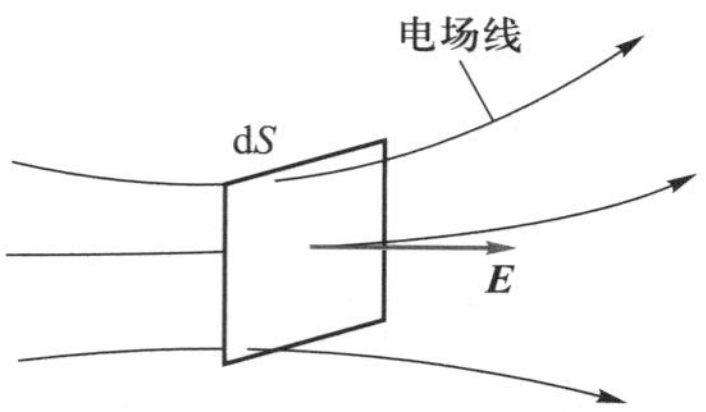

图 4-4 电场线密度与电场强度

这就是说，通过垂直于 $\boldsymbol{E}$ 的单位面积的电场线条数等于该点的电场强度的大小. dN/dS 也叫做电场线密度.

图 4-5 是几种常见带电系统的电场线分布情况.

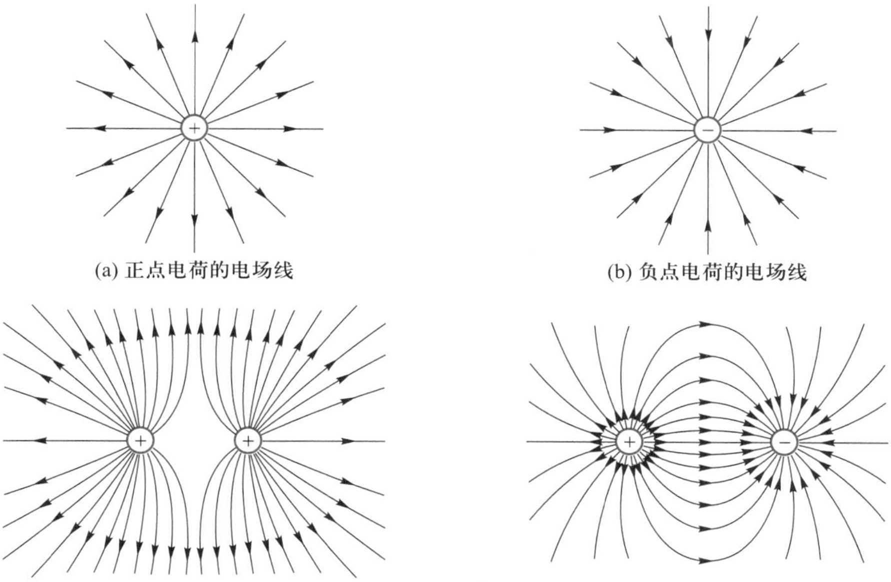

(a) 正点电荷的电场线　　(b) 负点电荷的电场线

(c) 两等量同号点电荷的电场线　　(d) 两等量异号点电荷的电场线

图 4-5　几种常见电场的电场线分布图

从图 4-5 可以看出，静电场的电场线有如下特点：第一，电场线总是始于正电荷或来自无限远，止于负电荷或去向无限远，不形成闭合曲线；第二，任何两条电场线都不能相交.

二、电场强度通量

在电场中，通过任一给定面积的电场线总数，称为通过该面积的电场强度通量（$\boldsymbol{E}$ 通量），常以符号 Φ_e 表示.下面我们来计算在均匀电场和非均匀电场中通过某一给定面积的电场强度通量.

（1）均匀电场平面电场强度通量的计算

在匀强电场中，电场线是一系列均匀分布的平行直线，如图 4-6(a) 所示，作一面积为 S 并与 $\boldsymbol{E}$ 的方向垂直的平面.由于匀强电场的电场强度处处相等，所以电场线密度也应处处相等.根据式(4-8)可得，通过此平面的电场强度通量为

$$\Phi_e = ES \tag{4-9}$$

如果平面 S 与匀强电场的 $\boldsymbol{E}$ 不垂直，那么面 S 在电场空间内可取许多方位.为了把面 S 在电场中的大小和方位同时表示出来，我们引入面积矢量 $\boldsymbol{S}$，规定其大小为 S，其方向用它的单位法线矢量 $\boldsymbol{e}_n$ 来表示，因此有 $\boldsymbol{S} = S\boldsymbol{e}_n$，如图 4-6(b) 所示，$\boldsymbol{e}_n$ 与 $\boldsymbol{E}$ 之间的夹角为 θ.因此，这时通过面 S 的电场强度通量为

$$\Phi_e = ES\cos\theta = \boldsymbol{E}\cdot\boldsymbol{S} \tag{4-10}$$

（2）非匀强电场任意曲面电场强度通量的计算

如果电场是非匀强电场，而且面 S 是任意曲面，如图 4-6(c) 所示，则可以把曲面分成无限

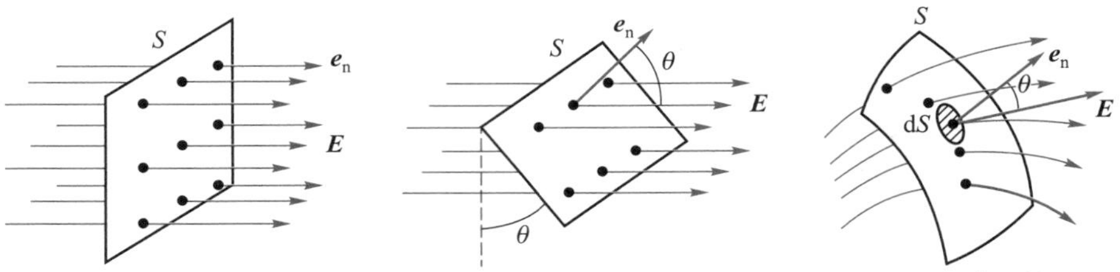

(a) $\Phi_e=ES$　(b) $\Phi_e=\boldsymbol{E}\cdot\boldsymbol{S}$　(c) $\Phi_e=\int_S\boldsymbol{E}\cdot d\boldsymbol{S}$

图 4-6　电场强度通量的计算

多个面积元 dS,每个面积元 dS 都可看成一个小平面,在面积元 dS 上,$\boldsymbol{E}$ 处处相等.设 $\boldsymbol{e}_n$ 为面积元 dS 的单位法线矢量,则 $d\boldsymbol{S}=\boldsymbol{e}_n dS$.如果 $\boldsymbol{e}_n$ 与该处 $\boldsymbol{E}$ 的方向成 θ 角,则通过面积元 dS 的电场强度通量为

$$d\Phi_e=EdS\cos\theta=\boldsymbol{E}\cdot d\boldsymbol{S} \tag{4-11}$$

那么通过曲面 $\boldsymbol{S}$ 的电场强度通量 $\boldsymbol{\Phi}_e$,就等于通过面 S 上所有面积元 dS 电场强度通量 d$\boldsymbol{\Phi}_e$ 的总和,即

$$\boldsymbol{\Phi}_e=\int_S d\boldsymbol{\Phi}_e=\int_S \boldsymbol{E}\cos\theta dS=\int_S \boldsymbol{E}\cdot d\boldsymbol{S} \tag{4-12}$$

如果曲面为一闭合曲面,则上式为

$$\boldsymbol{\Phi}_e=\oint_S E\cos\theta dS=\oint_S \boldsymbol{E}\cdot d\boldsymbol{S} \tag{4-13}$$

对于闭合曲面,我们通常规定由内向外的方向为面积元法线的正方向,因此当电场线由曲面内向外穿出时,电场强度通量为正($\theta<\pi/2$);若电场线由外向内穿入曲面,则电场强度通量为负($\theta>\pi/2$).

思考题

4-3-1　电场线能相交吗? 为什么?

4-3-2　在正四边形的四个顶点上,放置四个带相同电荷量的同号点电荷,试定性地画出其电场线图.

4-4　高斯定理及其应用

一、高斯定理

在静电场中,通过闭合曲面的电场强度通量与该闭合曲面内所包含的电荷有着确定的量值关系,这一关系可由高斯定理表述如下:在真空中,通过任一闭合曲面的电场强度通量等于该曲面所包围的所有电荷的代数和的 $1/\varepsilon_0$.其数学表示式为

$$\Phi_e=\oint_S \boldsymbol{E}\cdot \mathrm{d}\boldsymbol{S}=\frac{1}{\varepsilon_0}\sum_{i=1}^{n} q_i \tag{4-14}$$

其中，$\sum_{i=1}^{n} q_i$ 为闭合曲面 S 包围的所有电荷的代数和.定理中的闭合曲面常称为高斯面.高斯定理是电磁学理论中的一条重要规律.下面我们来验证高斯定理的正确性.

首先，考虑以点电荷 q（设 $q>0$）为球心、半径为 r 的闭合球面 S 的电场强度通量，如图 4-7(a)所示.球面 S 上任一点的电场强度 $\boldsymbol{E}$ 的大小均为 $E=q/4\pi\varepsilon_0 r^2$，方向都沿径矢方向向外，且处处与球面垂直.通过整个球面的电场强度通量为

$$\Phi_e=\oint_S \boldsymbol{E}\cdot \mathrm{d}\boldsymbol{S}=\oint_S \frac{q}{4\pi\varepsilon_0 r^2}\cos 0°\mathrm{d}S=\frac{q}{4\pi\varepsilon_0 r^2}\cdot 4\pi r^2=\frac{q}{\varepsilon_0}$$

此结果与球面半径 r 无关，只与它所包围的电荷量有关.这意味着，对以点电荷 q 为中心的任意球面来说，通过它们的电场强度通量都等于球面所包围的电荷 q 除以真空介电常量.

接着，考虑通过包围点电荷 q 的任意闭合曲面 S' 的电场强度通量情况，如图 4-7(b)所示. S 和 S' 包围同一个点电荷 q，且在 S 和 S' 之间并无其他电荷，故电场线不会中断，因此穿过球面 S 的电场线都将穿过闭合曲面 S'.这就是说，通过任意闭合曲面 S' 的电场强度通量与通过球面 S 的电场强度通量相等，在数值上都等于任意曲面所包围的电荷 q 除以真空介电常量.

如果电荷 q 在任意闭合曲面 S 之外，如图 4-7(c)所示，可见只有在与闭合曲面相切的锥体范围内的电场线才能通过闭合曲面，而且每一条电场线从某处穿入曲面，必从曲面上的另一处穿出，因此通过这一闭合曲面的电场强度通量的代数和为零.

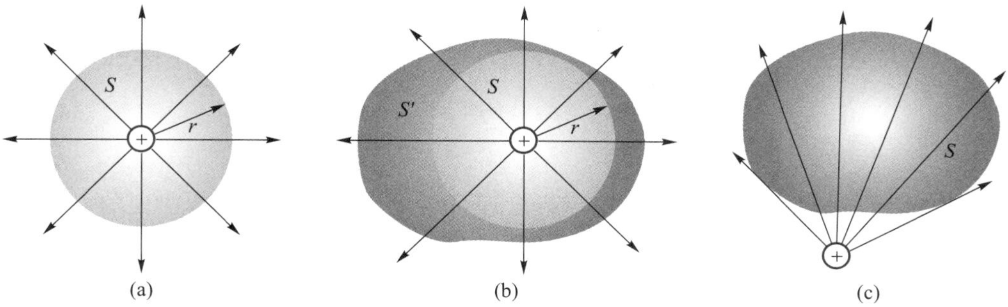

图 4-7　证明高斯定理用图

然后我们进一步讨论在闭合曲面内含有任意电荷系时，穿过闭合曲面的电场强度通量.我们已知任意电荷系可看成许多点电荷的集合体，由电场强度的叠加原理可知，电荷系在电场空间某点激发的电场强度应是各点电荷在该点激发的电场强度的矢量和，即

$$\boldsymbol{E}=\boldsymbol{E}_1+\boldsymbol{E}_2+\cdots+\boldsymbol{E}_n$$

因此，穿过电场中任意闭合曲面的电场强度通量应为

$$\Phi_e=\oint_S \boldsymbol{E}\cdot \mathrm{d}\boldsymbol{S}=\oint_S \boldsymbol{E}_1\cdot \mathrm{d}\boldsymbol{S}+\oint_S \boldsymbol{E}_2\cdot \mathrm{d}\boldsymbol{S}+\cdots+\oint_S \boldsymbol{E}_n\cdot \mathrm{d}\boldsymbol{S}=\Phi_{e1}+\Phi_{e2}+\cdots+\Phi_{en}$$

其中，Φ_{e1}，Φ_{e2}，…，Φ_{en} 为各个点电荷的电场线通过闭合曲面的电场强度通量.

由上述有关点电荷情况的结论可知,当 q_i 在闭合曲面内时,$\Phi_{ei}=q_i/\varepsilon_0$;当 q_i 在闭合曲面外时,$\Phi_{ei}=0$,所以上式可以写成

$$\Phi_e=\oint_S \boldsymbol{E}\cdot \mathrm{d}\boldsymbol{S}=\sum_{i=1}^{n} q_i$$

其中,$\sum_{i=1}^{n} q_i$ 表示闭合曲面内的电荷的代数和.电荷连续分布的带电体与点电荷系的情况相同.至此我们验证了高斯定理的正确性.

为了正确地理解高斯定理,我们需要注意以下几点:

(1) 高斯定理反映了电场对闭合曲面的电场强度通量与闭合曲面包围的电荷量的代数和的关系,并不是指闭合曲面上的电场强度与闭合曲面内电荷量的代数和的关系.

(2) 虽然闭合曲面外的电荷对通过闭合曲面的电场强度通量没有贡献,但是对闭合曲面上各点的电场强度是有贡献的,也就是说,闭合曲面上各点的电场强度是由闭合曲面内、外所有电荷共同激发的.

(3) 高斯定理说明了静电场是有源场.从高斯定理可知,若闭合曲面内有正电荷,则它对闭合曲面贡献的电场强度通量是正的,电场线自内向外穿出,说明电场线出自于正电荷;若闭合曲面内有负电荷,则它所贡献的电场强度通量是负的,意味着必有电场线自外向内穿入闭合曲面,说明电场线终止于负电荷.高斯定理将电场与场源电荷联系了起来,揭示了静电场是有源场这一普遍性质.

(4) 虽然高斯定理是在库仑定律的基础上得出的,但库仑定律是从电荷间的作用反映静电场的性质,而高斯定理则是从场和场源电荷间的关系反映静电场的性质.库仑定律只适用于静电场,而高斯定理不但适用于静电场,而且对变化的电场也是适用的,它是电磁场理论的基本定理之一.

二、高斯定理应用举例

一般情况下,当电荷分布给定时,从高斯定理可以求出通过某一闭合曲面的电场强度通量,但不能把电场中各点的电场强度确定下来.只有当电荷分布具有某些特殊的对称性,从而使相应的电场分布也具有一定的对称性时,才有可能应用高斯定理来计算电场强度.所以应用高斯定理求解电场强度时,必须考虑以下问题:

(1) 分析电荷分布和电场分布是否具有对称性

常见的高对称性的电荷分布有球对称性,如点电荷、均匀带电球面或球体等;轴对称性,如均匀带电直线、圆柱面或圆柱体等;平面对称性,如无限大均匀带电平板等.

(2) 高斯面的选择

根据电场强度的对称分布作相应的高斯面,以满足① 高斯面上的电场强度大小处处相等;② 面元 $\mathrm{d}S$ 的法线方向与该处的电场强度 $\boldsymbol{E}$ 的方向一致或具有相同的夹角,或者把整个高斯面分作若干部分,其中一部分满足前述情况,另一部分电场强度方向与该面处处平行.

如果能找到适当的闭合曲面,那么我们就能在应用高斯定理时避免对电场强度作复杂的积分,而只要计算所作高斯面内的电荷量.用这样的方法能很方便地求出电场强度.

下面举几个简单例子来说明如何应用高斯定理求解电场强度.

例 4-6　求均匀带电球面内外的电场分布,设球面半径为 R,电荷量为 Q.

解　由于电荷 Q 均匀分布在球面上,即电荷分布是球对称的,所以场强 $\boldsymbol{E}$ 的分布也是球对称的.因此,在电场空间中任意点 P 的电场强度 $\boldsymbol{E}$ 的方向都沿径矢,而 $\boldsymbol{E}$ 的大小则仅依赖于从球心到场点 P 的距离 r.这就是说,在同一球面上各点场强的大小相等.

如图(a)所示,设 P_1 为带电球面外一点,通过 P_1 作一半径为 r_1 的同心球形高斯面 S_1,由高斯定理式(4-14)可得

$$\Phi_e=\oint_{S_1}\boldsymbol{E}_1\cdot d\boldsymbol{S}=\oint_{S_1}E_1 dS=E_1\oint_{S_1}dS=E_1 4\pi r_1^2=\frac{Q}{\varepsilon_0}$$

故有

$$E_1=\frac{1}{4\pi\varepsilon_0}\frac{Q}{r_1^2}(r_1>R)$$

上式表明均匀带电球面在其外部产生的电场强度,与等量电荷全部集中在球心时产生的电场强度相等.

如图(b)所示,设 P_2 为带电球面内一点,过 P_2 作一半径为 r_2 的同心球形高斯面 S_2,由于高斯面内无电荷,所以由高斯定律可得

$$\Phi_e=\oint_{S_2}\boldsymbol{E}_2\cdot d\boldsymbol{S}=E_2 4\pi r_2^2=0$$

有

$$E_2=0(r_2<R)$$

上式表明,均匀带电球面内部的电场强度为零.

由上面两式可作如图(c)所示的 $E-r$ 曲线.从曲线上可以看出球面内的场强为零,球面外的场强与 r^2 成反比,球面上两侧的电场强度有跃变.

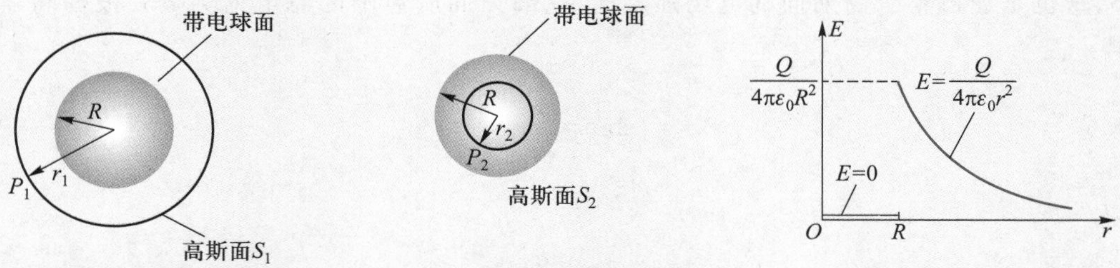

(a) 高斯面在带电球面内部　(b) 高斯面在带电球面外部　(c) E随r的变化曲线

例 4-6 图

例 4-7 设有一均匀带电直线电荷线密度为 λ.求该带电直线的电场分布.

解 由于带电直线无限长,且电荷分布是均匀的,所以在任意点 P 产生电场的场强沿垂直于该直线的径矢方向,而且在距直线等距离处各点的场强 $\boldsymbol{E}$ 的大小相等.这就是说,无限长均匀带电直线的电场是柱对称的.如图所示,我们选择同轴圆柱面作为高斯面,圆柱面半径为 r,长度为 h,两个底面垂直于柱轴.

由于场强 $\boldsymbol{E}$ 与两个底面的法线垂直,所以通过圆柱两个底面的电场强度通量为零,而通过圆柱侧面的电场强度通量为 $E\cdot 2\pi rh$,又因为此高斯面所包围的电荷量为 λh.所以,根据高斯定理有

$$E\cdot 2\pi rh=\frac{\lambda h}{\varepsilon_0}$$

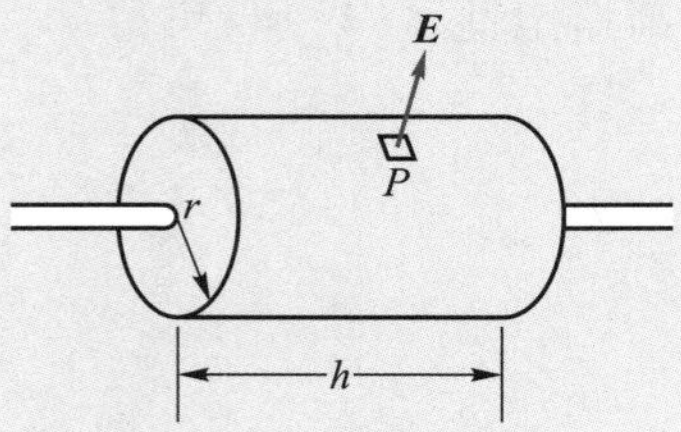

例 4-7 图

由此可得

$$E=\frac{\lambda}{2\pi\varepsilon_0 r}$$

即无限长均匀带电直线外一点的场强,与该点距带电直线的垂直距离 r 成反比,与电荷线密度 λ 成正比.对于带正电的直线来说,$\boldsymbol{E}$ 的方向垂直于直线向外.

例 4-8 设有一无限大的均匀带电平面,电荷面密度为 σ.场点 P 距该平面的距离为 r.求该无限大均匀带电平面的电场分布.

解 由于带电平面为无限大,其上的电荷均匀分布.因此,电场分布对该平面也应具有面对称性,即在带电平面两侧距平面等远的点,场强大小均相等,方向与平面垂直并指向两侧,如图(a)所示.根据电场分布的面对称性,如图(b)所示,我们取闭合圆柱面为高斯面,它的侧面与带电平面垂直,两底面与带电平面平行,并对带电平面对称.圆柱长为 $2r$,底面积为 S.因为电场线皆与圆柱的侧面相切,所以侧面的电场强度通量为零,而通过两底面的电场线都和底面垂直,方向向外,设底面上的场强大小为 E,则通过两底面的电场强度通量为 $2ES$,这也是通过整个高斯面的电场强度通量,高斯面所包围的总电荷为 σS,根据高斯定理得

$$2ES=\frac{1}{\varepsilon_0}\sigma S$$

所以

$$E=\frac{\sigma}{2\varepsilon_0}$$

即无限大均匀带电平面的场强 E 与场点到平面的距离无关,而且场强的方向与带电平面垂直.无限大均匀带电平面的电场为匀强电场.

如果电场是由两块相互平行的无限大均匀带电平面产生的，两平面的电荷面密度分别为$+\sigma$和$-\sigma$.两面间任一点Q的场强$\boldsymbol{E}$为带正电的平面在Q点的场强$\boldsymbol{E}_+$与带负电的平面在Q点产生的场强$\boldsymbol{E}_-$的矢量相加，如图(c)所示.$\boldsymbol{E}$的方向垂直两平面而从正电荷指向负电荷，$\boldsymbol{E}$的大小为

$$E=\frac{\sigma}{2\varepsilon_0}+\frac{\sigma}{2\varepsilon_0}=\frac{\sigma}{\varepsilon_0}$$

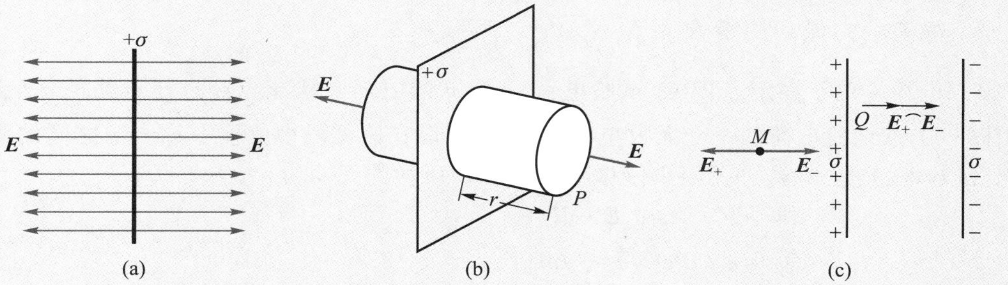

例 4-8 图

两面外任一点的场强为$\boldsymbol{E}_+$与$\boldsymbol{E}_-$这两个大小相等方向相反的矢量相加，结果为零.由此可见，两块带等量异号电荷的无限大均匀带电平面所产生的电场是匀强电场，而且电场全部集中在两平面之间.当平板电容器带电时，极板间的电场就可近似地看成这样一种电场.

从上面所举例子可以看出，用高斯定理求解电场，比直接用积分法求解要简单得多，但是要求电场具有一定的对称性，如球对称、面对称或轴对称.还要注意的是，根据电场不同的对称性，选取合适的高斯面，才有可能利用高斯定理求解.例如，在例 4-6 中就不能选取圆柱状高斯面，在例 4-7 及例 4-8 中，也不能选取球形高斯面.

思考题

4-4-1　如果在一高斯面内没有净电荷，那么此高斯面上每一点的电场强度必为零吗？

4-4-2　一点电荷放在球形高斯面的球心处.讨论下列情况下电场强度通量的变化情况：

(1) 若此球形高斯面被一与它相切的正方体表面所代替；

(2) 点电荷离开球心，但仍在球内；

(3) 有另一个电荷放在球面外；

(4) 有另一个电荷放在球面内.

4-4-3　高斯定理中，通过高斯面的电场强度通量等于该曲面所包围的所有电荷的电荷量的代数和除以ε_0，那么闭合曲面上每一点的电场强度仅由该曲面所包围的电荷决定，这个说法正确吗？为什么？

4-5　静电场的环路定理　电势能

前面我们从电荷在电场中受力的作用出发，引入描述电场的物理量——电场强度 $\boldsymbol{E}$，这一节我们将进一步从电场力对电荷做功出发来研究电场的性质.我们将得到静电场力对电荷做功具有与路径无关的特性，从而引出电势能.

一、静电场力做功的特性

设点电荷 q 位于固定点 O 点.试验电荷 q_0 在 q 的电场中从 a 点经过任意路径 acb 到达 b 点（图 4-8）.取试验电荷的一个无限小位移 $\mathrm{d}\boldsymbol{l}$，并假设在该无限小位移中 q_0 与 q 之间的距离由 r 改变到 $r+\mathrm{d}r$.于是，在这一无限小位移中电场力 $\boldsymbol{F}$ 所做的元功为

$$\begin{aligned}\mathrm{d}W&=\boldsymbol{F}\cdot\mathrm{d}\boldsymbol{l}=q_0\boldsymbol{E}\cdot\mathrm{d}\boldsymbol{l}\\&=q_0E\mathrm{d}l\cos\theta=q_0E\mathrm{d}r\\&=\frac{q_0q}{4\pi\varepsilon_0r^2}\mathrm{d}r\end{aligned}$$

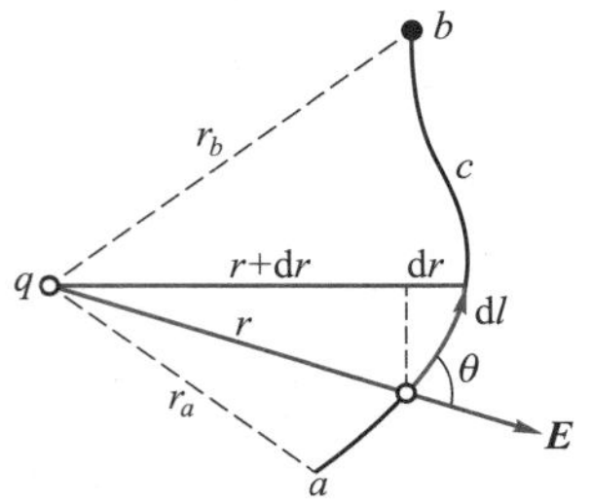

图 4-8　静电力做功

当试验电荷从 a 到 b 时，电场力所做的功为

$$W_{ab}=q_0\int_a^b\boldsymbol{E}\cdot\mathrm{d}\boldsymbol{l}=\frac{q_0q}{4\pi\varepsilon_0}\int_{r_a}^{r_b}\frac{1}{r^2}\mathrm{d}r=\frac{q_0q}{4\pi\varepsilon_0}\left(\frac{1}{r_a}-\frac{1}{r_b}\right)\quad(4-15)$$

式中，r_a 与 r_b 分别为试验电荷 q_0 的起点和终点到点电荷 q 的距离.

由上式可知，在点电荷 q 的电场中移动试验电荷 q_0 时，电场力所做的功只与试验电荷的电荷量及其起点和终点的位置有关，而与路径无关.

这一结论对于任何静电场都成立，因为任意的电荷分布，包括连续分布带电体在内，总可看作许多点电荷的组合，试验电荷在这样的场中移动时，电场力所做的功也就等于各个点电荷的电场力所做功的代数和，已知每个点电荷的电场力所做的功都与路径无关，所以它们的代数和也与路径无关.

二、静电场的环路定理

如前所述，试验电荷在任何静电场中移动时，电场力所做的功只与试验电荷的电荷量及其起点、终点的位置有关，而与路径无关.这个结论也可以换成另一说法：当路径为闭合路径（起点和终点重合）时，静电场力做的功为零.在静电场中，试验电荷 q_0 沿闭合路径移动一周，电场力做的功可表示为 $W=\oint_l q_0\boldsymbol{E}\cdot\mathrm{d}\boldsymbol{l}$，于是有

$$q_0\oint_l\boldsymbol{E}\cdot\mathrm{d}\boldsymbol{l}=0$$

由于试验电荷 q_0 不为零，所以上式成立的条件是

$$\oint_l\boldsymbol{E}\cdot\mathrm{d}\boldsymbol{l}=0\qquad(4-16)$$

$\boldsymbol{E}$ 沿任意闭合路径的线积分叫做 $\boldsymbol{E}$ 的环流，故上式也可以说成静电场中电场强度 $\boldsymbol{E}$ 的环流为零.它是静电场中一条重要的定理，叫做静电场的环路定理.

静电场力做功的性质，与力学中讨论过的万有引力、弹性力的做功性质一样，都是与路径无关的.因此，静电场力与万有引力、弹性力一样，也都是保守力.静电场也是保守力场.

三、电势能

在力学中，由于重力是保守力，其做功具有与路径无关的特点，我们曾引进重力势能，并且有重力所做的功等于重力势能的改变量的关系.从上面的讨论中我们知道，静电场力也是保守力，它对试验电荷所做的功也具有与路径无关的特性，因此电荷在静电场中的一定位置上具有一定的电势能，这个电势能是属于电荷-电场系统的.这样，静电场力对电荷所做的功就等于电荷电势能的改变量.如果以 E_{pa} 和 E_{pb} 分别表示试验电荷 q_0 在电场中 a 点和 b 点处的电势能，则试验电荷从 a 移到 b，静电场力对它做的功为

$$W_{ab}=E_{pa}-E_{pb}$$

或

$$q_0\int_a^b \boldsymbol{E}\cdot \mathrm{d}\boldsymbol{l}=E_{pa}-E_{pb} \tag{4-17}$$

电势能和重力势能一样，也是一个相对量，式(4-17)仅表明了 q_0 在电场中 a、b 两点间的电势能的差值.要确定试验电荷 q_0 在电场中某点的电势能，需首先确定电势能零点，原则上电势能零点是可任取的.当场源电荷为有限大小的带电体时，习惯上选取无限远处为电势能零点.设式(4-17)中 b 点在无穷远处，即 $E_{pb}=E_{p\infty}=0$，这时 q_0 在电场中任一点 a 处的电势能为

$$E_{pa}=W_{a\infty}=q_0\int_a^{\infty} \boldsymbol{E}\cdot \mathrm{d}\boldsymbol{l} \tag{4-18}$$

上式表明，试验电荷 q_0 在电场中某点 a 处的电势能在数值上等于将 q_0 从 a 点处移到电势能零点时电场力所做的功.

不过，若点电荷 q_0 在无限大带电体所激发的电场中，在求解其电势能时，不能选 $E_{p\infty}=0$，需根据具体情况，在电场中任选一点作为电势能零点.

在国际单位制中，电势能的单位是焦耳，符号为 J.电势能是标量，可正可负.

值得注意的是，电势能仅与电荷 q_0 及其在静电场中的位置有关，可见电势能是属于电场和位于电场中的电荷 q_0 所组成的系统的，而不是属于某个电荷的.其实质是电荷 q_0 与电场之间的相互作用能.

4-6　电势

一、电势

试验电荷 q_0 在电场中 a 点的电势能 E_{pa} 不仅与电场有关，而且与试验电荷的电荷量有关，

所以电势能不能直接用来描述电场的性质.实验表明,试验电荷在场点 a 的电势能与其所带电荷量之比 E_{pa}/q_0 是一个与试验电荷无关的量,仅取决于场源电荷的分布和场点的位置.因此,我们也可以从电场与电荷之间相互作用能的角度,把这个比值作为描述电场性质的一个物理量,称为该点的电势,记作 V.

我们用 V_a 和 V_b 分别表示电场中 a 点和 b 点的电势,则

$$V_a=\frac{E_{pa}}{q_0},V_b=\frac{E_{pb}}{q_0}$$

那么式(4-17)可写成

$$V_a=\int_a^b \boldsymbol{E}\cdot \mathrm{d}\boldsymbol{l}+V_b \tag{4-19}$$

从上式可以看出,要确定 a 点的电势,不仅要知道将单位正试验电荷从 a 点移至 b 点时电场力所做的功,而且还要知道 b 点的电势.所以 b 点的电势 V_b 常叫做参考电势.原则上参考电势 V_b 可取任意值.但是为方便起见,对电荷分布在有限空间的情况来说,通常取 b 点在无限远处,并令无限远处的电势能和电势为零,即 $E_{pb}=0,V_b=0$.于是,电场中 a 点的电势为

$$V_a=\frac{E_{pa}}{q_0}=\int_a^\infty \boldsymbol{E}\cdot \mathrm{d}\boldsymbol{l} \tag{4-20}$$

即电场中某一点的电势在数值上等于放在该点处的单位正电荷的电势能,也等于单位正试验电荷从该点移到无限远处(更准确地说是电势为零点)时静电场力所做的功.电势也是标量,其值可正可负.

在国际单位制中,电势的单位是伏特(V).

二、电势差

电场中 a 点和 b 点两点间的电势差,又常叫电压,用符号 U_{ab} 表示.根据电势定义,a 点和 b 点的电势分别为

$$V_a=\int_a^\infty \boldsymbol{E}\cdot \mathrm{d}\boldsymbol{l},\quad V_b=\int_b^\infty \boldsymbol{E}\cdot \mathrm{d}\boldsymbol{l}$$

因此 a 点和 b 点两点间的电势差为

$$U_{ab}=V_a-V_b=\int_a^b \boldsymbol{E}\cdot \mathrm{d}\boldsymbol{l} \tag{4-21}$$

即静电场中 a、b 两点的电势差 U_{ab},在数值上等于把单位正试验电荷从 a 点移到 b 点时,静电场力所做的功.因此,如果知道了 a、b 两点间的电势差 U_{ab},就可以方便地算出电荷 q 从 a 点移到 b 点时,静电场力所做的功 W_{ab}:

$$W_{ab}=q\int_a^b \boldsymbol{E}\cdot \mathrm{d}\boldsymbol{l}=qU_{ab}=q(V_a-V_b) \tag{4-22}$$

前面已经说过,电势的数值与零电势点的选择有关,但在实际应用中需要用到的是两点间的电势差,而电势差的数值不因零电势点的不同而异,因此,为了方便起见,我们常取大地的电势为零,电场中某点和大地的电势差就是这点的电势.在电子仪器中,常取公共地线或机壳的电势为零,各点的电势值就等于它们与公共地线或机壳之间的电势差.只要测出这些电势差的

数值,就能很容易地判定仪器工作是否正常.

三、电势的计算

当场源电荷的分布状况已知时,可设法求出电场中各点的电势分布.

1. 点电荷的电势

如图 4-9 所示,在点电荷 q 激发的电场中,若选取无限远处电势为零,即 $V_\infty=0$.则由式(4-20),可得电场中任意一点 P(该点到点电荷 q 的距离为 r)的电势为

$$V=\int_P^\infty \boldsymbol{E}\cdot \mathrm{d}\boldsymbol{l}=\int_r^\infty \frac{q}{4\pi\varepsilon_0 r^2}\mathrm{d}r=\frac{q}{4\pi\varepsilon_0}\,\frac{1}{r} \tag{4-23}$$

由上式可见,在正电荷激发的电场中,各点的电势为正,且离场源电荷越远,电势越低;在负电荷激发的电场中,各点的电势为负,且离场源电荷越远,电势越高.

2. 点电荷系的电势

如果电场是由点电荷系 q_1、q_2、…、q_n 所激发的,那么,根据电场强度的叠加原理,总场强 $\boldsymbol{E}$ 是各个点电荷单独存在时所产生的场强 $\boldsymbol{E}_1$、$\boldsymbol{E}_2$、…、$\boldsymbol{E}_n$ 的矢量和,因此电场中任一点 P 的电势为

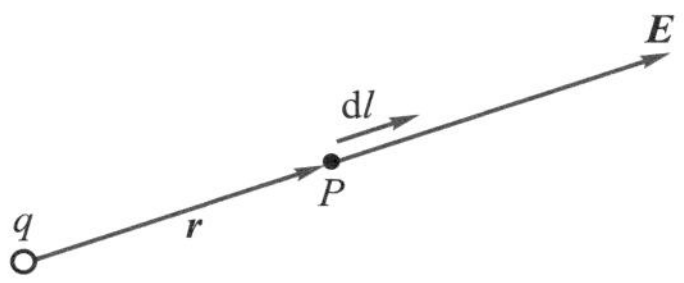

图 4-9　计算点电荷电场的电势

$$V=\int_P^\infty \boldsymbol{E}\cdot \mathrm{d}\boldsymbol{l}=\int_P^\infty \boldsymbol{E}_1\cdot \mathrm{d}\boldsymbol{l}+\int_P^\infty \boldsymbol{E}_2\cdot \mathrm{d}\boldsymbol{l}+\cdots+\int_P^\infty \boldsymbol{E}_n\cdot \mathrm{d}\boldsymbol{l}$$

即

$$V=V_1+V_2+\cdots+V_n=\sum_{i=1}^{n}\frac{q_i}{4\pi\varepsilon_0 r_i} \tag{4-24}$$

上式是电势叠加原理的表达式.它表明点电荷系所激发的电场中任一点的电势,等于各个点电荷单独存在时在该点处的电势的代数和.显然,电势叠加是一种标量叠加.

3. 连续分布电荷的电势

如果电场是由连续分布的带电体所激发的,可以将其看成是由许多个电荷元 $\mathrm{d}q$ 所组成的.每个电荷元在电场中某点 P 产生的电势为

$$\mathrm{d}V=\frac{\mathrm{d}q}{4\pi\varepsilon_0 r}$$

式中,r 是电荷元到 P 点的距离.

根据电势叠加原理,可得 P 点的总电势为

$$V=\int_V \mathrm{d}V=\int_V \frac{\mathrm{d}q}{4\pi\varepsilon_0 r} \tag{4-25}$$

在真空中,当电荷系的电荷分布已知时,计算电势的方法有两种:

(1) 利用式(4-19)计算 a 点的电势:

$$V_a=\int_a^b \boldsymbol{E}\cdot \mathrm{d}\boldsymbol{l}+V_b$$

但应注意参考点 b 的电势的选取.只有电荷分布在有限空间里,才能选 b 点在无限远处,且其

电势为零($V_\infty=0$).还应注意的是,在积分路径上 $\boldsymbol{E}$ 的函数表达式必须是已知的.

(2)利用式(4-25)所表达的点电荷的电势叠加原理,即

$$V=\int \mathrm{d}V=\int \frac{\mathrm{d}q}{4\pi\varepsilon_0 r}$$

下面举几个计算电势的例子.

例 4-9 求电偶极子的电场中的电势分布.

解 设场点 P 与点电荷 $+q$ 和 $-q$ 的距离分别为 r_+ 和 r_-,P 点离电偶极子中点 O 的距离为 r(例 4-9 图).

根据电势叠加原理,P 点的电势为

$$V=V_++V_-=\frac{q}{4\pi\varepsilon_0 r_+}+\frac{-q}{4\pi\varepsilon_0 r_-}=\frac{q(r_--r_+)}{4\pi\varepsilon_0 r_+r_-}$$

对于 $r\gg l$ 的情况,应有

$$r_+r_-\approx r^2,\ r_--r_+\approx l\cos\theta$$

θ 为 OP 连线与 l 之间夹角,将这些关系代入上式,即可得

$$V=\frac{ql\cos\theta}{4\pi\varepsilon_0 r^2}=\frac{p\cos\theta}{4\pi\varepsilon_0 r^2}=\frac{\boldsymbol{p}\cdot\boldsymbol{r}}{4\pi\varepsilon_0 r^3}$$

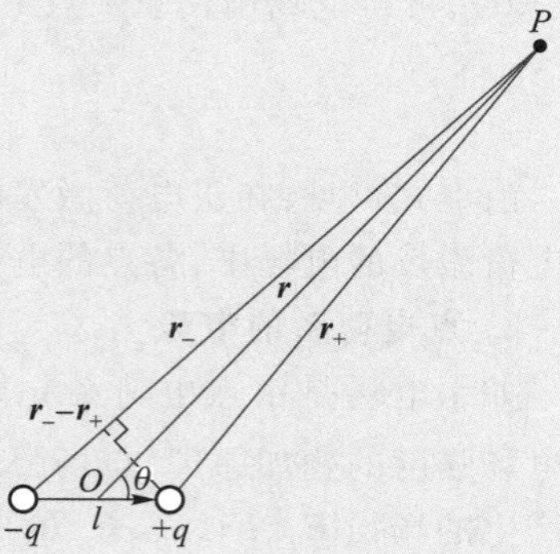

例 4-9 图

例 4-10 一半径为 R 的均匀带电细圆环,所带总电荷量为 q,求在圆环轴线上任意点 P 的电势.

解 如图所示,以 x 表示从环心到 P 点的距离,以 $\mathrm{d}q$ 表示圆环上任一电荷元.由式(4-25)可得 P 点的电势为

$$V=\int\frac{\mathrm{d}q}{4\pi\varepsilon_0 r}=\frac{1}{4\pi\varepsilon_0 r}\int_q \mathrm{d}q=\frac{q}{4\pi\varepsilon_0 r}=\frac{q}{4\pi\varepsilon_0(R^2+x^2)^{1/2}}$$

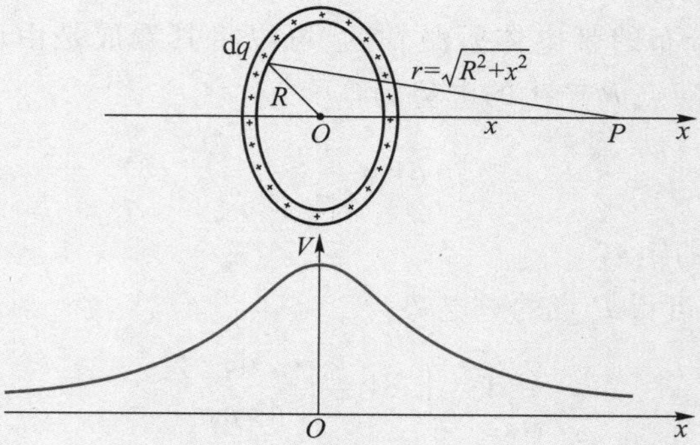

例 4-10 图

当 P 点位于环心 O 处时,$x=0$,则

$$V=\frac{q}{4\pi\varepsilon_0 R}$$

例 4-11　一电荷面密度为 σ 的均匀带电圆盘，半径为 R，求在圆盘轴线上与盘心相距为 x 处 P 点的电势.

解　如例 4-11 图所示，把圆盘分成许多个小圆环，图中画出了一个半径为 r、宽为 $\mathrm{d}r$ 的小圆环，该圆环所带的电荷量为

$$\mathrm{d}q=\sigma 2\pi r\mathrm{d}r$$

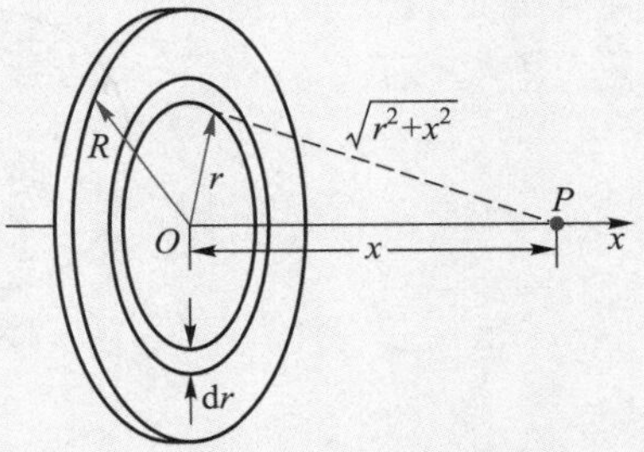

例 4-11 图

利用例 4-10 的结果，可得此圆环在 P 点产生的电势为

$$\mathrm{d}V=\frac{1}{4\pi\varepsilon_0}\frac{1}{\sqrt{x^2+r^2}}\sigma 2\pi r\mathrm{d}r$$

对上式求积分，可得圆盘在 P 点的电势为

$$V=\frac{\sigma}{2\varepsilon_0}\int_0^R\frac{r\mathrm{d}r}{\sqrt{x^2+r^2}}=\frac{\sigma}{2\varepsilon_0}(\sqrt{x^2+R^2}-x)$$

当 $x\gg R$ 时，$\sqrt{x^2+R^2}\approx x+\frac{R^2}{2x}$，所以有

$$V\approx\frac{\sigma}{2\varepsilon_0}\frac{R^2}{2x}=\frac{1}{4\pi\varepsilon_0}\frac{\sigma\pi R^2}{x}=\frac{1}{4\pi\varepsilon_0}\frac{Q}{x}$$

式中 $Q=\sigma\pi R^2$ 为圆盘所带的总电荷量.由这个结果可以看出，在距离圆盘很远处，可以把整个带电圆盘看成一个点电荷.

例 4-12　求均匀带电球面的电势，设球面总电荷量为 q，半径为 R.

解　此题可以用电势的定义公式(4-20)来计算.

由高斯定理先算出场强分布，可得

$$E=\begin{cases}\dfrac{q}{4\pi\varepsilon_0 r^2} & (r>R)\\ 0 & (r<R)\end{cases}$$

方向沿径矢，因此计算电势时可取沿径矢积分.

当 $r>R$ 时，球外任一点 P 的电势为

$$V=\int_P^\infty \boldsymbol{E}\cdot\mathrm{d}\boldsymbol{l}=\int_r^\infty\frac{q}{4\pi\varepsilon_0 r^2}\mathrm{d}r=\frac{q}{4\pi\varepsilon_0 r}(r>R)$$

上式表明，一个均匀带电球面在球面外一点的电势，与将球面电荷全部集中于球心时的电势相同.

当 $r<R$ 时，积分要分两段：由 P 到球表面($r=R$ 处)的一段内，$E=0$，对积分无贡献；只有由 $r=R$ 处到 ∞ 的一段对积分有贡献，即

$$V=\int_P^\infty \boldsymbol{E}\cdot\mathrm{d}\boldsymbol{l}=\int_r^R \boldsymbol{E}_{内}\cdot\mathrm{d}\boldsymbol{l}+\int_R^\infty \boldsymbol{E}_{外}\cdot\mathrm{d}\boldsymbol{l}=\frac{q}{4\pi\varepsilon_0 R}(r<R)$$

这表明,带电球面内各处的电势均相等,球内为一等势体.均匀带电球的内、外电势分布曲线如例 4-12 图所示.

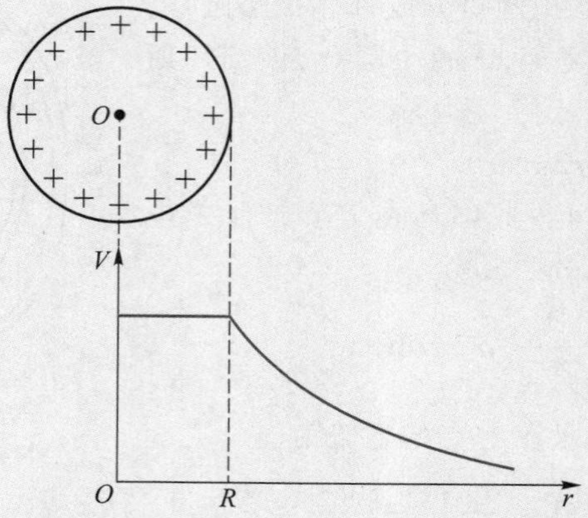

例 4-12 图

思考题

4-6-1 比较下列几种情况下 A、B 两点电势的高低:

(1) 正电荷由 A 移到 B 时,外力克服电场力做正功;

(2) 正电荷由 A 移到 B 时,电场力做正功;

(3) 负电荷由 A 移到 B 时,外力克服电场力做正功;

(4) 负电荷由 A 移到 B 时,电场力做正功;

(5) 电荷顺着电场线方向由 A 移动到 B;

(6) 电荷逆着电场线方向由 A 移动到 B.

4-6-2 电荷 Q 从电场中的 A 点移到 B 点,若使 B 点的电势比 A 点的电势低,而 B 点的电势能又比 A 点的电势能要大,这可能吗? 试说明.

4-6-3 在雷雨季节,两个带正、负电荷的云团间的电势差可达 10^{10} V,在它们之间产生的闪电可通过 30 C 的电荷.请说明在此过程中闪电所消耗的电能相当于 10 kW 发电机在多长时间里发出的电能.

4-7 电场强度与电势梯度的关系

一、等势面

在 4-3 节中,我们曾借助电场线来描绘电场强度的分布情况.同样,我们也可用绘制等势面的方法来描绘电场中各点电势分布的情况.

在静电场中，将电势相等的各点连起来所形成的曲面，称为等势面. 在画等势面的图像时，通常规定相邻两等势面间的电势差相同. 图 4-10 是一些典型电场中的等势面和电场线的分布图，其中虚线表示等势面，实线表示电场线.

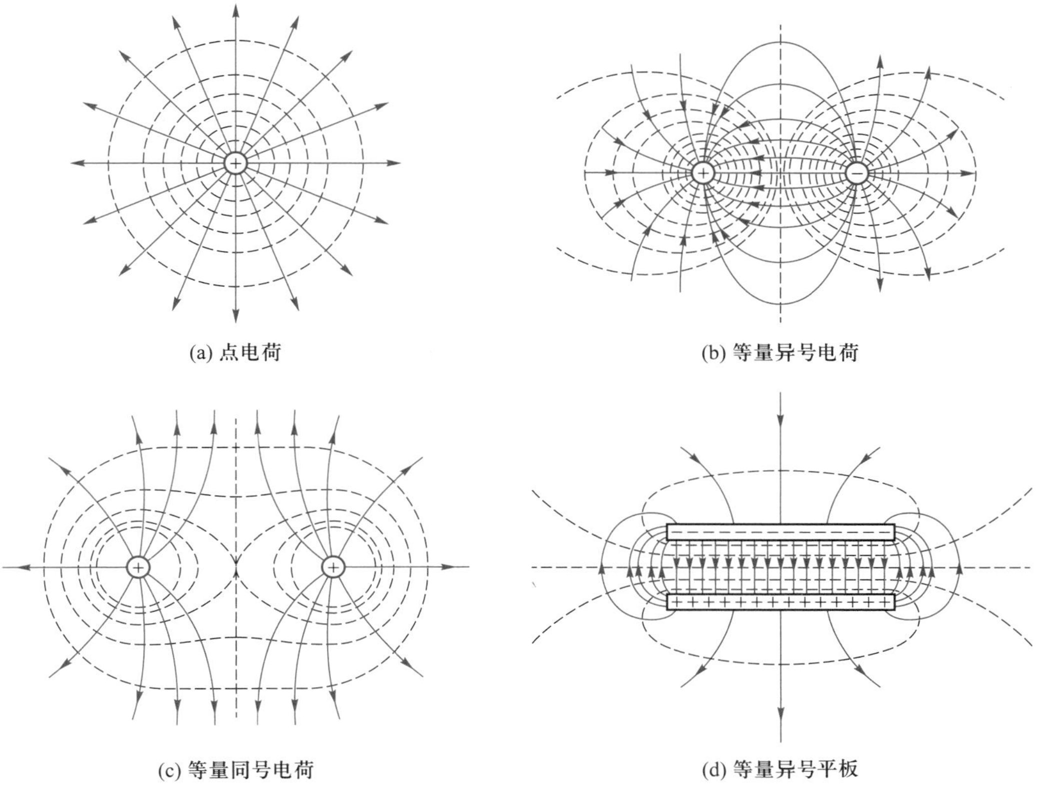

图 4-10　电场线与等势面

等势面具有以下两个特点：

(1) 等势面密集的地方电场强度较大，稀疏的地方电场强度较小.

(2) 等势面处处与电场线正交. 电荷 q_0 沿等势面移动时，电场力不做功.

在实际问题中，很多带电体的等势面分布可以通过实验描绘出来，于是便可从等势面分布的特点来分析电场的分布.

二、电场强度与电势梯度的关系

我们从电荷在电场中要受到电场力的作用这一方面，引入了电场强度这个描述电场的物理量. 又从电荷在电场中移动时电场力要对它做功这一方面，引入了电势这个描述电场的物理量. 既然两者都用来描述同一事物——电场，那么它们之间应该有一定的联系，式(4-20)已指明了它们之间的积分形式关系，下面我们来讨论电场强度与电势之间的微分关系.

如图 4-11 所示，设在静电场中有两个靠得很近的等势面 Ⅰ 和 Ⅱ，它们的电势分别为 V 和

$V+\Delta V$.在两等势面上分别取 a 点和 b 点,这两点非常靠近,间距为 Δl,它们之间的电场强度 $\boldsymbol{E}$ 可以认为是不变的.设 $\Delta \boldsymbol{l}$ 与 $\boldsymbol{E}$ 之间的夹角为 θ,则将单位正电荷由 a 点移到 b 点电场力所做的功由式(4-22)得

$$V_a-V_b=-\Delta V=\boldsymbol{E}\cdot\Delta\boldsymbol{l}=E\Delta l\cos\theta \tag{4-26}$$

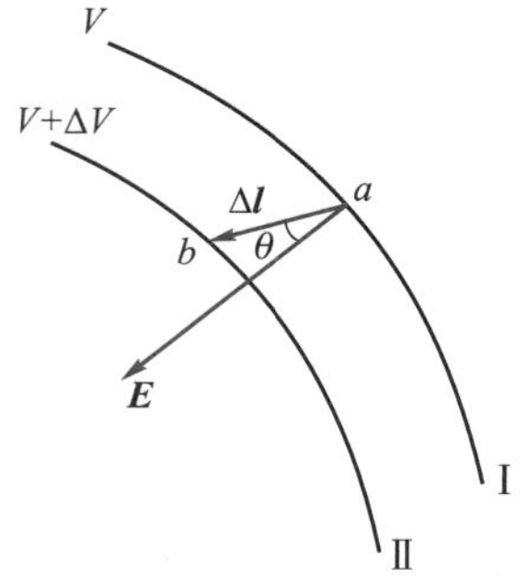

图 4-11 $\boldsymbol{E}$ 与 V 的关系

场强 $\boldsymbol{E}$ 在 $\Delta \boldsymbol{l}$ 上的分量为 $E\cos\theta=E_l$,所以有

$$E_l=-\frac{\Delta V}{\Delta l} \tag{4-27}$$

式中,$\Delta V/\Delta l$ 为电势沿 Δl 方向的单位长度上电势的变化率.

从式(4-27)可以看出,等势面密集处的电场强度大,等势面稀疏处的电场强度小.因此从等势面的分布可以定性地看出电场强度的强弱分布情况.

若把 Δl 取得很小,则$\dfrac{\Delta V}{\Delta l}$的极限值可写为

$$\lim_{\Delta\to 0}\frac{\Delta V}{\Delta l}=\frac{\mathrm{d}V}{\mathrm{d}l}$$

于是,式(4-27)可写为

$$E_l=-\frac{\mathrm{d}V}{\mathrm{d}l} \tag{4-28}$$

$\mathrm{d}V/\mathrm{d}l$ 是电势沿 l 方向的方向导数.

式(4-28)表明,电场中某一点的场强沿任一方向的分量,等于这一点的电势沿该方向的方向导数的负值,负号表示电场强度指向电势降低的方向.

一般来说,在直角坐标系 $Oxyz$ 中,电势 V 是坐标 x、y 和 z 的函数.因此,由式(4-28)就可得到电场强度在这三个方向上的分量,分别为

$$E_x=-\frac{\partial V}{\partial x}\quad E_y=-\frac{\partial V}{\partial y}\quad E_z=-\frac{\partial V}{\partial z} \tag{4-29}$$

因而电场强度 $\boldsymbol{E}$ 可以表示为

$$\boldsymbol{E}=-\left(\frac{\partial V}{\partial x}\boldsymbol{i}+\frac{\partial V}{\partial y}\boldsymbol{j}+\frac{\partial V}{\partial z}\boldsymbol{k}\right) \tag{4-30}$$

采用梯度算子$\nabla=\mathrm{grad}=\dfrac{\partial}{\partial x}\boldsymbol{i}+\dfrac{\partial}{\partial y}\boldsymbol{j}+\dfrac{\partial}{\partial z}\boldsymbol{k}$,上式可以简写为

$$\boldsymbol{E}=-\nabla V=-\mathrm{grad}\ V \tag{4-31}$$

这就是电场强度与电势的微分关系,据此可以方便地由电势分布求出电场强度的分布.

例 4-13 根据 4-6 节例 4-10 中得出的在均匀带电细圆环轴线上任一点的电势公式

$$V=\frac{q}{4\pi\varepsilon_0(R^2+x^2)^{1/2}}$$

求轴线上任一点的电场.

解　由于均匀带电细圆环的电荷分布对于轴线是对称的，所以轴线上各点的场强在垂直于轴线方向的分量为零，因而轴线上任一点的场强方向沿 x 轴.由式(4-28)得

$$E=E_x=-\frac{\partial V}{\partial x}=-\frac{\partial}{\partial x}\left[\frac{q}{4\pi\varepsilon_0\left(R^2+x^2\right)^{1/2}}\right]=\frac{qx}{4\pi\varepsilon_0\left(R^2+x^2\right)^{3/2}}$$

这一结果与4-2节中例4-3的结果相同.显然本题所用的方法要简便些.

思考题

4-7-1　在电场中，电场强度为零的点，电势是否一定为零？电势为零的点，电场强度是否一定为零？

4-7-2　利用电场强度与电势梯度的关系讨论：

(1) 若某空间内电势不变，则电场强度是否为零？

(2) 若某空间内电场强度处处为零，则该空间中各点的电势必然处处相等吗？

(3) 在均匀电场中，各点的电势梯度是否相等？各点的电势是否相等？

4-7-3　在电场中，两点的电势差为零，如果在两点间选一路径，路径上的电场强度也处处为零吗？

习题

4-1　电荷面密度均为 $+\sigma$ 的两块"无限大"均匀带电的平行平板如图(a)所示放置，其周围空间各点电场强度 $\boldsymbol{E}$（设电场强度方向向右为正、向左为负）随位置坐标 x 变化的关系曲线为图(b)中的　　[　　]

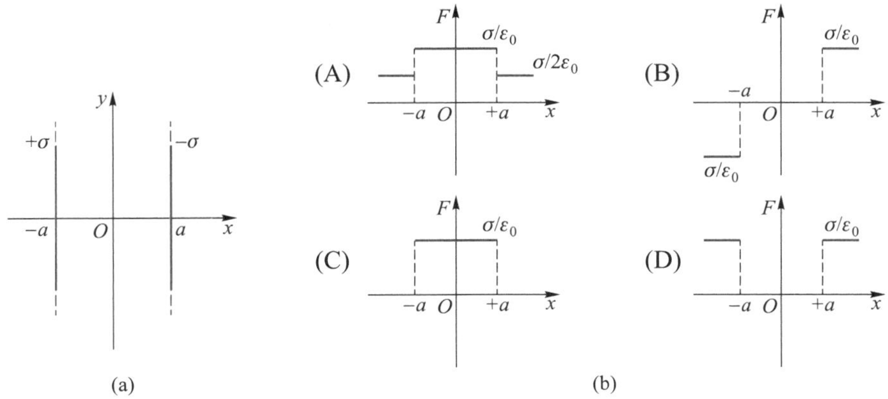

习题 4-1 图

4-2　有一非均匀电场，其电场线分布如习题4-2图所示.在电场中作一半径为 R 的闭合

球面 S,已知通过球面上某一面元 ΔS 的电场强度通量为 $\Delta\Phi_e$,则通过该球面其余部分的电场强度通量为 [ ]

(A) $-\Delta\Phi_e$.

(B) $\dfrac{4\pi R^2}{\Delta S}\Delta\Phi_e$.

(C) $\dfrac{4\pi R^2-\Delta S}{\Delta S}\Delta\Phi_e$.

(D) 0.

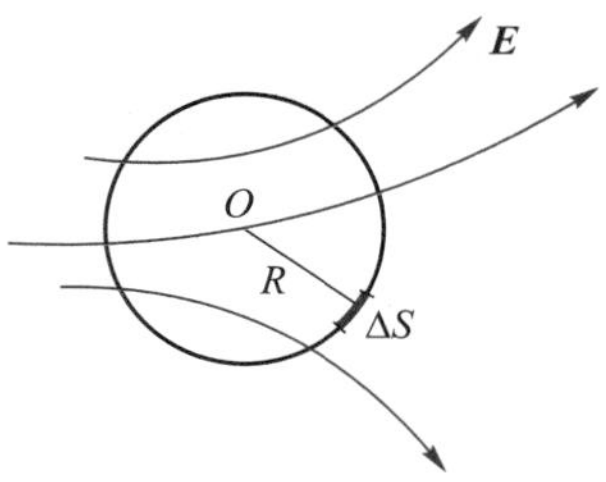

习题 4-2 图

4-3 一均匀带电球面,电荷面密度为 σ,球面内电场强度处处为零,球面上面元 dS 处有一个带电荷量为 σdS 的电荷元,在球面内各点产生的电场强度 [ ]

(A) 处处为零. (B) 不一定都为零.

(C) 处处不为零. (D) 无法判定.

4-4 根据高斯定理的数学表达式 $\oint_S \boldsymbol{E}\cdot \mathrm{d}\boldsymbol{S}=\dfrac{1}{\varepsilon_0}\sum\limits_{i=1}^{n} q_i$ 可知下述各种说法中,正确的是 [ ]

(A) 闭合曲面内的电荷代数和为零时,闭合曲面上各点场强一定为零.

(B) 闭合曲面内的电荷代数和不为零时,闭合曲面上各点场强一定处处不为零.

(C) 闭合曲面内的电荷代数和为零时,闭合曲面上各点场强不一定处处为零.

(D) 闭合曲面上各点场强均为零时,闭合曲面内一定处处无电荷.

4-5 下列说法正确的是 [ ]

(A) 电场强度为零的点,电势也一定为零.

(B) 电场强度不为零的点,电势也一定不为零.

(C) 电势为零的点,电场强度也一定为零.

(D) 电势在某一区域内为常量,则电场强度在该区域内必定为零.

4-6 一半径为 R 的半球面均匀地带有电荷,电荷面密度为 σ,求球心处电场强度的大小.

4-7 一根带电细线弯成半径为 R 的半圆形,电荷线密度为 $\lambda=\lambda_0\cos\theta$,如图所示,求环心 O 处的电场强度.

4-8 一均匀带电直棒,长度为 L,总电荷量为 q,线外有一点 P 离开直棒的垂直距离为 a,且如图所示,P 点和直棒两端的连线与直棒之间的夹角分别为 θ_1 和 θ_2,求 P 点的电场强度.

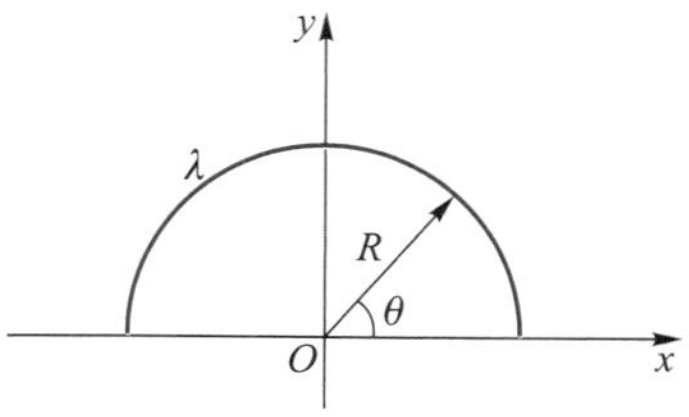

习题 4-7 图

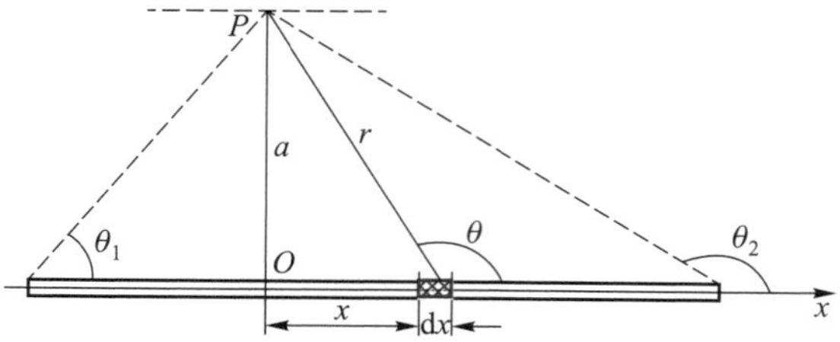

习题 4-8 图

4-9 若电荷量 Q 均匀地分布在长为 L 的细棒上,求证:

(1) 在棒的延长线上,离棒中心为 a 处的场强为

$$E=\frac{1}{\pi\varepsilon_0}\frac{Q}{4a^2-L^2}$$

(2) 在棒的垂直平分线上,离棒为 a 处的场强为

$$E=\frac{1}{2\pi\varepsilon_0}\frac{Q}{a\sqrt{L^2+4a^2}}$$

若棒为无限长(即 $L\to\infty$),将结果与无限长直导线的场强相比较.

4-10 如图所示,边长为 a 的立方体,其表面分别平行于 Oxy、Oyz 和 Ozx 平面,立方体的一个顶点为坐标原点.现将立方体置于电场强度为 $\boldsymbol{E}=(E_1+kx)\boldsymbol{i}+E_2\boldsymbol{j}$ 的非均匀电场中,求立方体各表面及立方体的电场强度通量(k、E_1、E_2 均为常量).

4-11 一点电荷 Q 位于一立方体的中心,立方体边长为 L,则通过立方体一面的电场强度通量是多少?如果把这个点电荷移放到立方体的一个角上,这时通过立方体每一面的电场强度通量分别是多少?

4-12 如图所示,一无限大均匀带电薄平板,电荷面密度为 σ,在平板中部有一半径为 r 的小圆孔.求圆孔中心轴线上与平板相距为 x 的 P 点的电场强度.

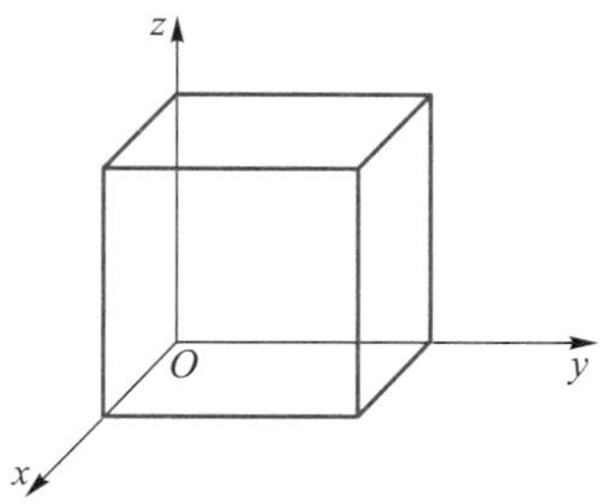

习题 4-10 图

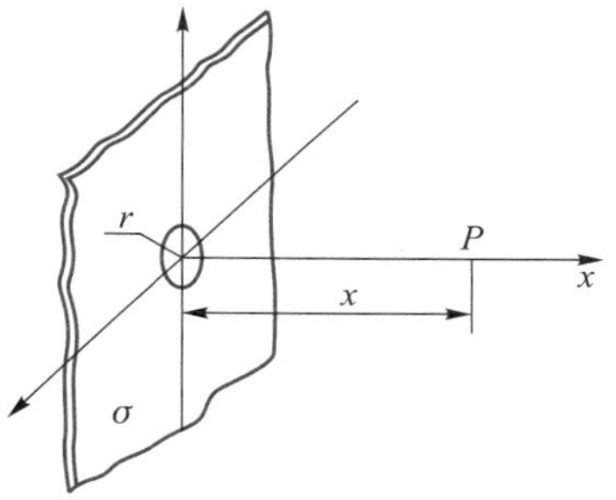

习题 4-12 图

4-13 在半径分别为 10 cm 和 20 cm 的两层同心球面中间,均匀分布着电荷体密度为 $\rho=10^{-9}$ C/m^3 的正电荷.求距离球心 5 cm、15 cm、50 cm 处的电场强度.

4-14 一个半径为 R 的球体内,设其电荷分布是球对称的,电荷体密度为 $\rho=kr$,式中 r 是径向距离,k 是常量,求空间的电场强度分布.

4-15 两个带有等量异号电荷的无限长同轴圆柱面,半径分别为 R_1 和 R_2($R_2>R_1$),电荷线密度为 λ.求离轴线为 r 处的电场强度:

(1) $r<R_1$;

(2) $R_1<r<R_2$;

(3) $r>R_2$.

4-16 假设正电荷均匀分布在一个半径为 R 的很长的圆柱体内,电荷体密度为 ρ.求圆柱体内外的电场强度.

4-17 在半径为 a，电荷体密度为 ρ 的均匀带电球内，挖去一个半径为 b 的小球，如图所示，$|OO'|=c$，O、O'、P、P'在一条直线上. 求：O、O'、P、P'各点的电场强度.

4-18 如图所示，$AB=2l$，$\overset{\frown}{OCD}$是以 B 为中心，l 为半径的半圆，A 点有一个正电荷$+q$，B 点有一负电荷$-q$.

(1) 把单位正电荷从 O 点沿$\overset{\frown}{OCD}$移到 D 点，电场力对它做了多少功？

(2) 把单位负电荷从 D 点沿 AB 的延长线移到无限远，电场力对它做了多少功？

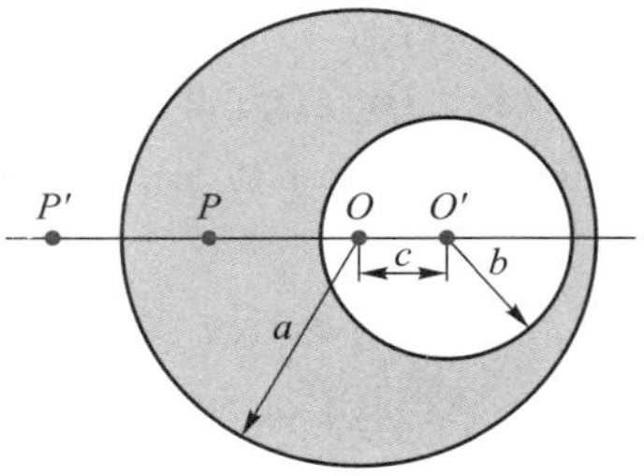

习题 4-17 图

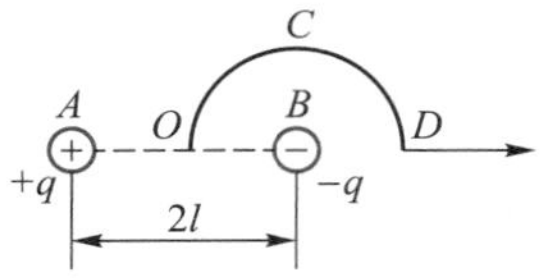

习题 4-18 图

4-19 一半径为 R 的均匀带电球体，电荷量为$+Q$. 今将点电荷$+q$ 和负电荷$-q$ 分别从无穷远处移到该球附近. 若先把$+q$ 移到距球心 r 处，再把$-q$ 移到 $r+l$ 处，且 $l\ll r$，试求电场力所做的功.

4-20 如图所示，有三个点电荷 Q_1、Q_2、Q_3 沿一条直线等间距分布，且 $Q_1=Q_3=Q$，已知其中任一点电荷所受合力均为零，求在固定 Q_1 和 Q_3 的情况下，将 Q_2 从 O 点移到无穷远处外力所做的功.

4-21 电荷面密度分别为$+\sigma$ 和$-\sigma$ 的两块"无限大"均匀带电的平行平板，如图所示放置，取坐标原点 O 为电势零点，求空间各点的电势分布，并作出电势随位置坐标 x 变化的关系曲线.

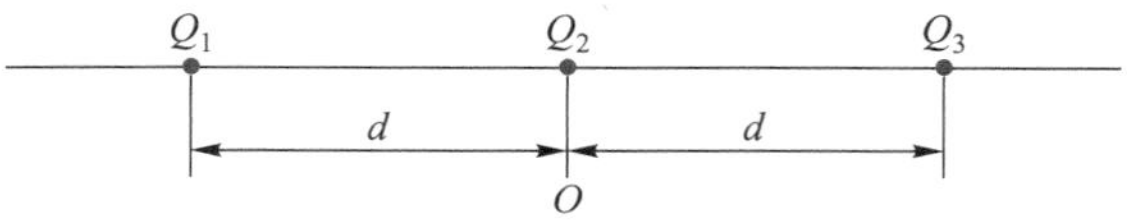

习题 4-20 图

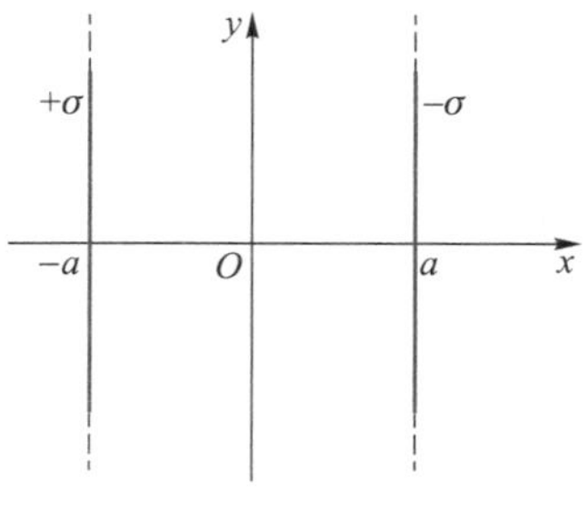

习题 4-21 图

4-22 两个同心球面的半径分别为 R_1 和 R_2，各自带有电荷 Q_1 和 Q_2. 求各区域电势的分布和两球面上的电势差.

4-23 一半径为 R 的无限长带电细棒，其内部的电荷均匀分布，电荷体密度为 ρ. 现取棒表面为电势零点,求空间的电势分布.

4-24 电荷 Q 均匀分布在半径为 R 的球体内,求球内外的电场和电势分布.

4-25 两共轴圆柱面($R_1 = 3\times10^{-2}$ m,$R_2 = 0.10$ m)带有等量异号的电荷,两者的电势差为 450 V.

(1) 问:圆柱面单位长度上电荷量为多少?

(2) 求两圆柱面之间的电场强度.

4-26 一圆盘半径 $R = 8.0\times10^{-2}$ m,均匀带电,电荷面密度 $\sigma = 2\times10^{-5}$ C · m^{-2}.

(1) 求轴线上任一点的电势.

(2) 从电场强度和电势的关系,求轴线上任一点的场强.

答案

第五章

静电场中的导体和电介质

在上一章中，我们讨论了真空中的电场，阐述了静电场的一些基本性质和规律. 然而实际的电场中往往存在各种导体或介质，这些宏观物体的存在会与电场产生相互作用和相互影响，从而出现一些新的现象. 处在静电场中的导体，会出现静电感应现象，引起导体表面感应电荷的分布，这种电荷反过来又对原有电场施加影响，最后使导体达到静电平衡状态. 处于电场中的电介质，在电场中会由于极化而出现极化电荷，极化电荷对原有电场也会施加影响. 本章讨论静电场中导体和电介质的性质，以及它们对电场的影响. 主要内容有：导体静电平衡的条件，静电场中导体的电学性质，电介质的极化现象，有电介质时的高斯定理，电容器的性质和电容的计算，静电场的能量等.

5-1 静电场中的导体

一、导体静电平衡的条件

本节所讨论的导体指的是金属导体. 金属导体一个典型特点就是内部存在大量可以自由移动的电子. 当导体不带电或者不受外电场影响时，导体中的自由电子只作微观的无规则热运动，而没有宏观的定向运动. 若把金属导体放在外电场中，导体中的自由电子在作无规则热运动的同时，还将在电场力作用下作宏观定向运动，引起导体中电荷的重新分布，这个现象称为静电感应现象. 因静电感应而在导体两侧表面上出现的电荷称为感应电荷. 在电场中，导体电荷重新分布的过程一直持续到导体内部的电场强度等于零，即 $\boldsymbol{E}=\mathbf{0}$ 时为止. 这时，导体内没有电荷的定向运动，导体处于静电平衡状态. 导体达到静电平衡所需的时间极短，通常为 10^{-14}~10^{-13} s，几乎在瞬间完成. 处在静电平衡状态下的导体必须满足以下两个条件：

（1）导体内部任何一点的电场强度为零；

（2）导体表面附近电场强度的方向都与导体表面垂直.

可以设想，如果导体内部电场强度不等于零，则导体内的自由电子将在电场力的作用下继续作定向运动；如果电场强度与导体表面不垂直，则电场强度将有沿表面的切向分量，自由电子受到与该切向分量相应的电场力的作用，将沿表面作定向运动.

导体静电平衡的条件也可以用电势来表述：在静电平衡时，导体上各点的电势相等，即导体的表面是一等势面，整个导体构成一个等势体. 证明如下：

因为导体内的 $\boldsymbol{E}=\mathbf{0}$，导体内任意两点 a、b 的电势差为

$$U_{ab}=\int_a^b \boldsymbol{E}\cdot \mathrm{d}\boldsymbol{l}=0$$

即 $V_a=V_b$,所以导体内所有各点的电势相等.

至于导体表面,由于静电平衡时,导体表面的电场强度与表面垂直,因此导体表面任意两点 a、b 的电势差亦应为零,即

$$U_{ab}=\int_a^b \boldsymbol{E}\cdot \mathrm{d}\boldsymbol{l}=\int_a^b E\cos\frac{\pi}{2}\mathrm{d}l=0$$

故静电平衡时,导体表面为等势面.

另外,导体表面的电势与导体内部的电势也是相等的,否则就会发生电荷的定向运动.

二、静电平衡时导体上电荷的分布

在静电平衡时,带电导体的电荷分布可运用高斯定理来进行讨论. 以下我们就分别讨论实心导体和空腔导体带电时电荷的分布情况.

1. 实心导体带电时的电荷分布

由于在静电平衡时,导体内的 $\boldsymbol{E}$ 为零,那么在导体内围绕任一点 P 作一闭合曲面 S,如图 5-1 所示,通过这闭合曲面的电场强度通量必为零,即

$$\Phi_{\mathrm{e}}=\oint_S \boldsymbol{E}\cdot \mathrm{d}\boldsymbol{S}=0$$

根据高斯定理,此高斯面内所包围的电荷的代数和必然为零. 因为高斯面是任意的,所以可得到如下结论:在静电平衡时,实心导体所带的电荷只能分布在导体的表面上,导体内没有净电荷.

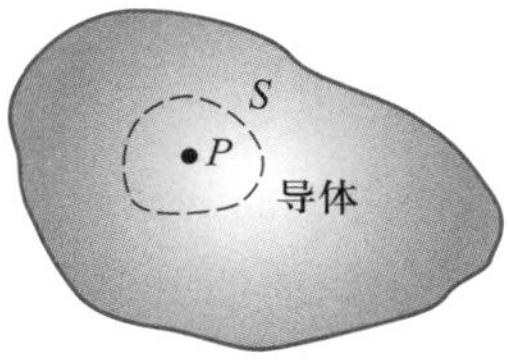

图 5-1　实心导体静电平衡时的电荷分布

2. 空腔导体带电时的电荷分布

(1) 腔内无带电体

如果有一空腔导体且其内部没有其他带电体,在静电平衡状态下,电荷只能分布在导体的外表面上,内表面无电荷.

我们借助高斯定理来证明. 如图 5-2(a)所示,可以在空腔内取一包围内表面的高斯面 S,由于高斯面上的电场强度处处为零,则根据高斯定理,有

$$\oint_S \boldsymbol{E}\cdot \mathrm{d}\boldsymbol{S}=\frac{1}{\varepsilon_0}\sum_i q_i=0$$

可知 S 面内电荷的代数和为零,说明在内表面上净电荷为零.

在空腔内表面的不同部位是否还会有等量异号的电荷分布呢? 现假设空腔内表面一部分带有正电荷,另一部分带有负电荷,则在空腔内就会有从正电荷指向负电荷的电场线. 电场强度沿此电场线的积分将不等于零,即空腔内表面间存在电势差. 显然这与导体在静电平衡时是一个等势体的结论相违背. 因此,静电平衡时,如图 5-2(b)所示,空腔导体内表面处处没有电荷,电荷只能分布在空腔导体的外表面上.

(2) 腔内有带电体

如果空腔导体内有带电体,在静电平衡状态下,电荷分布在导体内、外两个表面,其中内表

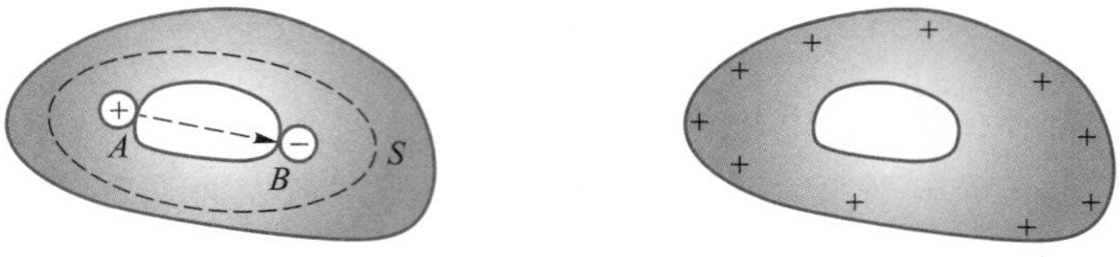

图 5-2 空腔导体内无带电体时，静电平衡下的电荷分布

面的电荷是空腔内带电体的感应电荷，与腔内带电体的电荷等量异号.

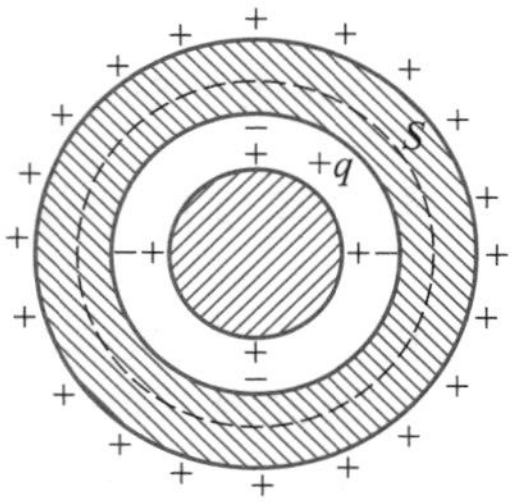

图 5-3 空腔导体内有带电体时，静电平衡下的电荷分布

如图 5-3 所示，设空腔内带电体的电荷为 $+q$，空腔导体本身不带电. 当处于静电平衡时，在导体内取一包围内表面的高斯面 S，由于在高斯面 S 上的电场强度处处为零，所以根据高斯定理，空腔内表面所带的电荷与空腔内电荷的代数和为零，则空腔内表面所带的感应电荷必为 $-q$. 根据电荷守恒定律，由于整个空腔导体不带电，所以在空腔外表面上也会出现感应电荷，电荷量必为 $+q$.

三、带电导体表面附近的场强

通过上面的讨论可知，在静电平衡的条件下，导体所带的电荷都分布在导体的表面上. 那么，导体表面的电荷面密度 σ 与其邻近处的场强有什么关系呢？

如图 5-4 所示，在导体外侧紧贴表面附近取一点 P，$\boldsymbol{E}$ 为该处的电场强度. 在 P 点处的导体表面上取一面积元 ΔS，该面积元取得充分小，使得其上的电荷面密度 σ 可认为是均匀的. 作一底面积为 ΔS 的扁平圆柱形高斯面，其轴线与导体表面相垂直，上底面在导体外侧通过 P 点，下底面在导体内侧，紧靠表面. 因导体内部电场强度为零，导体外表面的电场强度垂直于导体表面，所以通过下底面和侧面的 $\boldsymbol{E}$ 通量均为零，根据高斯定理有

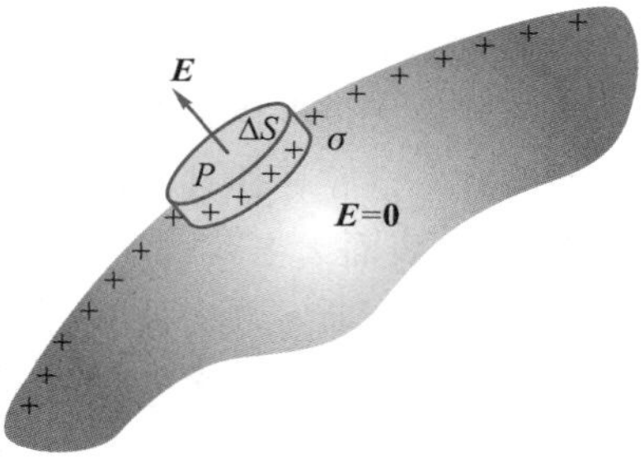

图 5-4 带电导体表面外的电场

$$\oint_S \boldsymbol{E} \cdot \mathrm{d}\boldsymbol{S} = E\Delta S = \frac{\sigma \Delta S}{\varepsilon_0}$$

由此可得

$$E = \frac{\sigma}{\varepsilon_0} \tag{5-1}$$

由此可见，带电导体处于静电平衡状态时，导体表面之外非常邻近表面处的电场强度 $\boldsymbol{E}$，其数值上与该处表面电荷面密度 σ 成正比，其方向与表面垂直. 当表面带正电时，$\boldsymbol{E}$ 的方向垂直表面向外；当表面带负电时，$\boldsymbol{E}$ 的方向垂直表面指向导体.

四、电荷面密度与导体表面曲率的关系

式(5-1)只给出了导体表面上每一点电荷的面密度与附近场强之间的定量关系. 那么,导体表面上的电荷究竟是怎样分布的呢? 实验表明,它与导体的形状以及导体附近的其他带电体有关.

对孤立带电导体来说,电荷的分布有如下的规律:在孤立导体上电荷面密度的大小与表面的曲率有关,导体表面突出而尖锐的地方(曲率较大),电荷就比较密集,即电荷面密度 σ 较大;表面较平坦的地方(曲率较小),σ 较小;表面凹进去的地方(曲率为负),σ 更小. 与此相对应的是,在尖端附近场强最大,平坦的地方次之,凹进去的地方最弱(见图 5-5).

对于表面具有突出尖端的带电导体,在尖端处的电荷面密度很大,场强也很大. 当场强大到超过空气的击穿场强时,空气被电离,与导体尖端上电荷符号相反的离子被吸引到尖端,与尖端上的电荷中和,使导体上的电荷消失,这种现象称为尖端放电. 天气阴暗时,在高压输电线上也可以看到尖端放电,这时在高压输电线的表面隐隐地笼罩着一层光晕,称为电晕,由于在电晕放电时,输电线上有大量电荷向周围的介质中流散,从而增加了高压输电中的能量损耗,因此,高压输电线表面应做得尽量光滑,其半径也不能过小. 此外,一些高压设备的电极常做成光滑的球面,也是为了避免尖端放电.

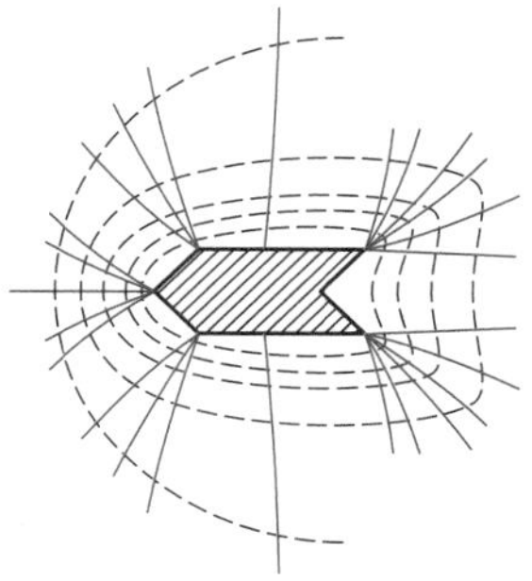

图 5-5　电荷面密度与导体表面曲率的关系

在输电过程中,电晕放电是有害的,但在另一些情况中,却可利用电晕放电中产生的离子和电子使周围的固体或液体微粒带电,然后根据实际需要用电场来控制这些带电微粒的运动,工业上的静电除尘和静电喷漆等装置就是根据这一原理设计的,下面我们以静电除尘为例来说明.

图 5-6 是装在烟囱内的静电除尘装置示意图. 烟囱中央装有一细金属丝,紧贴烟囱内壁则安装一金属圆筒,它们分别与高压电源的负极和正极相连. 这样,在烟囱中就形成一个以金属丝为轴的径向电场,且在金属丝附近的电场强度最强,当场强大到空气的击穿场强时,金属丝表面将出现电晕放电,空气分子被电离成带正电的正离子和带负电的电子. 因为金属丝相对于烟囱壁的电势为负,所以电离出来的电子将被斥离金属丝,这些电子将被吸附在空气中的氧分子上而使氧分子成为带负电的离子,它们在径向电场作用下将向着烟囱壁运动,因而在金属丝和烟囱壁之间就会出现一股微弱的离子流. 当烟囱内有烟——带有固体微粒的气流通过时,这些氧离子又将被吸附在烟粒上,使烟粒成为带负电的粒子. 这些带负电的烟粒在离开烟囱前就会被径向电场“推”到烟囱壁上,失去负电荷而成为中性的固体微粒,然后靠自身重量下落或用振动方法使其下落,并被收集起来,这就是静电除尘的简单原理.

五、静电屏蔽

根据空腔导体在静电平衡时的带电特性,如图 5-7 所示,只要空腔导体内没有带电体,则即使在外电场中,导体和空腔内也必定不存在电场. 这样,空腔导体就屏蔽了外电场或空腔导体外表面的电荷,使它们无法影响空腔内部.

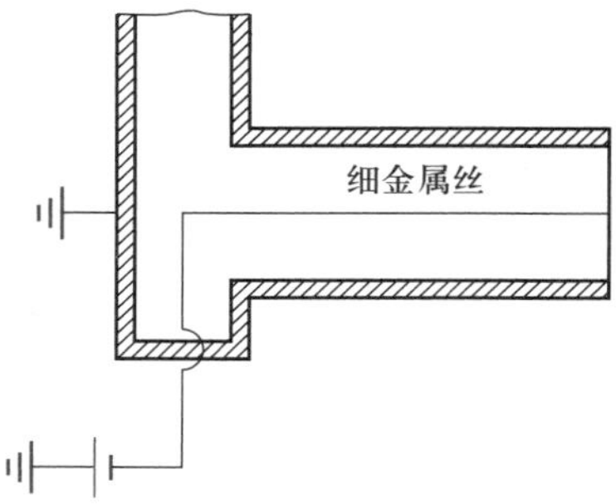

图 5-6 装在烟囱内的静电除尘装置示意图

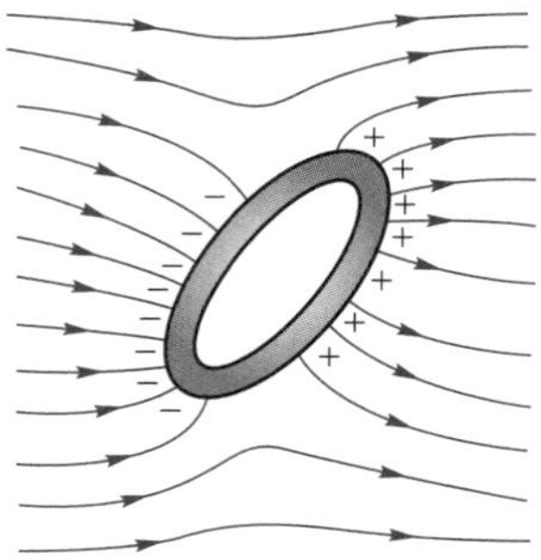

图 5-7 空腔导体屏蔽外电场

此外,如果空腔导体内部存在带电体,空腔外表面则会出现感应电荷,感应电荷激发的电场会对外界产生影响,如图 5-8(a)所示. 但是如果我们将空腔外壳接地,如图 5-8(b)所示,由于此时空腔导体的电势与大地的电势相同,则导体外表面的感应电荷将被大地中的电荷所中和,因此腔内带电体不会对导体外产生影响.

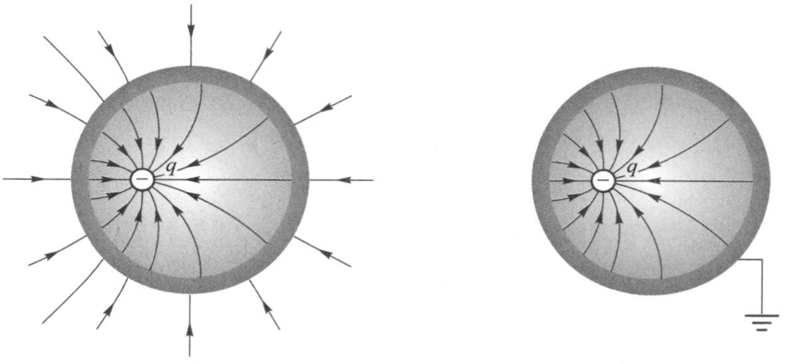

图 5-8 接地空腔导体屏蔽内电场

综上所述,空腔导体(不论是否接地)的内部空间不受腔外电荷和电场的影响;接地的空腔导体,腔外空间不受腔内电荷和电场的影响,以上现象统称为静电屏蔽.

静电屏蔽现象在实际中有重要的应用. 例如为了使一些精密的电磁测量仪器不受外界电场的干扰,通常在仪器外面加金属罩或金属网. 利用在静电平衡下导体是等势体以及静电屏蔽的原理,工程技术人员通过反复实践,摸索出了一套高压带电作业的新技术. 作业人员穿戴用金属丝网制成的手套、帽子、衣裤和鞋袜连成一体的工作服,通常叫做屏蔽服(或称均压服),穿上后相当于用金属网把人体屏蔽起来,使屏蔽服内的电场大大减弱,电场引起的感应电流也只在屏蔽服上流动,这样就避免了高压对人体的危害. 穿上屏蔽服的作业人员,可以利用绝缘软梯逐渐进入强电场区. 在戴手套的手与高压线相接触的瞬间,手套与高压线之间发生火花放电,此后,人和高压线的电势就保持相等,作业人员就可以在不断电的情况下安全地在高压输电线上进行检修作业.

例 5-1　如图所示，有一外半径 R_1 为 10 cm，内半径 R_2 为 7 cm 的金属球壳，在球壳中放一半径 R_3 为 5 cm 的同心金属球. 若使球壳和球均带有 $q=10^{-8}$C 的正电荷，问：两球体上的电荷如何分布？球心的电势为多少？

解　为了计算球心的电势，必须先计算出各点的电场强度. 由于在所讨论的范围内，电场具有球对称性，因此可用高斯定理计算各点的电场强度.

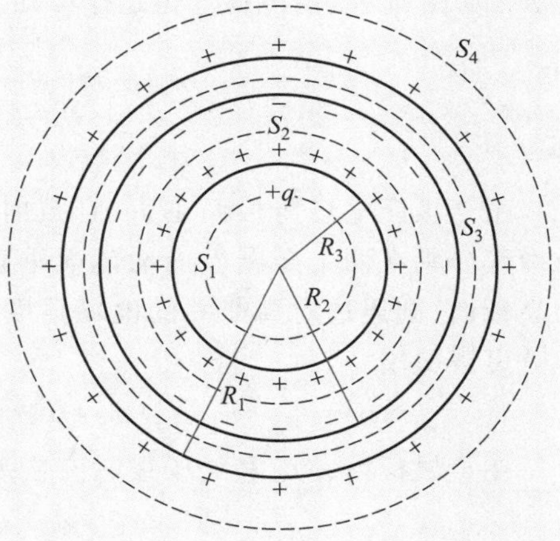

例 5-1 图

先从球内开始. 如取以 $r<R_3$ 的同心球面 S_1 为高斯面，则由导体的静电平衡条件，球内的电场强度为 $E_1=0(r<R_3)$.

在球与球壳之间，作 $R_3<r<R_2$ 的同心球面 S_2 为高斯面，在此高斯面内的电荷仅是半径为 R_3 的球上的电荷 $+q$. 由高斯定理，有

$$\oint_S \boldsymbol{E}_2 \cdot \mathrm{d}\boldsymbol{S} = E_2 \cdot 4\pi r^2 = \frac{q}{\varepsilon_0}$$

进而得球与球壳间的电场强度为

$$E_2=\frac{q}{4\pi\varepsilon_0 r^2}(R_3<r<R_2)$$

对于 $R_2<r<R_1$ 的同心球面 S_3 上的各点，由静电平衡条件知其电场强度应为零，即 $E_3=0$ $(R_2<r<R_1)$. 由高斯定理可知，球面 S_3 内所含有电荷的代数和为零. 已知球的电荷为 $+q$，所以球壳内表面上的电荷必为 $-q$. 这样，球壳的外表面上的电荷就应是 $+2q$.

再在球壳外面取 $r>R_1$ 的同心球面 S_4 为高斯面，在此高斯面内含有的电荷为 $q-q+2q=2q$，所以由高斯定理可得 $r>R_1$ 处的电场强度为

$$E_4=\frac{2q}{4\pi\varepsilon_0 r^2}\quad (r>R_1)$$

由电势的定义式(4-20)，球心 O 的电势为

$$V_O=\int_O^\infty \boldsymbol{E}\cdot\mathrm{d}\boldsymbol{l}=\int_0^{R_3}\boldsymbol{E}_1\cdot\mathrm{d}\boldsymbol{l}+\int_{R_3}^{R_2}\boldsymbol{E}_2\cdot\mathrm{d}\boldsymbol{l}+\int_{R_2}^{R_1}\boldsymbol{E}_3\cdot\mathrm{d}\boldsymbol{l}+\int_{R_1}^{\infty}\boldsymbol{E}_4\cdot\mathrm{d}\boldsymbol{l}=\frac{q}{4\pi\varepsilon_0}\left(\frac{1}{R_3}-\frac{1}{R_2}+\frac{2}{R_1}\right)$$

将已知数据代入上式，得 $V_O=2.31\times10^3$ V.

例 5-2　有一块大金属平板，面积为 S，带有总电荷量 Q，今在其近旁平行地放置第二块大金属平板，此板原来不带电. 求静电平衡时，金属板上的电荷分布及周围空间的电场分布. 如果把第二块金属板接地，情况又如何？(忽略金属板的边缘效应.)

解 由于静电平衡时导体内部无净电荷，所以电荷只能分布在两金属板的表面上. 不考虑边缘效应，这些电荷都可当成是均匀分布的. 设四个表面上的电荷面密度分别为 σ_1、σ_2、σ_3 和 σ_4，如图所示. 由电荷守恒定律可知

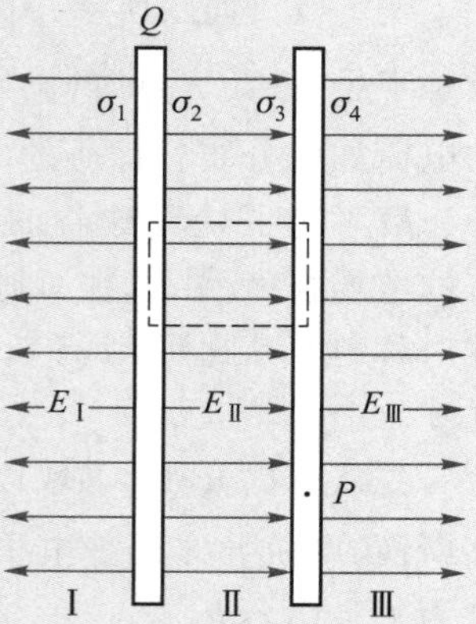

例 5-2 图

$$\sigma_1+\sigma_2=\frac{Q}{S}$$

$$\sigma_3+\sigma_4=0$$

由于板间电场与板面垂直，且板内的电场为零，所以选一个两底分别在两个金属板内而侧面垂直于板面的封闭曲面作为高斯面，则通过此高斯面的电场强度通量为零. 根据高斯定律就可以得出

$$\sigma_2+\sigma_3=0$$

在金属板内一点 P 的场强应该是四个带电平面的电场的叠加，因而有

$$E_P=\frac{\sigma_1}{2\varepsilon_0}+\frac{\sigma_2}{2\varepsilon_0}+\frac{\sigma_3}{2\varepsilon_0}-\frac{\sigma_4}{2\varepsilon_0}$$

由于静电平衡时，导体内各处场强为零，所以 $E_P=0$，因而有

$$\sigma_1+\sigma_2+\sigma_3-\sigma_4=0$$

进而可得

$$\sigma_1=\sigma_4,\sigma_2=-\sigma_3$$

则电荷分布的具体情况为

$$\sigma_1=\sigma_4=\frac{Q}{2S},\sigma_2=-\sigma_3=\frac{Q}{2S}$$

根据电场强度叠加原理，可求得电场的分布如下：

在 Ⅰ 区，$E_{\mathrm{I}}=\dfrac{Q}{2\varepsilon_0 S}$方向向左；

在 Ⅱ 区，$E_{\mathrm{II}}=\dfrac{Q}{2\varepsilon_0 S}$方向向右；

在 Ⅲ 区，$E_{\mathrm{III}}=\dfrac{Q}{2\varepsilon_0 S}$方向向右.

如果把第二块金属板接地，它就与大地连成一体，金属板右表面上的电荷就会分散到更远的地球表面上而使得这块金属板表面上的电荷实际上消失. 因而

$$\sigma_4=0$$

第一块金属板上的电荷守恒仍给出

$$\sigma_1+\sigma_2=\frac{Q}{S}$$

由高斯定律仍可得

$$\sigma_2+\sigma_3=0$$

为了使得金属板内 P 点的电场为零，又必须有

$$\sigma_1+\sigma_2+\sigma_3=0$$

以上四个方程式得出

$$\sigma_1=\sigma_4=0,\sigma_2=-\sigma_3=\frac{Q}{S}$$

和未接地前相比，电荷分布改变了．这一变化是负电荷通过接地线从大地流向第二块金属板的结果．这些负电荷的电荷量一方面中和了金属板右表面上的正电荷（这是正电荷流入大地的另一种说法），另一方面又补充了左表面上的负电荷使其电荷面密度增加一倍．同时第一块板上的电荷全部移到了右表面上，只有这样，才能使两导体内部的场强为零而达到静电平衡状态．

这时的电场分布可根据上面求得的电荷分布求得，分别为

$$E_{\mathrm{I}}=0;E_{\mathrm{II}}=\frac{Q}{\varepsilon_0 S},\text{向右};E_{\mathrm{III}}=0$$

思考题

5-1-1　为什么高压电器设备上金属部件的表面要尽可能不带棱角？

5-1-2　试分析如何能使导体：

（1）净电荷为零而电势不为零；

（2）有过剩的正电荷或负电荷，而其电势为零；

（3）有过剩的负电荷而其电势为正；

（4）有过剩的正电荷而其电势为负．

5-1-3　在导体处于静电平衡状态时，若导体表面某处电荷面密度为 σ，那么在导体表面附近的电场强度为 $E=\sigma/\varepsilon_0$；而在均匀无限大的带电平面的两侧，其电场强度则是 $E=\sigma/2\varepsilon_0$，试解释原因．

5-1-4　一带电导体放在封闭的金属壳内部，若将另一带电导体从外面移近金属壳，壳内的电场是否会改变？金属壳及壳内带电体的电势是否会改变？金属壳和壳内带电体间的电势差是否会改变？

5-2　静电场中的电介质

静电场与物质的相互作用，既表现在静电场对物质的影响，也表现在物质对静电场的影响．前一节我们主要讨论了静电场中的导体对电场的影响，这一节我们讨论电介质对静电场的影响、电介质的极化机理、电极化强度的概念以及极化电荷与自由电荷的关系．本节所讨论

的电介质是指电阻率很大、导电能力很差的物质，其主要特征是它未处于电场中时，其原子或分子中的电子与原子核的结合力很强，电子处于束缚状态.

一、电介质对电场的影响

从第 4-4 节的例 4-8 中已知，真空中两无限大均匀带电、电荷面密度分别为$+\sigma$ 和$-\sigma$ 的平行平板之间的电场强度为 $E=\sigma/\varepsilon_0$，ε_0 为真空介电常量. 现若维持两板上的电荷面密度 σ 不变，而在两板之间充满均匀的各向同性的电介质. 实验测得两板间的电场强度 E 的值仅为真空时两板间电场强度 E_0的 $1/\varepsilon_r(\varepsilon_r>1)$，即

$$E=\frac{E_0}{\varepsilon_r} \tag{5-2}$$

ε_r 叫做电介质的相对介电常量. 相对介电常量 ε_r 与真空介电常量 ε_0 的乘积 $\varepsilon_r\varepsilon_0=\varepsilon$ 叫做介电常量. 几种常见电介质的相对介电常量见表 5-1.

表 5-1 几种电介质的相对介电常量

电介质	ε_r	电介质	ε_r
空气(1 个标准大气压，0℃)	1.000 585	变压器油	2.2~2.5
石蜡	2.0~2.3	聚氯乙烯	3.1~3.5
纯水	80	云母	3~6
甘油	56	玻璃	5~10

二、电介质的极化

1. 两类电介质

理想的电介质是不导电的，电介质的分子中正、负电荷受到束缚，无自由电子存在，这是电介质与导体的根本区别.

从物质的电结构来看，每个分子都是由带负电的电子与带正电的原子核组成的. 一般来说，正、负电荷在分子中都不集中于一点，但在比起分子线度大得多的尺度来看，组成分子的全部负电荷相当于一个位于某一位置的负电荷，这个位置可能随时间而变，它对时间的平均位置称为这个分子的负电荷中心. 同样，每个分子的全部正电荷也有一个中心. 每个分子正电荷、负电荷的中心可能不在同一点上，因此，这样分子的电效应，相当于一个电偶极子. 对于不同的电介质，由于分子结构不同，在外电场中所受的影响不同，实验指出，由中性分子构成的电介质可以分为两类.

一类电介质，如 H_2、N_2、CH_4 等气体分子，它们的分子在没有外电场作用时，每个分子的正、负电荷的中心重合，因而分子的电矩等于零，这类分子称为无极分子.

另一类电介质，如 SO_2、H_2S、NH_3等气体分子，水、硝基苯、酯类、有机酸等液体分子，它们的分子在没有外电场的作用时，每个分子的正、负电荷的中心不重合，它们之间有一个固定的距离，其大小不容易受外电场的作用而改变，这类分子称为有极分子，和它等效的电偶极子称

为固有偶极子，它的电偶极矩叫做分子的固有电矩.

2. **电介质的极化**

实验指出，当均匀电介质置于外电场中时，电介质的表面将出现电荷，由于有极分子与无极分子的电结构不同，它们的极化过程也不同. 下面分别讨论这两类电介质在静电场中的极化过程.

（1）无极分子电介质的极化

无极分子在受到外电场作用时，分子的正、负电荷的中心产生相对位移，位移大小与场强成正比，这种过程称为位移极化. 当外电场撤去时，正、负电荷中心重合，这时分子又呈电中性状态.

对于电介质的整体而言，在外电场作用下，由于每个分子都成为一个电偶极子，它们的电矩方向沿着外电场的方向（见图 5-9），所以在和外电场垂直的两个表面上分别出现正电荷与负电荷. 这种电荷不能离开电介质，所以称为束缚电荷，亦称极化电荷. 这种在外电场作用下介质表面产生极化电荷的现象叫做电介质的极化现象.

（2）有极分子电介质的极化

对于有极分子来说，即使没有外电场，每个分子也等效于一个电偶极子. 但由于分子的热运动，分子的固有电矩的方向是杂乱的，所以就整体来说，每一部分都是中性的，对外不产生电场.

当有外电场时，每个分子的固有电矩都受到力矩的作用，使分子的固有电矩转向外电场的方向. 但因分子的热运动，这种转向是微小的，并不能使所有的分子都很整齐地按照外电场的方向排列起来. 外电场越强，分子的固有电矩排列就越整齐，这种极化过程称为取向极化，对整个电介质来说，在垂直于电场方向的两个面上也产生极化电荷，如图 5-10所示. 撤去外电场后，由于分子的热运动，它们的排列又变得杂乱无章，电介质又成为电中性状态.

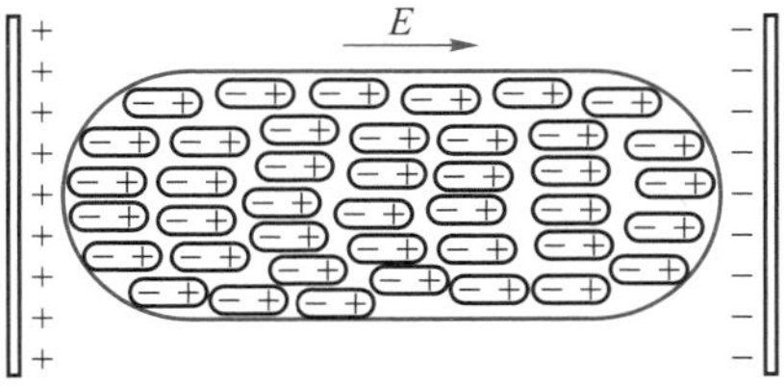

图 5-9　无极分子的极化

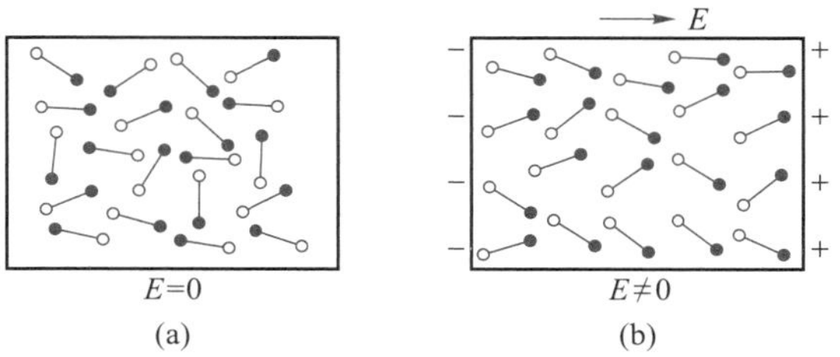

图 5-10　有极分子的极化

必须指出的是，在有极分子取向极化时也发生位移极化，但是对有极分子电介质来说，其主要的极化机理是取向极化.

综上所述，在静电场中，两种电介质极化的微观机理是不相同的，但在客观上都表现为在电介质表面上出现束缚电荷，即产生极化现象，所以这里我们不需要把这两类电介质分开讨论.

三、电极化强度

在电介质中任取一宏观小体积 ΔV，在没有外电场时，电介质未被极化，此小体积中所有分子的电偶极矩 $\boldsymbol{p}$ 的矢量和为零，即 $\sum \boldsymbol{p}=\boldsymbol{0}$. 但是，在外电场的影响下，电介质将被极化，此小体积中分子电偶极矩 $\boldsymbol{p}$ 的矢量和将不为零，即 $\sum \boldsymbol{p}\neq\boldsymbol{0}$. 外电场越强，被极化的程度越大，分子电偶极矩的矢量和越大. 因此，我们用单位体积中分子电偶极矩的矢量和来表示电介质的极化程度，有

$$\boldsymbol{P}=\frac{\sum \boldsymbol{p}}{\Delta V}$$

作为量度电介质极化程度的基本物理量，称为该点（ΔV 所包围的一点）的电极化强度. 在国际单位制中，电极化强度的单位是 $\mathrm{C/m^2}$. 如果电介质中各处的 $\boldsymbol{P}$ 均相同，这种电介质被认为是均匀极化的.

电介质极化时，极化的程度越高（即 $\boldsymbol{P}$ 越大），电介质表面上的极化电荷面密度 σ' 也越大. 它们之间的关系是怎样的呢？我们仍以电荷面密度分别为 $+\sigma$ 和 $-\sigma$ 的两平行平板间充满均匀电介质为例来进行讨论.

如图 5-11 所示，在电介质中取一长为 l，底面积为 ΔS 的柱体，柱体两底面的极化电荷面密度分别为 $+\sigma'$ 和 $-\sigma'$. 柱体内所有分子电偶极矩的矢量和的大小为

$$\sum p=\sigma'\Delta Sl$$

因此，由电极化强度的定义可知，电极化强度的大小为

$$P=\frac{\sum p}{\Delta V}=\frac{\sigma'\Delta Sl}{\Delta Sl}=\sigma' \tag{5-3}$$

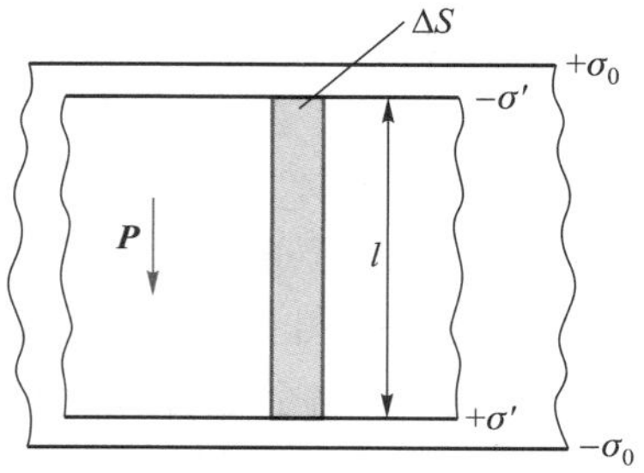

图 5-11 电极化强度与极化电荷面密度的关系

上式表明，两平板间电介质的电极化强度的大小与电介质表面极化电荷面密度的大小相等.

四、极化电荷与自由电荷的关系

下面我们讨论极化电荷与自由电荷的关系，具体以两平行平板之间充满均匀电介质为例进行分析.

如图 5-12 所示，在两无限大平行平板之间充入电介质，两板上自由电荷面密度分别为 $\pm\sigma_0$. 在充入电介质以前，自由电荷在两板间激发的电场强度 $\boldsymbol{E}_0$ 的大小为 $E_0=\sigma_0/\varepsilon_0$. 当两板间充满电介质后，若两极上的 $\pm\sigma_0$ 保持不变，则电介质由于极化，就在它的两个垂直于 $\boldsymbol{E}_0$ 的表面上分别出现正、负极化电荷，其电荷

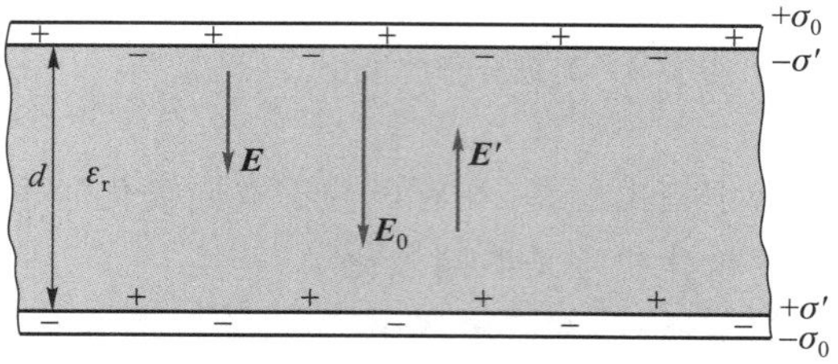

图 5-12 两平行带电平板中充满均匀电介质

面密度为 σ'. 极化电荷建立的电场强度 $\boldsymbol{E}'$的大小为 $E'=\sigma'/\varepsilon_0$. 电介质中的电场强度 $\boldsymbol{E}$ 应为

$$\boldsymbol{E}=\boldsymbol{E}_0+\boldsymbol{E}'$$

考虑到 $\boldsymbol{E}'$的方向与 $\boldsymbol{E}_0$ 的方向相反,以及 $\boldsymbol{E}$ 与 $\boldsymbol{E}_0$ 的关系式(5-2),可得电介质中电场强度 E 的值为

$$E=E_0-E'=\frac{E_0}{\varepsilon_r}$$

从而

$$E'=\frac{\varepsilon_r-1}{\varepsilon_r}E_0$$

进而可得

$$\sigma'=\frac{\varepsilon_r-1}{\varepsilon_r}\sigma_0 \tag{5-4a}$$

由于 $Q_0=\sigma_0 S, Q'=\sigma' S$,故上式可以写成

$$Q'=\frac{\varepsilon_r-1}{\varepsilon_r}Q_0 \tag{5-4b}$$

式(5-4a)给出了在电介质中,极化电荷面密度 σ'与自由电荷面密度 σ_0 和电介质的相对介电常量 ε_r 之间的关系. 一般来说电介质的 ε_r 总是大于 1 的,所以 σ'总比 σ_0 要小.

由于 $E_0=\sigma_0/\varepsilon_0, E'=\sigma'/\varepsilon_0, E=\dfrac{E_0}{\varepsilon_r}$以及 $\sigma'=P$,代入式(5-4a)可得电介质中电极化强度 P 与电场强度 E 之间的关系为

$$P=(\varepsilon_r-1)\varepsilon_0 E$$

上式写成矢量为

$$\boldsymbol{P}=(\varepsilon_r-1)\varepsilon_0\boldsymbol{E} \tag{5-5a}$$

上式表明:电介质中的 $\boldsymbol{P}$ 与 $\boldsymbol{E}$ 呈线性关系.

如取 $\chi_e=\varepsilon_r-1$,上式亦可写为

$$P=\chi_e\varepsilon_0 E \tag{5-5b}$$

式中 χ_e 称为电介质的电极化率.

上面讨论的是电介质在静电场中极化的情形. 在交变电场中,情形有所不同. 以有极分子为例,由于电偶极子的转向需要时间,在外电场变化频率较低时,电偶极子还来得及跟随电场的变化而不断转向,故 ε_r 的值和在恒定电场下的数值相比差别不大. 但当频率大到某一程度时,电偶极子就来不及跟随电场方向的改变而转向,这时相对介电常量 ε_r 就要下降. 所以在高频条件下,电介质的相对介电常量 ε_r 是和外电场的频率 f 有关的.

思考题

5-2-1 电介质的极化现象与导体的静电感应现象有什么区别?

5-2-2 怎样从物理概念上说明自由电荷与极化电荷的差别?

5-2-3 如果把在电场中已极化的一块电介质分开成为两部分,然后撤除电场,问:这两个半块电介质是否带净电荷? 为什么?

5-3 电位移 有电介质时的高斯定理

一、电位移 有电介质时的高斯定理

在电场中作一闭合曲面 S，根据真空中的高斯定理，通过这闭合曲面的电场强度通量等于该曲面所包围的电荷除以真空中的介电常量 ε_0，即

$$\oint_S \boldsymbol{E} \cdot \mathrm{d}\boldsymbol{S} = \frac{1}{\varepsilon_0} \sum Q \tag{5-6}$$

当外电场中存在电介质时，极化将引起周围电场的重新分布，这时空间任意一点处的电场将由自由电荷和极化电荷共同产生. 因此上述公式中闭合曲面所包围的电荷，不仅仅是自由电荷，还应该包括极化电荷，即

$$\oint_S \boldsymbol{E} \cdot \mathrm{d}\boldsymbol{S} = \frac{1}{\varepsilon_0} \left(\sum Q_0 + \sum Q' \right) \tag{5-7}$$

式中的 $\sum Q_0$ 和 $\sum Q'$ 分别表示闭合曲面 S 内自由电荷的代数和与极化电荷的代数和. S 面上的电场强度 $\boldsymbol{E}$ 则是空间所有电荷共同产生的.

在实际问题中，由于介质中的极化电荷难以测定，因此即使满足对称性要求，仍很难由式(5-7)求解出电场强度 $\boldsymbol{E}$. 为此，我们希望得到一种仅包含自由电荷的高斯定理的表达式.

下面以两平行带电平板间均匀充满相对介电常量为 ε_r 的电介质时的情况为例展开具体分析.

设两极板所带的自由电荷的面密度分别为 $\pm\sigma_0$，电场引起电介质的极化，从而在靠近电容器两极板的两个表面上分别产生极化电荷，其电荷面密度为 $\pm\sigma'$. 如图 5-13 所示，作柱形的闭合高斯面，其上、下底面与极板平行，上底面在正极板内，下底面在电介质内，设 S 为上底面或下底面的面积，由式(5-7)可得

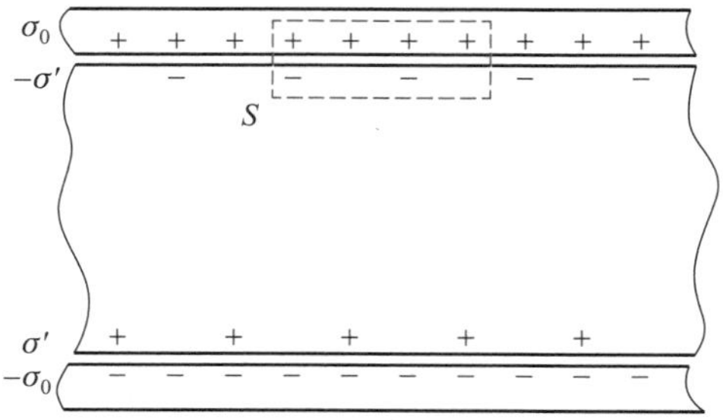

图 5-13 有电介质时的高斯定理

$$\oint_S \boldsymbol{E} \cdot \mathrm{d}\boldsymbol{S} = \frac{1}{\varepsilon_0} (\sigma_0 S - \sigma' S) \tag{5-8}$$

根据式(5-4a)，电介质表面的极化电荷面密度 σ' 与电容器极板上的自由电荷面密度 σ_0 有如下关系：

$$\sigma' = \left(1 - \frac{1}{\varepsilon_r}\right) \sigma_0$$

故曲面 S 内的极化电荷与自由电荷有如下关系：

$$\sigma' S=\left(1-\frac{1}{\varepsilon_r}\right)\sigma_0 S \tag{5-9}$$

由此得

$$\sigma_0 S-\sigma' S=\frac{\sigma_0 S}{\varepsilon_r}=\frac{Q_0}{\varepsilon_r} \tag{5-10}$$

代入式(5-8)得

$$\oint_S \boldsymbol{E}\cdot \mathrm{d}\boldsymbol{S}=\frac{Q_0}{\varepsilon_0\varepsilon_r} \tag{5-11}$$

由此可写为

$$\oint_S \varepsilon_0\varepsilon_r \boldsymbol{E}\cdot \mathrm{d}\boldsymbol{S}=Q_0 \tag{5-12a}$$

或

$$\oint_S \varepsilon \boldsymbol{E}\cdot \mathrm{d}\boldsymbol{S}=Q_0 \tag{5-12b}$$

我们把电介质的介电常量与电场强度的乘积 $\varepsilon\boldsymbol{E}$ 定义为电位移 $\boldsymbol{D}$,即

$$\boldsymbol{D}=\varepsilon\boldsymbol{E} \tag{5-13}$$

其单位为是 $\mathrm{C/m^2}$. 则式(5-12b)可写为

$$\oint_S \boldsymbol{D}\cdot \mathrm{d}\boldsymbol{S}=Q_0 \tag{5-14}$$

式(5-14)虽然是从平行板电容器这一特殊情况推出来的,但它是普遍适用的. 所以,有电介质时的高斯定理可叙述为:在静电场中,通过任意闭合曲面的电位移通量等于该闭合曲面内所包围的自由电荷的代数和,其数学表达式为

$$\oint_S \boldsymbol{D}\cdot \mathrm{d}\boldsymbol{S}=\sum_{i=1}^{n} Q_{0i} \tag{5-15}$$

由式(5-15)可以看出,通过闭合曲面的电位移通量就只和自由电荷有关.

下面简述一下电介质中电场强度 $\boldsymbol{E}$、电极化强度 $\boldsymbol{P}$ 和电位移 $\boldsymbol{D}$ 之间关系.

由电位移与电场强度的关系 $\boldsymbol{D}=\varepsilon_0\varepsilon_r\boldsymbol{E}$ 及式(5-5a):$\boldsymbol{P}=(\varepsilon_r-1)\varepsilon_0\boldsymbol{E}$,可得

$$\boldsymbol{D}=\varepsilon_0\boldsymbol{E}+\boldsymbol{P} \tag{5-16}$$

上式表明 $\boldsymbol{D}$ 是两个矢量之和. 可见,电位移 $\boldsymbol{D}$ 是在考虑了电介质极化这个因素的情形下,被用来简化对电场规律的表述的.

二、有电介质时的高斯定理应用举例

例 5-3　设一半径为 R 的金属球所带电荷为 Q,浸在均匀无限大的电介质中(介电常量为 ε),求球外任一点的场强.

解　因为场具有球对称,同时自由电荷的分布为已知,所以用介质中的高斯定理解本题最方便.

如图所示，通过离球心为 r 处的 P 点作一闭合球面，由高斯定理知

$$\oint_S \boldsymbol{D} \cdot \mathrm{d}\boldsymbol{S} = Q$$

所以有

$$D \cdot 4\pi r^2 = Q$$

$$D = \frac{Q}{4\pi r^2}$$

所以 P 点的场强为

$$E = \frac{D}{\varepsilon} = \frac{Q}{4\pi\varepsilon r^2} = \frac{Q}{4\pi\varepsilon_0\varepsilon_r r^2}$$

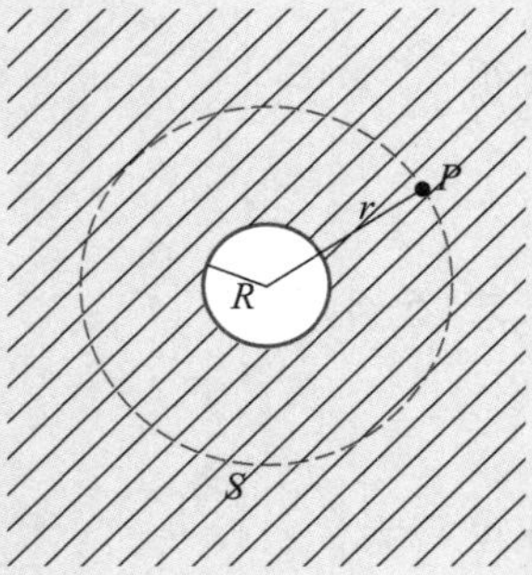

例 5-3 图

例 5-4 把一块相对介电常量 $\varepsilon_r = 3$ 的电介质放在间距 $d = 1$ mm 的两平行带电平板之间．放入之前，两板的电势差是 1 000 V．若放入电介质后两平板上的电荷面密度保持不变，试求两板间电介质内的电场强度 $\boldsymbol{E}$、电极化强度 $\boldsymbol{P}$、平板和电介质的电荷面密度、电介质内的电位移 $\boldsymbol{D}$．

解 放入电介质前，两板间的电场强度为

$$E_0 = \frac{U}{d} = 10^3\ \mathrm{kV \cdot m^{-1}}$$

放入电介质后，电介质中的电场强度为

$$E = \frac{E_0}{\varepsilon_r} = 3.33 \times 10^2\ \mathrm{kV \cdot m^{-1}}$$

由式(5-5a)知，电介质的电极化强度为

$$P = (\varepsilon_r - 1)\varepsilon_0 E = 5.89 \times 10^{-6}\ \mathrm{C \cdot m^{-2}}$$

无论两板间是否放入电介质，两板自由电荷面密度的值均为

$$\sigma_0 = \varepsilon_0 E_0 = 8.85 \times 10^{-6}\ \mathrm{C \cdot m^{-2}}$$

由式(5-3)可知，电介质中极化电荷面密度的值为

$$\sigma' = P = 5.89 \times 10^{-6}\ \mathrm{C \cdot m^{-2}}$$

根据式(5-13)，电介质中的电位移为

$$D = \varepsilon_0\varepsilon_r E = \varepsilon_0 E_0 = 8.85 \times 10^{-6}\ \mathrm{C \cdot m^{-2}}$$

思考题

5-3-1 在球壳形的均匀电介质中心放置一点电荷 q，试画出电介质球壳内外的 $\boldsymbol{E}$ 和 $\boldsymbol{D}$ 线的分布．电介质球壳内外的场强和没有电介质时是否相同？为什么？

5-3-2 一个带电的金属球壳里充填了均匀电介质，球外是真空，此球壳的电势是否为 $\dfrac{Q}{4\pi\varepsilon_r\varepsilon_0 R}$？为什么？若球壳内为真空，球壳外充满无限大均匀电介质，这时球壳的电势为多少？(Q 为球壳上的自由电荷，R 为球壳半径，ε_r 为介质的相对介电常量．)

5-4 电容　电容器

电容是电学中一个重要的物理量,它反映了导体储存电荷和储存电能的本领. 这一节我们先讨论孤立导体的电容,然后讨论电容器及其电容,最后讨论电容器的串并联.

一、孤立导体的电容

当我们使一个导体带上电荷时,导体的电势会升高,这好比在杯中注入水时,水位会升高一样. 升高同样的水位,所需水量越多,就表明杯子的储水本领越大. 同样,导体具有储存电荷的本领,在储存电荷的同时,也储存了电能. 导体储电本领可以由其所带电荷量 Q 与电势 V 的比值反映,称为电容,记作 C,即

$$C=\frac{Q}{V} \tag{5-17}$$

在国际单位制中,电容的单位为库仑每伏特,称为法拉(F). 在实用中,也常用微法(μF)、皮法(pF)等作为电容的单位,它们之间的关系为 $1\ \mathrm{F}=10^{6}\ \mu\mathrm{F}=10^{12}\ \mathrm{pF}$.

有一半径为 R、电荷量为 Q 的孤立导体球,若取无穷远处为电势零点,则其电势为

$$V=\frac{1}{4\pi\varepsilon_0}\frac{Q}{R} \tag{5-18}$$

因而孤立导体球的电容为

$$C=\frac{Q}{V}=4\pi\varepsilon_0 R \tag{5-19}$$

由上式可以看出,孤立导体球的电容正比于球的半径 R,类似的结论适用于任意孤立导体,即其电容仅取决于导体的几何形状和大小,与导体是否带电无关.

二、电容器及其电容

一个带电导体附近有其他物体存在时,该导体的电势不但与自身所带的电荷量有关,还取决于附近导体的形状和位置以及带电情况. 这时,一个导体的电势 V 与它自身所带电荷量 q 间的正比关系不再成立. 为了消除其他导体的影响,可采用静电屏蔽的原理,用一个封闭的导体壳 B 将导体 A 包围起来,如图 5-14 所示,这样就可以使由导体 A 及导体壳 B 构成的一对导体系统的电势差 V_A-V_B 不再受到壳外导体的影响而维持恒定. 我们把由导体壳 B 和壳内导体 A 构成的一对导体系统称为电容器.

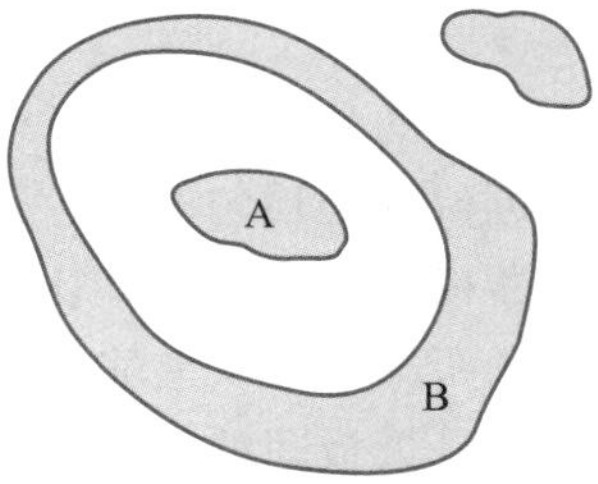

图 5-14　导体 A 与导体壳 B 组成一个电容器

电容器可以储存电荷,还可以储存能量. 常用的电容器是由中间夹有电介质的两块金属板构成的. 这两块金属板常称作电容器的两个电极或极板. 电容器电容的定义为:当电容器两极板分别带有等值异号电荷+Q 和-Q 时,一个极板上所带电荷量的绝

对值 Q 与两板间相应的电势差 V_A-V_B 的比值，即

$$C=\frac{Q}{V_A-V_B} \tag{5-20}$$

电容器在实际中（主要在交流电路、电子电路中）有着广泛的应用. 实际应用中的电容器种类繁多（见图 5-15）. 按两金属板间所用电介质来分，有空气电容器、云母电容器、纸质电容器、油浸纸介电容器、陶瓷电容器、电解电容器、聚四氟乙烯电容器、钛酸钡电容器等；按其容量可变与否来分，有可变电容器、半可变（或微调）电容器、固定电容器等.

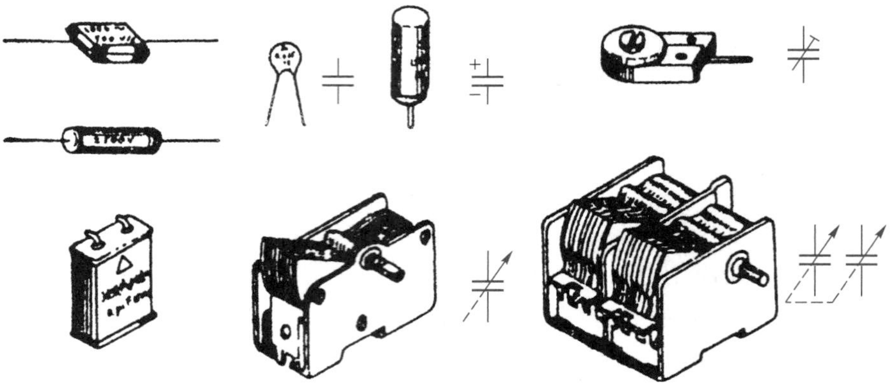

图 5-15　几种实际应用中的电容器

三、电容的计算

1. 平行板电容器

平行板电容器由两个彼此靠得很近的平行极板 A、B 所组成，两极板的面积均为 S，两极板内表面间距离为 d，并设 $S\gg d^2$，板间充满相对介电常量为 ε_r 的电介质，如图 5-16 所示.

设 A、B 两板分别带有 $+Q$ 和 $-Q$ 的电荷，于是两板的电荷面密度分别为 $\pm\sigma=\frac{Q}{S}$，两极板之间的电场为均匀电场，由电介质中的高斯定理可得极板间的电位移和电场强度为

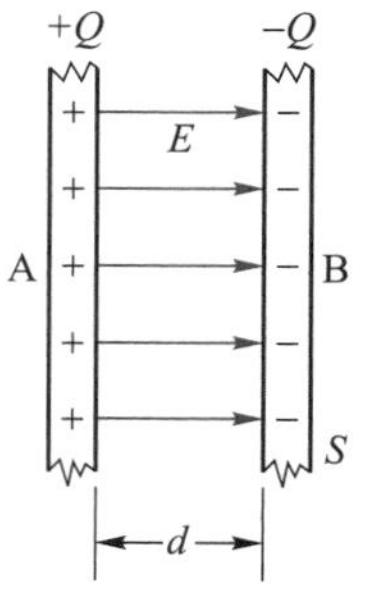

图 5-16　平行板电容器

$$D=\sigma, E=\frac{\sigma}{\varepsilon_0\varepsilon_r}=\frac{Q}{\varepsilon_0\varepsilon_r S}$$

上面的分析中略去了极板的边缘效应，即把两极板边缘附近的电场仍近似视为均匀电场. 这种近似处理的方法是可行的，因为实用的电容器极板间的距离 d 比起极板的线度要小得多，所以边缘附近不均匀电场所导致的误差完全可以略去.

于是极板间的电势差为

$$U=V_A-V_B=\int_{AB}\boldsymbol{E}\cdot d\boldsymbol{l}=Ed=\frac{Qd}{\varepsilon_0\varepsilon_r S}$$

由电容器的电容的定义得知平行板电容器的电容为

$$C=\frac{Q}{U}=\frac{\varepsilon_0\varepsilon_r S}{d} \tag{5-21}$$

上式可看出，平板电容器的电容与极板的面积成正比，与极板间的距离成反比. 由此可见，电容 C 的大小与电容器是否带电无关，只与电容器本身的结构形状有关.

2. 圆柱形电容器

圆柱形电容器由半径分别为 R_1 和 R_2 的同轴圆柱形导体 A 和 B 所构成，外圆筒的壁厚很小，可略去不计，并且圆柱形导体的长度 l 比半径 R 大得多. 两圆柱面之间充满相对介电常量为为 ε_r 的电介质，如图 5-17 所示. 因为 $l \gg R$，所以可把 A、B 两圆柱面间的电场看成无限长圆柱面的电场.

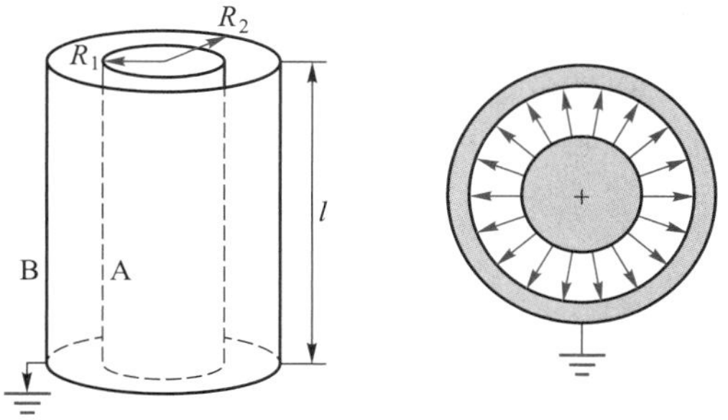

图 5-17　圆柱形电容器

设内、外圆柱面各带有 $+Q$ 和 $-Q$ 的电荷量，则单位长度上的电荷量，即电荷线密度 $\lambda=\dfrac{Q}{l}$，由介质中的高斯定理可得，两圆柱面间的电位移大小为

$D=\dfrac{\lambda}{2\pi r}$ 相应地，场强大小为

$$E=\frac{D}{\varepsilon_0\varepsilon_r}=\frac{\lambda}{2\pi\varepsilon_0\varepsilon_r r}=\frac{Q}{2\pi\varepsilon_0\varepsilon_r lr}$$

场强方向垂直于圆柱轴线. 于是，两圆柱面间的电势差为

$$U=V_A-V_B=\int_{R_1}^{R_2}\boldsymbol{E}\cdot \mathrm{d}\boldsymbol{l}=$$

$$\int_{R_1}^{R_2}\frac{Q}{2\pi\varepsilon_0\varepsilon_r lr}\mathrm{d}r=\frac{Q}{2\pi\varepsilon_0\varepsilon_r l}\ln\frac{R_2}{R_1}$$

根据式(5-20)，得圆柱形电容器的电容为

$$C=\frac{Q}{U}=\frac{2\pi\varepsilon_0\varepsilon_r l}{\ln\dfrac{R_2}{R_1}} \tag{5-22}$$

可见，圆柱越长，电容 C 越大；两圆柱间的间隙越小，电容 C 也越大. 电容 C 的大小与电容器是否带电无关.

如果以 d 表示两圆柱面间的间隙，有 $d+R_1=R_2$. 当 $d \ll R_1$ 时，有

$$\ln\frac{R_2}{R_1}=\ln\frac{R_1+d}{R_1}\approx\frac{d}{R_1}$$

于是式(5-22)可写成

$$C\approx\frac{2\pi\varepsilon_0\varepsilon_r lR_1}{d}$$

式中，$2\pi R_1 l$ 为圆柱面的侧面积 S，上式又可写成

$$C \approx \frac{\varepsilon_0 \varepsilon_r S}{d}$$

这就是本节前面分析的平板电容器的电容. 可见，当两圆柱面之间的间隙远小于圆柱面半径，即 $d \ll R_1$ 时，圆柱形电容器可当成平板电容器.

3. 球形电容器

球形电容器是由半径分别为 R_A 和 R_B 的两个同心的金属球壳所组成的(见图 5-18).

设内球带电 $+q$，外球带电 $-q$，则正、负电荷将分别均匀地分布在内球的外表面和外球的内表面上. 这时，在两球壳之间具有球对称性的电场，距球心 $r(R_A<r<R_B)$ 处的 P 点的电场强度为

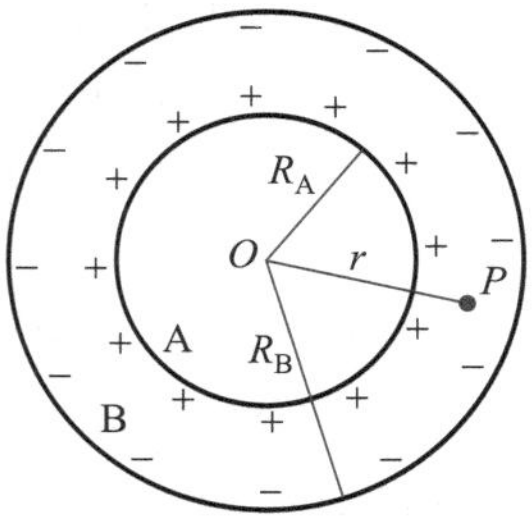

图 5-18 球形电容器

$$\boldsymbol{E} = \frac{q}{4\pi\varepsilon_0 r^2}\boldsymbol{e}_r$$

两球壳间的电势差为

$$U = V_A - V_B = \int_{R_A}^{R_B} \boldsymbol{E} \cdot \mathrm{d}\boldsymbol{r} = \int_{R_A}^{R_B} E\mathrm{d}r = \int_{R_A}^{R_B} \frac{q}{4\pi\varepsilon_0 r^2}\mathrm{d}r = \frac{q}{4\pi\varepsilon_0}\left(\frac{1}{R_A} - \frac{1}{R_B}\right)$$

根据电容的定义，求得球形电容器的电容为

$$C = \frac{q}{U} = 4\pi\varepsilon_0 \frac{R_A R_B}{R_B - R_A} \tag{5-23}$$

设想组成球形电容器的外球壳在无限远处($R_B \to \infty$)，即 $R_B \gg R_A$，则上式简化为 $C = 4\pi\varepsilon_0 R_A$，此式就是“孤立”导体球的电容公式.

四、电容器的串、并联

在实际工作中有两种情形要把电容器作适当连接：① 现有电容器电容的大小不适用；② 现有电容器的耐压程度不够. 什么叫做耐压程度？电容器两极板间的绝缘体(电介质)在通常情况下是不导电的，但当电容器两极板间的电势差(即电压降)足够大时，绝缘体将失去它的绝缘性能，这时电流可以沿绝缘体中某一路径通过，这种现象称为击穿，也就是说，如果加在电容器上的电势差太大，电容器就有被击穿的危险. 一般情况下，电容器上会写明能够承受的电压，如果加在电容器上的电势差不超过这个电压，就没有被击穿的危险，所以这个电压是一个保险电压，同时也说明电容器的耐压程度.

连接电容器的基本方法有并联和串联两种，分述如下：

1. 电容器的并联

电容器的并联接法是将每个电容器的一端连接在一起，另一端也连接在一起(图 5-19).

如将其接上电源，显然每个电容器两端的电势差都相等，而每个电容器带的电荷量却不相同. 如图 5-20 所示，设有两个电容 C_1、C_2 并联，接在电压为 U 的电源上，C_1、C_2 上的电荷量分别为 Q_1、Q_2，根据式(5-20)，有

$$Q_1 = C_1 U,\quad Q_2 = C_2 U$$

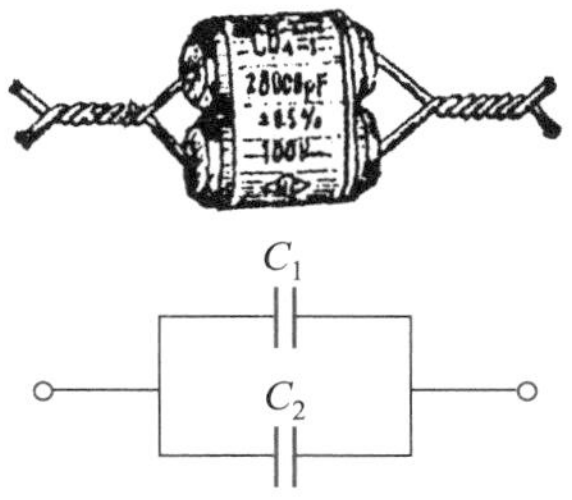

图 5-19　电容器的并联

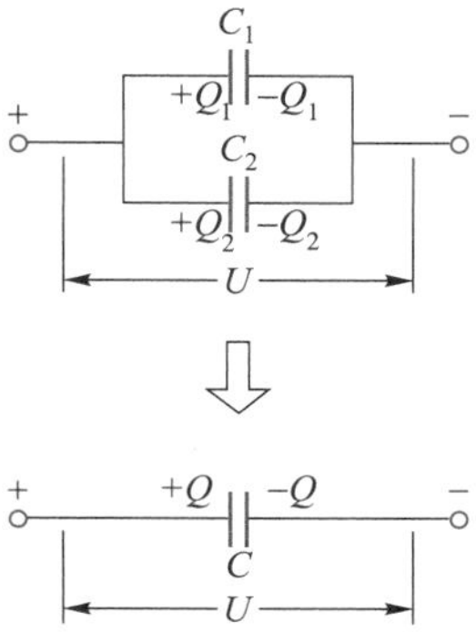

图 5-20　并联等效电容

两电容器上总电荷量 Q 为

$$Q = Q_1 + Q_2 = (C_1 + C_2)U$$

若用一个电容器来等效地代替这两个电容器，使它在电势差为 U 时，所带电荷量也为 Q，那么这个电容器的电容 C 为

$$C = \frac{Q}{U}$$

与 $Q=(C_1+C_2)U$ 比较可得

$$C = C_1 + C_2 \tag{5-24}$$

这说明，当几个电容器并联时，其等效电容等于这几个电容器电容之和.

可见，并联电容器组的等效电容较电容器组中任何一个电容都要大，但各电容器上的电势差总是相等的.

2. 电容器的串联

几个电容器的极板首尾相接连成一串(图 5-21)，这种连接方式叫做串联. 设加在串联电容器组上的电压为 U，则两端的极板分别带有 $+Q$ 和 $-Q$ 的电荷(图 5-22).

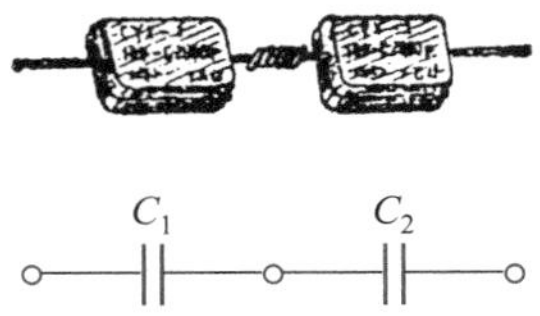

图 5-21　电容器的串联

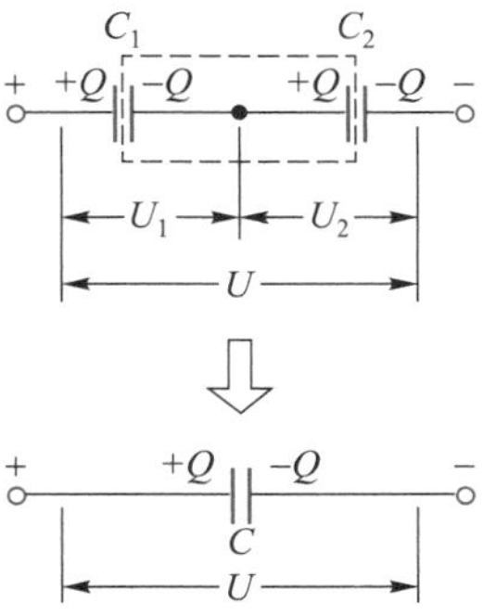

图 5-22　串联等效电容

由于静电感应使虚线框内的两块极板所带的电荷分别为$-Q$和$+Q$. 显然,串联电容器组中每个电容器极板上所带的电荷量是相等的. 根据式(5-20)可求得每个电容器的电势差为

$$U_1=\frac{Q}{C_1},\quad U_2=\frac{Q}{C_2}$$

而总电势差U为各电容器上的电势差U_1、U_2的和,即

$$U=U_1+U_2=\left(\frac{1}{C_1}+\frac{1}{C_2}\right)Q$$

如果用一个电容为C的电容器来等效地代替串联电容器组,使它两端的电势差为U时,它所带的电荷量也为Q,则有

$$U=\frac{Q}{C}$$

上式与$U=\left(\frac{1}{C_1}+\frac{1}{C_2}\right)Q$比较,可得

$$\frac{1}{C}=\frac{1}{C_1}+\frac{1}{C_2} \tag{5-25}$$

这说明,串联电容器组等效电容的倒数等于电容器组中各电容倒数之和.

如果在式(5-25)中,$C_1=C_2$,则有

$$C=\frac{C_1}{2}$$

所以串联电容器组的等效电容比电容器组中任何一个电容都小,但每一电容器上的电势差总小于总电势差.

例 5-5 平行板电容器由两块相距为0.50×10^{-3} m 的薄金属板 A、B 所组成,此电容器放在金属盒KK'内(盒对电容器起屏蔽作用),如例 5-5 图(a)所示. 设金属盒上、下两内壁与 A、B 分别相距0.25×10^{-3} m.

(1) 问:该电容器放入盒内与不放入盒内相比,电容改变多少(不计边缘效应)?

(2) 如果盒中电容器的一个极板与金属盒连接,问:该电容器的电容改变了多少?

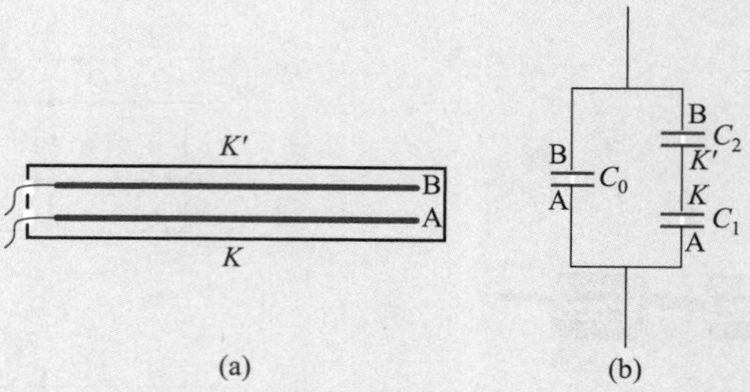

例 5-5 图

解 (1) 设原来 A 板及 B 板构成的电容器的电容为 C_0，其值应为 $C_0=\varepsilon_0 S/d$. 该电容器放入金属盒 KK'中并接通电源充电后，金属盒 KK'将由于静电感应而产生感应电荷. 设电容器的 A 板带正电，B 板带负电，则盒与 A 板相近的 K 内表面由于感应而带上负电荷，与 B 板相近的 K'内表面感应上正电荷. 这就使 A 板与 K 表面形成一个电容器 C_1；B 板与 K'表面形成一个电容器 C_2；可以看出，C_0 与 C_1 是正极板相连，C_0 与 C_2 是负极板相连，故这两对两容器都是并联；而 C_1 和 C_2 是 KK'相连，即正负极板相连，故是串联(这里请读者注意判断电容器串、并联的主要依据). 因此等效电路如例 5-5 图(b)所示.

$$C_1=C_2=\frac{\varepsilon_0 S}{d/2}=\frac{2\varepsilon_0 S}{d}$$

总等效电容为

$$C'=C_0+\left[\frac{1}{C_1}+\frac{1}{C_2}\right]^{-1}=C_0+\frac{\varepsilon_0 S}{d}=2C_0=\frac{2\varepsilon_0 S}{d}$$

可见将电容器放入金属盒 KK'中后，其电容比原来的电容增加了一倍.

(2) 若电容器一极板 B 与盒相连，即 $C_2=0$，这时相当于 C_0与 C_1并联. 其等效电容

$$C''=C_0+C_1=3C_0$$

可见这时的电容比原来的电容增加了两倍.

思考题

5-4-1 试分析在下列情况下，平行板电容器(极板间为真空)的电容、极板上面电荷、极板间的电势差和极板间的电场强度如何变化：

(1) 断开电源，并使极板间距加倍；

(2) 保持电源与电容器两极相连，使极板间距加倍；

(3) 断开电源，将一厚度为两极板间距一半的金属板放在两极板之间；

(4) 断开电源，极板间换为相对介电常量为 2.5 的油.

5-4-2 如果圆柱形电容器的内半径增大，使两柱面之间的距离减为原来的一半，此电容器的电容是否增大为原来的两倍？

5-4-3 一对相同的电容器，分别串联、并联后连接到相同的电源上，哪一种情况用手去触及极板更为危险？

5-5 静电场的能量 能量密度

我们已经知道，任何带电过程实质上都是正、负电荷的分离或迁移过程. 当分离正、负电荷时，外界必须克服电荷之间相互作用的静电力而做功. 因此带电系统通过外力做功便可获得一定的能量. 根据能量守恒定律，外界所供给的能量将转化为带电系统的静电能，它在数值

上等于外力克服静电力所做的功,所以任何带电体都具有一定的能量.

一、电容器的电能

电容器储存电荷的同时还储存能量,很多重要的应用就是利用了电容器储存能量的本领.下面我们以平行板电容器为例,来讨论电容器储存的能量.

如图 5-23 所示,有一电容为 C 的平行板电容器正处于充电过程中,设在某时刻两极板之间的电势差为 u,此时若继续把 $+\mathrm{d}q$ 电荷从带负电的极板移到带正电的极板,外力因克服静电场力而需做的功为

$$\mathrm{d}W=u\mathrm{d}q=\frac{q\mathrm{d}q}{C}$$

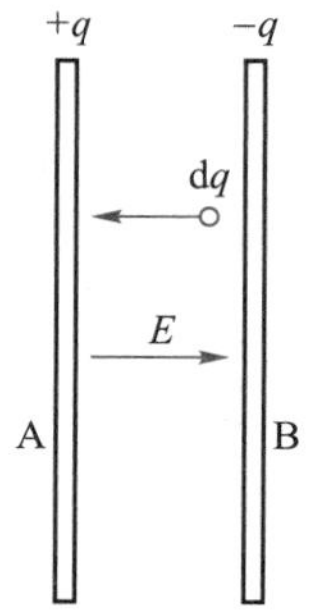

图 5-23 平行板电容器充电示意图

当电容器两极板的电势差为 U,且极板上分别带有 $\pm Q$ 的电荷时,外力做的总功为

$$W=\int_0^Q \frac{q\mathrm{d}q}{C}=\frac{Q^2}{2C}=\frac{1}{2}QU=\frac{1}{2}CU^2 \tag{5-26a}$$

因为外力所做的功全部转化为电容器储存的电能,所以带电电容器的能量为

$$W_\mathrm{e}=\frac{Q^2}{2C}=\frac{1}{2}QU=\frac{1}{2}CU^2 \tag{5-26b}$$

从上述讨论可见,在电容器的带电过程中,外力通过克服静电场力做功,把非静电能转化为电容器的电能.上式对任何电容器都适用,不一定是平行板电容器.

二、静电场的能量 能量密度

电容器的能量储存在哪里呢? 我们仍以平行板电容器为例进行讨论.

对于极板面积为 S、极板间距离为 d 的平行板电容器,若不计边缘效应,则电场所占有的空间体积为 Sd,此电容器储存的能量为

$$W_\mathrm{e}=\frac{1}{2}CU^2=\frac{1}{2}\frac{\varepsilon S}{d}(Ed)^2=\frac{1}{2}\varepsilon E^2 Sd \tag{5-27}$$

单位体积电场内所具有的电场能量为

$$w_\mathrm{e}=\frac{1}{2}\varepsilon E^2 \tag{5-28}$$

w_e 称为电场的能量密度.式(5-28)表明,电场的能量密度与场强的平方成正比.场强越大,电场的能量密度也越大.式(5-28)虽然是从平行板电容器这个特例中求得的,但可以证明,这是一个普遍适用的公式,对非均匀电场仍成立.

由于电场能量密度对应空间位置的函数,故计算某一区域范围的电场能量时,需要考虑积分计算,即

$$W_\mathrm{e}=\int_V w_\mathrm{e}\mathrm{d}V=\int_V\left(\frac{1}{2}\varepsilon E^2\right)\mathrm{d}V \tag{5-29}$$

仔细看来，式(5-26b)和式(5-29)的物理意义是不同的. 式(5-26b)表明，电容器之所以储存有能量是因为在外力作用下，电荷 Q 被从一个极板移至另一极板，因此电容器能量的携带者是电荷. 而式(5-29)却表明，在外力做功的情况下，原来没有电场的电容器的两极板间建立了有确定场强的静电场，因此电容器能量的携带者就是电场. 我们知道，静电场的场强是不变的，而且静电场总是伴随着电荷而产生的，所以在静电场范围内，上述两种观点是等效的，没有区别. 但对于变化的电磁场来说，情况就不如此了. 我们知道电磁波是变化的电场和磁场在空间的传播，电磁波不仅含有电场能量而且含有磁场能量. 由于在电磁波的传播过程中，并没有电荷伴随着传播，所以不能说电磁波能量的携带者是电荷，而只能说电磁波能量的携带者是电场和磁场. 因此如果某一空间具有电场，那么该空间就具有电场能量. 电场强度是描述电场性质的物理量，电场的能量应以电场强度来表述. 基于上述理由，我们说式(5-29)比式(5-26b)更具有普遍的意义.

例 5-6 设原子核可以看成均匀体密度分布的带电球体，试计算它的静电能.（已知半径为 R，总电荷量为 Q.）

解 由高斯定理可得核内外场强：

$$E=\begin{cases}\dfrac{1}{4\pi\varepsilon_0}\dfrac{Q}{R^3}r & (r<R)\\[2ex] \dfrac{1}{4\pi\varepsilon_0}\dfrac{Q}{r^2} & (r>R)\end{cases}$$

代入式(5-29)，因为原子核总是处在真空中，故该核的静电能为

$$W_e=\int_V\left(\frac{1}{2}\varepsilon_0E^2\right)\mathrm{d}V=\int_0^R\frac{\varepsilon_0}{2}\left(\frac{1}{4\pi\varepsilon_0}\frac{Qr}{R^3}\right)^2\cdot 4\pi r^2\mathrm{d}r+\int_R^\infty\frac{\varepsilon_0}{2}\left(\frac{1}{4\pi\varepsilon_0}\frac{Q}{r^2}\right)^2\cdot 4\pi r^2\mathrm{d}r=\frac{1}{4\pi\varepsilon_0}\frac{3}{5}\frac{Q^2}{R}$$

例 5-7 一长为 l 的圆柱形电容器，两极板带电荷量为 $\pm Q$，内外半径分别为 R_1 和 R_2，两极板间介电常量为 ε，求两极板间的电场能量.

解 如图所示为圆柱形电容器的横截面，在距离轴线为 r 处的场强大小为

$$E=\frac{Q}{2\pi\varepsilon l}\frac{1}{r}$$

所以电场的能量密度为

$$w_e=\frac{1}{2}\varepsilon E^2=\frac{Q^2}{8\pi^2\varepsilon l^2}\frac{1}{r^2}$$

在圆柱形电容器中，取一半径为 r，厚为 $\mathrm{d}r$ 的体积元，其体积为

$$\mathrm{d}V=2\pi rl\mathrm{d}r$$

在此体积元中，各处的场强大小可看成处处相等，所以电场能量密度也处处相等，它具有的电场能量为

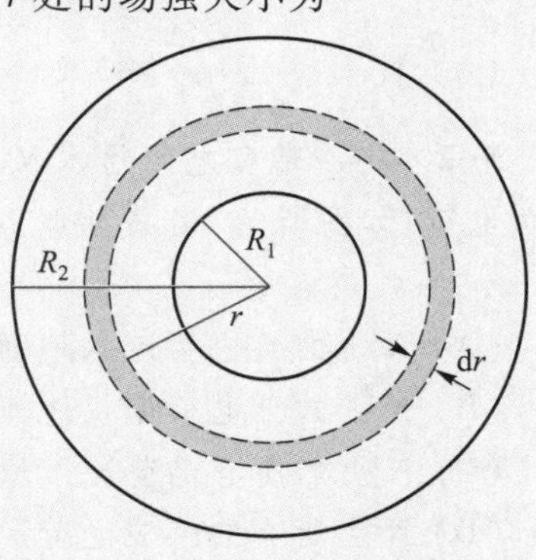

例 5-7 图

$$\mathrm{d}W_{\mathrm{e}}=w_{\mathrm{e}}\mathrm{d}V=\frac{Q^2}{8\pi^2\varepsilon l^2}\frac{1}{r^2}2\pi rl\mathrm{d}r=\frac{Q^2}{4\pi\varepsilon l}\frac{\mathrm{d}r}{r}$$

整个的电场能量可从对 $\mathrm{d}W_{\mathrm{e}}$ 求积分得出，即

$$W_{\mathrm{e}}=\int_V \mathrm{d}w_{\mathrm{e}}=\frac{Q^2}{4\pi\varepsilon l}\int_{R_1}^{R_2}\frac{\mathrm{d}r}{r}=\frac{Q^2}{4\pi\varepsilon l}\ln\frac{R_2}{R_1}$$

把上式与式(5-26b)比较，可得圆柱形电容器的电容为

$$C=\frac{2\pi\varepsilon l}{\ln\dfrac{R_2}{R_1}}$$

思考题

5-5-1 电容分别为 C_1 和 C_2 的两个电容器，把它们并联充电到电压 U 和把它们串联充电到电压 $2U$ 的两种电容器组中，哪一种的电能更大些？为什么？

5-5-2 一空气电容器充电后切断电源，然后灌入煤油，问：电容器的能量有何变化？如果在灌油时电容器一直与电源相连，能量又会如何变化？

5-5-3 真空中有一均匀带电的球体和一均匀带电球面，如果他们的半径和所带的电荷量都相等，问：哪种带电体的电能更大？或是一样大？为什么？

习题

5-1 有两个大小不相等的金属球，大球直径是小球的两倍，大球带电，小球不带电，两者相距很远，今用细长导线将两者相连，在忽略导线影响的情况下，大球与小球的带电之比为 [ ]

(A) 1. (B) 2. (C) $\frac{1}{2}$. (D) 0.

5-2 将一带负电的物体 M 靠近一不带电的导体 N，在 N 的左端感应出正电荷，右端感应出负电荷，如图所示. 若将导体 N 的左端接地，则 [ ]

(A) N 上的负电荷流入地面.
(B) N 上的正电荷流入地面.
(C) N 上的所有电荷流入地面.
(D) N 上所有的感应电荷流入地面.

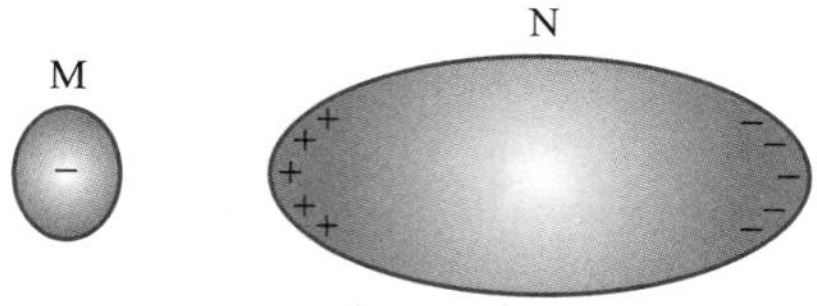

习题 5-2 图

5-3 如图所示，将一个电荷量为 q 的点电荷放在一个半径为 R 的不带电的导体球附近，点电荷距导体球球心的距离为 d. 设无穷远处为零电势，则在导体球球心 O 点有 [ ]

(A) $E=0, V=\dfrac{q}{4\pi\varepsilon_0 d}$.

(B) $E=\dfrac{q}{4\pi\varepsilon_0 d^2}, V=\dfrac{q}{4\pi\varepsilon_0 d}$.

(C) $E=0, V=0$.

(D) $E=\dfrac{q}{4\pi\varepsilon_0 d^2}, V=\dfrac{q}{4\pi\varepsilon_0 R}$.

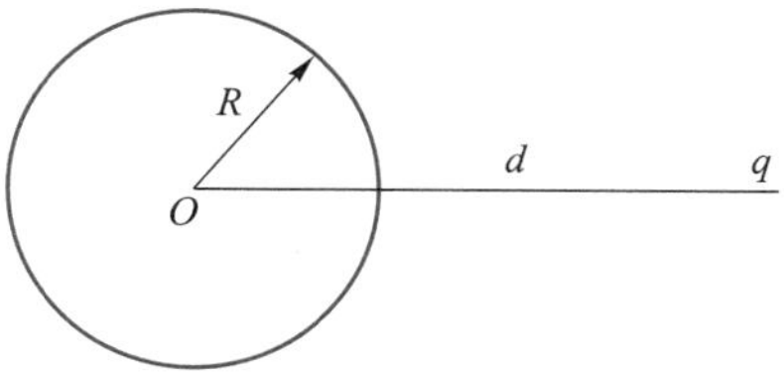

习题 5-3 图

5-4 C_1 和 C_2 两空气电容器如图所示，把它们串联成一电容器组，若在 C_1 中插入一电介质板，则 [ ]

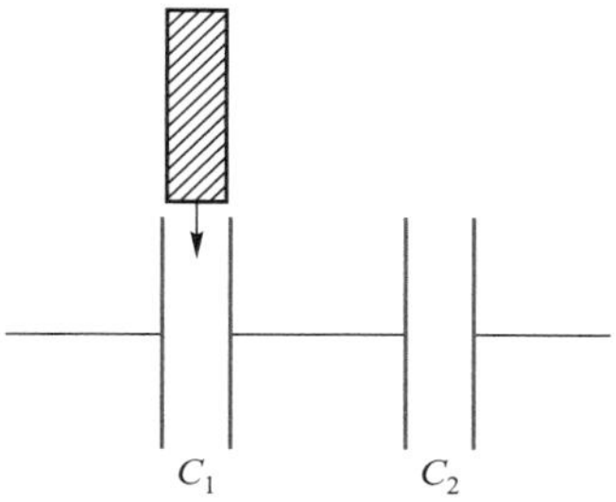

习题 5-4 图

(A) C_1 的电容增大，电容器组总电容减小.

(B) C_1 的电容增大，电容器组总电容增大.

(C) C_1 的电容减小，电容器组总电容减小.

(D) C_1 的电容减小，电容器组总电容增大.

5-5 如果在空气平行板电容器的两极板间平行地插入一块与极板面积相同的各向同性均匀电介质板，由于该电介质板的插入和它在两极板间的位置不同，对电容器电容的影响为 [ ]

(A) 使电容减小，但与介质板相对极板的位置无关.

(B) 使电容减小，且与介质板相对极板的位置有关.

(C) 使电容增大，但与介质板相对极板的位置无关.

(D) 使电容增大，且与介质板相对极板的位置有关.

5-6 根据电介质中的高斯定理，在电介质中，电位移沿任意一个闭合曲面的积分等于这个曲面所包围自由电荷的代数和. 下列推论正确的是 [ ]

(A) 若电位移沿任意一个闭合曲面的积分等于零，则曲面内一定没有自由电荷.

(B) 若电位移沿任意一个闭合曲面的积分等于零，则曲面内电荷的代数和一定等于零.

(C) 若电位移沿任意一个闭合曲面的积分不等于零，则曲面内一定有极化电荷.

(D) 介质中的高斯定理表明电位移仅仅与自由电荷的分布有关.

(E) 介质中的电位移与自由电荷和极化电荷的分布有关.

5-7 一无限长圆柱形导体，半径为 a，单位长度带有电荷量 λ_1，其外有一共轴的无限长导体圆筒，内、外半径分别为 b 和 c，单位长度带有电荷量 λ_2，求：

(1) 圆筒内、外表面上每单位长度的电荷量；

(2) $r<a, a<r<b, b<r<c, r>c$ 四个区域的电场强度.

5-8 在真空中，将半径为 R 的金属球接地，与球心 O 相距为 $r(r>R)$ 处放置一点电荷 q，如图所示，不计接地导线上电荷的影响. 求金属球表面上的感应电荷总量.

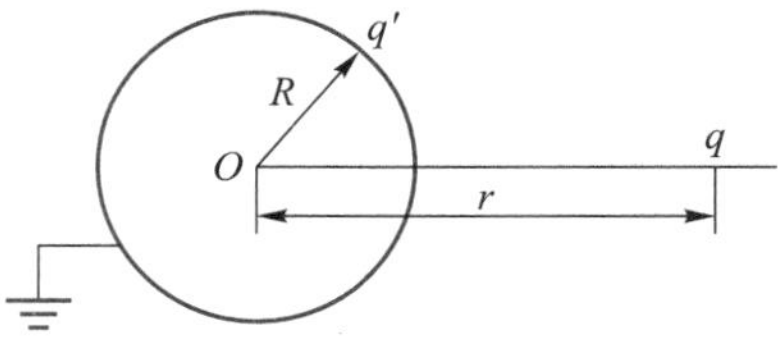

习题 5-8 图

5-9 如图所示，球形金属腔带电荷为 $Q(Q>0)$，内半径为 a，外半径为 b，腔内距球心 O 为 r 处有一点电荷 q，求球心 O 处的电势.

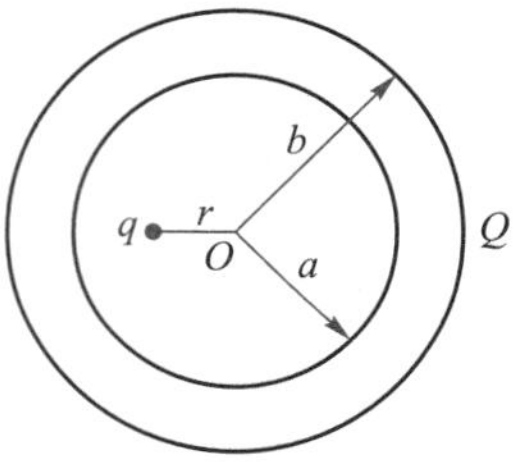

习题 5-9 图

5-10 如图所示，在一半径为 $R_1=6.0$ cm 的金属球 A 外面套有一个同心的金属球壳 B. 已知球壳 B 的内、外半径分别为 $R_2=8.0$ cm，$R_3=10.0$ cm. 设球 A 带有总电荷 $Q_A=3.0\times10^{-8}$C，球壳 B 带有总电荷 $Q_B=2.0\times10^{-8}$C.

(1) 求球壳 B 内、外表面上所带的电荷以及球 A 和球壳 B 的电势；

(2) 将球壳 B 接地然后断开，再把金属球 A 接地，求金属球 A 和球壳 B 内、外表面上所带的电荷以及球 A 和球壳 B 的电势.

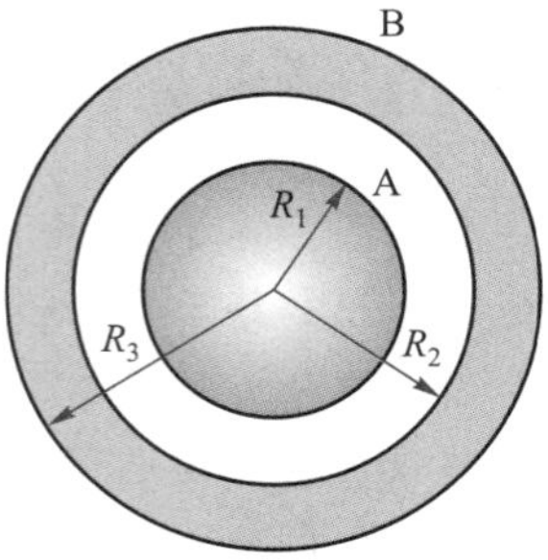

习题 5-10 图

5-11　半径为 $R_1=1.0\ \text{cm}$ 的导体球，带有电荷 $q=1.0\times10^{-10}\ \text{C}$，球外有一个内、外半径分别为 $R_2=3.0\ \text{cm}$、$R_3=4.0\ \text{cm}$ 的同心导体球壳，壳上带有电荷 $Q=11\times10^{-10}\ \text{C}$.

（1）试求两球的电势 V_1 和 V_2；

（2）用导线把球和壳连接在一起后，V_1 和 V_2 分别是多少？

（3）若不连接球和球壳，而将外球接地，V_1 和 V_2 为多少？

5-12　在一平行板电容器的两板上带有等值异号的电荷，两板间的距离为 5.0 mm，充以 $\varepsilon_r=3$ 的电介质，电介质中的电场强度为 $E=1.0\times10^6\ \text{V/m}$，求：

（1）电介质中的电位移和平板上的自由电荷面密度；

（2）电介质中的极化强度和电介质面上的极化电荷面密度.

5-13　如图所示，半径 $R=0.10\ \text{m}$ 的导体球带有电荷 $Q=1.0\times10^{-8}\ \text{C}$，导体外有两层均匀介质，一层介质的相对电容率 $\varepsilon_r=5.0$，厚度 $d=0.10\ \text{m}$，另一层介质为空气，充满其余空间. 求：

（1）离球心为 $r=5\ \text{cm}$、15 cm、25 cm 处的电位移 $\boldsymbol{D}$、电场强度 $\boldsymbol{E}$ 和电势；

（2）极化电荷面密度 σ'.

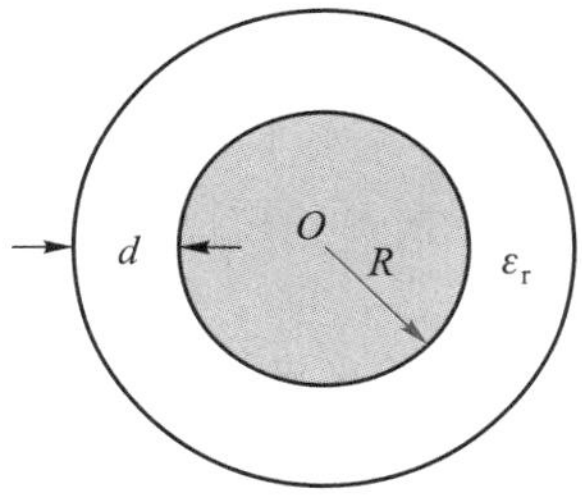

习题 5-13 图

5-14　如图所示，半径为 R_1 的长直圆柱导体和同轴的半径为 R_2 的薄导体圆筒组成一个电容器，在圆柱导体与导体圆筒之间充以相对介电常量为 ε_r 的电介质. 设圆柱导体和圆筒单位长度上的电荷（电荷线密度）分别为 $+\lambda$ 和 $-\lambda$. 求：

（1）电介质中的电场强度、电位移和极化强度；

（2）电介质内、外表面的极化电荷面密度.

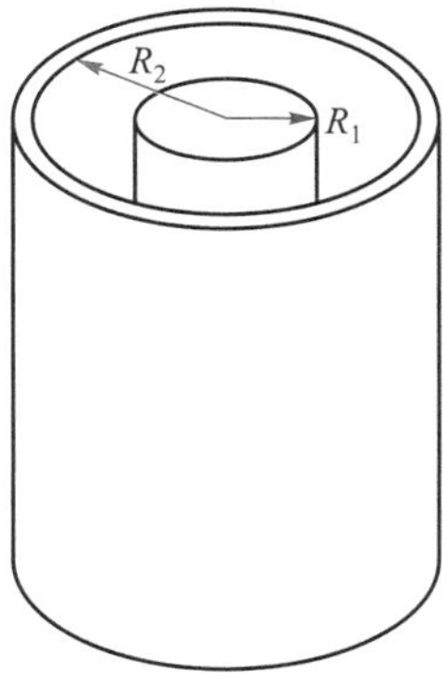

习题 5-14 图

5-15 如图所示，平行板电容器的两极板之间充以两层电介质，这两层电介质的相对介电常量分别为 ε_{r1} 与 ε_{r2}，厚度是 d_1 与 d_2，且 $d_1+d_2=d$. 设极板上的电荷面密度为 $\pm\sigma_0$，求：

(1) 每层介质中的电场强度；

(2) 若极板的面积为 S，求该电容器的电容.

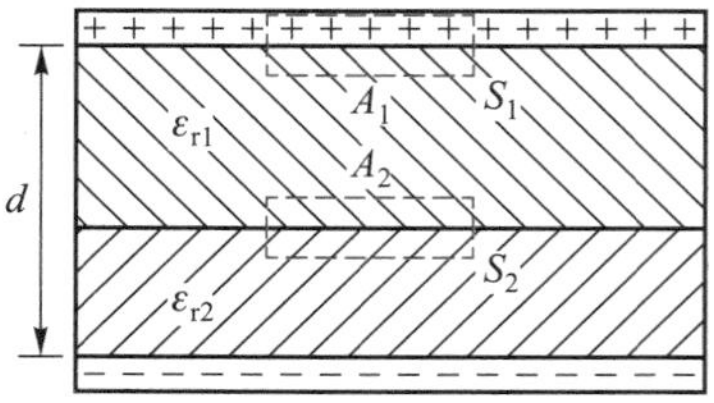

习题 5-15 图

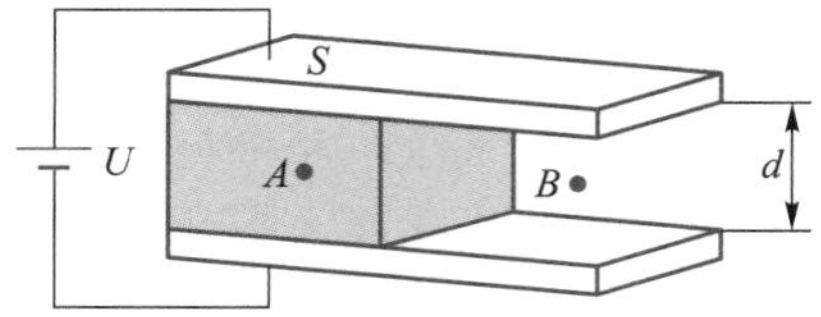

习题 5-16 图

5-16 两块面积为 S 的导体板构成一平行板电容器，两极板之间的距离为 d. 将平行板电容器的两极板接到电压为 U 的电源上. 接通电源后在导体极板间的一半插入介电常量为 ε 的电介质，略去边缘效应.

(1) 试比较 A、B 两点的电场强度各为未插入电介质时的多少倍？

(2) 假如在电容器充满电后，先断开电源，再在两极板间的一半插入电介质，则结果又将如何？

5-17 一平行板空气电容器，每块极板的面积为 $S=3\times10^{-2}\ m^2$，极板间的距离为 $d_1=3\times10^{-3}m$，在两极板之间有一个厚度为 $d_2=1\times10^{-3}\ m$，与地绝缘的平行铜板，当电容器充电到电势差为 300 V 后与电源断开，再把铜板从电容器中抽出，问：

(1) 电容器内电场强度是否发生变化？

(2) 将铜板抽出外界需做多少功？

5-18 两个同心金属球壳，内球壳半径为 R_1，外球壳半径为 R_2，中间是空气，构成一个球形空气电容器，设内、外球壳上分别带有电荷 $+Q$ 和 $-Q$，求电容器储存的能量.

5-19 半径为 2.0 cm 的导体球，外套同心的导体球壳，壳的内、外半径分别为 4.0 cm 和 5.0 cm，球与壳之间是空气，壳外也是空气，当内球的电荷量为 $3.0\times10^{-8}C$ 时，问：

(1) 这个系统储存了多少电能？

(2) 如果用导线把壳与球连在一起，结果如何？

5-20 一平行板电容器有两层电介质，相对介电常量分别为 $\varepsilon_{r1}=4$ 和 $\varepsilon_{r2}=2$，厚度分别为 $d_1=2$ mm 和 $d_2=3$ mm，极板面积为 $S=40\ cm^2$，两极板间电压为 $U=200$ V.

(1) 计算每层电介质中电场强度的大小、电场能量密度和总电场能量；

(2) 用电容器的能量公式来计算总能量.

5-21 一平行板电容器的电容为 10 pF，充电到带电荷量为 $1.0\times10^{-8}C$ 后，断开电源.

(1) 计算极板间的电势差和电场能量；

(2) 若把两极板拉到原距离的两倍，计算拉开前后电场能量的改变，并解释其原因.

5-22 一个圆柱形电容器，内圆筒半径为 R_1，外圆筒半径为 R_2，长为 $L(L\gg R_2-R_1)$，两圆筒间充有两层相对介电常量分别为 ε_{r1} 和 ε_{r2} 的各向同性均匀电介质，其界面半径为 R，如图所示. 设内、外圆筒单位长度上所带电荷（即电荷线密度）分别为 λ 和 $-\lambda$，求：

（1）电容器的电容；

（2）电容器储存的能量.

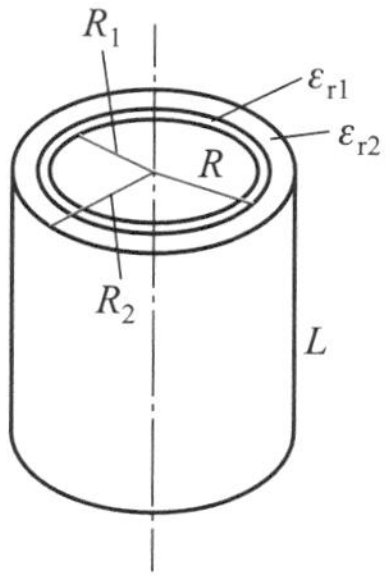

习题 5-22 图

5-23　如图所示，一平行板电容器充以两种介质，每种介质各占一半体积，试证其电容为

$$C=\frac{\varepsilon_0 S}{d}\left(\frac{\varepsilon_{r1}+\varepsilon_{r2}}{2}\right)$$

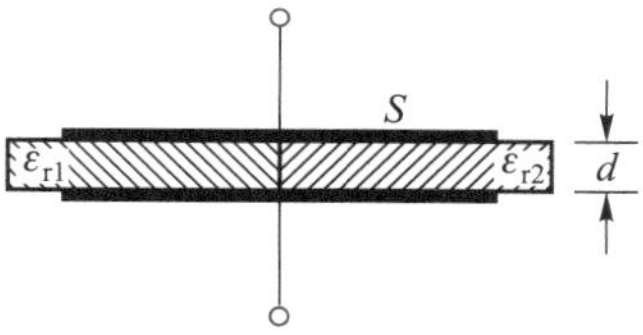

习题 5-23 图

5-24　共轴的两导体圆筒，内筒的外半径为 R_1，外筒的内半径为 R_2（$R_2<2R_1$），其间有两层均匀电介质，内层电介质的介电常量为 ε_1，外层电介质的介电常量为 $\varepsilon_2=\varepsilon_1/2$，两层介质的交界面是半径为 R 的圆柱面. 已知两种电介质的击穿场强相等，都为 E_m. 试证明：两导体圆筒间的最大电势差为 $U_m=\frac{1}{2}RE_m\ln(R_2^2/RR_1)$.

答案

第六章

恒定电流的磁场

电现象和磁现象密切相关，运动电荷不仅会激发电场，也会激发磁场. 或者说，一切磁现象从本质上而言都是运动电荷间的相互作用产生的. 这就是说，电荷在导体中作恒定流动时将在它周围激发起恒定磁场. 磁场也是物质的一种形态，它只对运动电荷或电流施加作用，可用磁感应强度和磁场强度描写. 恒定磁场和静电场是性质不同的两种场，但在研究方法上却有很多类似之处. 因此在学习时应注意与静电场对比，这样对概念的理解和掌握都大有裨益.

如果磁场中有实物物质存在，在磁场作用下，其内部状态将发生变化，并反过来影响磁场的分布，这就是物质的磁化过程. 本章在介绍了恒定电流的描述及产生条件之后，将着重讨论电流激发磁场的基本公式毕奥-萨伐尔定律、描述磁场基本性质的磁场高斯定理和安培环路定理以及电流和运动电荷在电磁场中的受力和运动的规律. 由实物物质的电结构出发，本章还将简单说明各类磁介质磁化的微观机制，并介绍有磁介质时磁场所遵循的普遍规律.

6-1 恒定电流　电动势

一、电流

在静电场中，当导体处于静电平衡状态时，导体上的电荷将重新分布，因而导体内部场强处处为零，没有电荷的定向移动. 但是可以设想，如果导体内部的场强不为零或者维持一定的电势差，那么导体内的自由带电粒子就在电场力的作用下发生定向运动，我们把带电粒子的定向运动称为电流. 由此可知，导体中形成电流需要具备两个基本条件：① 导体内存在自由电荷；② 导体中要维持一定的电场. 形成电流的带电粒子统称载流子，载流子可以是金属中的自由电子，电解质中的正、负离子或半导体中的“空穴”. 导体中由电荷的运动形成的电流称为传导电流.

常见的电流是沿着一根导线流动的电流. 电流的强弱用电流的大小表示，它等于单位时间内通过导体任一横截面的电荷量，用符号 I 表示. 如图 6-1 所示，若在 $\mathrm{d}t$ 时间内，通过导体截面 S 的电荷量为 $\mathrm{d}q$，则通过导体该截面的电流 I 为

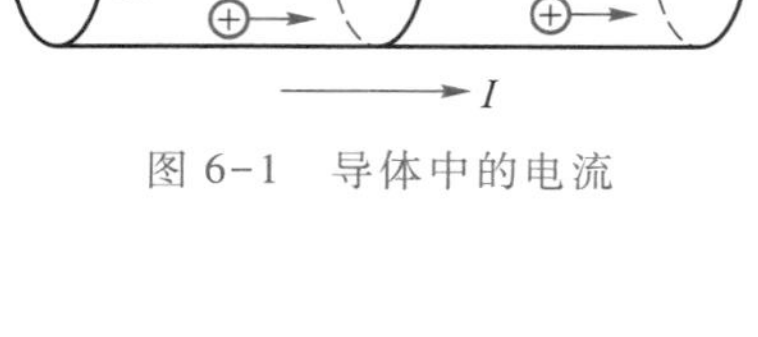

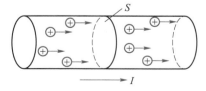

图 6-1　导体中的电流

$$I=\frac{\mathrm{d}q}{\mathrm{d}t} \tag{6-1}$$

电流的国际单位制单位为安培,用符号 A 表示,$1\ \mathrm{A}=1\ \mathrm{C}\cdot\mathrm{s}^{-1}$.

如果导体中电流不随时间而变化,即 I 为常量,则这种电流称为恒定电流,又称直流电.

由于历史原因,规定正电荷定向运动的方向为电流的方向. 电流是标量,所谓电流的方向是指电流沿导体流动的指向. 这里需注意的是,在金属中作定向运动的电荷是自由电子,在电场力作用下,这些自由电子运动的方向正好与正电荷运动的方向相反,即金属中的电流方向与电子实际运动方向相反.

二、电流密度

电流 I 虽能描写电流的强弱,但它只能反映通过导体截面的整体电流特征,并不能说明电流通过截面上各点的情况. 在实际问题中,常会遇到电流在粗细不均匀或材料不均匀的导线、甚至大块金属导体中通过的情况,这时,如果在单位时间内通过某一根粗细不均匀的导线各截面的电流 I 相同,但是在导线内部各点的电流却可以存在明显差异. 因此,电流 I 这个物理量不能细致地反映出电流在导体中的分布. 图 6-2 中分别画出了在导线和大块导体中的电流分布情况.

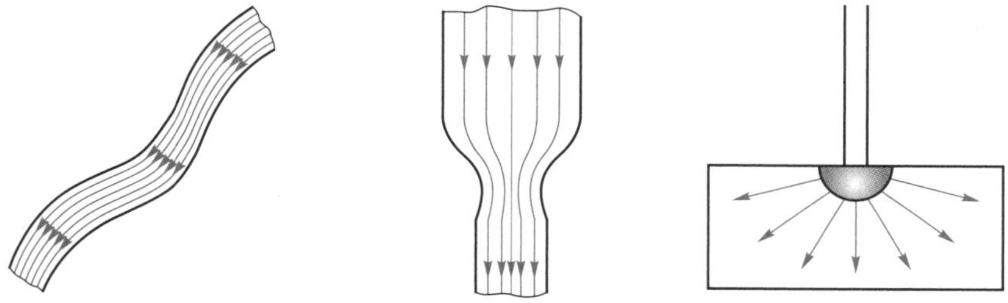

(a) 粗细均匀,材料均匀的金属导线　(b) 粗细不均匀的导线　(c) 半球形接地电极附近的电流

图 6-2 在导线和大块导体中的电流分布

为了细致地描述导体内各点电流分布的情况,必须引入一个新的物理量——电流密度. 电流密度的方向和大小规定如下:导体中的任意一点电流密度 $\boldsymbol{j}$ 的方向为该点正电荷的运动方向;$\boldsymbol{j}$ 的大小等于单位时间内通过该点附近垂直于正电荷运动方向的单位面积的电荷.

如图 6-3 所示,设想在导体内 P 点处取一小面积元 $\mathrm{d}\boldsymbol{S}$,设 $\mathrm{d}\boldsymbol{S}$ 的单位法线矢量 $\boldsymbol{e}_{\mathrm{n}}$ 与正电荷的运动方向(即电流密度 $\boldsymbol{j}$ 的方向)成 θ 角. 若在时间 $\mathrm{d}t$ 内有正电荷 $\mathrm{d}Q$ 通过面积元 $\mathrm{d}\boldsymbol{S}$,那么按上述定义可得点 P 处电流密度的大小为

$$j=\frac{\mathrm{d}Q}{\mathrm{d}t\mathrm{d}S\cos\theta}=\frac{\mathrm{d}I}{\mathrm{d}S\cos\theta} \tag{6-2}$$

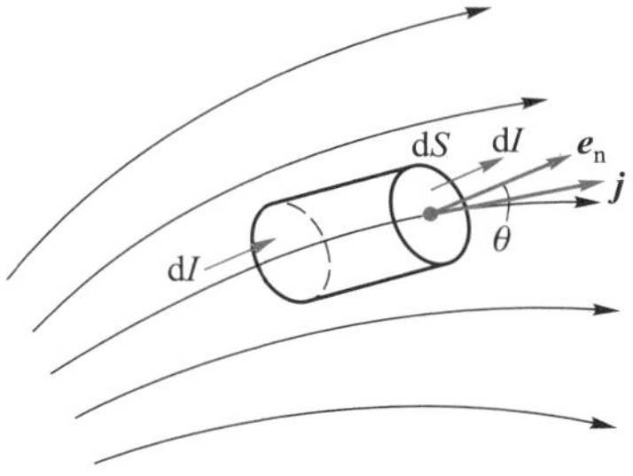

图 6-3 电流 I 与电流密度 $\boldsymbol{j}$ 关系的推导

式中,$\mathrm{d}S\cos\theta$ 为面积元 $\mathrm{d}\boldsymbol{S}$ 在垂直于电流密度方向上的

投影. 则上式可写成

$$dI=\boldsymbol{j}\cdot d\boldsymbol{S} \tag{6-3a}$$

通过任意曲面的电流可以表示为

$$I=\int_S \boldsymbol{j}\cdot d\boldsymbol{S} \tag{6-3b}$$

由此可知通过任一曲面的电流就是电流密度的通量. 电流密度的单位为安培每平方米(A/m^{-2}).

下面我们来讨论金属导体中的电流和电流密度与自由电子的数密度和漂移速度之间的关系.

当存在外电场时,导体中的自由电子除无规则的热运动以外,在外电场作用下还会逆着电场方向漂移,我们把自由电子在电场力作用下产生的定向运动的平均速度叫做漂移速度,用符号 $\boldsymbol{v}_d$ 表示,如图 6-4所示. 设导体中的载流子数密度为 n,每个载流子所带电荷量为 q,载流子的漂移速度为 $\boldsymbol{v}_d$. 在导体中取一面积元 $d\boldsymbol{S}$,其方向与载流子的漂移速度 $\boldsymbol{v}_d$ 方向之间的夹角为 θ,则在 dt 时间内通过 $d\boldsymbol{S}$ 的电荷量为

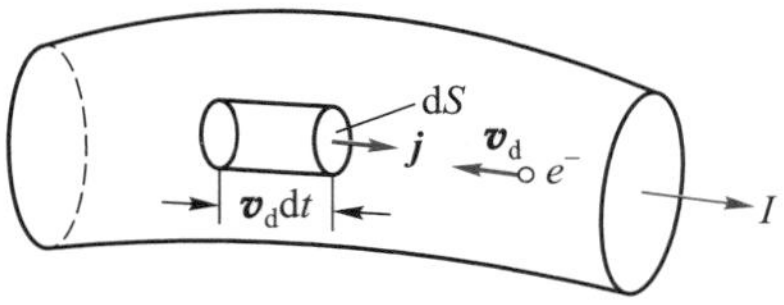

图 6-4 电流与电子漂移速度的关系

$$dq=qnv_d dt dS_{\perp}=qnv_d dt dS\cos\theta=qn\boldsymbol{v}_d\cdot d\boldsymbol{S}dt$$

$d\boldsymbol{S}$ 处的电流和电流密度分别为

$$dI=dq/dt=qn\boldsymbol{v}_d dS\cos\theta=qn\boldsymbol{v}_d\cdot d\boldsymbol{S} \tag{6-4}$$

$$\boldsymbol{j}=qn\boldsymbol{v}_d \tag{6-5}$$

上式表明,金属导体中的电荷和电流密度均与自由电子的数密度和自由电子的漂移速率成正比.

三、电源和电动势

由欧姆定律可知,只要保持线状导体两端的电压不变,导体中就能维持恒定电流,导体两端的恒定电压对应导体内部的恒定电场,那么如何实现在导体内建立恒定电场呢?

在图 6-5 所示的电容器放电回路中,设开始时极板 A 和 B 分别带有正、负电荷,导体中存在电场. 当用一根导线将 A、B 两极板连接,在电场力作用下,正电荷从极板 A 通过导线运动到 B 板,并与极板 B 上的负电荷中和,直至两极板间的电势差消失,很明显这种随时间减少的电荷分布不可能在导线中形成恒定电场,所以也就不可能在导线中形成恒定电流.

但是,如果我们能使正电荷从电势低的负极板 B,沿着另一途径(如两极板间)回到电势高的正极板 A 上去(或使负电荷从正极板经两极板间回到负极板上去),使两极板上电荷的数量保持不变,这样两极板之间的电势差不变,即在金属导线内部建立了恒定电场,导线中也有恒定的电流通过. 显然,要完成上述过程,单纯依靠静电力是不行的,因为静电力不能使正电荷从低电势的 B 板向着高电势的 A 板移动. 因此,必须依靠某种与静电场力本质上不同的非静电力,才能把正电荷由低电势移向高电势,完成一个循环. 能够提供这种非静电力的装置称为电源. 在电源内部,依靠非静电力 $\boldsymbol{F}_k$ 克服静电力 $\boldsymbol{F}$ 对正电荷做功,才能驱使正电荷从极板 B

经电源内部输送到极板 A 上. 在此过程中,电源不断地消耗其他形式的能量以克服静电力做功,所以电源实质上是把其他形式的能量转化为电势能的装置,其作用机理与水泵使水由低处移动到高处类似.

通常将电源内部正、负两极之间的电路称为内电路,电源外部的电路叫做外电路. 在图6-6中,正电荷从正极板 A 流出,经外电路流入负极板 B;在电源内部,依靠非静电力 $\boldsymbol{F}_k$ 反抗静电力 $\boldsymbol{F}$ 做功,将正电荷从负极板 B 移到正极板 A,从而将其他形式的能量转化为电能.

为了描述电源内非静电力做功的本领,我们可以像定义电场强度 $\boldsymbol{E}$ 那样,定义非静电场强度,用 $\boldsymbol{E}_k$ 表示,即

$$\boldsymbol{E}_k=\frac{\boldsymbol{F}_k}{q} \tag{6-6}$$

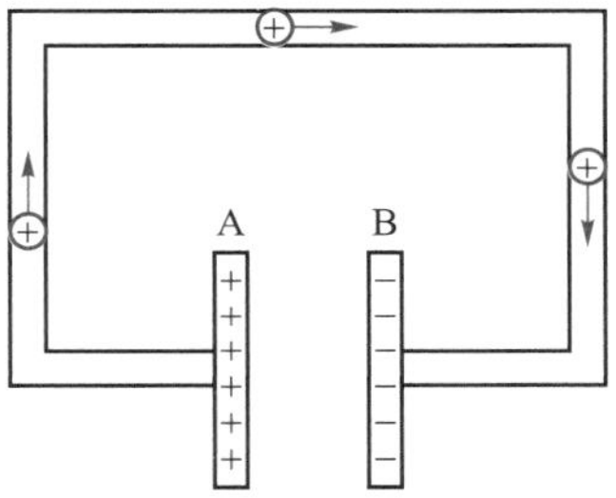

图 6-5　电容器的放电

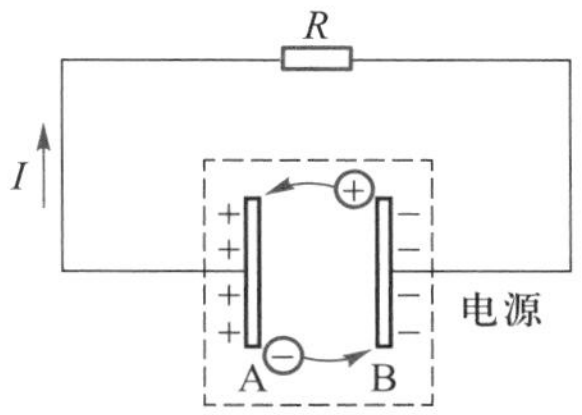

图 6-6　电源非静电力的作用

非静电场强度 $\boldsymbol{E}_k$ 是与电场强度 $\boldsymbol{E}$ 类比的一种等效表示,物理意义是单位正电荷所受到的非静电场力.

为了定量描述电源转化能量的本领,我们引入电源电动势的概念. 将单位正电荷沿闭合回路移动一周的过程中,非静电场力所做的功,称为电源电动势,用符号$\mathscr{E}$表示为

$$\mathscr{E}=\oint_l \boldsymbol{E}_k\cdot \mathrm{d}\boldsymbol{l} \tag{6-7}$$

考虑到图 6-6 所示的闭合回路中,外电路的导线中没有非静电场力,非静电场强 $\boldsymbol{E}_k$ 只存在于电源内部,这样,式(6-7)可改写为

$$\mathscr{E}=\int_{内} \boldsymbol{E}_k\cdot \mathrm{d}\boldsymbol{l} \tag{6-8}$$

式(6-8)表明:电源电动势在数值上等于把单位正电荷从负极经电源内部移至正极时非静电场力所做的功. 在国际单位制中,电动势的单位与电势的单位相同,为伏特(V).

需要注意的是:电源电动势是标量,但有方向性. 通常把电源内部电势升高的方向,即电源内部从负极指向正极,规定为电动势的方向,虽然电动势与电势差的单位相同,但它们是完全不同的物理概念. 根据电动势的定义,电源电动势的大小反映电源中非静电场力做功的本领,只取决于电源本身的性质,与外电路的性质以及外电路是否接通都无关.

思考题

6-1-1 两根截面不相同而材料相同的金属导体串联在一起(如图所示),两端加一定电压 U. 问:通过两根导体的电流密度是否相同? 两导体内的电场强度是否相同?

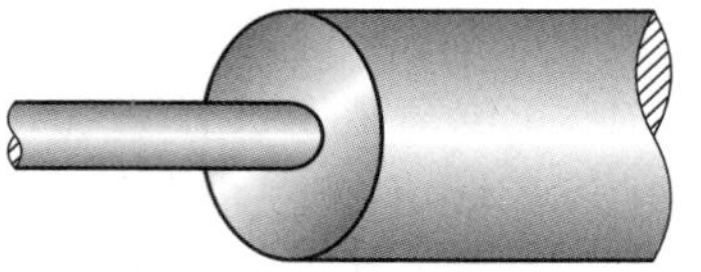

思考题 6-1-1 图

6-1-2 电源中存在的非静电力场强和静电场有何不同?

6-2 磁场 磁感应强度

一、基本磁现象

人类发现磁现象远比发现电现象要早得多. 远在两千多年前,由于冶铁业的发展,人们在寻找铁矿的过程中,发现了天然磁体,它是一种以四氧化三铁为主要成分的磁石. 在秦朝以前,汉字中还没有"磁"字,所以将"磁石"多写成"慈石". 在春秋战国时期成书的《管子》中记载:"上有丹砂者,下有黄金. 上有慈石者,下有铜金. "磁石可以吸铁,但不能吸引其他一些物质. 东汉时期高诱在《吕氏春秋注》中说:"慈石,铁之母也. 以有慈石,故能引其子. 石之不慈者,亦不能引也. "

在我国古代人民所做出的电磁学领域的众多的贡献中,指南针无疑是最伟大的成就,对世界文明起到了巨大作用. 指南针最初的形式,我们的祖先称之为司南. 沈括在《梦溪笔谈》中提到用天然磁石摩擦钢针使之磁化从而制造指南针的方法,并指出指南针指南时,"常微偏东,不全南也". 沈括既指明了指南针的制作方法,又指明了地磁场中存在磁偏角的事实,著名学者李约瑟博士评价沈括为"中国整部科学史中最卓越的人物".

现在所用的磁铁多半是人工制成的,例如用铁、钴、镍等合金制成的永久磁铁. 地球也是一个大磁铁. 无论是天然磁石还是人造磁铁,都有 N 极和 S 极两个磁极. 同号磁极之间相互排斥,异号磁极之间相互吸引. 与正、负电荷可以独立存在不一样,在自然界中不存在独立的 N 极和 S 极. 近代理论认为可能有磁单极存在,但是,迄今为止,人们在实验中还没有令人信服地证实磁单极能够独立存在. 无论将磁铁怎样分割,分割后的每一小块磁铁总是同时具有 N 极和 S 极两个不同的磁极.

在相当长的一个历史时期内,人们把磁和电看成是本质上完全不同的两种现象,因此对它们的研究是沿着两个相互独立的方向进行的,进展极其缓慢. 直到 1820 年 4 月,丹麦物理学家奥斯特偶然发现放在载流导线附近的小磁针受到力的作用而发生偏转,此后法国物理学家安培重复了奥斯特的实验,并通过进一步研究发现:磁铁对载流导线、载流导线之间或载流线圈之间也有相互作用,如图 6-7 所示. 这些实验表明:磁现象与运动电荷之间有着密切的联系.

1821 年,安培在实验基础上提出了著名的分子电流假说,他认为一切磁现象的根源都是电流. 磁性物质的分子中存在回路电流,称为分子电流. 物质对外显示出磁性,取决于物质中

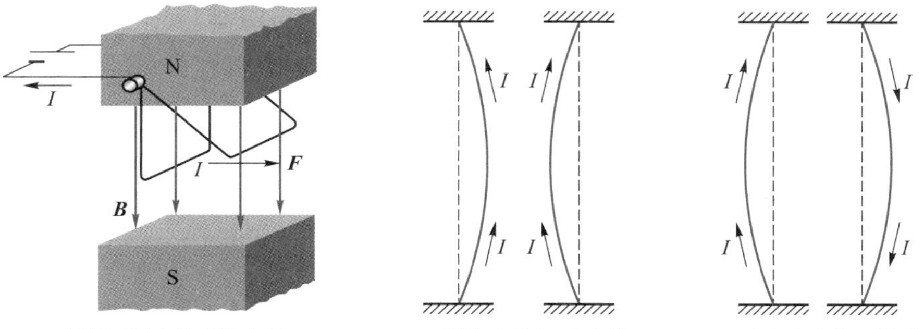

(a) 磁铁对通电导线的作用　　(b) 同向电流相互吸引　　(c) 反向电流相互排斥

图 6-7　安培实验

分子电流对外界的磁效应的总和.

二、磁感应强度

与静止电荷之间的相互作用一样,磁体与磁体、磁体与电流、电流与电流、磁体与运动电荷之间的相互作用是通过周围特殊形态的物质——磁场来传递的. 就其本质而言,是运动电荷周围激发磁场,通过磁场对另一个运动电荷进行作用的,这种作用力称为磁力,作用形式可表示为图 6-8.

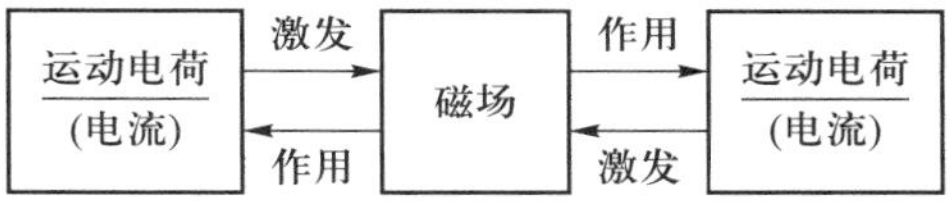

图 6-8　磁相互作用

磁场和电场一样,具有质量、动量和能量,是客观存在的一种物质形式. 应该注意的是,无论电荷静止还是运动,它们周围空间都有电场存在,而运动电荷在周围空间还要激发磁场;在电磁场中,静止的电荷只受到电场力的作用,而运动电荷除受到电场力作用外,还受到磁力的作用. 电流或运动电荷之间相互作用的磁力是通过磁场作用的,故磁力也称为磁场力.

既然运动电荷对处于其场中的运动电荷、载流导体或永久磁体有磁场力的作用,因此可用磁场对运动电荷的作用来描述磁场,并由此引进磁感应强度作为定量描述磁场中各点特性的基本物理量,其地位与电场中的电场强度 $\boldsymbol{E}$ 相当. 但是磁场作用在运动电荷上的力不仅与电荷的多少有关,而且还与电荷运动的速度大小及方向有关,所以磁场作用在运动电荷上的力比电场作用在静止电荷上的力要复杂的多.

下面我们用运动电荷在磁场中的受力实验来进行分析研究,设把运动速度为 $\boldsymbol{v}$,电荷量为 $+q$ 的点电荷放入磁场中,试验电荷 q 在磁场中受的力用 $\boldsymbol{F}$ 表示,实验结果表明:

(1) 在磁场中给定某点,存在一个特定方向,电荷沿此方向或反方向运动时,不受磁场力作用. 显然这个特定方向与运动电荷无关,它反映出磁场本身的性质,我们规定此方向或其反方向就是该点磁场的方向,至于磁场方向指向彼此相反的哪一方,将在下面作出规定.

(2) 当试验电荷 q 以同一速率 v 沿不同于磁场方向运动时,它在磁场中所受到的磁场力 $\boldsymbol{F}$ 的大小与运动电荷的电荷量 q 以及运动速度 $\boldsymbol{v}$ 的大小成正比,而磁场力 $\boldsymbol{F}$ 的方向总是垂直于速度 $\boldsymbol{v}$ 与磁场方向所组成的平面.

(3) 实验还发现,如果试验电荷在某点沿着与磁场方向垂直的方向运动时,所受到的磁场力最大,如图 6-9(b)所示,这个最大磁场力正比于试验电荷的电荷量 q,也正比于电荷运动的速度 $\boldsymbol{v}$,但比值 $F_{\max}/qv$ 具有确定的量值,与试验电荷 q 的大小无关,它反映了该点磁场的强弱.

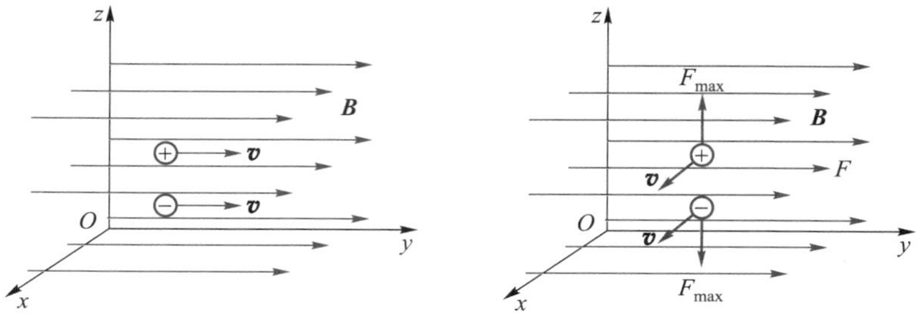

(a) $\boldsymbol{v}\parallel\boldsymbol{B}, F=0$　　(b) $\boldsymbol{v}\perp\boldsymbol{B}, F=F_{\max}$

图 6-9 运动电荷在磁场中所受的磁场力

因此,我们将磁感应强度 $\boldsymbol{B}$ 的大小、方向规定如下:

(1) 在磁场中某点,当正电荷的速度方向与该点的小磁针 N 极指向相同时,它所受的磁场力为零,我们就把正电荷的速度方向规定为该点的磁感应强度 $\boldsymbol{B}$ 的方向.

(2) 当正电荷速度的方向与该点磁感应强度的方向垂直时,比值 $F_{\max}/qv$ 有确定的值且与 q、v 无关,此值在不同的位置有不同的量值,能够反映空间中磁场的分布情况,故把这个比值规定为磁场中某点磁感应强度 $\boldsymbol{B}$ 的大小,即

$$B=\frac{F_{\max}}{qv} \tag{6-9}$$

注意:$\boldsymbol{B}$ 的大小和方向是分别定义的,这与电场强度 $\boldsymbol{E}=\dfrac{\boldsymbol{F}}{q}$不同. 对以速度 $\boldsymbol{v}$ 运动的负电荷来说,其所受磁场力的方向,则与正电荷所受磁场的方向相反,大小却是相同的.

磁场力 $\boldsymbol{F}$ 既与运动电荷的速度 $\boldsymbol{v}$ 垂直,又与磁感应强度 $\boldsymbol{B}$ 垂直,且相互构成右手螺旋关系,故它们间的矢量关系式可写成

$$\boldsymbol{F}=q\boldsymbol{v}\times\boldsymbol{B} \tag{6-10}$$

这就是运动电荷在磁场中受的磁场力,称为洛伦兹力. 由此式可知,磁场力 $\boldsymbol{F}$ 同时垂直于运动电荷的速度 $\boldsymbol{v}$ 和磁感应强度 $\boldsymbol{B}$,它们之间符合右手螺旋定则.

在国际单位制中,$\boldsymbol{B}$ 的单位为特斯拉(T),即

$$1\ \mathrm{T}=\frac{1\ \mathrm{N}}{1\ \mathrm{C}\times 1\ \mathrm{m}\cdot\mathrm{s}^{-1}}=1\ \mathrm{N}\cdot\mathrm{A}^{-1}\cdot\mathrm{m}^{-1}$$

在实际应用中还常用另一个单位——高斯(Gs),它与特斯拉的换算关系是

$$1\ \mathrm{Gs}=10^{-4}\mathrm{T}$$

思考题

6-2-1 正电荷在磁场中运动,已知其速度 $\boldsymbol{v}$ 沿 Ox 轴方向,若它在磁场中所受的力有下列几种情况,试指出各种情况下磁感应强度 $\boldsymbol{B}$ 的方向.

(1) 电荷不受力;

(2) $\boldsymbol{F}$ 的方向沿 Oz 轴正方向,且此时磁场力的值最大;

(3) $\boldsymbol{F}$ 的方向沿 Oz 轴负方向,且此时磁场力的值是最大值的一半.

6-2-2 试归纳定义电场强度 $\boldsymbol{E}$ 和磁感应强度 $\boldsymbol{B}$ 的相似之处与不同之处.

6-2-3 在磁场中运动的电荷要受到力的作用,但是,假如在和电荷一起运动的参考系里观察这个现象,电荷是静止的,因此就可能观察不到磁场力. 怎样才能解释这种矛盾呢?

6-3 毕奥-萨伐尔定律

在静电场中,从点电荷的场强公式出发并根据静电场的叠加原理,我们可以通过求和或积分计算任意带电体在某点所激发的电场强度. 同样在计算电流周围各处的磁感应强度时,我们也可以把电流看成由许多个电流元组合而成,只要写出电流元的磁感应强度表达式,就可以利用磁场的叠加原理计算任意电流产生的磁感应强度.

一、毕奥-萨伐尔定律

1820 年 10 月,法国物理学家毕奥和萨伐尔通过大量的实验发现,载流直导线周围场点的磁感应强度 $\boldsymbol{B}$ 的大小与电流 I 成正比,与场点到直线电流的距离 r 成反比. 后经法国数学家兼物理学家拉普拉斯,根据毕奥和萨伐尔由实验得出来的结论,运用物理学的思想方法,从数学上给出了电流元产生磁场的磁感应强度的数学表达式,从而建立了著名的毕奥-萨伐尔定律.

在真空中任意形状的载流导线,若其导线截面与所考察的场点的距离相比可以忽略不计,这种电流则称为线电流. 在线电流上任取一线元矢量 $\mathrm{d}\boldsymbol{l}$,$\mathrm{d}\boldsymbol{l}$ 的方向与该处电流的流向一致. 我们把该处电流 I 与 $\mathrm{d}\boldsymbol{l}$ 的乘积所组成的矢量 $I\mathrm{d}\boldsymbol{l}$ 称为电流元,则毕奥-萨伐尔定律可表示为:电流元在空间中某点 P 处所产生的磁感应强度 $\mathrm{d}\boldsymbol{B}$ 的大小与电流元 $I\mathrm{d}l$ 的大小成正比,与电流元 $I\mathrm{d}\boldsymbol{l}$ 到 P 点的位矢 $\boldsymbol{r}$ 与电流元方向的夹角 θ 的正弦成正比,与位矢 $\boldsymbol{r}$ 的大小的二次方成反比,即

$$\mathrm{d}B=\frac{\mu_0}{4\pi}\frac{I\mathrm{d}l\sin\theta}{r^2} \tag{6-11a}$$

在国际单位制中,$\mu_0=4\pi\times10^{-7}\,\mathrm{N\cdot A^{-2}}$,称为真空磁导率. 如图 6-10 所示,$\mathrm{d}\boldsymbol{B}$ 的方向垂直于 $I\mathrm{d}\boldsymbol{l}$ 和 $\boldsymbol{r}$ 确定的平面,满足右手螺旋定则,矢量式表示为

$$\mathrm{d}\boldsymbol{B}=\frac{\mu_0}{4\pi}\frac{I\mathrm{d}\boldsymbol{l}\times\boldsymbol{r}}{r^3}=\frac{\mu_0}{4\pi}\frac{I\mathrm{d}\boldsymbol{l}\times\boldsymbol{e}_r}{r^2} \tag{6-11b}$$

$\boldsymbol{e}_r$ 表示电流元指向场点的单位矢量. 式(6-11b)称为毕奥-萨伐尔定律,是计算电流磁场

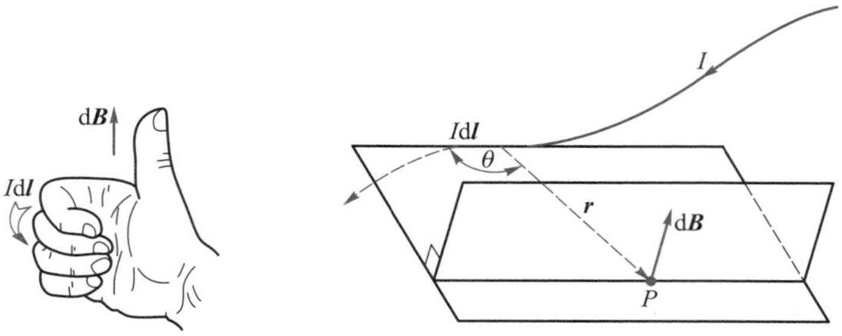

图 6-10 电流元激发的磁感应强度

的基本公式.

毕奥-萨伐尔定律描述的是电流元产生磁场的规律,而实际上,单独的电流元是不存在的,我们往往需要求出载流导线在空间任意点的磁场. 与电场计算相类似,叠加原理对磁场同样成立,故可以把一载流导线看成由许多电流元 $I\mathrm{d}\boldsymbol{l}$ 连接而成. 这样,任意载流导线在磁场中某点所产生的磁感应强度 $\boldsymbol{B}$,就由这导线上的所有电流元在该点所产生的 $\mathrm{d}\boldsymbol{B}$ 的叠加,即

$$\boldsymbol{B}=\int_L \mathrm{d}\boldsymbol{B}=\int_L \frac{\mu_0}{4\pi}\frac{I\mathrm{d}\boldsymbol{l}\times\boldsymbol{r}}{r^3}=\int_L \frac{\mu_0 I}{4\pi}\frac{\mathrm{d}\boldsymbol{l}\times\boldsymbol{e}_r}{r^2} \tag{6-12}$$

毕奥-萨伐尔定律的正确性是不能用实验直接验证的,因为实验并不能测量电流元产生的磁感应强度. 它的正确性是通过用毕奥-萨伐尔定律计算载流导体在场点产生的磁感应强度与实验测定结果相符合而证明的.

二、毕奥-萨伐尔定律应用举例

我们应用毕奥-萨伐尔定律和磁场的叠加原理来计算几种常见电流的磁场分布,具体步骤如下:

(1) 在载流导线上任取一电流元 $I\mathrm{d}\boldsymbol{l}$,注意:电流元不能取在载流导线的两端或中心、坐标原点等特殊位置.

(2) 由毕奥-萨伐尔定律写出 $I\mathrm{d}\boldsymbol{l}$ 产生的 $\mathrm{d}\boldsymbol{B}=\dfrac{\mu_0}{4\pi}\dfrac{I\mathrm{d}\boldsymbol{l}\times\boldsymbol{e}_r}{r^2}$ 或分别写出 $\mathrm{d}\boldsymbol{B}$ 的大小和方向.

(3) 应用叠加原理进行积分,注意:根据电流元产生磁感应强度的大小和分布特点,将 $\boldsymbol{B}=\int\mathrm{d}\boldsymbol{B}$ 矢量积分化为标量积分. 例如在二维平面直角坐标系下可将 $\mathrm{d}\boldsymbol{B}$ 分解为 $\mathrm{d}\boldsymbol{B}=\mathrm{d}B_x\boldsymbol{i}+\mathrm{d}B_y\boldsymbol{j}$,然后对各分量进行积分:$B_x=\int\mathrm{d}B_x$,$B_y=\int\mathrm{d}B_y$. 若载流导线对任意场点 P 有对称性,应进行对称分析,如果 B_x、B_y 其中之一为零,则只需对剩下不为零的分量进行积分(若所有 $\mathrm{d}\boldsymbol{B}$ 都在同一方向,可直接积分,此步骤方可省略).

(4) 完成积分. 在积分过程中若涉及几个变量,则需要统一变量,再进行积分.

(5) 讨论. 对结果加以讨论从而加深理解或得到一些有用的结论.

下面我们应用毕奥-萨伐尔定律来计算几种常见电流的磁场分布.

1. **长直载流导线的磁场**

设在真空中有一长为 l 的载流直导线，电流为 I. 设场点 P 与导线间的垂直距离为 a，如图 6-11 所示，将导线分割成无数个电流元，在导线上任取电流元 $I\mathrm{d}y$. 根据毕奥-萨伐尔定律，电流元 $I\mathrm{d}y$ 在 P 点所产生的磁感应强度 $\mathrm{d}\boldsymbol{B}$ 的大小为

$$\mathrm{d}B=\frac{\mu_0}{4\pi}\frac{I\mathrm{d}y\sin\theta}{r^2}$$

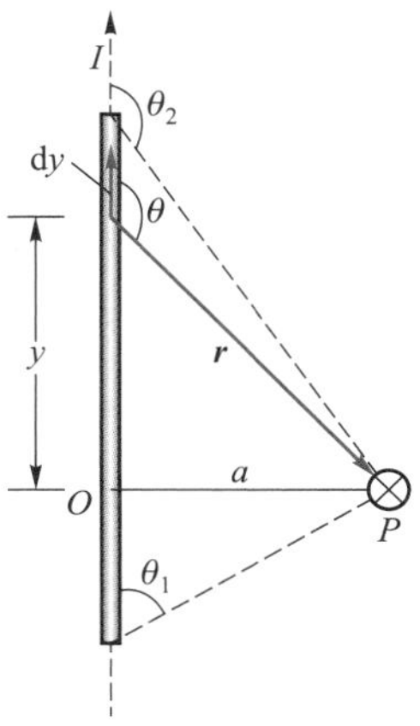

图 6-11　长直载流导线的磁感应强度

式中，θ 为电流元 $I\mathrm{d}y$ 与径矢 $\boldsymbol{r}$ 之间的夹角. $\mathrm{d}\boldsymbol{B}$ 的方向垂直于电流元 $I\mathrm{d}\boldsymbol{y}$ 和径矢 $\boldsymbol{r}$ 所组成的平面，垂直纸面向里. 由右手螺旋关系判断各电流元产生的 $\mathrm{d}\boldsymbol{B}$ 方向都相同，即垂直纸面向里，故矢量积分变成标量积分，则 P 点 $\boldsymbol{B}$ 的大小等于各个电流元的磁感应强度之和，用积分表示为

$$B=\int\mathrm{d}B=\int\frac{\mu_0}{4\pi}\frac{I\mathrm{d}y\sin\theta}{r^2}$$

被积函数涉及 y、r 和 θ 三个变量，因此在进行积分运算时，必须统一变量. 从图中可以看出，各变量之间的几何关系为 $r=a/\sin\theta$，$y=-a\cot\theta$，对 y 取微分有 $\mathrm{d}y=a\csc^2\theta\mathrm{d}\theta$，将上述关系代入上式可得 P 点的磁感应强度为

$$B=\int_{\theta_1}^{\theta_2}\frac{\mu_0}{4\pi}\frac{Ia\csc^2\theta\sin\theta\mathrm{d}\theta}{a^2\csc^2\theta}=\frac{\mu_0 I}{4\pi a}\int_{\theta_1}^{\theta_2}\sin\theta\mathrm{d}\theta$$

即

$$B=\frac{\mu_0 I}{4\pi a}(\cos\theta_1-\cos\theta_2)\tag{6-13}$$

式中，θ_1 和 θ_2 分别为长直载流导线起点处和终点处电流元的方向与位矢 $\boldsymbol{r}$ 之间的夹角. 对上述结果进行讨论：

（1）对于无限长的直电流（简称长直电流），$\theta_1=0°$，$\theta_2=180°$，则场点 P 处的磁感应强度大小为

$$B=\frac{\mu_0 I}{2\pi a}\tag{6-14}$$

实际过程中，我们不可能遇到真正无限长的直电流，但是如果在闭合回路中有一段有限长的直电流，只要所考察的场点与直电流的距离远比直电流的长度及距两端的距离小，上式就还是成立的.

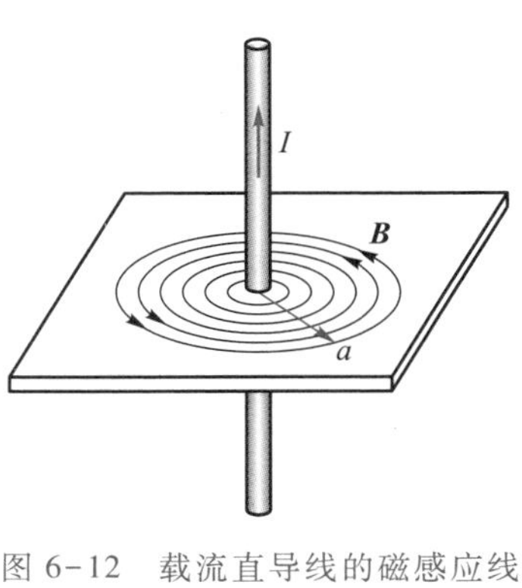

图 6-12　载流直导线的磁感应线

从公式可以看出，长直电流周围的磁感应强度 $\boldsymbol{B}$ 与场点 P 到直导线的距离 a 的一次方成反比，与电流 I 成正比，如图 6-12 所示.

（2）对于半无限长的直电流，即 $\theta_1=0°$，$\theta_2=90°$，则场点 P 处的磁感应强度大小为

$$B=\frac{\mu_0 I}{4\pi a} \tag{6-15}$$

(3) 若 P 点是直导线上(或延长线上)的任一点,则有 $B=0$.

2. 圆形载流导线在轴线上的磁场

设真空中有一半径为 R,电流为 I 的圆形导线(常称为圆电流),求其轴线上与圆心 O 点相距 x 处的 P 点的磁感应强度 $\boldsymbol{B}$.(注意,空间任意一点都有磁场,仅仅是轴线上的磁感应强度 $\boldsymbol{B}$ 容易计算.)

如图 6-13 所示,在圆电流上任取一电流元,电流元 $I\mathrm{d}\boldsymbol{l}$ 到 P 点的位矢为 $\boldsymbol{r}$,考虑电流元 $I\mathrm{d}\boldsymbol{l}$ 与径矢 $\boldsymbol{r}$ 的夹角为 $\frac{\pi}{2}$,根据毕奥-萨伐尔定律得此电流元在 P 点激发的磁感应强度 $\mathrm{d}\boldsymbol{B}$ 的大小为

$$\mathrm{d}B=\frac{\mu_0}{4\pi}\frac{I\mathrm{d}l\sin 90^\circ}{r^2}=\frac{\mu_0}{4\pi}\frac{I\mathrm{d}l}{r^2}$$

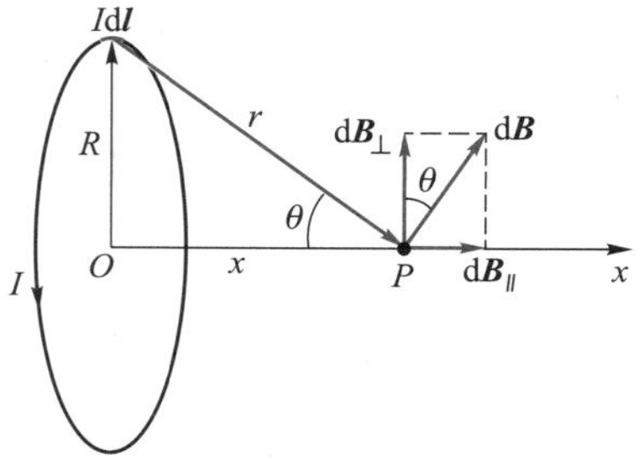

图 6-13 圆线圈轴线上的磁场

从磁场的对称性分析可知,各电流元在 P 点的磁感应强度 $\mathrm{d}\boldsymbol{B}$ 的大小都相等,且与垂直于 Ox 轴方向的夹角均为 θ,只是各个电流元分别在该点激发的磁感应强度 $\mathrm{d}\boldsymbol{B}$ 的方向不同. 故我们把 $\mathrm{d}\boldsymbol{B}$ 分解为平行于 Ox 轴的分量 $\mathrm{d}B_{/\!/}$ 和垂直于 Ox 轴的分量 $\mathrm{d}B_{\perp}$. 考虑到各个电流元关于 Ox 轴的对称关系,所有电流元在 P 点的磁感应强度的垂直分量 $\mathrm{d}B_{\perp}$ 相互抵消,而平行分量 $\mathrm{d}B_{/\!/}$ 则相互加强. 所以,P 点的磁感应强度 $\boldsymbol{B}$ 的方向与轴线平行,$\boldsymbol{B}$ 的大小则等于 $\mathrm{d}B_{/\!/}$ 的代数和,即

$$B=B_{/\!/}=\int_l \mathrm{d}B_{/\!/}=\oint_l \mathrm{d}B\sin\theta$$

将 $\sin\theta=\frac{R}{r}$ 和 $\mathrm{d}B$ 代入上式,可得

$$B=\int_0^{2\pi R}\frac{\mu_0}{4\pi}\frac{I\mathrm{d}l}{r^2}\frac{R}{r}=\frac{\mu_0 IR^2}{2r^3}=\frac{\mu_0 IR^2}{2\left(R^2+x^2\right)^{3/2}} \tag{6-16}$$

方向指向 x 轴正向. 由此可见,磁感应强度 $\boldsymbol{B}$ 的方向与圆电流环绕方向满足右手螺旋关系,见图 6-13. 由上式,我们考虑两种特殊情况:

(1) 场点在圆心 O 处,即 $x=0$,该处磁感应强度的大小为

$$B_0=\frac{\mu_0 I}{2R} \tag{6-17}$$

方向与圆电流环绕方向满足右手螺旋关系.

那么对应载流圆弧在圆心 O 点的磁场又如何计算呢? 设有一段圆心角为 θ 的圆弧形导线,通过的电流为 I,半径为 R,如图 6-14 所示.

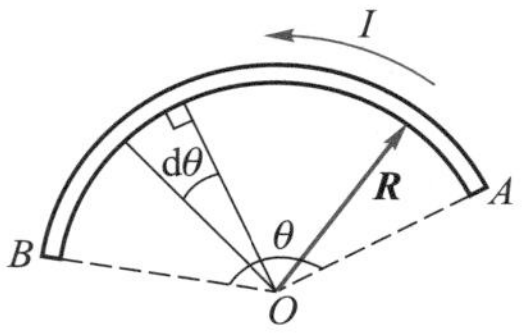

图 6-14 载流圆弧的磁场

根据毕奥-萨伐尔定律,在圆弧上任取一电流元 $I\mathrm{d}\boldsymbol{l}$,则电流元 $I\mathrm{d}\boldsymbol{l}$ 在圆心 O 点激发的磁场大小为

$$dB=\frac{\mu_0 I dl}{4\pi R^2}$$

方向垂直图面向外，显然各段电流元在 O 点的磁场方向都相同. 所以

$$B_0=\int_{\widehat{AB}}dB=\int_{\widehat{AB}}\frac{\mu_0 I dl}{4\pi R^2}=\int_0^{\theta}\frac{\mu_0 I d\theta}{4\pi R}$$

由此得

$$B_0=\frac{\mu_0 I\theta}{4\pi R}=\frac{\mu_0 I}{2R}\frac{\theta}{2\pi} \tag{6-18}$$

当 $\theta=2\pi$ 时，$B_0=\frac{\mu_0 I}{2R}$，与式(6-17)相同.

应用上述结果，根据场的叠加原理，可以计算出由直线电流和圆弧电流所组成的任意形状的载流导线的磁场分布.

(2) 场点 P 远离圆电流($x\gg R$)时，P 点的磁感应强度大小为

$$B\approx\frac{\mu_0 IR^2}{2x^3}=\frac{\mu_0 IS}{2\pi x^3} \tag{6-19}$$

式中，$S=\pi R^2$，为圆电流的面积.

在静电场中，我们曾引入电矩 $\boldsymbol{p}$ 这一物理量，讨论电偶极子的电场. 与此相似，我们将引入磁矩 $\boldsymbol{m}$ 来描述载流线圈的性质.

设有一平面圆电流，其电流为 I，面积为 S. 我们规定，面积 $\boldsymbol{S}$ 的正法线方向与圆电流的流向成右手螺旋关系，其单位矢量用 $\boldsymbol{e}_n$ 表示. 由此，我们定义圆电流的磁矩为

$$\boldsymbol{m}=IS\boldsymbol{e}_n \tag{6-20}$$

如果圆电流由 N 匝导线构成，则其磁矩为 $\boldsymbol{m}=NIS\boldsymbol{e}_n$，考虑到磁感应强度 $\boldsymbol{B}$ 的方向，可以将式(6-19)表示成 $\boldsymbol{B}=\frac{\mu_0\boldsymbol{m}}{2\pi x^3}$. 从形式上看，上式与静电场中电偶极子的电场强度表达式相似，因此我们把圆电流看成磁偶极子，圆电流产生的磁场称为磁偶极磁场.

例 6-1　一无限长直导线被弯成如图所示 BC 的半圆形状，半圆环半径是 R. 半无限长直导线 BA 和半圆所在平面垂直，半无限长直导线 CD 则在半圆所在平面上向外延伸. 若 $R=10$ cm，$I=4$ A，求圆心 O 处的磁感应强度 $\boldsymbol{B}$.

解　O 点的磁感应强度是直线电流①和③及半圆电流② 在该点产生的磁场的叠加，即

$$\boldsymbol{B}_0=\boldsymbol{B}_1+\boldsymbol{B}_2+\boldsymbol{B}_3$$

直线电流③的延长线过 O 点，根据毕奥-萨伐尔定律，其在 O 处的磁场为零，即 $B_3=0$. 半圆弧电流②在 O 点的磁感应强度的大小为

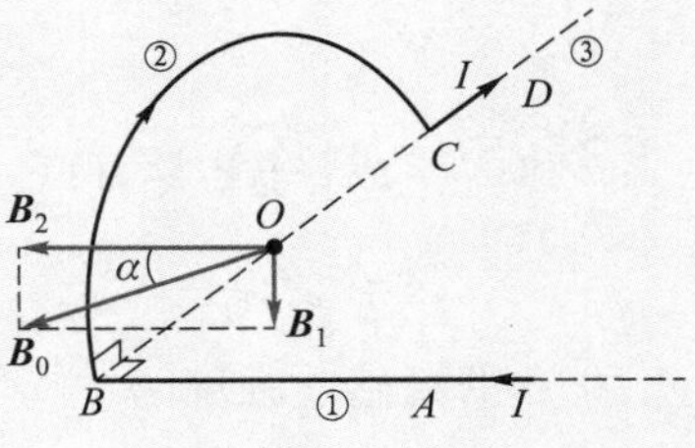

例 6-1 图

$$B_2=\frac{\mu_0 I}{4R}$$

方向由毕奥-萨伐尔定律判知为垂直半圆所在平面水平向左，如例 6-1 图所示. 直线电流①在 O 点的磁感应强度的大小为

$$B_1=\frac{\mu_0 I}{4\pi R}$$

方向由毕奥-萨伐尔定律判知为在半圆所在平面内竖直向下. 可见 $\boldsymbol{B}_1$ 和 $\boldsymbol{B}_2$ 互相垂直，所以

$$B_0=\sqrt{B_1^2+B_2^2}=\frac{\mu_0 I}{4R}\sqrt{1+\frac{1}{\pi^2}}=\frac{\mu_0 I}{4\pi R}\sqrt{\pi^2+1}$$

$$=10^{-7}\times\frac{4}{0.1}\sqrt{\pi^2+1}\approx 1.32\times 10^5\ \mathrm{T}$$

若 $\boldsymbol{B}_0$ 的方向与 $\boldsymbol{B}_2$ 的夹角是 α，则

$$\alpha=\arctan\frac{B_1}{B_2}=\arctan\frac{1}{\pi}\approx 17°66'$$

例 6-2 如图所示，有两根导线沿半径方向接到铁环的 a、b 两点上，并与很远处的电源相接，求环中心 O 处的磁感应强度.

解 例 6-2 图中 O 点的磁感应强度可视作由 ef、be、fa 三段载流直导线以及 $\overset{\frown}{acb}$（长度为 l_2）、$\overset{\frown}{adb}$（长度为 l_1）两段载流圆弧共同产生. 由于电源距铁环很远，而 be、fa 两直导线的延长线又通过点 O，则由毕奥-萨伐尔定律可得

$$B_{ef}=0 \text{ 及 } B_{be}=B_{fa}=0$$

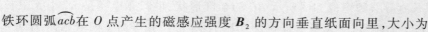

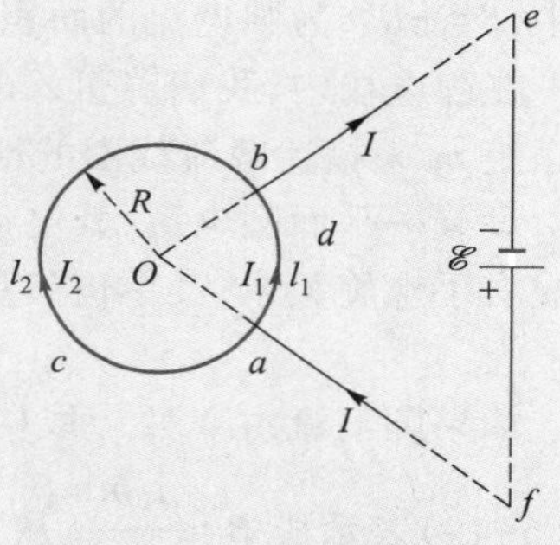

例 6-2 图

而铁环圆弧 $\overset{\frown}{adb}$ 在 O 点产生的磁感应强度 $\boldsymbol{B}_1$ 的方向垂直纸面向外，大小为

$$B_1=\frac{\mu_0 I_1}{2R}\,\frac{l_1}{2\pi R}=\frac{\mu_0 I_1}{4\pi R^2}l_1$$

铁环圆弧 $\overset{\frown}{acb}$ 在 O 点产生的磁感应强度 $\boldsymbol{B}_2$ 的方向垂直纸面向里，大小为

$$B_2=\frac{\mu_0 I_2}{2R}\,\frac{l_2}{2\pi R}=\frac{\mu_0 I_2}{4\pi R^2}l_2$$

圆弧 $\overset{\frown}{adb}$ 和 $\overset{\frown}{acb}$ 组成并联电路，设它们的电阻分别为 R_1 及 R_2，则 $I_1R_1=I_2R_2$. 考虑到 $\frac{R_1}{R_2}=\frac{l_1}{l_2}$，则有

$$I_1 l_1=I_2 l_2$$

因此，O 点的磁感应强度为

$$B=B_1-B_2=\frac{\mu_0}{4\pi R^2}(I_1 l_1-I_2 l_2)=0$$

例 6-3　有一无限长通电的扁平铜片，宽度为 a，厚度不计，电流 I 在铜片上均匀分布，求铜片外与铜片共面、离铜片边缘为 b 的点 P 处的磁感应强度.

解　建立如图所示坐标轴，载流平面可看作由无数长直载流导线构成，在距离坐标原点 x 处选取一宽为 $\mathrm{d}x$ 的线元，其通过的电流为

$$\mathrm{d}I=\frac{I}{a}\mathrm{d}x$$

由长直载流导线激发的磁场为

$$\mathrm{d}B=\frac{\mu_0\mathrm{d}I}{2\pi x}$$

方向垂直纸面向内. 既然每个线元激发磁场的方向都是相同的，故由场的叠加原理可得

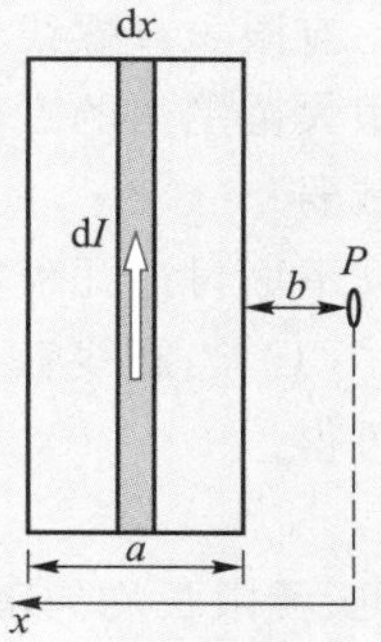

例 6-3 图

$$B=\int\mathrm{d}B=\int_b^{a+b}\frac{\mu_0 I}{2\pi ax}\mathrm{d}x=\frac{\mu_0 I}{2\pi a}\ln\frac{a+b}{b}$$

*3. 载流密绕直螺线管内部轴线上的磁场

假设在真空中有一均匀密绕直螺线管 AB，其半径为 R，电流为 I，单位长度上绕有 n 匝线圈. 求其管内轴线上任一点 P 处的磁感应强度 $\boldsymbol{B}$.

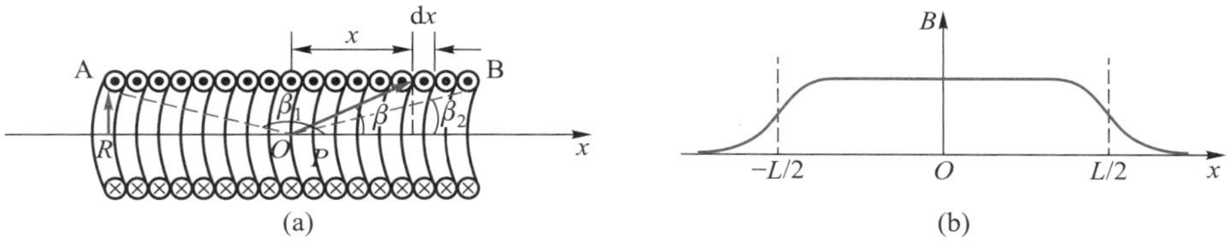

图 6-15　螺线管内的磁场

思路：螺线管上的线圈绕得很紧密，每匝线圈相当于一个圆电流. 直螺线管内部轴线上任意一点 P 的磁感应强度可以看成各匝线圈在该点产生的磁感应强度的矢量和.

如图 6-15(a) 所示，建立坐标轴 Ox，坐标原点 O 选在场点 P 处. 在螺线管上距场点 P 为 x 处取一小段长度为 $\mathrm{d}x$ 的螺线管，该小段的螺线管上线圈的匝数为 $n\mathrm{d}x$，由于螺线管上的线圈绕得很紧密，$\mathrm{d}x$ 段可以看作电流为 $\mathrm{d}I=In\mathrm{d}x$ 的圆电流. 因此宽为 $\mathrm{d}x$ 的圆线圈在 P 点产生的 $\mathrm{d}\boldsymbol{B}$ 的大小为

$$\mathrm{d}B=\frac{\mu_0}{2}\frac{R^2nI\mathrm{d}x}{(R^2+x^2)^{3/2}}$$

$\mathrm{d}\boldsymbol{B}$ 的方向沿 Ox 轴正向. 因为螺线管上所有圆电流在 P 点产生的磁感应强度的方向都相同，所以整个螺线管在 P 点处所产生的磁感应强度的大小应为

$$B=\int\mathrm{d}B=\int\frac{\mu_0R^2In}{2}\cdot\frac{\mathrm{d}x}{(x^2+R^2)^{3/2}}=\frac{\mu_0R^2In}{2}\int\frac{\mathrm{d}x}{(x^2+R^2)^{3/2}}\tag{6-21}$$

由几何关系，有 $x=R\cot\beta$，微分可得 $\mathrm{d}x=-R\csc^2\beta\mathrm{d}\beta$，将其代入式(6-21)整理后可得

$$B=-\int_{\beta_1}^{\beta_2}\frac{\mu_0 nI}{2}\sin\beta\mathrm{d}\beta=\frac{1}{2}\mu_0 nI(\cos\beta_2-\cos\beta_1) \tag{6-22}$$

有限长直螺线管内的轴线上各点的磁感应强度分布如图 6-15(b)所示. 在螺线管中心附近很大范围内的磁场基本上是均匀的,只有到两个端面附近才逐渐减小. 在螺线管外,磁场很快减弱.

下面讨论几种特殊情况.

(1) 当螺线管可看作"无限长"时(即螺线管的长度 $L\gg 2R$),此时有 $\beta_1=180°$,$\beta_2=0°$, 由此可得,

$$B=\mu_0 nI \tag{6-23}$$

可见,无限长均匀密绕的长直螺线管内部轴线上各点磁感应强度为常矢量.

(2) 对于长直螺线管两个端面轴线上的 P 点,则有 $\beta_1=180°$,$\beta_2=90°$ 或 $\beta_1=90°$,$\beta_2=0°$,这两处的磁感应强度的大小为

$$B=\frac{1}{2}\mu_0 nI \tag{6-24}$$

即在半"无限长"直螺线管两端中心轴线上的磁感应强度的大小只有管内的一半,如图 6-15(b)所示. 对于无限长密绕载流直螺线管,管内非轴线上的磁场与轴线上相等,而管外磁场为零. 因此我们在实验室里就可以利用长直密绕直螺线管获得均匀磁场.

三、运动电荷的磁场

按照经典电子理论,导体中的电流是由大量载流子作定向运动而形成的. 因此所谓电流激发的磁场,实质上就是运动的带电粒子在其周围空间激发的磁场,下面我们从毕奥-萨伐尔定律出发导出运动电荷的磁场表达式.

如图 6-16 所示,在载流导体上任取一电流元 $I\mathrm{d}\boldsymbol{l}$,设导体的截面积为 S,单位体积内有 n 个带正电的载流子,每个载流子的电荷量为 q,以速度 $\boldsymbol{v}$ 沿电流方向运动. 单位时间内通过截面 S 的电荷量为 $nqvS$,即电流 $I=nqvS$. 由于图中的 $\boldsymbol{v}$ 与 $I\mathrm{d}\boldsymbol{l}$ 的方向相同,所以有

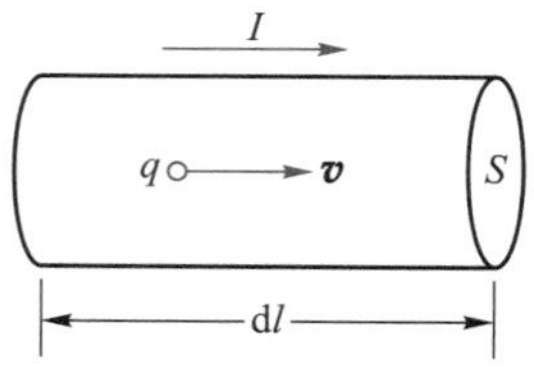

图 6-16 电流元中的运动电荷

$$I\mathrm{d}\boldsymbol{l}=nS\mathrm{d}lq\boldsymbol{v}$$

将上式代入毕奥-萨伐尔定律表达式,得

$$\mathrm{d}\boldsymbol{B}=\frac{\mu_0}{4\pi}\frac{nS\mathrm{d}lq\boldsymbol{v}\times\boldsymbol{r}}{r^3}$$

在电流元 $I\mathrm{d}\boldsymbol{l}$ 内有 $\mathrm{d}N=nS\mathrm{d}l$ 个载流子,从微观意义上讲,电流元产生的磁场 $\mathrm{d}\boldsymbol{B}$,实际上是由这 $\mathrm{d}N$ 个作定向运动的载流子共同产生的. 考虑到电流元内所有载流子在场点 P 产生的磁感应强度都近似相同,因而每一个载流子所产生的磁感应强度 $\boldsymbol{B}$ 为

$$\boldsymbol{B}=\frac{\mathrm{d}\boldsymbol{B}}{\mathrm{d}N}=\frac{\mu_0}{4\pi}\frac{q\boldsymbol{v}\times\boldsymbol{r}}{r^3} \tag{6-25}$$

显然,$\boldsymbol{B}$ 的方向垂直于 $\boldsymbol{v}$ 和 $\boldsymbol{r}$ 组成的平面. 当 q 为正电荷时,$\boldsymbol{B}$ 的方向为矢积 $\boldsymbol{v}\times\boldsymbol{r}$ 的方向,如图 6-17(a)所示;当 q 为负电荷时,$\boldsymbol{B}$ 的方向与矢积 $\boldsymbol{v}\times\boldsymbol{r}$ 的方向相反,如图 6-17(b)所示.

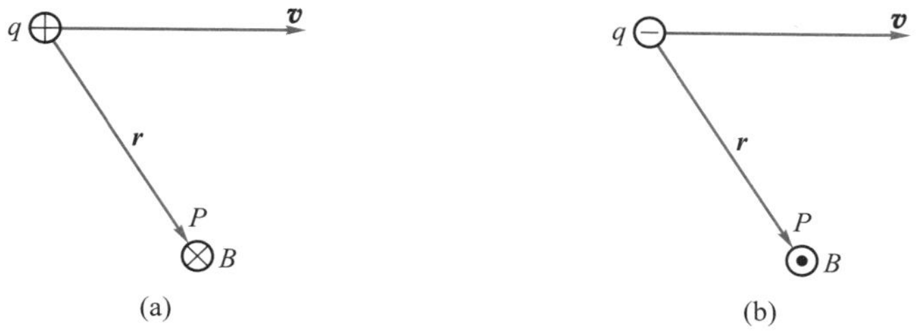

图 6-17　运动电荷的磁场方向

必须指出的是,运动电荷的磁场表达式(6-25)是非相对论的形式,它只适用于电荷的运动速率 v 远小于光速 c 的情况.

例 6-4　如图所示,设半径为 R 的带电薄圆盘的电荷面密度为 σ,并以角速度 ω 绕通过盘心且垂直盘面的轴转动,求圆盘中心处的磁感应强度和圆盘的磁矩.

解　方法一:设圆盘带正电荷,且绕轴 O 逆时针旋转. 在例 6-4 图所示的圆盘上取一半径分别为 r 和 $r+\mathrm{d}r$ 的细环带,此环带的电荷为 $\mathrm{d}q=\sigma 2\pi r\mathrm{d}r$. 考虑到圆盘以角速度 ω 绕轴 O 旋转,于是此转动环带对应的圆电流为

$$\mathrm{d}I=\frac{\omega}{2\pi}\sigma\cdot 2\pi r\mathrm{d}r=\sigma\omega r\mathrm{d}r$$

圆电流在圆心的磁感应强度的值为 $B=\mu_0 I/2R$,其中 I 为圆电流大小,R 为圆电流半径. 因此,圆盘上细环带在圆心 O 处的磁感应强度的值为

$$\mathrm{d}B=\frac{\mu_0\mathrm{d}I}{2r}=\frac{\mu_0\sigma\omega}{2}\mathrm{d}r$$

所有圆电流激发的磁感应强度的方向都相同,垂直纸面向外,因此整个圆盘在圆心 O 处的磁感应强度 $\boldsymbol{B}$ 的大小为

$$B=\int\mathrm{d}B=\frac{\mu_0\sigma\omega}{2}\int_0^R\mathrm{d}r=\frac{\mu_0\sigma\omega R}{2}$$

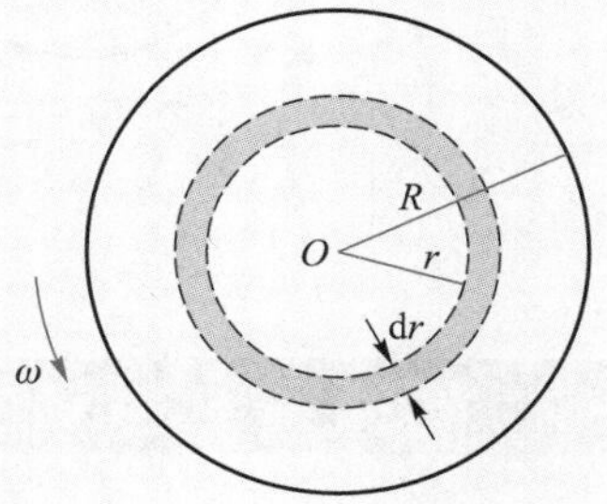

例 6-4 图

$\boldsymbol{B}$ 的方向垂直纸面向外.

方法 2:利用式(6-25)有

$$\mathrm{d}B=\frac{\mu_0}{4\pi}\frac{\mathrm{d}qv}{r^2}$$

其中,$\mathrm{d}q=\sigma 2\pi r\mathrm{d}r$,$v=r\omega$,故上式为

$$\mathrm{d}B=\frac{\mu_0\sigma\omega}{2}\mathrm{d}r$$

对上式进行积分,亦能得到与方法一一样的结果.

下面计算转动圆盘的磁矩，它应等于所有细圆环电流磁矩的叠加. 每个圆电流的磁矩大小为

$$\mathrm{d}m = S\mathrm{d}I = \pi r^2 \sigma\omega r\mathrm{d}r = \pi r^3 \sigma\omega \mathrm{d}r$$

由于所有圆电流磁矩的方向都相同，因此转动带电圆盘的磁矩的大小为

$$m = \int \mathrm{d}m = \int_0^R \pi r^3 \sigma\omega \mathrm{d}r = \frac{1}{4}\pi\sigma\omega R^4$$

磁矩 $\boldsymbol{m}$ 的方向与电流方向成右手螺旋关系.

思考题

6-3-1　在球面上竖直和水平的两个圆中通以相等的电流，电流流向如图所示. 问：球心 O 处磁感应强度的方向是怎样的？

6-3-2　在载有电流 I 的圆形回路中，回路平面内各点磁感应强度的方向是否相同？回路内各点的 $\boldsymbol{B}$ 是否均匀？

6-3-3　如图所示，一半径为 R 的假想球面中心有一电流元，判断下列各点磁感强度的方向和大小.

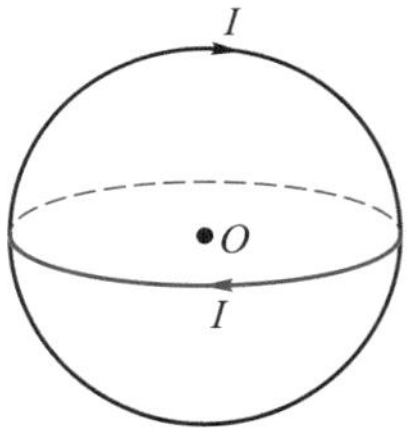

思考题 6-3-1 图

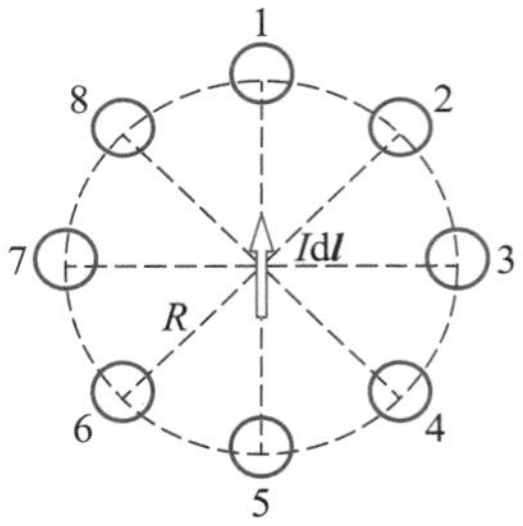

思考题 6-3-3 图

6-4　磁通量　磁场的高斯定理

一、磁感应线

与静电场中用电场线来形象地描述静电场的空间分布类似，在磁场中我们也引入一些假想的曲线——磁感应线来形象地表示磁场的空间分布情况. 我们规定：磁感应线上每一点的切线方向与该点的磁感应强度的方向一致，通过某点垂直于 $\boldsymbol{B}$ 的单位面积上的磁感应线条数等于该点磁感应强度 B 的大小. 这样，磁感应线的方向和疏密可以形象地表示出空间各点磁场的方向和强弱.

磁感应线可以通过实验方法显示出来. 在垂直于长直载流导线的玻璃（或纸）板上撒上一

些铁屑，轻轻敲动玻璃（或纸）板，铁屑在磁场中会形成如图 6-18(a) 所示的分布. 长直载流导线的磁感应线的回转方向和电流流向之间的关系遵从右手螺旋定则：右手握住导线，使大拇指伸直并指向电流方向，这时其他四指弯曲的方向，就是磁感应线的回转方向，如图 6-18(b) 所示. 图6-19是圆电流和载流长直螺线管所激发的磁场的磁感应线分布图.

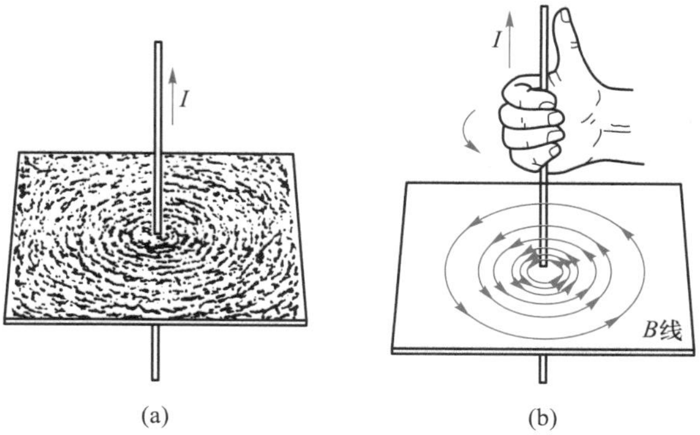

图 6-18　长直载流导线的磁感应线

从图中可以看出，磁感应线具有如下特征：由于磁场中某点的磁场方向是唯一确定的，所以磁感应线不会相交. 每一条磁感应线都是和闭合电流相互套链的无头无尾的闭合曲线，而且磁感应线的环绕方向与电流方向成右手螺旋关系.

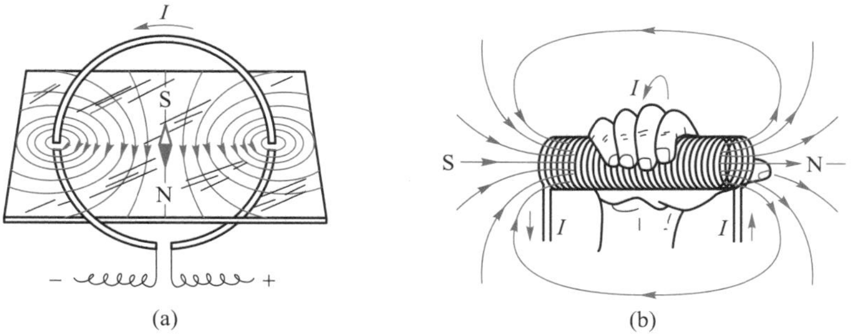

图 6-19　圆电流和长直载流螺线管的磁感应线

二、磁通量　磁场的高斯定理

类似于静电场中引入电场强度通量的概念，现在我们将引入磁通量的概念，用以描写磁场的性质.

磁场中，通过某一给定曲面的磁感应线数称为通过此曲面的磁通量，简称磁通，用符号 Φ_m 表示.

如图 6-20(a) 所示，在磁感应强度为 $\boldsymbol{B}$ 的均匀磁场中，取一面积为 S 的平面，该平面的单位法向矢量用 $\boldsymbol{e}_n$ 表示. 设 $\boldsymbol{e}_n$ 与 $\boldsymbol{B}$ 之间的夹角为 θ，则面 $\boldsymbol{S}$ 在垂直于 $\boldsymbol{B}$ 方向的投影为 $S_\perp = S\cos\theta$，按照磁通量的定义，有

$$\Phi_m = BS\cos\theta = \boldsymbol{B}\cdot\boldsymbol{S} \qquad (6-26)$$

在非均匀磁场中，通过任意曲面 S 的磁通量应怎样计算呢？

我们已经知道在均匀磁场中，通过任一平面的磁通量的计算方法. 虽然现在磁场不再是均匀磁场，面也不再是平面，但若我们在有限的曲面 S 上任取一无限小的面积元 $\mathrm{d}\boldsymbol{S}$，如

图 6-20(b)所示,在这小面元 d$\boldsymbol{S}$ 上,$\boldsymbol{B}$ 可看成是不变的,d$\boldsymbol{S}$ 也可视为平面. 若面积元所在处的磁感应强度 $\boldsymbol{B}$ 与面元单位法向矢量 $\boldsymbol{e}_n$ 之间的夹角为 θ,则通过面积元 d$\boldsymbol{S}$ 的磁通量为

$$\mathrm{d}\Phi_m = B\mathrm{d}S\cos\theta = \boldsymbol{B}\cdot\mathrm{d}\boldsymbol{S} \tag{6-27}$$

通过某一有限曲面的磁量 Φ_m 就等于通过这些面积元 d$\boldsymbol{S}$ 上的磁通量 dΦ_m 的总和,即

$$\Phi_m = \int_S \mathrm{d}\Phi_m = \int_S B\cos\theta\mathrm{d}S = \int_S \boldsymbol{B}\cdot\mathrm{d}\boldsymbol{S} \tag{6-28}$$

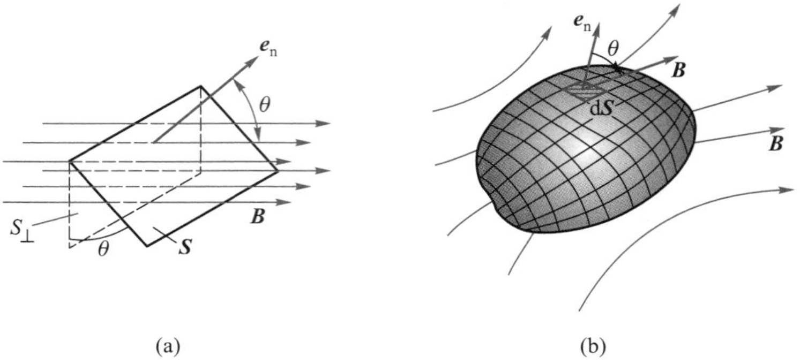

图 6-20 磁通量

对于闭合曲面,我们前面已有规定,单位法向矢量 $\boldsymbol{e}_n$ 的方向垂直于曲面向外. 照此规定,磁感应线从曲面内穿出时$\left(\theta<\dfrac{\pi}{2},\cos\theta>0\right)$,磁通量是正的;而当磁感应线从曲面外穿入时$\left(\theta>\dfrac{\pi}{2},\cos\theta<0\right)$,磁通量是负的. 由于磁感应线是连续闭合的,因此对任意一闭合曲面来说,有多少条磁感应线进入闭合曲面,就一定有多少条磁感应线穿出闭合曲面,也就是说,通过任意闭合曲面的磁通量必等于零,即

$$\oint_S \boldsymbol{B}\cdot\mathrm{d}\boldsymbol{S} = 0 \tag{6-29}$$

上式称为真空中磁场的高斯定理. 它不仅对恒定磁场成立,对变化磁场也成立. 它是表明磁场基本性质的重要方程之一. 式(6-29)和静电场中的高斯定理$\left(\oint_S \boldsymbol{E}\cdot\mathrm{d}\boldsymbol{S} = \sum q/\varepsilon_0\right)$在形式上相似,但两者有着本质上的区别. 通过任意闭合曲面的电场强度通量可以不为零,反映了电场线起于正电荷,止于负电荷,静电场是有源场的性质. 而通过任意闭合曲面的磁通量必为零,意味着磁感应线形成闭合线,磁场为无源场. 同时也说明不存在类似正、负电荷那样的磁单极.

在国际单位制中,磁通量的单位为韦伯(Wb),1 Wb = 1 T · m^2.

例 6-5 如图所示,长直载流导线的电流为 I,求通过图中矩形面积的磁通量.

解 建立如图所示的坐标系,由长直载流导线激发磁场的计算公式 $B=\dfrac{\mu_0 I}{2\pi r}$可知,磁场的大小与场点到长直载流导线的距离有关,方向垂直于纸面向里.

对于非均匀磁场的磁通量的计算,在距离坐标原点 r 处选取一长为 l,宽为 $\mathrm{d}r$ 的小窄条面积元,设小窄条面积元的单位法向矢量垂直于纸面向里,故通过面积元的磁通量为

$$\mathrm{d}\Phi_{\mathrm{m}}=B\mathrm{d}S=\frac{\mu_0 I}{2\pi r}l\mathrm{d}r$$

则通过矩形线圈的磁通量为

$$\Phi_{\mathrm{m}}=\int \mathrm{d}\Phi_{\mathrm{m}}=\int_{d_1}^{d_2}\frac{\mu_0 I}{2\pi r}l\mathrm{d}r=\frac{\mu_0 Il}{2\pi}\ln\frac{d_2}{d_1}$$

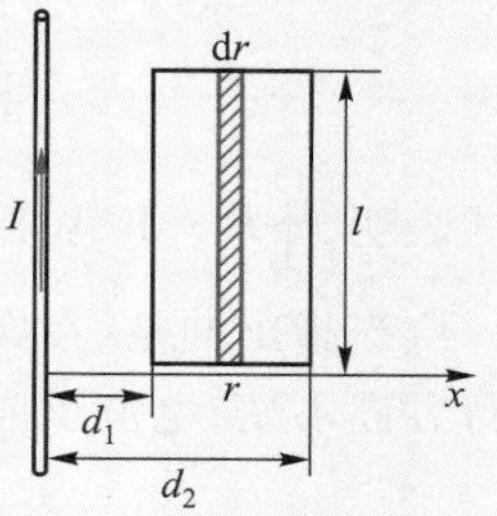

例 6-5 图

思考题

6-4-1　考虑一个闭合曲面,它包围磁铁棒的一个磁极. 通过该闭合曲面的磁通量是多少?

6-4-2　试证明穿过以闭合曲线 C 为边界的任意曲面 S_1 和 S_2(如图所示)的磁通量相等.

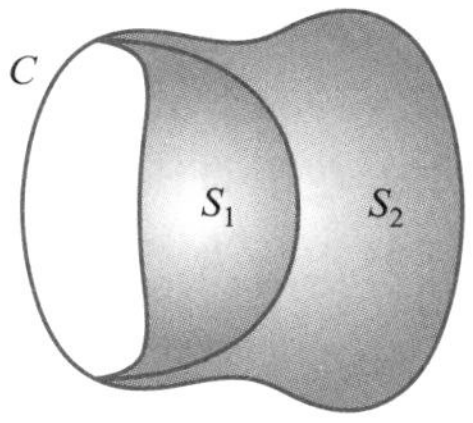

思考题 6-4-2 图

6-5　安培环路定理

一、安培环路定理

我们知道,静电场中电场强度的环流为 0,即 $\oint_L \boldsymbol{E}\cdot\mathrm{d}\boldsymbol{l}=0$,这说明静电力是保守力,静电场是保守场. 那么,恒定磁场中的磁感应强度 $\boldsymbol{B}$ 沿任意闭合路径的积分 $\oint_L \boldsymbol{B}\cdot\mathrm{d}\boldsymbol{l}$ 又等于多少呢?

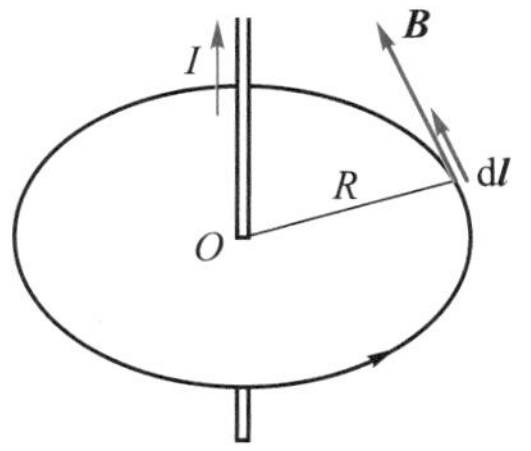

图 6-21　长直载流导线磁场的环流

现以通过长直载流导线周围磁场的特例来具体计算 $\boldsymbol{B}$ 沿任一闭合路径的线积分,并讨论这个积分的结果. 已知长直载流导线周围的磁感应线是一组以导线为中心的同心圆,如图 6-21 所示,取一平面与长直载流导线垂直,并以这平面与导线的交点 O 为圆心,在平面上作一半径为 R 的圆周,与静电场中取回路类似,取此圆周作回路,且规定回路的绕行方向为逆时针方向. 又由式(6-14)可知,在此回路上任意一点的磁感应强度 $\boldsymbol{B}$ 的大小均为 $B=\dfrac{\mu_0 I}{2\pi R}$,且 $\boldsymbol{B}$ 的方向与线元 $\mathrm{d}\boldsymbol{l}$ 的方向处处相同,则 $\boldsymbol{B}$ 沿这条闭合路径的线积分为

$$\oint_L \boldsymbol{B}\cdot\mathrm{d}\boldsymbol{l}=\oint_L B\cos\theta\mathrm{d}l=\oint_L\frac{\mu_0 I}{2\pi R}\mathrm{d}l=\frac{\mu_0 I}{2\pi R}\oint_L\mathrm{d}l$$

积分$\oint_L \mathrm{d}l$等于半径为R的圆周长，即$2\pi R$，所以有

$$\oint \boldsymbol{B}\cdot \mathrm{d}\boldsymbol{l}=\mu_0 I \tag{6-30}$$

此式表明，$\oint_L \boldsymbol{B}\cdot \mathrm{d}\boldsymbol{l}$等于此闭合路径所包围的电流与真空磁导率$\mu_0$的乘积.

应当指出的是，在式(6-30)中，积分回路L的绕行方向与电流的流向成右手螺旋关系. 若绕行方向不变，电流反向，则

$$\oint_L \boldsymbol{B}\cdot \mathrm{d}\boldsymbol{l}=\oint_L B\cos 180^\circ \mathrm{d}l=-\mu_0 I=\mu_0(-I)$$

积分结果将为负值，如果把式中的负号和电流流向联系在一起，即令$-\mu_0 I=\mu_0(-I)$，这时可以认为，对闭合路径的绕行方向来看，电流取负值.

若在垂直于长直载流导线的平面上作任意闭合路径L，则磁感应强度$\boldsymbol{B}$沿该闭合路径L的环路积分为

$$\oint_L \boldsymbol{B}\cdot \mathrm{d}\boldsymbol{l}=\oint_L B\cos\theta \mathrm{d}l$$

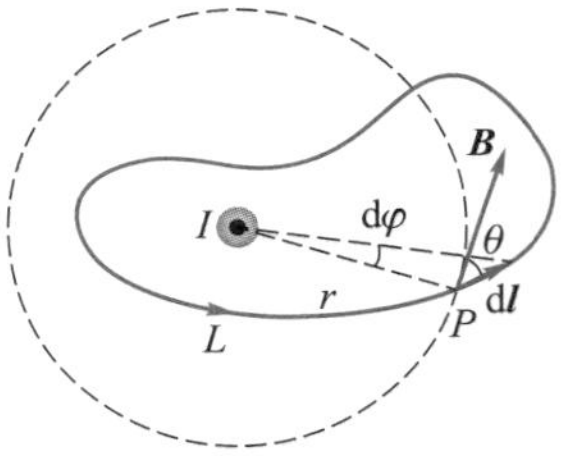

图 6-22 长直载流导线磁场的环路积分

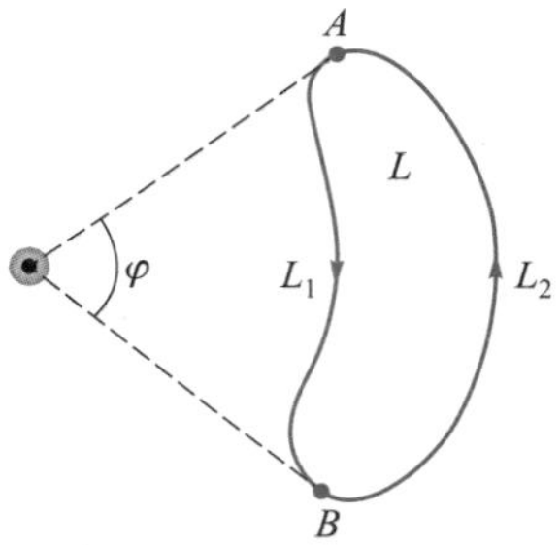

图 6-23 环路路径不包括载流直导线

式中，$\mathrm{d}\boldsymbol{l}$为积分路径L上任取的线元，$\boldsymbol{B}$为$\mathrm{d}\boldsymbol{l}$处的磁感应强度，θ为$\mathrm{d}\boldsymbol{l}$与$\boldsymbol{B}$的夹角，由图 6-22中的几何关系可知，$\cos\theta\ \mathrm{d}l=r\mathrm{d}\varphi$，$r$为线元$\mathrm{d}\boldsymbol{l}$至长直载流导线的距离，用$B=\dfrac{\mu_0 I}{2\pi R}$代入上式，可得

$$\oint_L \boldsymbol{B}\cdot \mathrm{d}\boldsymbol{l}=\int_0^{2\pi}\frac{\mu_0 I}{2\pi r}r\mathrm{d}\varphi=\mu_0 I$$

前面讨论的都是长直载流导线位于闭合曲线内，如果长直载流导线在闭合路径L以外，没有穿过L所包围的面积，如图 6-23 所示. 则可以从长直载流导线出发，引与闭合路径L相切的两条切线，切点把闭合路径L分为L_1和L_2两部分，则

$$\oint_L \boldsymbol{B}\cdot \mathrm{d}\boldsymbol{l}=\int_{L_1}\boldsymbol{B}\cdot \mathrm{d}\boldsymbol{l}+\int_{L_2}\boldsymbol{B}\cdot \mathrm{d}\boldsymbol{l}=\frac{\mu_0 I}{2\pi}\left(\int_{L_1}\mathrm{d}\varphi+\int_{L_2}\mathrm{d}\varphi\right)=0$$

可见，闭合路径L之外的电流对磁感应强度$\boldsymbol{B}$沿闭合路径的线积分没有贡献.

虽然我们从长直载流导线这个特例对安培环路定理作了验证，但可以证明，在真空中任一

闭合路径上,磁感应强度 $\boldsymbol{B}$ 在线元 $\mathrm{d}\boldsymbol{l}$ 上的分量沿该闭合路径的积分 $\oint_L \boldsymbol{B}\cdot\mathrm{d}\boldsymbol{l}$(即 B 的环流)的值等于 μ_0 乘以该闭合路径所包围的各电流的代数和,即

$$\oint_L \boldsymbol{B}\cdot\mathrm{d}\boldsymbol{l}=\mu_0\sum_{i=1}^{n} I_i \tag{6-31}$$

这就是真空中的安培环路定理. 它是恒定磁场的基本定律之一. 上式中若电流流向与积分回路成右手螺旋关系时,电流取正值;反之取负值. 注意:安培环路定理仅对恒定磁场成立,对变化磁场则不成立. 这与磁场的高斯定理不同,磁场的高斯定理对恒定或变化的磁场均成立.

安培环路定理反映了磁场的基本性质. 由 $\oint_L \boldsymbol{B}\cdot\mathrm{d}\boldsymbol{l}=\mu_0\sum_{i=1}^{n} I_i$ 知道,磁场中 $\boldsymbol{B}$ 的环流一般是不等于零的,故恒定电流的磁场的基本性质与静电场是不同的,静电场是保守场($\oint \boldsymbol{E}\cdot\mathrm{d}\boldsymbol{l}=0$),磁场是非保守场.

在式(6-31)中,$\sum_{i=1}^{n} I_i$ 是指对回路内电流求代数和,表明只有回路内的电流对环流 $\oint_L \boldsymbol{B}\cdot\mathrm{d}\boldsymbol{l}$ 才有贡献,而回路外的电流对环流 $\oint_L \boldsymbol{B}\cdot\mathrm{d}\boldsymbol{l}$ 无贡献. 应当注意的是,$\oint_L \boldsymbol{B}\cdot\mathrm{d}\boldsymbol{l}$ 中 $\boldsymbol{B}$ 是回路上各点的磁感应强度,它是由回路内、外所有电流共同产生的. 故当 $\boldsymbol{B}$ 的环流为零时,只意味着回路内电流代数和为 0,并不意味着闭合路径上各点的磁感应强度也为零.

正如在静电场中我们用高斯定理 $\left(\oint_S \boldsymbol{E}\cdot\mathrm{d}\boldsymbol{S}=\dfrac{1}{\varepsilon}\sum_{i=1}^{n} q_i\right)$ 可以求得电荷对称分布时的电场强度,类似地,在恒定磁场中,我们也可用安培环路定理 $\left(\oint_L \boldsymbol{B}\cdot\mathrm{d}\boldsymbol{l}=\mu_0\sum_{i=1}^{n} I_i\right)$ 来求某些有对称性分布的电流的磁感应强度.

二、安培环路定理的应用举例

安培环路定理以积分形式表达了恒定电流和它所激发磁场间的普遍关系,而毕奥-萨伐尔定律是部分电流和部分磁场相联系的微分表达式. 原则上两者都可以用来求解已知电流分布的磁场问题,但当电流分布具有某种对称性时,利用安培环路定理能很简单地算出磁感应强度.

应用安培环路定理计算磁感应强度 $\boldsymbol{B}$ 的步骤如下:

(1) 首先根据电流分布的对称性,分析磁场分布的对称性.

(2) 选取适当的闭合回路 L 使其通过所求的场点,且在所取回路 L 上要求磁感应强度 $\boldsymbol{B}$ 的大小处处相等;或使积分在回路 L 上某些段上的积分为零,剩余路径上的 $\boldsymbol{B}$ 值处处相等,而且 $\boldsymbol{B}$ 与路径的夹角也处处相等.

(3) 任意规定一个闭合回路 L 的绕行方向,根据右手螺旋定则判断电流的正、负,从而求出闭合回路所包围电流的代数和.

(4) 根据安培环路定理列出方程式,将 $\oint_L \boldsymbol{B}\cdot\mathrm{d}\boldsymbol{l}$ 写成标量形式,并将 $\boldsymbol{B}$ 及 $\cos\theta$ 从积分号中

提出,最后解出磁感应强度 $\boldsymbol{B}$ 的分布.

以下举几个安培环路定理的应用案例来说明.

1. 载流长直螺线管内中部的磁感应强度

前面我们曾计算过长直螺线管内轴线上的磁场分布,现在利用安培环路定理,再来求管内的磁感应强度. 由于螺线管相当长,所以管内中间部分的磁场可以看成无限长螺线管内的磁场,再由电流分布的对称性可判断,在螺线管内部靠近中心轴附近,磁感应线近似与管轴平行,而且在同一磁感应线上各点的 $\boldsymbol{B}$ 相同. 在管壁外侧,磁场较弱,磁感应强度几乎为零.

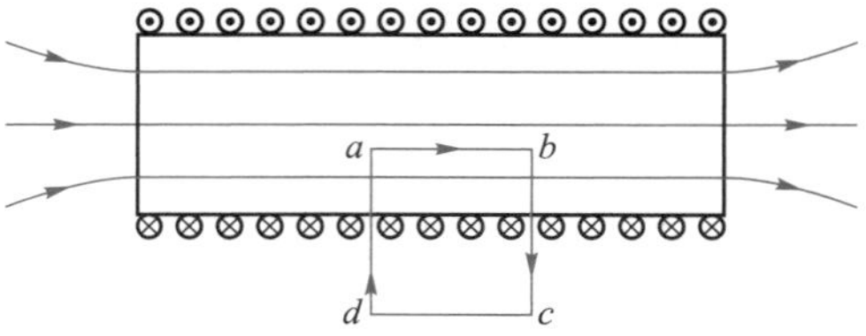

图 6-24 载流长直螺线管内的磁场

选取通过管内任意一点的矩形闭合路径 $abcda$ 作为积分回路 L,如图 6-24 所示,则磁感应强度 $\boldsymbol{B}$ 沿此闭合路径的积分为

$$\oint_L \boldsymbol{B}\cdot \mathrm{d}\boldsymbol{l}=\int_{ab}\boldsymbol{B}\cdot \mathrm{d}\boldsymbol{l}+\int_{bc}\boldsymbol{B}\cdot \mathrm{d}\boldsymbol{l}+\int_{cd}\boldsymbol{B}\cdot \mathrm{d}\boldsymbol{l}+\int_{da}\boldsymbol{B}\cdot \mathrm{d}\boldsymbol{l}$$

在线段 cd 及线段 bc 和 da 的管外部分各点上有 $B=0$,bc 和 da 管内部分虽然 $B\neq 0$,但因 $\boldsymbol{B}$ 与路径垂直,$\theta=90°$,$\cos\theta=0$,故沿这三段的积分值均为零. 所以有

$$\oint \boldsymbol{B}\cdot \mathrm{d}\boldsymbol{l}=\int_a^b \boldsymbol{B}\cdot \mathrm{d}\boldsymbol{l}=B\int_a^b \mathrm{d}l=B|ab|$$

由于螺线管上每单位长度有 n 匝线圈,而通过每匝线圈的电流为 I,其流向与回路 $abcda$ 成右手螺旋关系,故取正值,所以闭合路径 $abcda$ 所包围的总电流为 $|ab|nI$. 根据安培环路定理,可得

$$\oint_L \boldsymbol{B}\cdot \mathrm{d}\boldsymbol{l}=B|ab|=\mu_0|ab|nI$$

故有

$$B=\mu_0 nI \tag{6-32}$$

上式表明,载流无限长螺线管内中部,任意点磁感应强度的大小与通过螺线管的电流和单位长度线圈的匝数成正比.

由于矩形回路是任取的,不论 ab 段在管内处于任何位置,式(6-32)都成立. 因此,无限长螺线管内任一点的 $\boldsymbol{B}$ 值均相同,方向平行于轴线,即无限长螺线管内中间部分的磁场是一个均匀磁场. 上式与根据毕奥-萨伐尔定律算出的结果相同,但应用安培环路定理的计算方法简便得多.

2. 载流螺绕环内的磁场

密绕在圆环上的螺线圈称为螺绕环. 如图 6-25(a)所示,设螺绕环通有电流 I,环的平均半径为 R,环上每个载流线圈的半径远小于 R,螺绕环的剖面图如图 6-25(b)所示. 由对称性分析可知,环内外磁场的磁感应线是与环共轴的一些同心圆,且同一条圆周上各点磁感应强度 $\boldsymbol{B}$ 的量值相等,方向沿圆周的切线方向.

为计算管内任一点 P 的磁感应强度,现选取通过 P 点的磁感应线 L 作为积分回路,半径为 r. 由于闭合路径上各点的磁感应强度方向都和该点 $\mathrm{d}\boldsymbol{l}$ 一致,且各点 $\boldsymbol{B}$ 的值相等. 圆形闭合

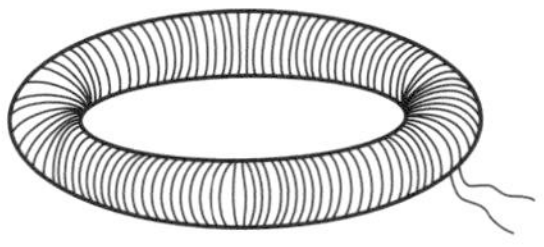

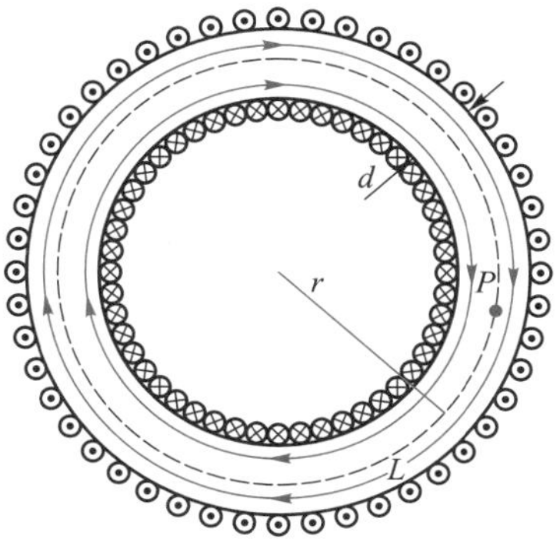

图 6-25 载流螺绕环内磁场的计算

路径内电流的流向和此圆形闭合路径成右手螺旋关系. 由安培环路定理得

$$\oint_L \boldsymbol{B} \cdot \mathrm{d}\boldsymbol{l} = B \cdot 2\pi r = \mu_0 NI$$

式中,N 为环形螺线管的总匝数. 从上式可得

$$B = \frac{\mu_0 NI}{2\pi r} \quad (\text{在环管内}) \tag{6-33}$$

如果环管截面半径比环的半径小得多,可认为 $r \approx R$,则上式可写成

$$B = \mu_0 \frac{NI}{2\pi R} = \mu_0 nI \tag{6-34}$$

式中 $n = \dfrac{N}{2\pi R}$,即单位长度上的线圈匝数.

再分析环管外的磁场分布. 如果将积分回路取在螺绕环外的空间里,并与它共轴,这时穿过它的总电流的代数和将为零. 根据安培环路定理有

$$\oint_L \boldsymbol{B} \cdot \mathrm{d}\boldsymbol{l} = B \cdot 2\pi r = 0$$

得 $B=0$(在环管外),上述结果表明,螺绕环内部的磁场可近似看成是均匀的;磁场几乎全部集中在环内,环外无磁场.

3. 长直圆柱形载流导体的磁场

设截面半径为 R 的圆柱形导体中,电流 I 沿着轴向流动,电流在截面积上的分布是均匀的,如图 6-26(a)所示. 由于电流分布具有轴对称性,因此可以判断在圆柱形导体内、外空间中的磁感应线是一系列同轴圆周线.

设 P 点到轴线的距离为 r,且 $r>R$,过 P 点作圆形积分回路 L,在积分回路 L 上各点的磁感应强度 $\boldsymbol{B}$ 的大小都相等,$\boldsymbol{B}$ 的方向沿圆周的切线方向,由安培环路定理

$$\oint_L \boldsymbol{B} \cdot \mathrm{d}\boldsymbol{l} = B \cdot 2\pi r = \mu_0 I$$

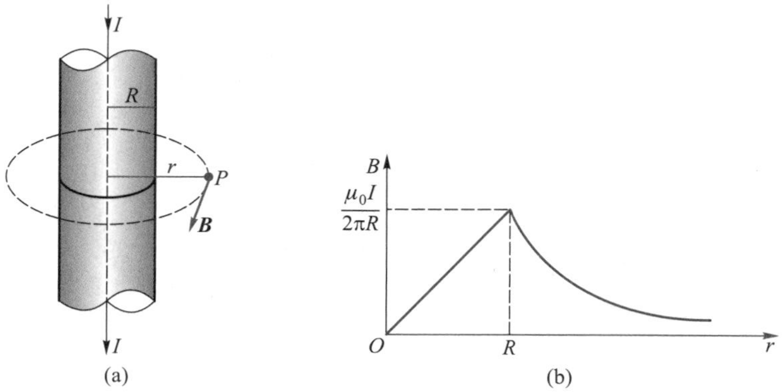

图 6-26 圆柱形载流导线的磁场

$$B=\frac{\mu_0}{2\pi}\cdot\frac{I}{r}\quad(r>R) \tag{6-35}$$

由式(6-35)可看出,无限长圆柱形导体电流外部的磁感应强度与无限长直线电流的磁感应强度相同.

在圆柱形导体内部,取过 P 点、半径为 $r(r<R)$ 的同轴圆周线 L 为积分回路,L 上各点的磁感应强度 $\boldsymbol{B}$ 的大小都相等,方向沿回路 L 的切线方向. 回路 L 所包围的电流为

$$\sum_i I_i=\frac{\pi r^2}{\pi R^2}I=\frac{Ir^2}{R^2}$$

由安培环路定理,有

$$B\cdot 2\pi r=\mu_0\frac{Ir^2}{R^2}$$

解得

$$B=\frac{\mu_0 I}{2\pi R^2}r(r<R) \tag{6-36}$$

由式(6-36)知,在圆柱形导体内磁感应强度 $\boldsymbol{B}$ 的大小与距轴线的距离 r 成正比;而在圆柱形导体外,B 与 r 成反比. 图 6-26(b)描绘了磁感应强度 $\boldsymbol{B}$ 的大小随距离 r 变化的关系曲线.

思考题

6-5-1 问:下面三种情况下,是否能够用安培环路定理来求磁感应强度? 为什么?

(1) 有限长直载流导线产生的磁场;

(2) 圆电流产生的磁场;

(3) 两个无限长同轴载流圆柱面之间的磁场.

6-5-2 在电子仪器中,为了减弱与电源相连的两条导线的磁场,通常总是把它们扭在一起. 这是为什么?

6-5-3　设图中两导线中的电流 $I_1=I_2$，试分别求如图所示的三条闭合回路 L_1、L_2、L_3 的环路积分 $\oint_L \boldsymbol{B}\cdot \mathrm{d}\boldsymbol{l}$ 的值，并讨论：

（1）在每条闭合回路上各点的磁感应强度 $\boldsymbol{B}$ 是否相等？

（2）在闭合回路 L_2 上各点的 $\boldsymbol{B}$ 是否为零？为什么？

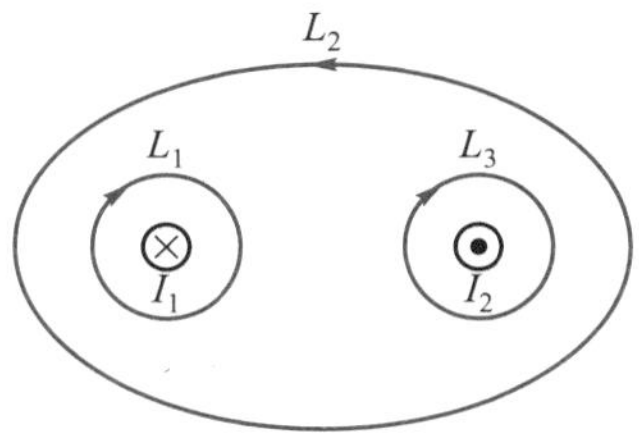

思考题 6-5-3 图

6-6　带电粒子在电场和磁场中的运动

前面几节我们讨论了电流激发磁场的毕奥-萨伐尔定律，以及磁场的两个基本定理：磁场的高斯定理和安培环路定理. 这一节将在介绍运动电荷在电场和磁场中受力作用的基础上，分别讨论带电粒子在磁场中运动以及带电粒子在电磁场中运动的一些例子. 通过这些例子，我们可以了解电磁学的一些基本原理在科学技术中的应用.

一、带电粒子在电场和磁场中所受的力

从电场的讨论中，我们知道若电场中 P 点的电场强度为 $\boldsymbol{E}$，则处于该点的电荷为 $+q$ 的带电粒子所受的电场力为

$$\boldsymbol{F}_{\mathrm{e}}=q\boldsymbol{E}$$

若电荷量为 q 的正电荷以速度 $\boldsymbol{v}$ 在磁场 $\boldsymbol{B}$ 中运动，如图 6-27(a) 所示，则作用在带电粒子上的磁场力为

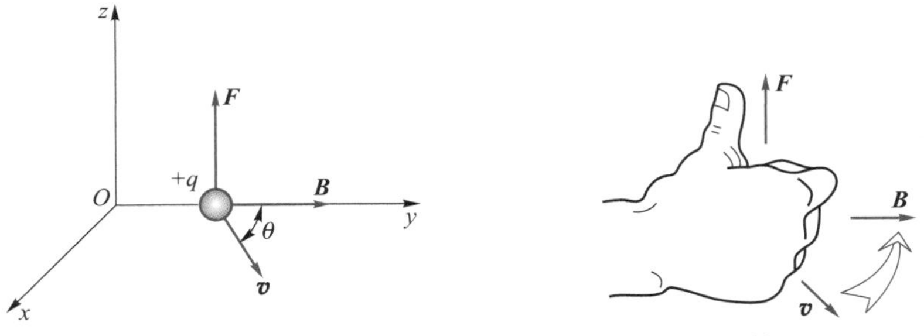

图 6-27　洛伦兹力

$$\boldsymbol{F}=q\boldsymbol{v}\times\boldsymbol{B} \tag{6-37a}$$

上式称为洛伦兹力公式. 洛伦兹力的大小可表示为

$$F=qvB\sin\theta \tag{6-37b}$$

洛伦兹力 $\boldsymbol{F}$ 的方向垂直于运动电荷的速度 $\boldsymbol{v}$ 和磁感应强度 $\boldsymbol{B}$ 所组成的平面，如图 6-27(b) 所示，符合右手螺旋定则：以右手四指由 $\boldsymbol{v}$ 经小于 180° 的角弯向 $\boldsymbol{B}$，这时大拇指的指向就是运动

正电荷所受的洛伦兹力的方向. 由式(6-37a)可看出,当 q 为正时,$\boldsymbol{F}$ 的方向即 $\boldsymbol{v}\times\boldsymbol{B}$ 的方向;当 q 为负时,$\boldsymbol{F}$ 的方向则与 $\boldsymbol{v}\times\boldsymbol{B}$ 的方向相反.

洛伦兹力的方向总是和带电粒子运动速度方向相垂直这一事实,说明磁场力只能使带电粒子的运动方向偏转,而不会改变其速度的大小,因此磁场力对运动的带电粒子所做的功恒等于零,这是洛伦兹力的一个重要特征. 以下我们分三种情况来讨论带电粒子在磁场中的运动规律.

(1) 带电粒子 q 以速度 $\boldsymbol{v}_0$ 沿磁场 $\boldsymbol{B}$ 方向进入均匀磁场. 由洛伦兹力公式可知,粒子将不受磁场力的作用,它将沿磁场方向作匀速直线运动.

(2) 带电粒子 q 以速率 v_0 沿垂直于磁场 $\boldsymbol{B}$ 的方向进入均匀磁场,这时它受到洛伦兹力的作用,作用力的大小为 $F=qv_0B$. 因为洛伦兹力始终与粒子的运动方向垂直,所以带电粒子将在垂直于磁场的平面内作半径为 R 的匀速率圆周运动,如图 6-28 所示. 其运动方程为

$$qv_0B=m\frac{v_0^2}{R}$$

由上式可给出带电粒子相应的轨道半径为

$$R=\frac{mv_0}{qB} \tag{6-38}$$

可见,轨道半径 R 与带电粒子的运动速率 v_0 成正比,与磁感应强度 $\boldsymbol{B}$ 的大小成反比.

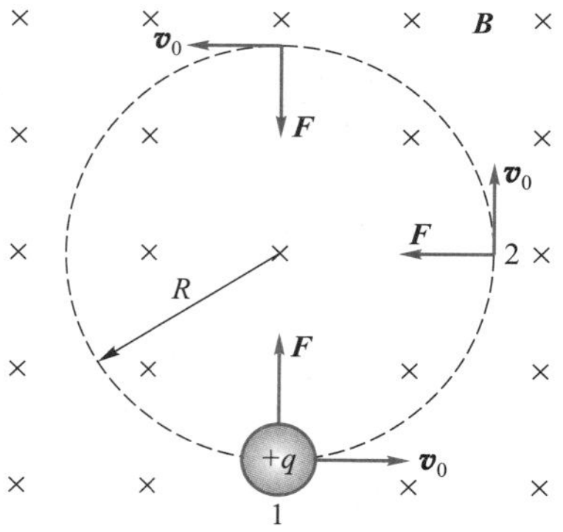

图 6-28 带电粒子在均匀磁场中的圆周运动

带电粒子沿圆形轨道绕行一周所需的时间称为周期,其大小为

$$T=\frac{2\pi R}{v_0}=\frac{2\pi m}{qB} \tag{6-39}$$

单位时间内带电粒子的绕行圈数称为回旋频率,用 ν 表示,它是周期的倒数,即

$$\nu=\frac{qB}{2\pi m} \tag{6-40}$$

从式(6-39)和式(6-40)可以看出,带电粒子的运动周期 T 或回旋频率 ν 与运动速率无关,这一点被用在回旋加速器中来加速带电粒子.

(3) 带电粒子进入磁场时的速度 $\boldsymbol{v}_0$ 和磁场 $\boldsymbol{B}$ 方向成一夹角 θ,这时可以将带电粒子的初速度 $\boldsymbol{v}_0$ 分解为平行于 $\boldsymbol{B}$ 的分量 $v_{/\!/}$ 和垂直于 $\boldsymbol{B}$ 的分量 $v_\perp$,有

$$v_{/\!/}=v_0\cos\theta,\quad v_\perp=v_0\sin\theta$$

因为平行于磁场方向的速度分量 $v_{/\!/}$ 不受磁场力作用,所以粒子作匀速直线运动;同时还存在垂直于磁场方向的速度分量 $v_\perp$,在磁场力的作用下,粒子还同时作匀速圆周运动. 因此,带电粒子同时参与两种运动. 其合运动是以磁场方向为轴的等螺距螺旋运动,如图 6-29 所示. 螺旋线半径为

$$R=\frac{mv_\perp}{qB}=\frac{mv_0\sin\theta}{qB} \tag{6-41}$$

螺旋周期为

$$T=\frac{2\pi R}{v_{\perp}}=\frac{2\pi m}{qB} \tag{6-42}$$

一个周期内,粒子沿磁场方向前进的距离称为螺距,为

$$d=Tv_{/\!/}=\frac{2\pi mv\cos\theta}{qB} \tag{6-43}$$

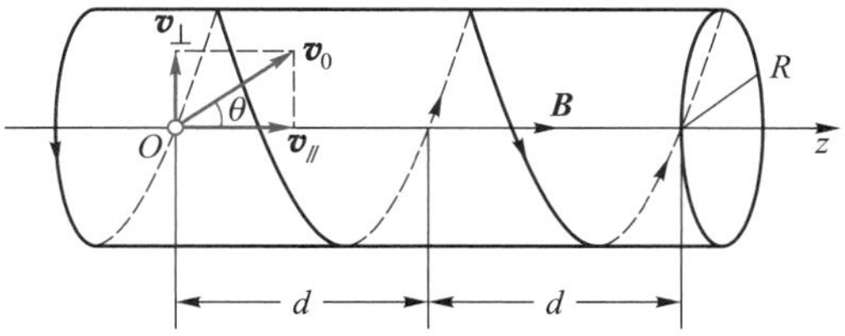

图 6-29 带电粒子在均匀磁场中的螺旋运动

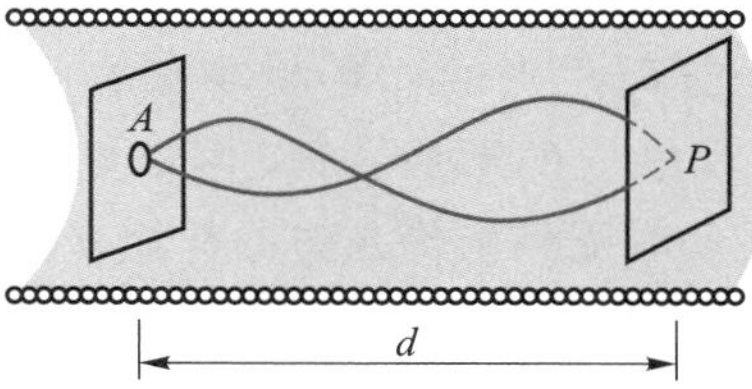

图 6-30 磁聚焦示意图

式(6-43)表明,螺距 d 只和平行于磁场的速度分量 $v_{/\!/}$ 有关,而和垂直于磁场的速度分量 $v_{\perp}$ 无关.

在阴极射线管中,由阴极出射的电子束在控制极和阳极加速电压的作用下,会聚于 A 点.这时由于速度近似相等的电子束受到库仑力的作用而产生发散.由于电子束的发散角比较小,且电子的速率又差不多相等,因此有

$$v_{/\!/}=v_0\cos\theta\approx v_0,\quad v_{\perp}=v_0\sin\theta\approx v_0\theta$$

此时若在电子束原来的速度方向加上一个均匀磁场,则各电子将沿不同半径的螺旋线前进.由于它们速度的平行分量近似相等,因而螺距近似相等,因此经过一个螺距后,它们又会重新聚在 P 点,这与光束通过透镜后聚焦的现象有些类似,所以称为磁聚焦现象.如图 6-30 所示,磁聚焦广泛应用于电真空器件中对电子束的聚焦.

二、带电粒子在电场和磁场中的运动举例

如果在空间内同时存在电场和磁场,那么以速度 $\boldsymbol{v}$ 运动的带电粒子 q 将要受到电场力和磁场力的共同作用:

$$\boldsymbol{F}=q\boldsymbol{E}+q\boldsymbol{v}\times\boldsymbol{B} \tag{6-44}$$

式(6-44)叫做洛伦兹关系式.当粒子的速度 v 远小于光速 c 时,根据牛顿第二定律,带电粒子的运动方程(设重力可略去不计)为

$$q\boldsymbol{E}+q\boldsymbol{v}\times\boldsymbol{B}=m\frac{\mathrm{d}\boldsymbol{v}}{\mathrm{d}t}$$

式中,m 为粒子的质量.在一般的情况下,求解这一方程是比较复杂的.事实上,我们经常遇到利用电磁力来控制带电粒子运动的例子,所用的电场和磁场分布都具有某种对称性,这就使求解方程简便得多.下面我们讨论带电粒子在电磁力控制下运动的几种简单而重要的实例.

1. 霍耳效应

1879 年,美国物理学家霍耳首先观察到,把一载流导体薄片放在磁场中时,如果磁场方向

垂直于薄片平面，则在薄片的左、右两侧面会出现微弱的电势差，如图 6-31 所示，这一现象称为霍耳效应，此电势差称为霍耳电势差. 经实验测定，霍耳电势差的大小与电流 I 及磁感应强度 $\boldsymbol{B}$ 成正比，而与薄片沿 $\boldsymbol{B}$ 方向的厚度 d 成反比，它们的关系可写成

$$U_{\mathrm{H}}=R_{\mathrm{H}}\frac{IB}{d} \tag{6-45}$$

式中，R_{H}是一常量，称为霍耳系数，它仅与导体的材料有关.

霍耳效应的出现是导体中的载流子在磁场中受洛伦兹力的作用发生横向漂移的结果. 霍耳电压的形成，可以用带电粒子在磁场中运动时受到洛伦兹力的作用来解释.

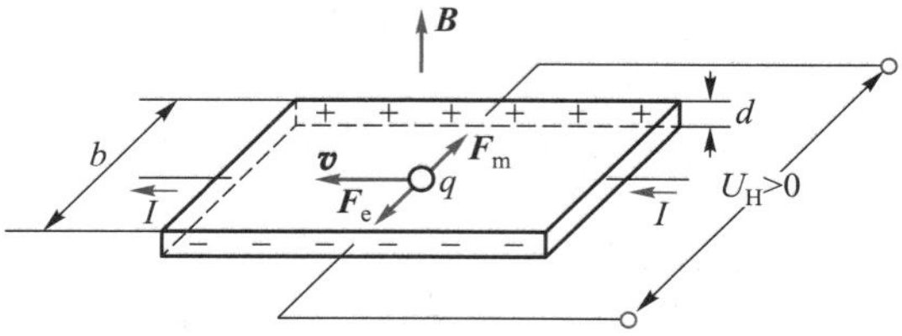

图 6-31 载流子的霍耳效应

如图 6-31 所示，把一块宽为 b、厚为 d 的导体板放在磁感应强度为 $\boldsymbol{B}$ 的磁场中，并在导体板中通以纵向电流 I. 设导体板中的载流子为正电荷 q，其漂移速度为 $\boldsymbol{v}_{\mathrm{d}}$. 于是载流子在磁场中受到洛伦兹力 $\boldsymbol{F}_{\mathrm{m}}$ 的作用，其值为 $F_{\mathrm{m}}=qv_{\mathrm{d}}B$. 在洛伦兹力的作用下，导体板内的载流子将向导体板内侧表面移动，从而使导体内、外两个侧面上分别有正、负电荷的积累. 这样，便在导体板两侧之间建立起电场强度为 $\boldsymbol{E}$ 的电场，于是，载流子就要受到一个与洛伦兹力方向相反的电场力 $\boldsymbol{F}_{\mathrm{e}}$. 随着内、外两个侧面上电荷的积累，$\boldsymbol{F}_{\mathrm{e}}$ 也不断增大. 当电场力增大到正好等于洛伦兹力时，就达到了动态平衡. 这时导体板内、外两个侧面之间的横向电场称为霍耳电场 $\boldsymbol{E}_{\mathrm{H}}$，它与霍耳电压 U_{H}之间的关系为

$$E_{\mathrm{H}}=\frac{U_{\mathrm{H}}}{b}$$

由于动态平衡时电场力与洛伦兹力相等，有

$$qE_{\mathrm{H}}=qv_{\mathrm{d}}B$$

于是

$$\frac{U_{\mathrm{H}}}{b}=v_{\mathrm{d}}B \tag{6-46a}$$

上式给出了霍耳电压 U_{H}、磁感应强度 $\boldsymbol{B}$ 以及载流子漂移速度 $\boldsymbol{v}_{\mathrm{d}}$之间的关系. 考虑到 $\boldsymbol{v}_{\mathrm{d}}$与电流 I 的关系即式(6-4)，有

$$I=nqv_{\mathrm{d}}S=nqv_{\mathrm{d}}bd$$

于是可将(6-46a)改写为

$$U_{\mathrm{H}}=\frac{IB}{nqd} \tag{6-46b}$$

对于一定材料，载流子数密度 n 和电荷 q 都是一定的. 上式与式(6-45)相比较，可得霍耳系数为

$$R_{\mathrm{H}}=\frac{1}{nq} \tag{6-47}$$

可见，R_{H} 与载流子数密度 n 成反比.

以上我们讨论了载流子带正电的情况，所得霍耳电压和霍耳系数亦是正的．如果载流子带负电，则产生的霍耳电压和霍耳系数便是负的．所以从霍耳电压的正负，可以判断载流子带的是正电还是负电．

用这个方法可以判断半导体材料是空穴型导电（p 型半导体）还是电子型导电（n 型半导体），还可以测定载流子的浓度 n．由于在半导体中载流子浓度 n 远小于单价金属中自由电子的浓度，可得到较大的霍耳电势差，所以常用半导体材料制成各种霍耳效应传感器，用来测量磁感应强度、电流，甚至压力、转速等．利用霍耳效应制成的半导体器件被广泛应用于工业生产和科学研究中．例如可以通过霍耳电压来测量磁场，这是现阶段精确测量磁场的一种常用方法．除此之外，霍耳效应也可以测量金属中电子的漂流速度．如果我们在与电流相反的方向上移动样品，且移动速度等于电子漂流速度，则霍耳效应就会消失．目前，霍耳效应在计算机技术和自动控制领域的应用越来越广泛．

例 6-6　有一宽为 0.50 cm，厚为 0.10 mm 的薄片银导体，当薄片中通以 2 A 的电流，且有 0.80 T 的磁场垂直薄片时，试问：产生的霍耳电压为多大？（银的密度是10.5 g/cm³.）

解　银的原子量为 108，故在 1 cm³体积中的原子数为

$$n=6\times10^{23}\times\frac{10.5}{108}\approx6\times10^{22}$$

因为银是单价原子，单位体积的原子数等于载流子数．在国际单位制中，载流子数 n 为

$$n=6\times10^{28}\ \mathrm{m^{-3}}$$

根据式（6-45）可求出霍耳电压：

$$U_{\mathrm{H}}=R_{\mathrm{H}}\frac{IB}{d}=\frac{1}{nq}\frac{IB}{d}=\frac{2\times0.80}{6\times10^{28}\times1.6\times10^{-19}\times0.10\times10^{-3}}\ \mathrm{V}\approx1.7\times10^{-6}\ \mathrm{V}$$

可见，对于良导体，霍耳电压是非常小的．

*2. 质谱仪

质谱仪是用磁场和电场的各种组合来达到把电荷量相等但质量不同的粒子分离开来的一种仪器，是研究同位素的重要工具，也是测定离子荷质比，又称比荷的仪器．

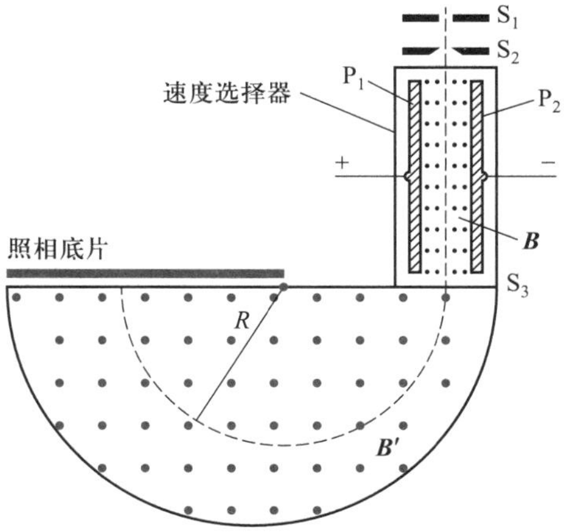

图 6-32　质谱仪示意图

质谱仪结构如图 6-32 所示，从离子源所产生的离子经过狭缝 S_1 与 S_2 之间的加速电场后，进入 P_1 与 P_2 两板之间的狭缝．在 P_1 和 P_2 两板之间有一均匀电场 $\boldsymbol{E}$，同时还有垂直图面向外的均匀磁场 $\boldsymbol{B}$．当 $q>0$ 的离子进入两板之间时，它们将受到电场力 $\boldsymbol{F}_{\mathrm{e}}=q\boldsymbol{E}$ 和磁场力 $\boldsymbol{F}_{\mathrm{m}}=q\boldsymbol{v}\times\boldsymbol{B}$ 的作用，两力的方向正好相反．显然，只有速度满足 $v=\dfrac{E}{B}$ 的离子才能无偏转地通过两板间的狭缝沿直线运动从 S_3 射出，对那

些速度比 $v=\frac{E}{B}$ 或大或小的离子，都将发生偏转落到 P_1 或 P_2 板上，这种装置称为速度选择器.

通过 S_3 的离子进入只有磁感应强度 $\boldsymbol{B}'$ 的磁场区域，磁场方向垂直纸面向外（与射入其中的粒子的运动方向垂直），于是离子受到磁场力的作用而作匀速圆周运动，设其半径为 R，离子质量为 m，则

$$qvB'=m\frac{v^2}{R}$$

又由 $v=\frac{E}{B}$，可得

$$R=\frac{mE}{qB'B}$$

上式中，q、E、B'、B 均为定值，因而 R 与离子质量 m 成正比，即从狭缝 S_3 射出来的同位素离子在磁场 $\boldsymbol{B}'$ 中因质量 m 不同作半径 R 不同的圆周运动. 因此，根据落到照相底片上的不同位置可算出这些离子的相应质量，它可以精确测定同位素的相对原子质量，所以这种仪器叫质谱仪. 如果离子中有不同质量的同位素，那么轨道半径的差异造成最后射到照相底片上的位置不相同，在照相底片上就形成若干线状的细条纹，称为质量谱线. 从条纹位置可得知轨道半径大小，从而算出相应的质量. 图 6-33 中的照相底片上表示的是锗的同位素 ^{70}Ge，^{72}Ge……的质谱.

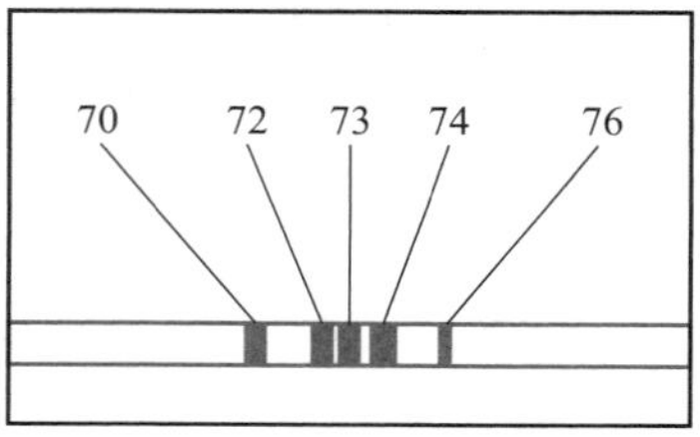

图 6-33 锗的质谱

质谱仪的应用之一，是通过对岩石中铅的各种同位素含量的测定，来确定岩石的年代的. 因经过长时期后放射性铀-238 衰变为铅-206，铀-235 衰变为铅-207，钍-232 衰变为铅-208，故用化学分析测出矿石样品中铀、钍、铅的含量，同时用质谱仪分析出铅的三种同位素的含量，知道这三种放射性同位素的衰变速率，可以估算出矿石的年代. 用这种方法，人们已估算出地球、月球和其他一些天体的年龄. 例如，算出地球的年龄为 4.55×10^9 a.

带电粒子的电荷量与其质量之比称为带电粒子的荷质比，它是反映基本粒子特征的一个重要物理量. 质谱仪可以测定不同速度下的荷质比：

$$\frac{q}{m}=\frac{E}{RB'B} \tag{6-48}$$

实验发现，在高速情况下同一带电粒子荷质比有所变化，这个变化正是带电粒子的质量按相对论质速关系 $m=\gamma m_0$ 变化引起的，而与电荷无关，这就验证了在不同的参考系下粒子的电荷是不变的，或者说带电粒子的运动不改变其电荷量.

*3. 回旋加速器

回旋加速器是原子核物理、高能物理等领域的实验中获得高能粒子的一种基本设备. 要使带电粒子获得这样高的能量，一种可能的途径是在电场和磁场的共同作用下，使粒子经过多次加速来达到目的. 第一台回旋加速器是美国物理学家劳伦斯于 1932 年研制成功的，可将质子和氘核加速到 1 MeV（10^6 eV）的能量. 为此，劳伦斯获 1939 年诺贝尔物理学奖. 下面简述回

旋加速器的工作原理.

图 6-34(a)是回旋加速器原理图,它的主要部分是作为电极的两个金属半圆形盒 D_1 和 D_2,放在高真空的容器中. 然后将它们放在电磁铁所产生的强大均匀磁场 $\boldsymbol{B}$ 中,磁场方向与半圆形盒 D_1 和 D_2 的平面垂直. 当两电极间加上高频交变电压时,两电极缝隙之间就产生高频交变电场 $\boldsymbol{E}$,使极缝间电场的方向在相等的时间间隔内迅速地交替改变. 如果有一带正电的粒子,从极缝间的粒子源 O 中释放出来,那么,这个粒子在电场力的作用下,被加速而进入半圆形盒 D_1,这时粒子的速率为 v_1. 由于盒内无电场,且磁场的方向垂直于粒子的运动方向,所以粒子在盒内作匀速圆周运动. 经时间 T 后,粒子到达 A 点,这时恰好交变电压改变符号,即极缝间的电场改变方向,所以粒子又会在电场力的作用下加速进入盒 D_2,使粒子的速率由 v_1 增加至 v_2,轨道半径也相应地增大. 但是,正如式(6-39)所表示的那样,尽管粒子的速率增大,周期却是不变的,所以当粒子到达 B 点时,电场的方向恰又改变,粒子又被加速. 这样,带正电的粒子,在交变电场和均匀磁场的作用下,继续不断地被加速,形成图 6-34(b)中所示螺旋形线的运动轨迹,最后粒子以很高的速度被从致偏电极引出,从而成为高能粒子束进行实验工作.

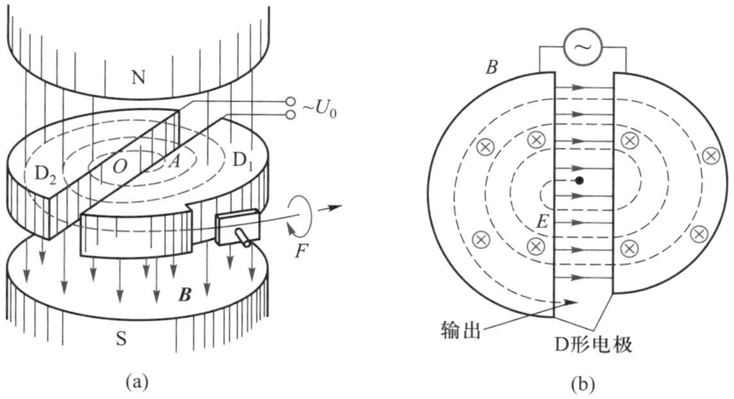

图 6-34　回旋加速器原理图

根据式(6-38)可知,当粒子到达半圆形盒的边缘时,粒子的轨道半径即盒的半径 R_0,此时粒子的速率为

$$v=\frac{qBR_0}{m}$$

粒子的动能为

$$E_k=\frac{1}{2}mv^2=\frac{q^2B^2R_0^2}{2m}$$

从上式可以看出,某一带电粒子在回旋加速器中所获得的动能,与电极半径的平方成正比,与磁感应强度 $\boldsymbol{B}$ 的大小的平方成正比.

思考题

6-6-1 一电荷 q 在均匀磁场中运动，判断下列说法是否正确，并说明理由：

(1) 只要电荷速度的大小不变，它朝任何方向运动时所受的洛伦兹力都相等；

(2) 在速度不变的前提下，电荷量 q 改变为 $-q$，它所受的力将反向，而力的大小不变；

(3) 电荷量 q 改变为 $-q$，同时其速度反向，则它所受的力也反向，而大小则不变；

(4) $\boldsymbol{v}$、$\boldsymbol{B}$、$\boldsymbol{F}$ 三个矢量，已知任意两个矢量的大小和方向，就能确定第三个矢量的大小和方向；

(5) 质量为 m 的运动带电粒子，在磁场中受洛伦兹力后动能和动量不变.

6-6-2 洛伦兹力公式 $\boldsymbol{F}=q\boldsymbol{v}\times\boldsymbol{B}$ 中三个矢量，哪些矢量始终是正交的？哪些矢量之间可以有任意角度？

6-6-3 在均匀磁场中有一电子枪，它可发射出速度分别为 $\boldsymbol{v}$ 和 $2\boldsymbol{v}$ 的两个电子. 这两个电子的速度方向相同，且均与 $\boldsymbol{B}$ 垂直. 试问：这两个电子各绕行一周所需的时间是否有差别？

6-7 载流导线在磁场中所受的力

载流导线在磁场中将受到磁场力的作用，人们根据这一原理发明了电动机. 从本质上分析，磁场对载流导线的作用，是由磁场对载流导体中的运动电荷作用引起的. 导体中作定向运动的电子和导体中晶格上的正离子不断地碰撞，最终把动量传给了导体，从而使整个载流导体在磁场中受到磁力的作用，这个力称为安培力.

一、载流导线在磁场中所受的力

把载流导线置于磁场中，导线中的载流子将受到洛伦兹力的作用. 设导线截面积为 S，通过的电流为 I，单位体积内有 n 个带正电的载流子，每个载流子的电荷量为 q，并以平均漂移速度 $\boldsymbol{v}_{\mathrm{d}}$ 沿电流方向运动. 在磁场 $\boldsymbol{B}$ 的作用下，每个载流子都将受到洛伦兹力 $\boldsymbol{F}=q\boldsymbol{v}_{\mathrm{d}}\times\boldsymbol{B}$ 的作用. 设想在导线上截取一电流元 $I\mathrm{d}\boldsymbol{l}$，该电流元中的载流子数为 $\mathrm{d}N=nS\mathrm{d}l$，因为作用在每个载流子上的力的大小、方向都相同，那么，电流元所受的力等于电流元中 $\mathrm{d}N$ 个载流子所受的洛伦兹力的总和. 所以磁场作用在电流元上的力为

$$\mathrm{d}\boldsymbol{F}=\mathrm{d}Nq\boldsymbol{v}_{\mathrm{d}}\times\boldsymbol{B}=nSq\mathrm{d}l\boldsymbol{v}_{\mathrm{d}}\times\boldsymbol{B}$$

式中，$nSq\boldsymbol{v}_{\mathrm{d}}$ 是单位时间内通过导体截面 S 的电荷量，即电流 I. 又因为正电荷运动的方向为电流元 $I\mathrm{d}\boldsymbol{l}$ 的方向，则有

$$\mathrm{d}\boldsymbol{F}=I\mathrm{d}\boldsymbol{l}\times\boldsymbol{B} \tag{6-49}$$

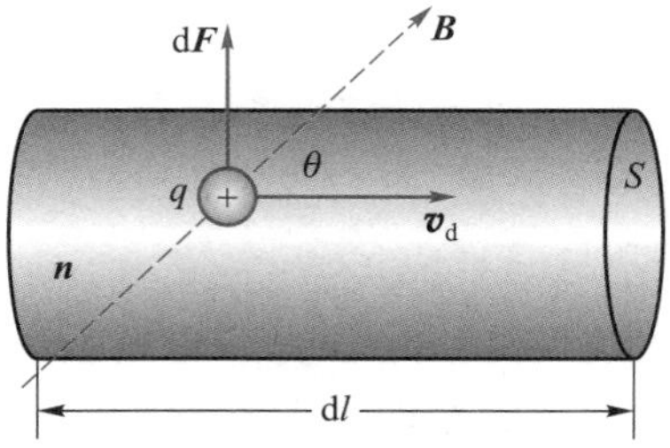

图 6-35 电流元受到的磁场力

式(6-49)称为安培定律. 这就是电流元 $I\mathrm{d}\boldsymbol{l}$ 在磁场中所受的磁场力，通常叫安培力. 由图 6-35 知，$I\mathrm{d}\boldsymbol{l}$ 与 $\boldsymbol{B}$ 之

间的夹角为 θ，则 $\mathrm{d}\boldsymbol{F}$ 的大小为

$$\mathrm{d}F=IB\mathrm{d}l\sin\theta$$

上式表明：磁场对电流元 $I\mathrm{d}\boldsymbol{l}$ 作用的力，在数值上等于电流元的大小、电流元所在处的磁感应强度大小以及电流元 $I\mathrm{d}\boldsymbol{l}$ 和磁感应强度 $\boldsymbol{B}$ 之间的夹角 θ 的正弦之乘积. 安培力的方向满足右手螺旋关系：右手四指由 $I\mathrm{d}\boldsymbol{l}$ 经小于 180°的角弯向 $\boldsymbol{B}$，这时大拇指的指向就是安培力的方向（如图 6-36 所示），$\mathrm{d}\boldsymbol{F}$ 的方向与矢量 $I\mathrm{d}\boldsymbol{l}\times\boldsymbol{B}$ 的方向一致.

由力的叠加原理可知，对于任意形状的载流导线所受的安培力，应等于各电流元所受安培力 $\mathrm{d}\boldsymbol{F}$的矢量叠加，即

$$\boldsymbol{F}=\int_L \mathrm{d}\boldsymbol{F}=\int_L I\mathrm{d}\boldsymbol{l}\times\boldsymbol{B} \tag{6-50}$$

上式说明，安培力是作用在整个载流导线上的，而不是集中作用于一点上的.

如果有一长为 l、通以电流为 I 的直导线，放在磁感应强度为 $\boldsymbol{B}$ 的均匀磁场中，由式(6-50)可求得此载流导线所受力的大小为

$$F=IlB\sin\theta \tag{6-51}$$

力 $\boldsymbol{F}$ 的方向垂直于直导线和磁感应强度所组成的平面.

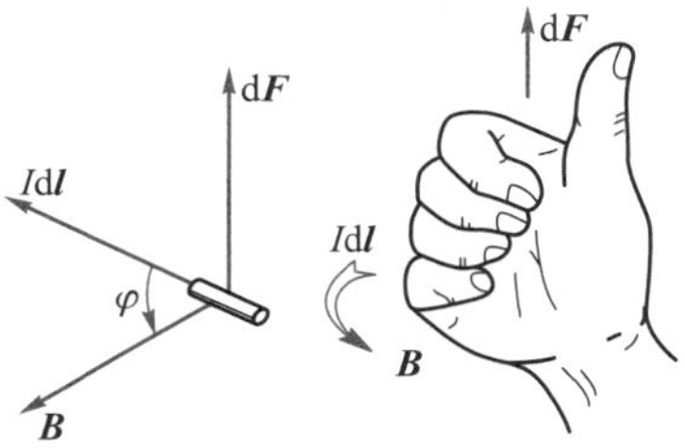

图 6-36　磁场力方向判断图

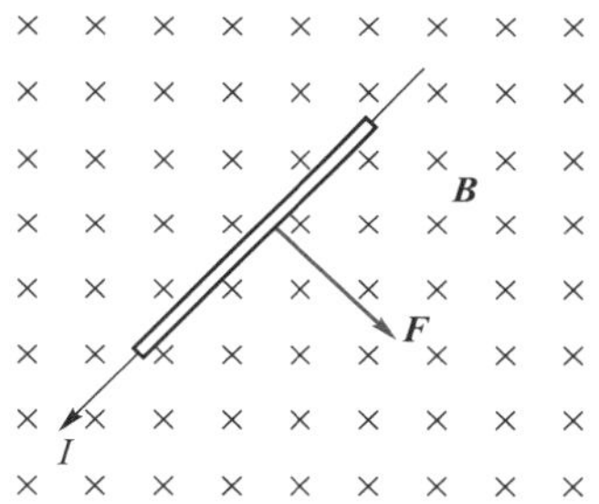

图 6-37　均匀磁场中载流直导线所受的力

由式(6-51)可以看出，当 $\theta=0°$或 180°，即通过导线的电流流向和 $\boldsymbol{B}$ 的方向相同时，载流导线所受的力为零；当 $\theta=90°$，即电流流向和 $\boldsymbol{B}$ 的方向垂直时，载流导线所受的力最大，即 $F=IlB$，如图 6-37 所示.

安培力公式给出了电流元在磁场中受到的安培力. 为求解载流导线在磁场 $\boldsymbol{B}$ 中所受到的安培力，一般是先依题意确定磁场的方向，然后，在载流导线上取电流元 $I\mathrm{d}\boldsymbol{l}$，由安培力公式 $I\mathrm{d}\boldsymbol{l}\times\boldsymbol{B}$写出电流元在磁场 $\boldsymbol{B}$ 中所受安培力大小的表达式，并表示出 $\mathrm{d}\boldsymbol{F}$ 沿各坐标轴的分量表达式，经统一变量、确定积分上下限，求出安培力沿各坐标轴的分量，最后求出 $\boldsymbol{F}$. 如果载流导线所在的磁场分布具有对称性，还需进行对称分析，得出某一坐标轴上的分量为 0，则对另一分量积分即可.

例 6-7 一根直铜棒通有 50.0 A 的电流，沿东西方向水平地放在一均匀磁场中，磁场沿东北方向，磁感应强度为 1.20 T，如例 6-7 图所示.

(1) 求直铜棒单位长度上所受安培力的大小和方向；

(2) 问：直铜棒如何放置才能使安培力达到最大？

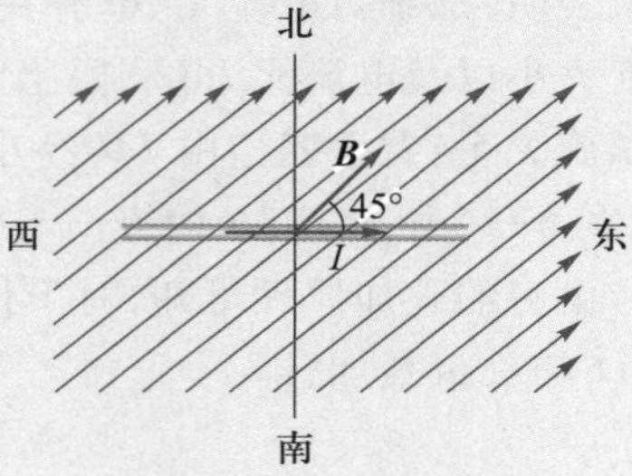

例 6-7 图

解：(1) 根据安培定律，1 m 长的直铜棒所受安培力的大小为

$$F=IlB\sin\theta=50.0\times1.00\times1.20\times\sin 45^\circ \text{ N}=42.4 \text{ N}$$

根据右手螺旋定则，安培力的方向垂直水平面向上. 顺便指出，如果这个磁场力与 1 m 长的直铜棒的重力相等而达到平衡，则此时它的质量为

$$m=\frac{F}{g}=\frac{42.4}{9.8} \text{ kg}=4.33 \text{ kg}$$

(2) 如果磁场和电流之间相互垂直，那么磁场力达到最大. 将铜棒在水平面内转动到东南方向放置，则此时磁场力达到最大：

$$F=IlB\sin\theta=50.0\times1.00\times1.20\times\sin 90^\circ \text{ N}=60.0 \text{ N}$$

方向还是垂直水平面向上，它能托起的铜棒质量为

$$m=\frac{F_{\max}}{g}=\frac{60.0}{9.8} \text{ kg}=6.12 \text{ kg}$$

这是一个简单的磁悬浮应用. 磁悬浮技术可以用在高速列车上，使列车悬浮在导轨上. 2003 年，上海建成了世界上第一条商业运营的磁悬浮列车，如图 6-38(a)所示. 车厢下部装有电磁铁，当电磁铁通电被钢轨吸引时，列车就悬浮起来了，列车上还安装了一系列极性不变的磁体，钢轨内侧装有两排推进线圈，线圈通有交变电流，总使前方线圈的磁性对列车磁体产生拉力(吸引力)，后方线圈对列车磁体产生推力(排斥力)，这一拉一推的合力便驱使列车高速前进，如图 6-38(b)所示. 强大的电磁力可使列车悬浮 1~10 cm，与轨道脱离接触，消除列车的滚动摩擦，列车的速度可以超过 400 $km\cdot h^{-1}$.

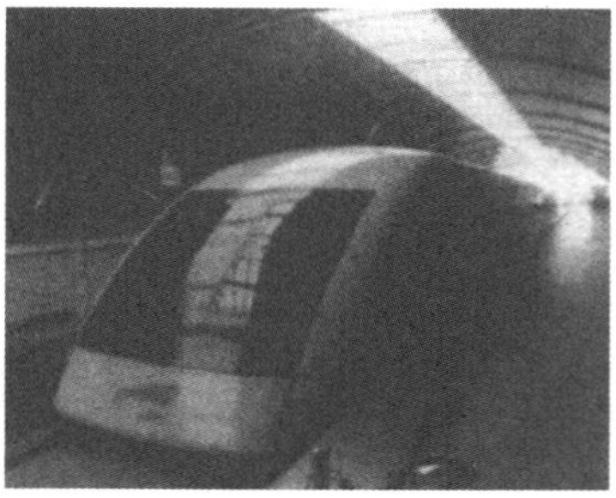
(a) 上海磁悬浮列车全景

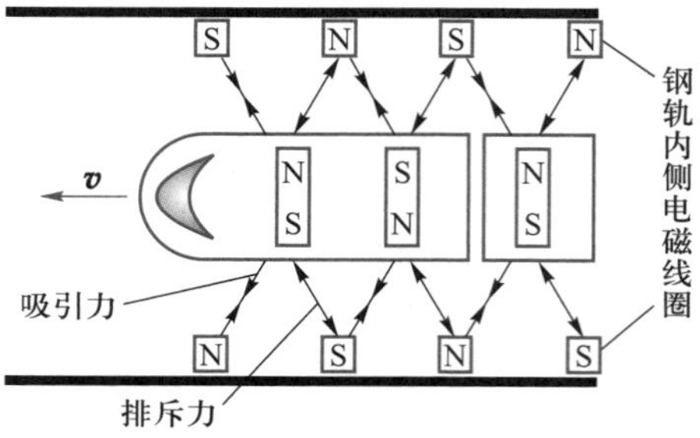

(b) 电磁驱动力原理图

图 6-38 磁悬浮列车及其工作原理

例 6-8　设纸面内有一刚性闭合线圈 $abcdea$，bcd 是半径为 R 的半圆弧，如例 6-8 图所示. 线圈通有电流 I，并放在磁感应强度为 $\boldsymbol{B}$ 的匀强磁场中，$\boldsymbol{B}$ 的方向垂直纸面向里，试求磁场作用于该线圈的安培力.

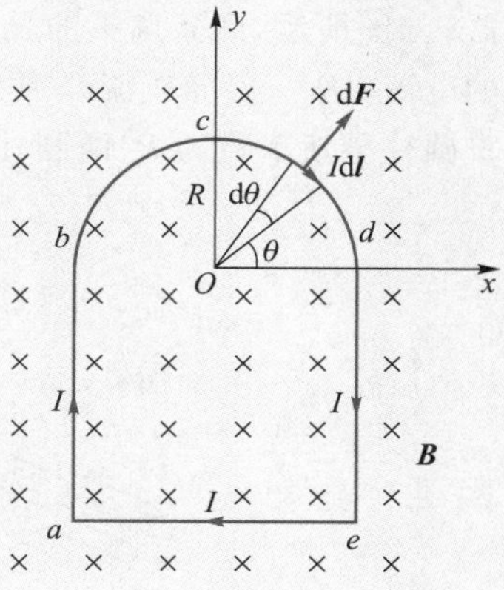

例 6-8 图

解　方法一：选取坐标如图所示. 作用在线圈上的安培力是四段导线 ab、$\overset{\frown}{bcd}$、de、ea 所受力的矢量和，即

$$\boldsymbol{F}=\boldsymbol{F}_{ab}+\boldsymbol{F}_{\overset{\frown}{bcd}}+\boldsymbol{F}_{de}+\boldsymbol{F}_{ea}$$

从图中可以看出，作用在载流导线 ab、de 的安培力，大小相等，方向相反，故 $\boldsymbol{F}_{ab}+\boldsymbol{F}_{de}=\boldsymbol{0}$. 对于半圆弧 $\overset{\frown}{bcd}$，先在圆弧上取一电流元 $I\mathrm{d}\boldsymbol{l}$，它受到的安培力是 $\mathrm{d}\boldsymbol{F}=I\mathrm{d}\boldsymbol{l}\times\boldsymbol{B}$，其方向沿半径向外. 显然，$\overset{\frown}{bcd}$ 上各个电流元所受力 $\mathrm{d}\boldsymbol{F}$ 的方向各不相同，积分时需将 $\mathrm{d}\boldsymbol{F}$ 分解为沿 x 轴的分量 $\mathrm{d}F_x=\mathrm{d}F\cos\theta$ 和沿 y 轴的分量 $\mathrm{d}F_y=\mathrm{d}F\sin\theta$.

由于半圆弧与 y 轴对称，所以在 y 轴两侧各对称位置的电流元所受的安培力沿 x 方向的分量互相抵消，即 $F_x=\int\mathrm{d}F_x=0$. 安培力沿 y 轴的分量为

$$F=F_y=\int_{\overset{\frown}{bcd}}\mathrm{d}F\sin\theta=\int_{\overset{\frown}{bcd}}IB\mathrm{d}l\sin\theta=\int_0^{\pi}IB\sin\theta R\mathrm{d}\theta=2IBR$$

这一数值恰好等于载流导体 ea 所受力的大小，但方向相反.

根据上面的计算结果可知，这个载流线圈在与其平面垂直的匀强磁场中，受到安培力的矢量和为零. 如果线圈为超导线圈，并通有较大的电流（10^3 A 以上），那么尽管作用在线圈上的安培力的矢量和为零，但由于巨大的安培力，线圈仍有可能变形或断裂.

方法二：根据安培力公式，整个线圈在匀强磁场中受到的安培力为

$$\boldsymbol{F}=\oint I\mathrm{d}\boldsymbol{l}\times\boldsymbol{B}$$

因电流 I 为常量，磁感应强度 $\boldsymbol{B}$ 为常矢量，故上式可写为

$$\boldsymbol{F}=I\left(\oint\mathrm{d}\boldsymbol{l}\right)\times\boldsymbol{B}$$

根据矢量多边形定理，对于整个线圈来说，有 $\oint\mathrm{d}\boldsymbol{l}=\boldsymbol{0}$，因此

$$\boldsymbol{F}=I\left(\oint\mathrm{d}\boldsymbol{l}\right)\times\boldsymbol{B}=\boldsymbol{0}$$

与方法一取得的结果相同，即载流线圈在匀强磁场中受到安培力的矢量和为零. 上式表明，任意形状的平面载流导线在均匀磁场中所受磁场力之总和，就等于从起点到终点之间载有同样电流的直导线所受的磁场力. 如果载流导线构成闭合回路，那么闭合载流回路所受的磁场力为零，这是一个普适的结论.

例 6-9 轨道炮(又称电磁炮)是一种利用电流间相互作用的安培力将弹头发射出去的武器. 如图所示,两条扁平的长直圆柱导轨互相平行,导轨之间由一滑块状的弹头连接. 巨大的电流 I 从一条导轨流经弹头再从另一条导轨流回. 导轨上的电流沿圆柱面均匀分布. 设长直圆柱导轨半径为 R,两圆柱导轨之间间距为 L. 求弹头所受的磁场力.

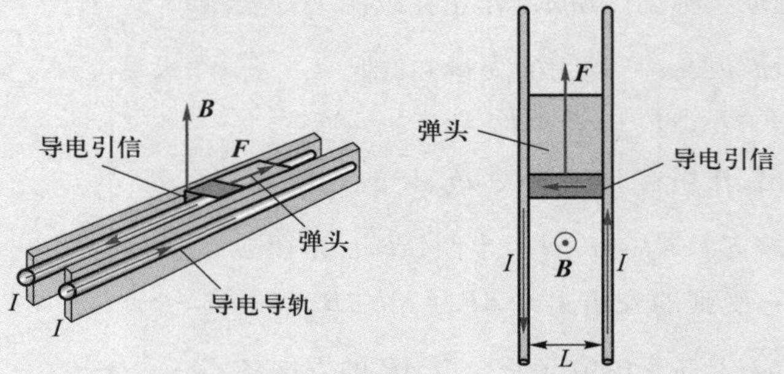

例 6-9 图

解 弹头受到的磁场力应该是两导轨产生的磁场对弹头的作用,先在弹头距其横向一端为 x 处任取一电流元 $I\mathrm{d}x$,其所在处的磁场可看成两个半无限长直电流产生的磁感应强度的叠加(可视为均匀):

$$B=\frac{\mu_0 I}{4\pi x}+\frac{\mu_0 I}{4\pi(L-x)}$$

电流元 $I\mathrm{d}\boldsymbol{x}$ 与 $\boldsymbol{B}$ 的夹角为 90°,由安培定律可得弹头所受磁场力的大小为

$$F=\int_R^{L-R} I\mathrm{d}xB=\int_R^{L-R} I\left[\frac{\mu_0 I}{4\pi x}+\frac{\mu_0 I}{4\pi(L-x)}\right]\mathrm{d}x$$

$$=\frac{\mu_0 I^2}{2\pi}\ln\frac{L-R}{R}$$

方向沿导轨向外.

近些年来,由于在超导材料研究上的突破,输送极大电流($10^5\sim10^6$ A)而无损耗成为可能. 因此,人们提出了很多应用安培力作为驱动力的电磁推进方案. 目前正在发展的电磁炮就是利用电流间的相互作用力将炮弹发射出去的一种武器,如图 6-39 所示,弹道由两高度为 a、相互平行的扁平长直导轨组成,两导轨间由一滑块 M 连接,实际上滑块就是炮弹. 巨大的电流从一导轨流经炮弹后,再从另一导轨流回. 电流产生的强磁场使通有电流的炮弹在安培力作用下被加速,以很大的速度射出. 一般来说,普通火炮要受到结构和材料强度的限制,电磁炮却没有这种限制,因而电磁炮成为一种很具有吸引力和发展前景的武器,目前已投入军事使用,并被更深入研究.

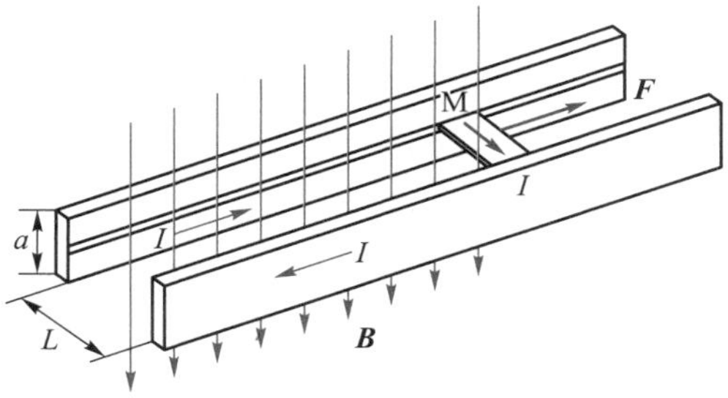

图 6-39　电磁炮

二、载流线圈在均匀磁场中受到的磁力矩

讨论了载流导线在磁场中的受力规律后，我们将进一步研究载流线圈在磁场中的受力规律. 设一刚性矩形载流线圈 $abcd$，其边长分别为 l_1 和 l_2，电流为 I，处在磁感应强度为 $\boldsymbol{B}$ 的均匀磁场中，电流方向与线圈平面法线方向之间满足右手螺旋关系，线圈平面的单位法向矢量 $\boldsymbol{e}_n$ 与磁感应强度 $\boldsymbol{B}$ 的夹角为 θ，即线圈平面与 $\boldsymbol{B}$ 之间夹角为 $\varphi(\theta+\varphi=\pi/2)$，并且对边 ab 边及 cd 边均与 $\boldsymbol{B}$ 垂直，如图 6-40 所示. 由式(6-51)知，bc、ad 边所受安培力的大小分别为

$$F_3=IBl_1\sin(\pi-\varphi)=IBl_1\sin\varphi$$

$$F_4=BIl_1\sin\varphi$$

$\boldsymbol{F}_3$、$\boldsymbol{F}_4$ 大小相等，方向相反，并且在同一直线上，故合力及合力矩都为零.

而 ab、cd 两段所受安培力的大小分别是

$$F_1=IBl_2,F_2=IBl_2$$

这两个力大小相等，方向相反，但不在一条直线上，故合力虽为 0，但合力矩却不为 0.

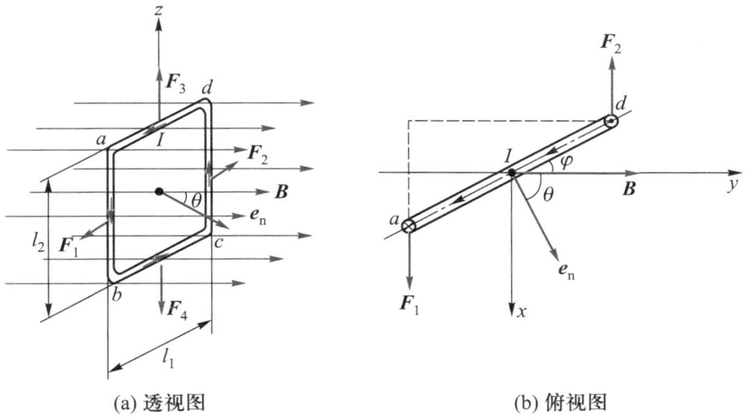

图 6-40　矩形载流线圈在均匀磁场中所受的磁力矩

由图 6-40(b)可看出磁力矩大小 $M=F_2l_1\cos\varphi=IBl_1l_2\cos\varphi$，由于夹角 $\varphi=\dfrac{\pi}{2}-\theta$，

所以 $\cos\varphi=\sin\theta$，则有

$$M=IBl_1l_2\sin\theta=BIS\sin\theta$$

式中，$S=l_1l_2$为平面线圈面积. 在磁场中，我们定义线圈的磁矩为 $\boldsymbol{m}=IS\boldsymbol{e}_n$. 其中 θ 角是 $\boldsymbol{e}_n$ 与磁感应强度 $\boldsymbol{B}$ 之间的夹角，所以上式用矢量表示为

$$\boldsymbol{M}=\boldsymbol{m}\times\boldsymbol{B} \tag{6-52}$$

如果线圈有 N 匝，则平面载流线圈所受的磁力矩应为

$$\boldsymbol{M}=N\boldsymbol{m}\times\boldsymbol{B} \tag{6-53}$$

从上述结果可以看出，均匀磁场对平面载流线圈的磁力矩 $\boldsymbol{M}$ 不仅与线圈中的电流 I、线圈面积 S 以及磁感应强度 $\boldsymbol{B}$ 有关，还与线圈平面与磁感应强度 $\boldsymbol{B}$ 之间的夹角有关. 式(6-52)虽然是从矩形平面载流线圈中导出的，但可以证明，它适用于在均匀磁场中任意形状的平面载流线圈.

现讨论以下三种情况：

(1) 当载流线圈的 $\boldsymbol{e}_n$ 方向与磁感应强度 $\boldsymbol{B}$ 的方向相同，即 $\theta=0°$，亦即磁通量为正向极大时，$M=0$，磁力矩为零. 此时线圈处于平衡状态，如图 6-41(a)所示.

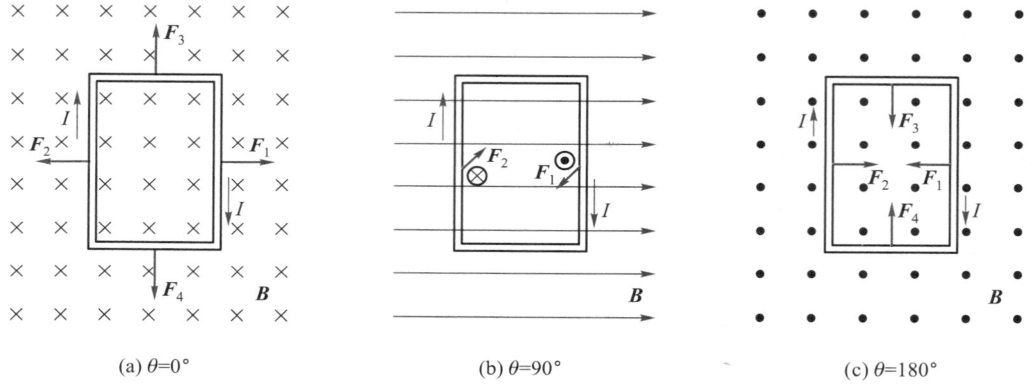

图 6-41 载流线圈的 $\boldsymbol{e}_n$ 方向与磁场方向成不同角度时的磁力矩

(2) 当载流线圈的 $\boldsymbol{e}_n$ 方向与磁感应强度 $\boldsymbol{B}$ 的方向垂直，即 $\theta=90°$，亦即磁通量为零时，$M=NISB$，磁力矩最大，如图 6-41(b)所示.

(3) 当载流线圈的 $\boldsymbol{e}_n$ 方向与磁感应强度 $\boldsymbol{B}$ 的方向相反，即 $\theta=180°$，$M=0$ 时，这时也没有磁力矩作用在线圈上，但线圈处于非稳定平衡状态，如图 6-41(c)所示. 一旦外界扰动使线圈稍稍偏离这一平衡位置，磁场的力矩就会使它继续转动而远离这一平衡位置.

由此可见，磁场对平面载流线圈所作用的磁力矩，总是要使线圈转到其 $\boldsymbol{e}_n$ 方向与磁感应强度方向相同的稳定平衡位置处. 从磁通量角度分析，当 $\theta=0$，$M=0$ 时，穿过载流线圈所围面积的磁通量最大，而当 $\theta=\pi/2$，$M_{\max}=BIS$ 时，磁通量最小.

例 6-10　如例 6-10 图所示，在均匀磁场 $\boldsymbol{B}$ 中，有一半径为 R，通有电流 I 的圆形载流线圈，可绕 y 轴旋转. 试求该线圈所受的磁场力和磁力矩.

解　方法一：由于载流线圈是放在均匀磁场中的，所以圆形载流线圈所受磁场力的合力为零.

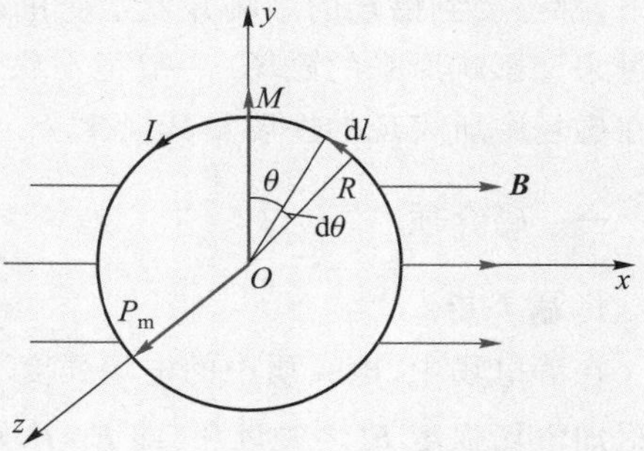

例 6-10 图

下面计算作用在线圈上的磁力矩. 在线圈上任取一电流元 $I\mathrm{d}\boldsymbol{l}$，电流元所受磁场力的大小 $\mathrm{d}F = BI\mathrm{d}l\sin\theta$，方向垂直于纸面向里，对转轴 Oy 的力臂为 $x = R\sin\theta$，$\mathrm{d}l = R\mathrm{d}\theta$. 由此可以得到磁场力对 Oy 轴的力矩为

$$\mathrm{d}M = x\mathrm{d}F = BIR^2\sin^2\theta\mathrm{d}\theta$$

$\mathrm{d}\boldsymbol{M}$ 的方向沿 y 轴正方向. 由于所有电流元上受到的磁力矩方向都相同，因此可以用标量积分来计算整个线圈受到的磁力矩大小，即

$$M = \int \mathrm{d}M = BIR^2\int_0^{2\pi}\sin^2\theta\mathrm{d}\theta = BI\pi R^2$$

磁力矩 $\boldsymbol{M}$ 的方向沿 Oy 轴正方向.

方法二：此结果也可以由式(6-52)直接计算得到. 从图中可以看出，该线圈的磁矩 $\boldsymbol{m}$ 为

$$\boldsymbol{m} = IS\boldsymbol{k} = I\pi R^2\boldsymbol{k}$$

而磁感应强度 $\boldsymbol{B}$ 为

$$\boldsymbol{B} = B\boldsymbol{i}$$

所以，整个线圈所受磁力矩为

$$\boldsymbol{M} = \boldsymbol{m}\times\boldsymbol{B} = I\pi R^2\boldsymbol{k}\times B\boldsymbol{i} = IB\pi R^2\boldsymbol{j}$$

与上述结果一致.

思考题

6-7-1　一个弯曲的载流导线在均匀磁场中应如何放置才不受磁场力的作用？

6-7-2　在匀强磁场中放置两个面积相等且通有相同电流的线圈，一个是三角形，另一个是矩形，试问：这两个线圈所受的最大磁力矩是否相等？安培力的合矢量是否相等？

6-7-3　一圆形导线回路，水平地放置在磁感应强度 $\boldsymbol{B}$ 竖直向上的匀强磁场中，试问：电流沿哪个方向流动时，导线回路处于稳定平衡状态？

6-7-4　我们说洛伦兹力不做功，安培力可以做功，但是安培力可以看成导线中运动电荷受洛伦兹力的总和，既然洛伦兹力不做功，那么安培力为什么又能做功呢？试说明之.

6-8　磁场中的磁介质

在前面讨论电流产生磁场时，我们知道了真空中磁场的性质和规律，上述结论的前提是假

定载流导线周围为真空状态，不存在其他任何介质. 然而在实际应用中，例如，变压器、电动机、发电机的线圈和天然磁石附近总是存在一些介质或磁性材料，而任何一种物质在磁场的作用下，都会受到磁场的影响并发生变化，即处于磁场中的物质都会被磁场磁化，磁化了的物质反过来又影响原来的磁场. 一般把在磁场中能被磁化的介质统称为磁介质. 本节将介绍磁介质在磁场中所表现的性质及其规律.

一、磁介质

1. 磁介质

在静电场中，电介质中的电场强度 $\boldsymbol{E}$ 等于真空中的电场强度 $\boldsymbol{E}_0$ 和因电介质极化而产生的附加电场强度 $\boldsymbol{E}'$ 之矢量和，即 $\boldsymbol{E}=\boldsymbol{E}_0+\boldsymbol{E}'$. 类似地，当磁场中存在磁介质时，磁场对磁介质也会产生作用，使其磁化. 磁介质磁化后会激发附加磁场，从而对原磁场产生影响. 故磁介质中的磁感应强度 $\boldsymbol{B}$ 也应等于真空中的磁感应强度 $\boldsymbol{B}_0$ 和磁介质因磁化而产生的附加磁感应强度 $\boldsymbol{B}'$ 的矢量和，即

$$\boldsymbol{B}=\boldsymbol{B}_0+\boldsymbol{B}' \tag{6-54}$$

但需注意的是，磁介质在磁场中磁化比在电场中极化的情况要复杂得多.

磁介质对磁场的影响可以通过实验来观察. 最简单的方法是对真空中的长直螺线管通以电流 I，测出其内部的磁感应强度的大小 B_0，然后使螺线管内充满各向同性的均匀磁介质，并通以相同的电流 I，再测出此时磁介质内的磁感应强度的大小 B. 实验发现：磁介质内的磁感应强度是真空时的 μ_r 倍，即

$$\boldsymbol{B}=\mu_r\boldsymbol{B}_0 \tag{6-55}$$

μ_r 反映了磁介质对磁场的影响，称为磁介质的相对磁导率. 根据相对磁导率 μ_r 的大小，可将磁介质分为三类：

（1）抗磁质（$\mu_r<1$）：$B<B_0$，附加磁场 $\boldsymbol{B}'$ 与外磁场 $\boldsymbol{B}_0$ 的方向相反，磁介质内的磁场被削弱. 如惰性气体，某些金属（铜、汞、铋等）和非金属（硅、磷、硫等），此外，几乎所有的有机化合物均属抗磁质.

（2）顺磁质（$\mu_r>1$）：$B>B_0$，附加磁场 $\boldsymbol{B}'$ 与外磁场 $\boldsymbol{B}_0$ 方向一致，磁介质内的磁场被加强. 如过渡金属元素以及它们的化合物、稀土元素、碱金属等.

（3）铁磁质（$\mu_r\gg1$）：$B\gg B_0$，磁介质内的磁场被大大增强. 如铁、钴、镍及其合金等.

抗磁质和顺磁质又都被称为弱磁质，它们磁化后激发的附加磁场 $\boldsymbol{B}'$ 非常弱，通常只是 $\boldsymbol{B}_0$ 大小的几万分之一或几十万分之一. 而铁磁质则被称为强磁质，它的附加磁场 $\boldsymbol{B}'$ 的值一般是 $\boldsymbol{B}_0$ 的值的 $10^2\sim10^4$ 倍.

*2. 顺磁质与抗磁质的微观解释

磁介质在磁场中为什么会被磁化？磁化的作用机制是怎样的？要了解这一切，首先要从磁介质的微观结构说起.

根据物质的电结构，所有物质都是由分子或原子组成的，每个原子中都有若干电子绕着原子核作轨道运动；除此之外，电子自身还有自旋. 无论是电子的轨道运动或是自旋，都会形成

磁矩，对外产生磁效应. 我们把分子或原子中的所有电子对外界产生磁效应的总和，用一个等效圆电流来替代，这个等效圆电流称为分子电流. 分子电流形成的磁矩，称为分子磁矩，用 $\boldsymbol{m}$ 表示. 在没有外磁场的情况下，分子所具有的磁矩 $\boldsymbol{m}$ 称为固有磁矩.

研究表明，抗磁质在没有磁场 $\boldsymbol{B}_0$ 作用时，其分子磁矩 $\boldsymbol{m}$ 为零，即分子中各个电子的轨道磁矩和自旋磁矩正好完全抵消，其矢量和为零，也就是说分子固有磁矩为零（$\boldsymbol{m}=\boldsymbol{0}$）；而顺磁质在没有磁场 $\boldsymbol{B}_0$ 作用时，虽然分子磁矩 $\boldsymbol{m}$ 不为零，但是由于分子的热运动，使各分子磁矩的取向杂乱无章. 因此，在无磁场 $\boldsymbol{B}_0$ 作用时，不论是顺磁质还是抗磁质，宏观上对外都不显磁性.

当磁介质放在磁场 $\boldsymbol{B}_0$ 中时，磁介质的分子将受到两种作用：

（1）分子固有磁矩将受到磁场 $\boldsymbol{B}_0$ 的力矩作用，使各分子磁矩克服热运动的影响而转向磁场 $\boldsymbol{B}_0$ 的方向排列，如图 6-42 所示. 这样，各分子磁矩将沿磁场 $\boldsymbol{B}_0$ 方向产生一附加磁场 $\boldsymbol{B}'$.

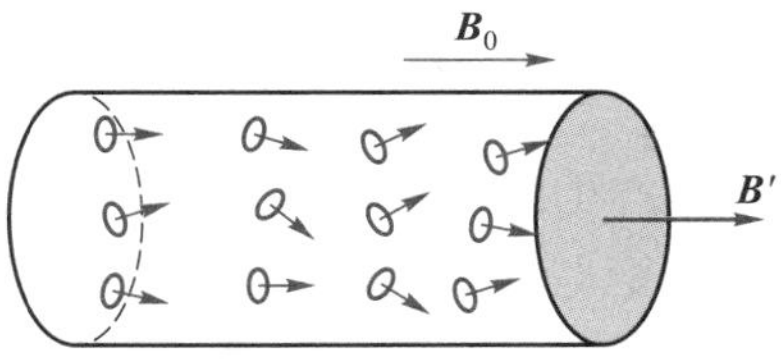

图 6-42　分子磁矩在外磁场作用产生附加磁场

（2）磁场 $\boldsymbol{B}_0$ 将使分子磁矩 $\boldsymbol{m}$ 发生变化，每个分子产生一个与 $\boldsymbol{m}$ 反向的附加磁矩 $\Delta\boldsymbol{m}'$. 考虑分子中一个磁矩为 $\boldsymbol{m}_e$ 的电子以速度 $\boldsymbol{v}$ 沿圆轨道运动，当磁场 $\boldsymbol{B}_0$ 的方向与 $\boldsymbol{m}_e$ 一致时，电子受到的洛伦兹力沿轨道半径向外，这使电子所受的向心力减小. 理论研究表明，若电子运动轨道半径不变，则电子运动的角速度将减小，相应的电子磁矩就要减小，这等效于产生一个方向与 $\boldsymbol{B}_0$ 相反的附加分子磁矩 $\Delta\boldsymbol{m}'$，如图 6-43(a) 所示. 当磁场 $\boldsymbol{B}_0$ 的方向与 $\boldsymbol{m}_e$ 相反时，如图 6-43(b) 所示，读者自己可以证明，附加分子磁矩 $\Delta\boldsymbol{m}'$ 的方向仍和 $\boldsymbol{B}_0$ 方向相反. 因此，可以得出结论，不论磁场 $\boldsymbol{B}_0$ 的方向与电子磁矩 $\boldsymbol{m}_e$ 方向相同或相反，加上磁场 $\boldsymbol{B}_0$ 后，总要产生一个与 $\boldsymbol{B}_0$ 方向相反的附加分子磁矩 $\Delta\boldsymbol{m}'$，即产生一个与 $\boldsymbol{B}_0$ 方向相反的附加磁场 $\boldsymbol{B}'$. 由于抗磁质的分子磁矩 $\boldsymbol{m}$ 为零，加上磁场 $\boldsymbol{B}_0$ 后，分子磁矩的转向效应不存在，所以，磁场引起的附加磁矩是抗磁质磁化的唯一原因. 因此，抗磁质产生的附加磁场 $\boldsymbol{B}'$ 总是与 $\boldsymbol{B}_0$ 方向相反，使得原来磁场减弱，这就是产生抗磁性的微观机理.

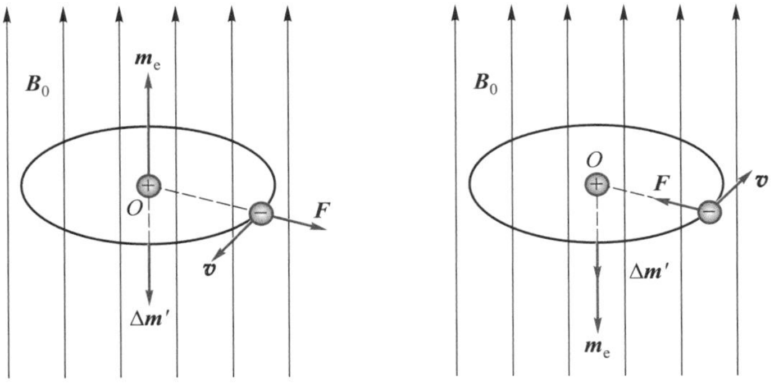

(a) $\boldsymbol{B}_0$的方向与$\boldsymbol{m}_e$相同　　(b) $\boldsymbol{B}_0$的方向与$\boldsymbol{m}_e$相反

图 6-43　抗磁质中附加磁矩与外磁场方向相反

而顺磁质的分子磁矩 $\boldsymbol{m}$ 不为零,加上磁场 $\boldsymbol{B}_0$ 后,各个分子磁矩要转向与磁场 $\boldsymbol{B}_0$ 同向. 同时,也要产生上述的与磁场 $\boldsymbol{B}_0$ 反向的附加分子磁矩. 但由于顺磁质的分子磁矩 $\boldsymbol{m}$ 一般要比附加分子磁矩 $\Delta\boldsymbol{m}'$大得多,所以,顺磁质产生的附加磁场 $\boldsymbol{B}'$主要以所有分子的磁矩转向与磁场 $\boldsymbol{B}_0$ 同向为主. 因此,顺磁质产生的附加磁场 $\boldsymbol{B}'$使得原来磁场加强. 这就是产生顺磁性的微观机理.

比较电介质和磁介质,不难看出,顺磁质的磁化与有极分子电介质的极化很相似. 例如,顺磁质具有分子磁矩,在磁场作用下具有取向作用,而有极电介质分子具有固有电偶极矩,在电场作用下也具有取向作用. 但是两者又有不同之处,如顺磁质磁化后在其内部产生的附加磁场 $\boldsymbol{B}'$与磁场 $\boldsymbol{B}_0$ 的方向相同,而电介质极化后在其内部产生的附加电场 $\boldsymbol{E}'$与电场 $\boldsymbol{E}_0$ 的方向相反. 抗磁质的磁化则与无极分子电介质的极化很相似. 例如,抗磁质的分子磁矩是在磁场作用下才产生的,磁介质内部的附加磁场 $\boldsymbol{B}'$与磁场 $\boldsymbol{B}_0$ 的方向总是相反的,而无极电介质分子的电偶极矩也是在电场作用下才产生的,电介质内部的附加电场 $\boldsymbol{E}'$与电场 $\boldsymbol{E}_0$ 的方向也总是相反的.

3. 磁化强度

从上面的讨论可以看到,磁介质的磁化,就其实质来说,或是由于在外磁场作用下分子磁矩的取向发生了变化,或是在外磁场作用下产生附加磁矩,而且前者也可归结为产生附加磁矩. 因此,我们可以用磁介质中单位体积内分子的合磁矩来表示介质的磁化情况,叫做磁化强度,用符号 $\boldsymbol{M}$ 表示. 在均匀磁介质中取小体积ΔV,在此体积内分子磁矩的矢量和为 $\sum \boldsymbol{m}_i$,那么磁化强度为

$$\boldsymbol{M}=\frac{\sum \boldsymbol{m}_i}{\Delta V} \tag{6-56}$$

磁化强度是定量描述磁介质磁化强弱和方向的物理量. 一般情况下,它是空间坐标的矢量函数. 当磁化强度为常矢量时,磁介质被均匀磁化. 在国际单位制中,磁化强度的单位为安培每米,符号为 $\mathrm{A\cdot m^{-1}}$.

二、磁场强度 有磁介质时的安培环路定理

1. 有磁介质时的高斯定理

磁介质在外磁场中会发生磁化,同时产生磁化电流 I_s,因此磁介质内部的磁场 $\boldsymbol{B}$ 是外磁场 $\boldsymbol{B}_0$ 与磁化电流激发的磁场 $\boldsymbol{B}'$的矢量叠加,由式(6-54)表示.

由于磁化电流在激发磁场方面与传导电流等效,激发的磁场都是涡旋场,在存在介质的磁场中,高斯定理仍然成立,即

$$\oint_S \boldsymbol{B}\cdot \mathrm{d}\boldsymbol{S}=0 \tag{6-57}$$

上式是普遍情况下的高斯定理. 在真空中,式中的 $\boldsymbol{B}$ 即外磁场;有磁介质时,式中的 $\boldsymbol{B}$ 是外磁场与磁化电流产生的附加磁场的合磁场.

2. 有磁介质时的安培环路定理

如图 6-44(a)所示,设在单位长度内有 n 匝线圈的无限长直螺线管内充满着各向同性的

均匀磁介质,线圈内的电流为 I,电流 I 在螺线管内激发的磁感应强度为 $\boldsymbol{B}_0(B_0=\mu_0 nI)$. 而磁介质在磁场 $\boldsymbol{B}_0$ 中被磁化,从而使磁介质内的分子磁矩在磁场 $\boldsymbol{B}_0$ 的作用下作有规则排列[见图 6-44(b)]. 从图中可以看出,在磁介质内部各处的分子电流总是方向相反、相互抵消,只在边缘上形成近似环形电流,这个电流称为磁化电流.

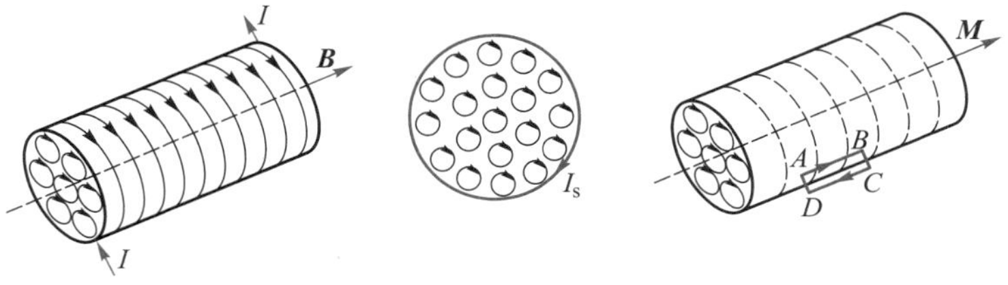

(a)　(b)　(c)

图 6-44　圆柱形磁介质表面上的磁化电流分布

我们把圆柱形磁介质表面上沿圆柱体轴线方向单位长度的磁化电流,称为磁化电流面密度 i_s. 那么,在长为 L、截面积为 S 的磁介质里,由于被磁化而具有的磁矩值为 $\sum m_i=i_s LS$. 于是由磁化强度定义式(6-56)可得磁化电流面密度和磁化强度之间的关系为

$$i_s=M$$

若在如图 6-44(c)所示的圆柱形磁介质内外横跨边缘处选取矩形环路 $ABCDA$,并设 $|AB|=l$,则磁化强度 $\boldsymbol{M}$ 沿此环路的积分为

$$\oint_l \boldsymbol{M}\cdot \mathrm{d}\boldsymbol{l}=M|AB|=i_s l=I_s \tag{6-58}$$

上式是磁化强度 $\boldsymbol{M}$ 与磁化电流 I_s 的积分关系式,它表明:磁化强度 $\boldsymbol{M}$ 沿闭合回路的环流,等于穿过回路所包围面积的磁化电流.

此外,对环路 $ABCDA$ 来说,由安培环路定理可有

$$\oint_l \boldsymbol{B}\cdot \mathrm{d}\boldsymbol{l}=\mu_0\sum I_i$$

式中,$\sum I_i$ 为环路所包围线圈流过的传导电流 I 与磁化电流 I_s 之和,故上式可写成

$$\oint_l \boldsymbol{B}\cdot \mathrm{d}\boldsymbol{l}=\mu_0 I+\mu_0 I_s$$

将式(6-58)代入上式,可得

$$\oint_l \boldsymbol{B}\cdot \mathrm{d}\boldsymbol{l}=\mu_0 I+\mu_0\oint_l \boldsymbol{M}\cdot \mathrm{d}\boldsymbol{l}$$

或写成

$$\oint_l\left(\frac{\boldsymbol{B}}{\mu_0}-\boldsymbol{M}\right)\cdot \mathrm{d}\boldsymbol{l}=I$$

引进辅助量 $\boldsymbol{H}$,且令

$$\boldsymbol{H}=\frac{\boldsymbol{B}}{\mu_0}-\boldsymbol{M} \tag{6-59}$$

式中,$\boldsymbol{H}$ 称为磁场强度,于是得

$$\oint_l \boldsymbol{H}\cdot \mathrm{d}\boldsymbol{l}=I \tag{6-60}$$

这就是有磁介质时的安培环路定理. 它说明:磁场强度沿任意闭合回路的线积分,等于该回路所包围的传导电流的代数和.

在国际单位制中,磁场强度 $\boldsymbol{H}$ 的单位是安培每米,符号是 $\mathrm{A\cdot m^{-1}}$.

在磁介质中,满足 $\boldsymbol{M}\propto\boldsymbol{H}$ 的磁介质称为线性磁介质. 于是有

$$\boldsymbol{M}=\chi_{\mathrm{m}}\boldsymbol{H}$$

其中 χ_{m} 叫做磁介质的磁化率,它随磁介质的性质而异,且与温度有关. 将上式代入 $\boldsymbol{H}$ 的定义式(6-59),有

$$\boldsymbol{H}=\frac{\boldsymbol{B}}{\mu_0}-\boldsymbol{M}=\frac{\boldsymbol{B}}{\mu_0}-\chi_{\mathrm{m}}\boldsymbol{H}$$

即

$$\boldsymbol{B}=\mu_0(1+\chi_{\mathrm{m}})\boldsymbol{H}$$

可令式中 $1+\chi_{\mathrm{m}}=\mu_{\mathrm{r}}$,且称 μ_{r} 为磁介质的相对磁导率,则上式可写为

$$\boldsymbol{B}=\mu_0\mu_{\mathrm{r}}\boldsymbol{H} \tag{6-61a}$$

令 $\mu_0\mu_{\mathrm{r}}=\mu$,并称 μ 为磁导率,上式即可写为

$$\boldsymbol{B}=\mu\boldsymbol{H} \tag{6-61b}$$

因为顺磁质的磁化率 $\chi_{\mathrm{m}}>0$,所以 $\mu_{\mathrm{r}}>1$;抗磁质的磁化率 $\chi_{\mathrm{m}}<0$,所以 $\mu_{\mathrm{r}}<1$. 在真空中,$\boldsymbol{M}=\boldsymbol{0}$, $\chi_{\mathrm{m}}=0$, $\mu_{\mathrm{r}}=1$,$\boldsymbol{B}=\mu\boldsymbol{H}$.

最后,说明一下引进辅助量 $\boldsymbol{H}$ 的好处. 类似于在静电场中引入电位移后,能够很方便地根据带电体和电介质的对称性分布,运用高斯定理求解电介质中的电场问题,同样,在我们引入磁场强度 $\boldsymbol{H}$ 这个辅助量后,在磁介质中,可以根据传导电流和磁介质的对称性分布,先由有磁介质时的安培环路定理求出磁场强度 $\boldsymbol{H}$ 的分布,然后再根据式(6-61b)中 $\boldsymbol{B}$ 与 $\boldsymbol{H}$ 的关系进一步求出磁感应强度 $\boldsymbol{B}$ 的分布.

例 6-11 在均匀的螺绕环内充满均匀的顺磁介质,已知螺绕环中的传导电流为 I,单位长度内匝数为 n,环的横截面半径比环的平均半径小得多,磁介质的相对磁导率为 μ. 求环内的磁场强度和磁感应强度.

解 如例 6-11 图所示,在环内任取一点,过该点作一个与环同心、半径为 r 的圆形回路,磁场强度 $\boldsymbol{H}$ 沿此回路的线积分为

$$\oint_L \boldsymbol{H}\cdot \mathrm{d}\boldsymbol{l}=NI$$

式中 N 是螺绕环上线圈的总匝数. 由对称性可知,在所取圆形回路上各点的磁场强度的大小相等,方向都沿切线. 于是有

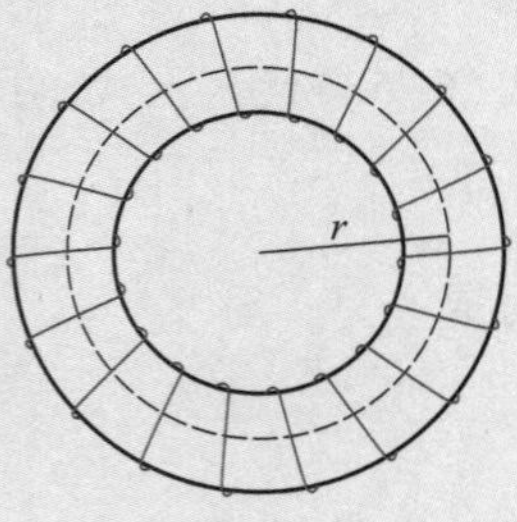

例 6-11 图

$$H\cdot 2\pi r=NI$$

即

$$H=\frac{NI}{2\pi r}=NI$$

当环内充满均匀磁介质时，环内的磁感应强度为

$$\boldsymbol{B}=\mu\boldsymbol{H}=\mu_0\mu_r\boldsymbol{H}$$

如果环内是真空，则环内的磁感应强度 $\boldsymbol{B}_0=\mu_0\boldsymbol{H}$. 由此可知，环内充满均匀磁介质后，环内的磁感应强度是真空时的 μ_r 倍，即

$$\frac{B}{B_0}=\mu_r$$

上式也可作为磁介质相对磁导率的定义，并在实验中利用这个定义式来测定 μ_r 的值. 在这里要特别指出的是，只有在均匀磁介质充满整个磁场时，才有 $B/B_0=\mu_r$ 的关系.

例 6-12 如图所示，一半径为 R_1 的无限长圆柱体导体 $\mu\approx\mu_0$ 中均匀地通有电流 I，在它外面有半径为 R_2 的无限长同轴圆柱面，两者之间充满着磁导率为 μ 的均匀磁介质，在圆柱面上通有相反方向的电流 I. 试求：

（1）圆柱体外圆柱面内一点的磁场；

（2）圆柱体内一点的磁场；

（3）圆柱面外一点的磁场.

解 （1）当两个无限长的同轴圆柱体和圆柱面中有电流通过时，它们所激发的磁场是轴对称分布的，而磁介质亦呈相同的轴对称分布，因而不会改变场的这种对称分布.

设圆柱体外圆柱面内一点到轴的垂直距离是 r_1，以 r_1 为半径作一积分回路，根据安培环路定理有

$$\oint\boldsymbol{H}\cdot d\boldsymbol{l}=H\int_0^{2\pi r_1}dl=H\cdot 2\pi r_1=I$$

$$H=\frac{I}{2\pi r_1}$$

由式(6-61b)得

$$B=\mu H=\frac{\mu I}{2\pi r_1}$$

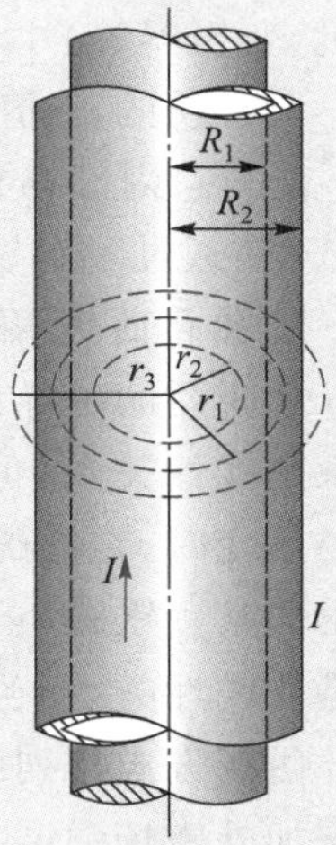

例 6-12 图

（2）设在圆柱体内一点到轴的垂直距离为 r_2，则以 r_2 为半径作一圆，应用安培环路定理得

$$\oint\boldsymbol{H}\cdot d\boldsymbol{l}=H\int_0^{2\pi r_2}dl=H\cdot 2\pi r_2=I\frac{\pi r_2^2}{\pi R_1^2}=I\frac{r_2^2}{R_1^2}$$

式中，$I\dfrac{\pi r_2^2}{\pi R_1^2}$ 是该环路所包围的电流部分，由此得

$$H=\frac{Ir_2}{2\pi R_1^2}$$

仍由 $B=\mu H$,得

$$B=\frac{\mu_0 Ir_2}{2\pi R_1^2}$$

(3) 在圆柱面外取一点,它到轴的垂直距离是 r_3,以 r_3 为半径作一个圆,应用安培环路定理,考虑到该环路中所包围的电流的代数和为零,所以得

$$\oint \boldsymbol{H}\cdot \mathrm{d}\boldsymbol{l}=H\int_0^{2\pi r_3}\mathrm{d}l=0$$

即 $H=0$ 或 $B=0$.

* 三、铁磁质

铁、钴、镍等金属及其合金称为铁磁质. 铁磁质的磁化机制与顺磁质和抗磁质完全不同,顺磁质与抗磁质的 μ_r 均接近 1,铁磁质的相对磁导率 μ_r 却很大,从几十到数万不等. 也就是说,在外磁场 $\boldsymbol{B}_0$(或 $\boldsymbol{H}$)的作用下,铁磁质磁化产生的附加磁感应强度 $\boldsymbol{B}$ 也相当大,在数值上比 $\boldsymbol{B}_0$ 大几十到数万倍,坡莫合金可达十万倍. 即使在较弱的磁场内,铁磁质也可得到极高的磁化强度,而且当外磁场撤去后,某些铁磁质仍可保留极强的磁性. 因此,在电工设备(如电磁铁、电机、变压器等)中,铁磁质材料都有广泛的应用.

铁磁质的 μ_r 值不仅很大,而且它的磁导率 μ(及 μ_r)不是常量(顺磁质、抗磁质的 μ 均为常量),μ 与它内部存在的磁场强度 $\boldsymbol{H}$ 有复杂的关系. 而且,当外磁场 $\boldsymbol{H}$ 撤消后,磁介质仍保留部分磁性. 通过了解铁磁质的磁化曲线和磁滞回线便可以进一步认识铁磁质的这些特性.

1. 磁化曲线 磁滞回线

顺磁质的磁导率 μ 很小,但是一个常量,不随外磁场的改变而变化,故顺磁质的 $\boldsymbol{B}$ 与 $\boldsymbol{H}$ 的关系是线性关系. 但铁磁质却不是这样,不仅它的磁导率比顺磁质的磁导率大得多,而且当外磁场改变时,它的磁导率 μ 还随磁场强度 $\boldsymbol{H}$ 的改变而变化. 图 6-45 中的 ONP 曲线是从实验得出的某一铁磁质开始磁化时的 $B-H$ 曲线,也叫初始磁化曲线. 从曲线中可以看出 B 与 H 之间是非线性关系. 当 H 从零(即 O 点)逐渐增大时,B 急剧地增加,这是磁畴在磁场作用下迅速沿外磁场方向排列的缘故;到达 N 点以后,再增大 H 时,B 增加得就比较慢了;到达 P 点以后,再增加外磁场强度 H 时,B 的增加就十分缓慢,呈现出磁化已达饱和的程度. P 点所对应的 B 值一般叫做饱和磁感应强度 B_m,这时在铁磁质中,几乎所有磁畴都已沿着外磁场方向排列. 这时的磁场强度用 H_m 表示.

磁场强度达到 H_m 后就开始减小,那么,在 H 减小的过程中,$B-H$ 曲线是否仍按原来的起始磁化曲线退回来呢? 实验表明,当外磁场由 $+H_m$ 逐渐减小时,磁感应强度 B 并不沿起始曲线 ONP 减小,而是沿图 6-45 中另一条曲线 PQ 比较缓慢地减小. 这种 B 的变化落后于 H 的变化的现象,叫做磁滞现象,简称磁滞.

由于磁滞的缘故,当磁场强度减小到零(即 $H=0$)时,磁感应强度 B 并不等于零,而是仍有

一定的数值 B_r，B_r 叫做剩余磁感强度，简称剩磁. 这是铁磁质所特有的性质. 如果一铁磁质有剩磁存在，这就表明它已被磁化过. 由图可以看出，随着反向磁场的增加，B 逐渐减小，当达到 $H=-H_c$ 时，B 等于零，这时铁磁质的剩磁就消失了，铁磁质也就不显现磁性. 通常把 H_c 叫做矫顽力，它表示铁磁质抵抗去磁的能力. 当反向磁场继续不断增强到 $-H_m$ 时，材料的反向磁化同样能达到饱和点 P'. 此后，反向磁场逐渐减弱到零，$B-H$ 曲线便沿 $P'Q'$ 变化. 以后，正向磁场增强到 H_m 时，$B-H$ 曲线就沿 $Q'P$ 变化，从而完成一个循环. 所以，由于磁滞，$B-H$ 曲线就形成一个闭合曲线，这个闭合曲线叫做磁滞回线. 研究磁滞现象不仅可以了解铁磁质的特性，而且也有实用价值，因为铁磁材料往往是应用于交变磁场中的. 需要指出的是，铁磁质在交变磁场中被反复磁化时，磁滞效应是要损耗能量的，而所损耗的能量与磁滞回线所包围的面积有关，面积越大，能量的损耗也越多.

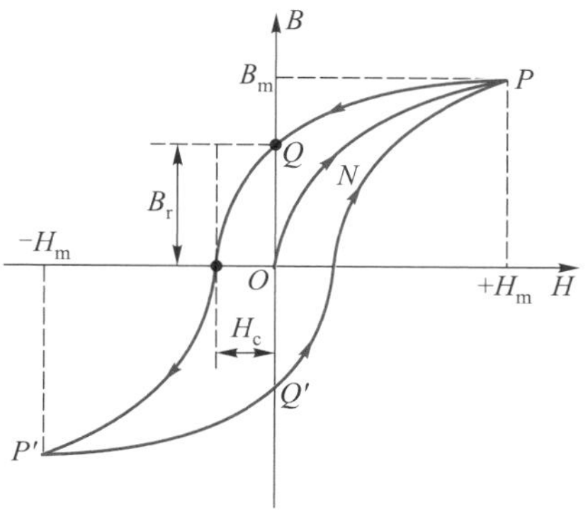

图 6-45 磁滞回线

磁滞回线大小和形状显示了磁性材料的特性，从而可把磁性材料分为软磁、硬磁和矩磁材料.

软磁材料（如纯铁、硅钢等）的磁滞回线狭长，如图 6-46(a) 所示. 可见，软磁材料的矫顽力小、初始磁导率高，外加很小的磁场就可达到饱和. 软磁材料的特点，表明它适合于用来制作交变磁场的器件，如电感线圈、小型变压器、脉冲变压器、中频变压器等的磁芯以及天线棒磁芯、录音磁头、电视偏转磁轭、磁放大器等.

硬磁材料（如碳钢、钨钢等）的磁滞回线宽肥，如图 6-46(b) 所示. 它具有较高的剩磁、较高的矫顽力以及高饱和磁感应强度，磁化后可长久保持很强的磁性，适宜于制成永久磁铁. 这类材料主要用于磁路系统中作为永磁体以产生恒定磁场，如扬声器、微音器、拾音器、助听器、电视聚焦器、各种磁电式仪表、磁通计、磁强计、示波器以及各种控制设备.

矩磁材料（如三氧化二铁、二氧化铬等）的磁滞回线呈矩形形状，比硬磁材料具有更高的剩磁、更高的矫顽力，如图 6-46(c) 所示. 这种磁性材料在信息存储领域内的作用越来越重要，适合于制作磁带、计算机软盘和硬盘等，用于记录信息. 用于计算机存储信息时可以用磁极方向来表示 1 和 0. 例如，N 极向上存储的信息为 1，向下表示信息为 0. 矩磁材料的特点能保证存储信息的安全.

2. 磁畴

为什么铁磁质不同于其他弱磁质，在外磁场中能激发出远大于外磁场的强磁场？这与铁磁质独特的微观物质结构有关.

实验理论均表明，在铁磁质内部存着许多小区域（体积约 $10^{-3}\ mm^3$，含有 $10^{12}\sim10^{15}$ 个原子），每个小区域内的分子磁矩已完全自发地排列整齐，这种小区域叫做磁畴. 无外磁场作用时，各个磁畴的磁矩取向杂乱无章，因而它们产生的磁场相互抵消，对外不显磁性，如图 6-47(a) 所示. 在外磁场 H 中，当 H 较小时，与 $\boldsymbol{H}$ 方向夹角较小的磁畴逐渐扩展自己的范围，即畴壁运动，如图 6-47(b) 所示.

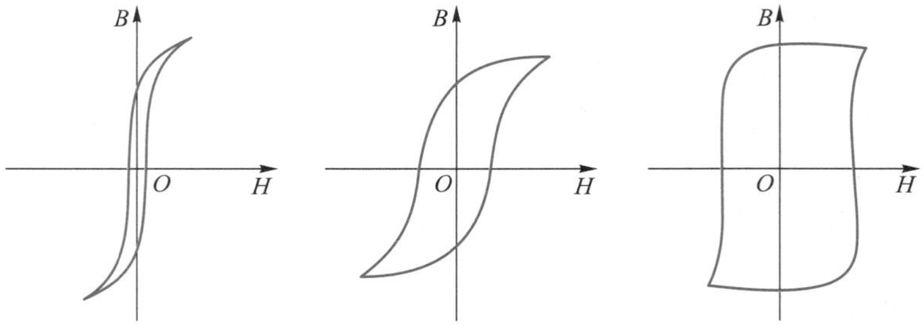

(a) 软磁材料　(b) 硬磁材料　(c) 矩磁铁氧体材料

图 6-46　不同铁磁质的磁滞回线

当 H 增大时,磁畴的自发磁化方向逐渐转向 $\boldsymbol{H}$ 的方向,即磁畴转向,如图 6-47(c)所示,当 H 继续增大时,所有的磁畴都沿 $\boldsymbol{H}$ 方向整齐排列,即达到饱和磁化,如图 6-47(d)所示. 由于各个磁畴的磁性较强,因而磁化后产生的附加磁感应强度 $\boldsymbol{B}$ 也就较大. 由于各个磁畴之间存在着某种阻碍它们改变方向的“摩擦”,因而在外磁场停止作用后,原磁畴的排列就部分地保留下来,这就是宏观上表现的剩磁和磁滞现象. 在铁磁质磁化时,磁畴在变化过程中要克服磁畴间的“摩擦”而消耗一部分能量,它将使铁磁质发热. 这就是所谓的磁滞损耗.

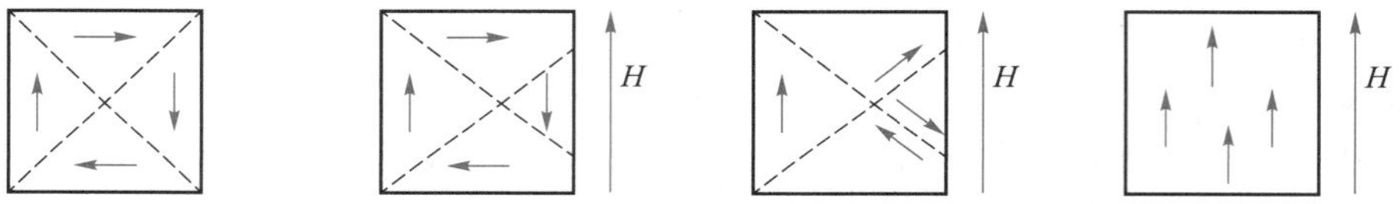

(a)　(b)　(c)　(d)

图 6-47　磁畴

从实验中还知道,铁磁质的磁化和温度有关. 随着温度的升高,它的磁化能力逐渐减小,当温度升高到某一温度时,铁磁性就完全消失,铁磁质退化成顺磁质. 这个温度叫做居里温度或叫做居里点. 这是因为铁磁质中自发磁化区域因剧烈的分子热运动而遭破坏,磁畴也就瓦解了,铁磁质的铁磁性消失,过渡到顺磁质. 从实验知道,铁的居里温度是 1 043 K,78%坡莫合金的居里温度是 873 K,45%坡莫合金的居里温度是 673 K.

思考题

6-8-1　为什么一块磁铁能吸引一块原来并未磁化的铁块?

6-8-2　为什么装指南针的盒子不是用铁,而是用胶木等材料做成的?

6-8-3　在工厂里搬运烧到赤红的钢锭,为什么不能用装有电磁铁的起重机?

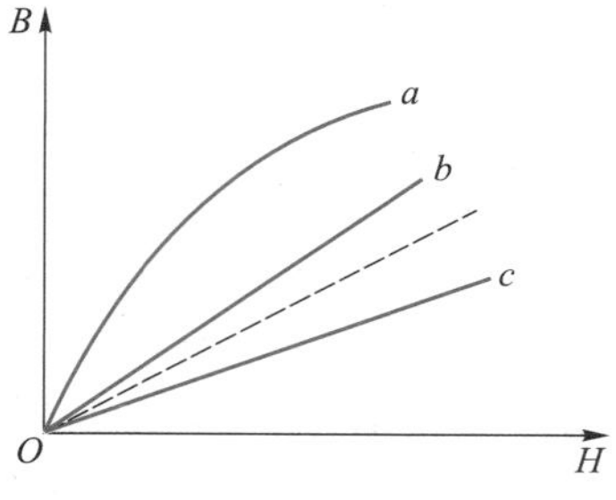

思考题 6-8-4 图

6-8-4　如图所示,图中的三条实线分别表示三种不同

磁介质的 B-H 关系,另有一条虚线为关系曲线 $B=\mu_0 H$,试指出哪一条表示顺磁质,哪一条表示抗磁质,哪一条表示铁磁质,并说明理由.

习题

6-1 两根长度相同的细导线分别密绕在半径为 R 和 r 的两个长直圆筒上形成两个螺线管,两个螺线管的长度相同,且 $R=2r$,两个螺线管通过的电流均为 I,螺线管中的磁感应强度大小 B_R 和 B_r 的关系满足 [ ]

(A) $B_R=2B_r$.　　(B) $B_R=B_r$.　　(C) $2B_R=B_r$.　　(D) $B_R=4B_r$.

6-2 一个半径为 r 的半球面如图所示放在均匀磁场中,通过半球面的磁通量为 [ ]

(A) $2\pi r^2 B$.

(B) $\pi r^2 B$.

(C) $2\pi r^2 B\cos\alpha$.

(D) $\pi r^2 B\cos\alpha$.

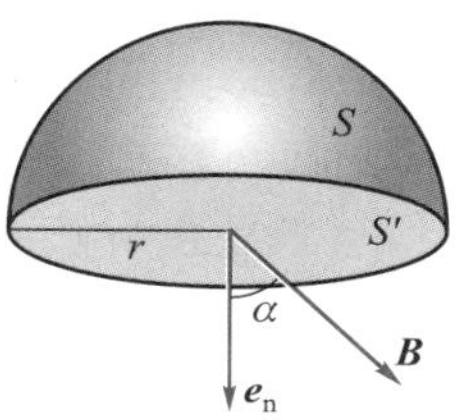

习题 6-2 图

6-3 在图(a)和(b)中各有一半径相同的圆形回路 L_1、L_2,圆周内有电流 I_1、I_2,其分布相同,且均在真空中,但在(b)图中 L_2 回路外有电流 I_3,P_1、P_2 为两圆形回路上的对应点,则 [ ]

(A) $\oint_{L_1}\boldsymbol{B}\cdot\mathrm{d}\boldsymbol{l}=\oint_{L_2}\boldsymbol{B}\cdot\mathrm{d}\boldsymbol{l},B_{P_1}=B_{P_2}$.

(B) $\oint_{L_1}\boldsymbol{B}\cdot\mathrm{d}\boldsymbol{l}\neq\oint_{L_2}\boldsymbol{B}\cdot\mathrm{d}\boldsymbol{l},B_{P_1}=B_{P_2}$.

(C) $\oint_{L_1}\boldsymbol{B}\cdot\mathrm{d}\boldsymbol{l}=\oint_{L_2}\boldsymbol{B}\cdot\mathrm{d}\boldsymbol{l},B_{P_1}\neq B_{P_2}$.

(D) $\oint_{L_1}\boldsymbol{B}\cdot\mathrm{d}\boldsymbol{l}\neq\oint_{L_2}\boldsymbol{B}\cdot\mathrm{d}\boldsymbol{l},B_{P_1}\neq B_{P_2}$.

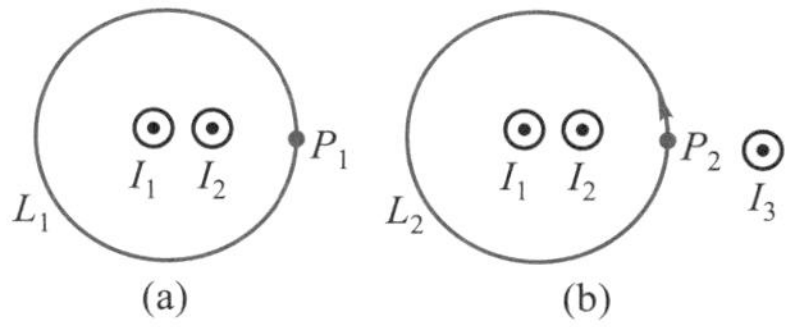

习题 6-3 图

6-4 边长为 l 的正方形线圈,分别用如图所示的两种方式通以电流 I(其中 ab、cd 与正方形共面),在这两种情况下,线圈在其中心产生的磁感应强度的大小分别为 [ ]

(A) $B_1=0,B_2=0$.

(B) $B_1=0,B_2=\dfrac{2\sqrt{2}\mu_0 I}{\mu l}$.

(C) $B_1=\dfrac{2\sqrt{2}\mu_0 I}{\pi l},B_2=0$.

(D) $B_1=2\sqrt{2}\,\dfrac{\mu_0 I}{\pi l},B_2=2\sqrt{2}\,\dfrac{\mu_0 I}{\pi l}$.

6-5 通有电流 I 的无限长直导线弯成如图所

习题 6-4 图

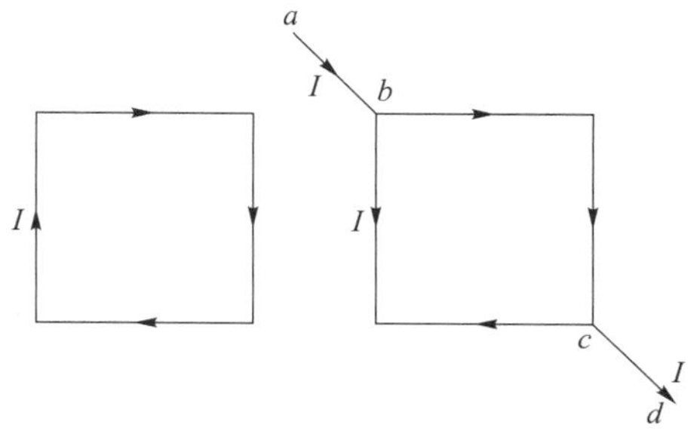

示的三种形状，则 P、Q、O 各点磁感应强度的大小 B_P、B_Q、B_O 间的关系为 [ ]

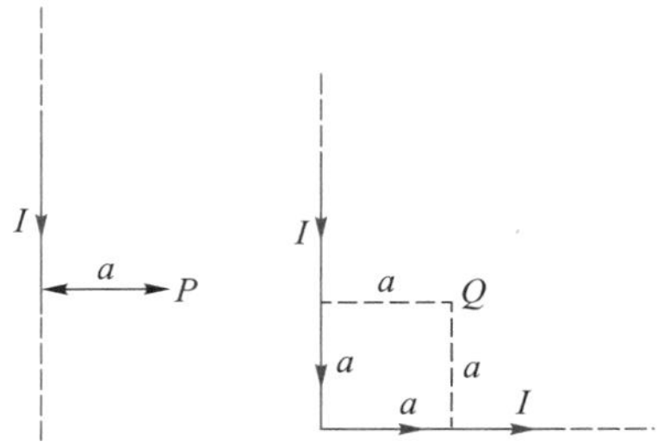

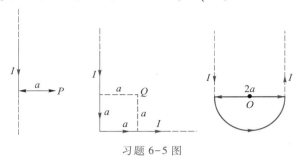

习题 6-5 图

(A) $B_P>B_Q>B_O$. (B) $B_Q>B_P>B_O$. (C) $B_Q>B_O>B_P$. (D) $B_O>B_Q>B_P$.

6-6 有两个半径相同的圆环形载流导线 A、B，它们可以自由转动和移动，把它们放在相互垂直的位置上，如图所示，它们将发生以下哪一种运动？ [ ]

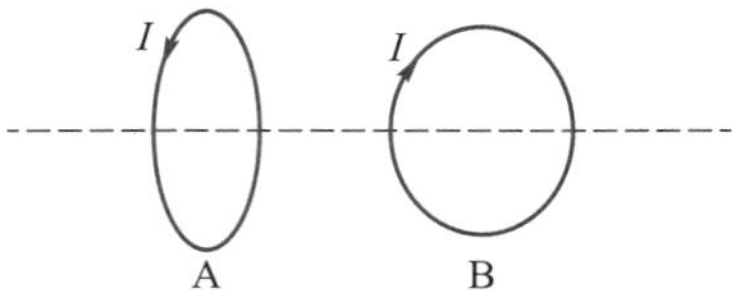

习题 6-6 图

(A) A、B 均发生转动和平动，最后两线圈电流同方向并紧靠在一起.

(B) A 不动，B 在磁力作用下发生转动和平动.

(C) A、B 都在运动，但运动的趋势不能确定.

(D) A 和 B 都在转动，但不平动，最后两线圈磁矩同方向平行.

6-7 在无电流的空间中，如果磁感应线是平行直线，那么磁场一定是匀强磁场，试证明之.

6-8 已知地球北极地磁场磁感应强度 $\boldsymbol{B}$ 的大小为 6.0×10^{-5} T. 如图所示，设想此地磁场是由地球赤道上一圆电流所激发的，则此电流有多大？流向如何？

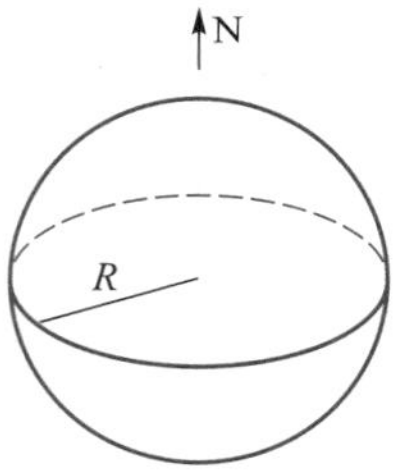

习题 6-8 图

6-9 如图所示，几种载流导线在平面内分布，电流均为 I，它们在 O 点的磁感强度各为多少？

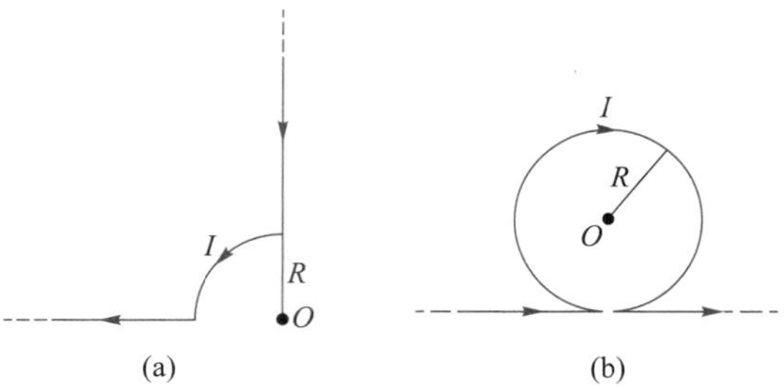

习题 6-9 图

6-10 高压输电线在地面上空 25 m 处，通过的电流为 1.8×10^{3} A.

(1) 问：在地面上由该电流所产生的磁感应强度为多大？

(2) 在上述地区,地磁场为 0.6×10^{-4} T,问:输电线产生的磁场与地磁场相比如何?

6-11　一个塑料圆盘,半径为 R,表面均匀分布电荷量 q. 试证明:当它绕通过盘心而垂直于盘面的轴以角速度 ω 转动时,盘心处的磁感应强度为 $B=\dfrac{\omega\mu_0 q}{2\pi R}$.

6-12　如图所示,两根半无限长载流导线接在圆导线的 A、B 两点,圆心 O 和 EA 的距离为 R,且在 KB 的延长线上,$AO\perp BO$. 若导线 ACB 部分的电阻是 AB 部分电阻的 2 倍,当通有电流 I 时,求中心 O 的磁感应强度.

6-13　在半径 $R=1$ cm 的"无限长"半圆柱形金属薄片中,有电流 $I=5$ A 自下而上通过,如图所示,试求圆柱轴线上一点 P 处的磁感应强度.

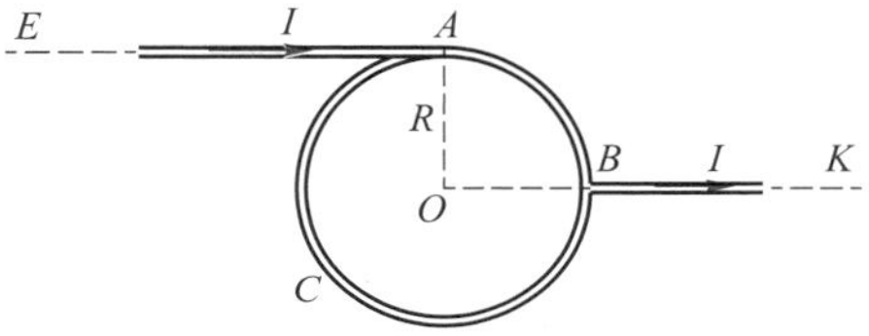

习题 6-12 图

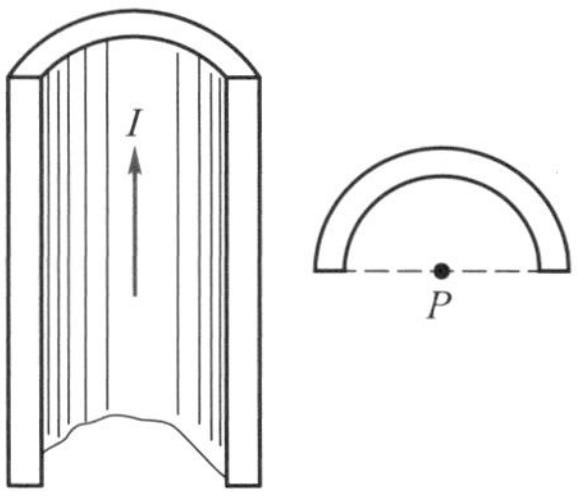

习题 6-13 图

6-14　两平行直导线相距 $d=40$ cm,每根导线载有电流 $I_1=I_2=20$ A,如图所示. 求:

(1) 两导线所在平面内与该两导线等距离的某点的磁感应强度;

(2) 通过图中蓝色区域所示面积的磁通量(设 $r_1=r_3=10$ cm,$l=25$ cm).

6-15　电流 I 均匀地流过半径为 R 的圆形长直导线,试计算单位长度导线中通过图中所示剖面的磁通量.

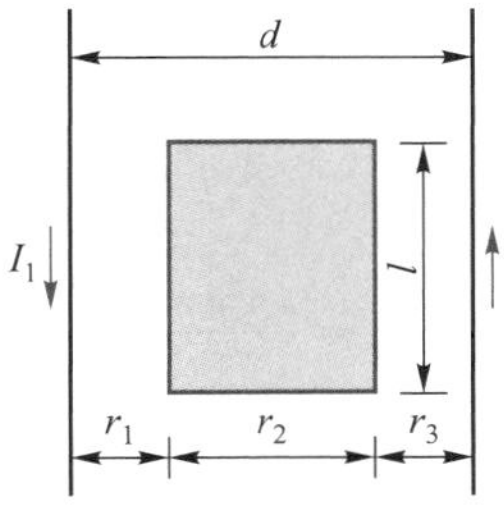

习题 6-14 图

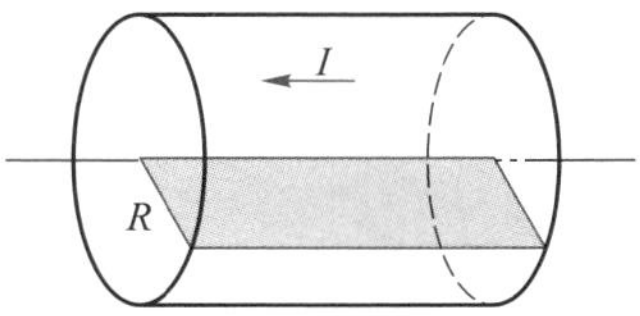

习题 6-15 图

6-16　如图所示,线圈均匀密绕在截面为长方形的整个木环上(木环的内外半径分别为 R_1 和 R_2,厚度为 h,木料对磁场分布无影响),共有 N 匝.

(1) 求通入电流 I 后,环内外磁场的分布;

(2) 问:通过管截面的磁通量是多少?

6-17　如图所示的无限长空心柱形导体内、外半径分别为 R_1 和 R_2,导体内载有电流 I,设电流 I 均匀分布在导体的横截面上. 求证导体内部各点($R_1<r<R_2$)的磁感应强度 $\boldsymbol{B}$ 由下式给出:

$$B_1=\frac{\mu_0 I}{2\pi(R_2^2-R_1^2)}\frac{r^2-R_1^2}{r}$$

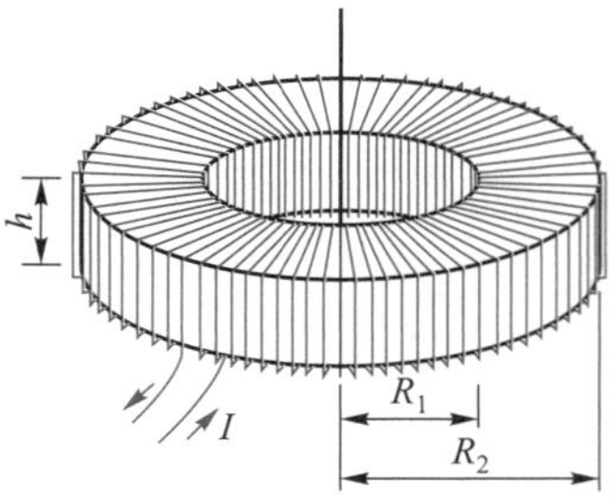

习题 6-16 图

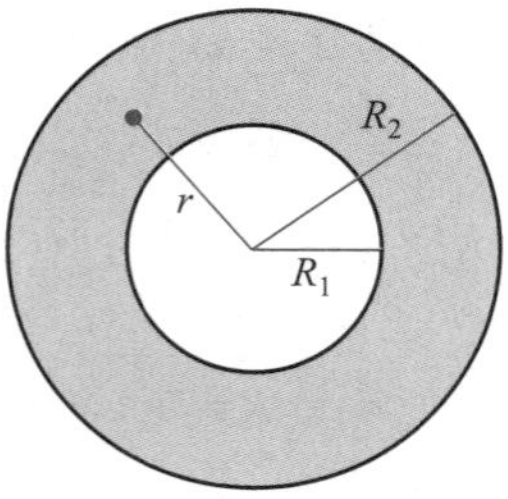

习题 6-17 图

6-18 有一根很长的同轴电缆，由一圆柱形导体和一同轴圆筒状导体组成，圆柱的半径为 R_1，圆筒的内外半径分别为 R_2 和 R_3，如图所示. 在这两个导体中，载有大小相等而方向相反的电流 I，电流均匀分布在各导体的截面上. 求：

(1) 圆柱导体内各点($r<R_1$)的磁感应强度；

(2) 两导体之间($R_1<r<R_2$)的磁感应强度；

(3) 外圆筒导体内($R_2<r<R_3$)的磁感应强度；

(4) 电缆外($r>R_3$)各点的磁感应强度.

6-19 螺线管长为 0.50 m，总匝数 $N=2\ 000$，问：当通以 1 A 的电流时，管内中央部分的磁感应强度 $\boldsymbol{B}$ 为多少？

6-20 如图所示，在 $B=0.01$ T 的均匀磁场中，电子以 $v=10^4$ m/s 的速度在磁场中通过 A 点运动，电子运动速度和磁场 $\boldsymbol{B}$ 的夹角为 30°. 求电子的轨道半径和旋转频率.

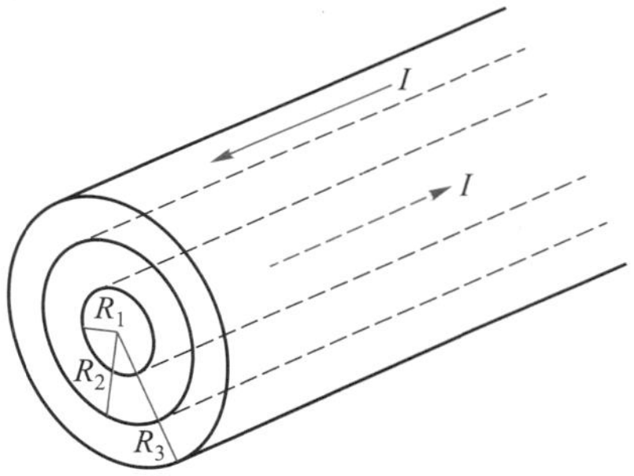

习题 6-18 图

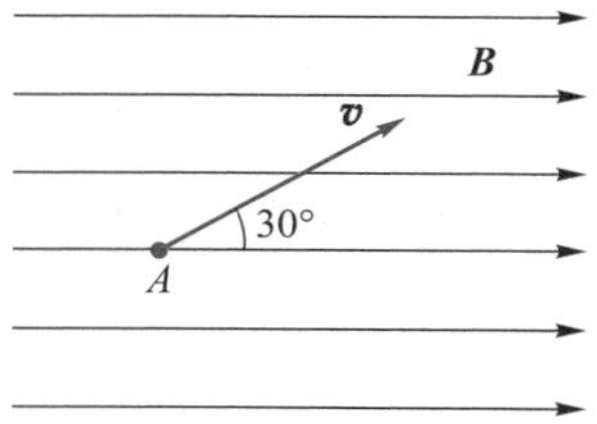

习题 6-20 图

6-21 已知地面上空某处地磁场的磁感应强度 $B=0.40\times10^{-4}$ T，方向向北. 若宇宙射线中有一速率 $v=5\times10^7\ \mathrm{m\cdot s^{-1}}$ 的质子，垂直地通过该处，求：

(1) 洛伦兹力的方向；

(2) 洛伦兹力的大小，并与该质子受到的万有引力相比较（质子的质量 $m_p=1.67\times10^{-27}$ kg，$E=1.6\times10^{-19}$ C，$G=6.67\times10^{-11}\ \mathrm{N\cdot m^2\cdot kg^{-2}}$）.

6-22 一电子在 $B=2.0\times10^{-3}$ T 的均匀磁场中作半径 $R=20$ cm 的螺旋线运动，螺距 $h=$

50 cm. 已知电子的荷质比 $e/m_e = 1.76\times10^{11}$ C/kg,求这个电子的速度.

6-23　在霍耳效应实验中,宽 1.0 cm、长 4.0 cm、厚 1.0×10^{-3} cm 的导体,沿长度方向载有 3 A 的电流,当磁感应强度 $B=1.5$ T 的磁场垂直地通过该薄导体时,产生 1.0×10^{-5} V 的横向霍耳电压(在宽度两端). 试求:

(1) 载流子的漂移速率;

(2) 每立方厘米载流子的数目.

6-24　任意形状的一段导线 AB 如图所示,其中通有电流 I,导线放在和均匀磁场 $\boldsymbol{B}$ 垂直的平面内. 试证明导线 AB 所受的力等于 A 到 B 间载有同样电流的直导线所受的力.

6-25　如图所示,一根长直导线载有电流 $I_1=30$ A,矩形回路载有电流 $I_2=20$ A. 试计算作用在回路上的合力. 已知 $d=1.0$ cm,$b=8.0$ cm,$l=12$ cm.

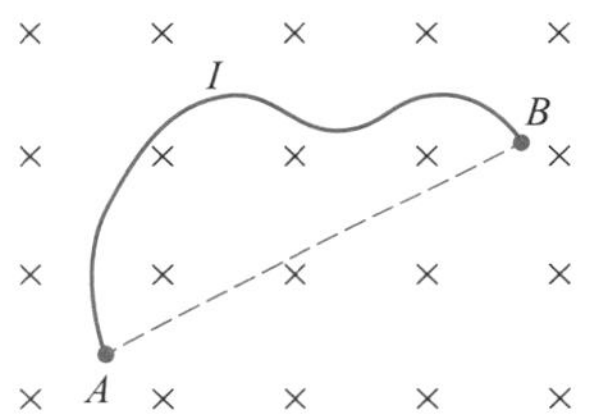

习题 6-24 图

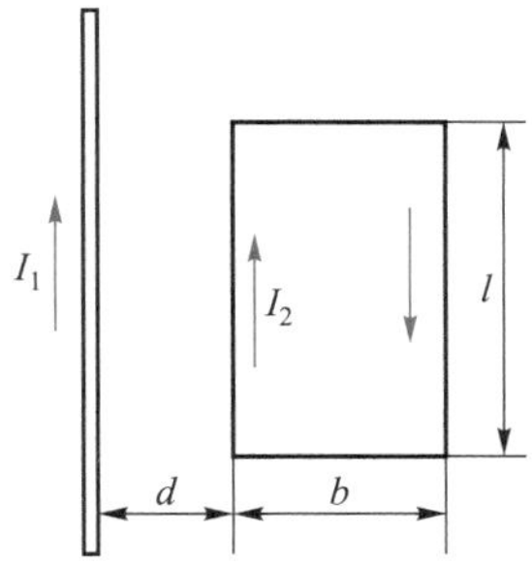

习题 6-25 图

6-26　半径为 R 的平面圆形线圈中载有电流 I_2,另一无限长直导线 AB 中载有电流 I_1. 设 AB 通过圆心,并和圆形线圈在同一平面内,如图所示,求圆形线圈所受的磁场力.

6-27　如图所示,一矩形线圈可绕 Oy 轴转动,线圈中载有电流 0.10 A,放在磁感应强度 $B=0.50$ T 的均匀磁场中,$\boldsymbol{B}$ 的方向平行于 Ox 轴,求维持线圈在图示位置时的力矩.

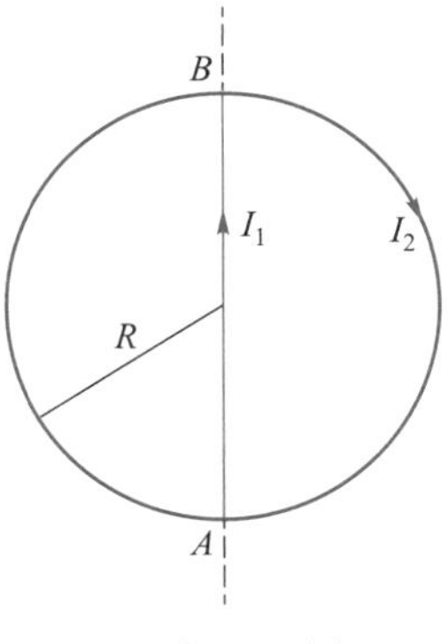

习题 6-26 图

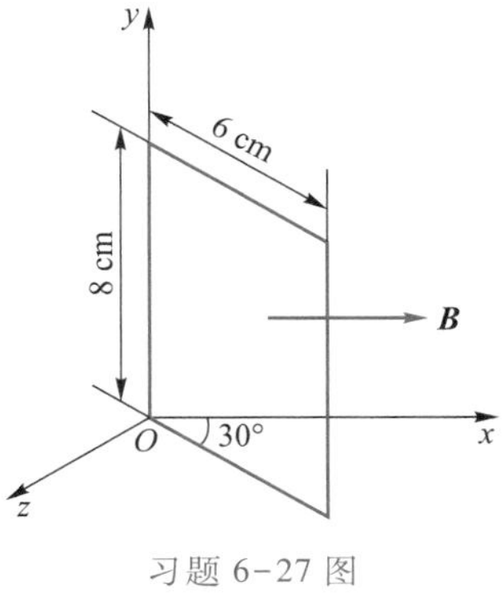

习题 6-27 图

6-28　一个半圆形回路,半径 $R=10$ cm,通有电流 $I=10$ A,放在均匀磁场中,磁场方向与线圈平面平行,如图所示. 若磁感应强度为 $B=5\times10^{-2}$ T,求线圈所受力矩的大小及方向.

6-29 一均匀磁化棒的体积为 1 000 cm^3，其磁矩为 800 $A \cdot m^2$，棒内的磁感应强度为 0.1 Wb/m^2，求棒内磁场强度的值.

6-30 一磁导率为 μ_1 的无限长圆柱形直导线，半径为 R_1，其中均匀地通有电流 I. 在导线外包一层磁导率为 μ_2 的圆柱形不导电的磁介质，其外半径为 R_2，如图所示. 试求磁场强度和磁感应强度的分布.

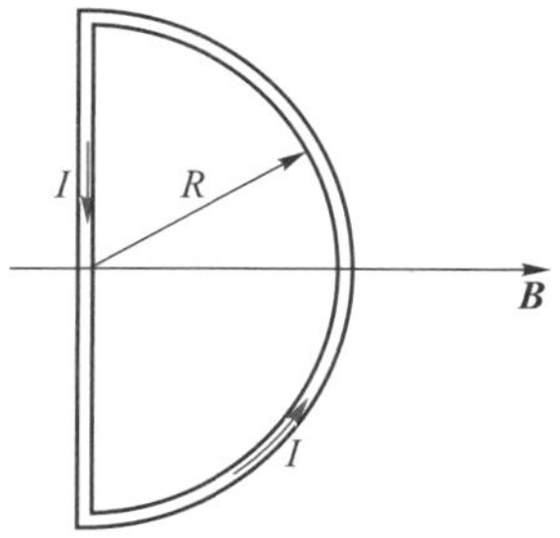

习题 6-28 图

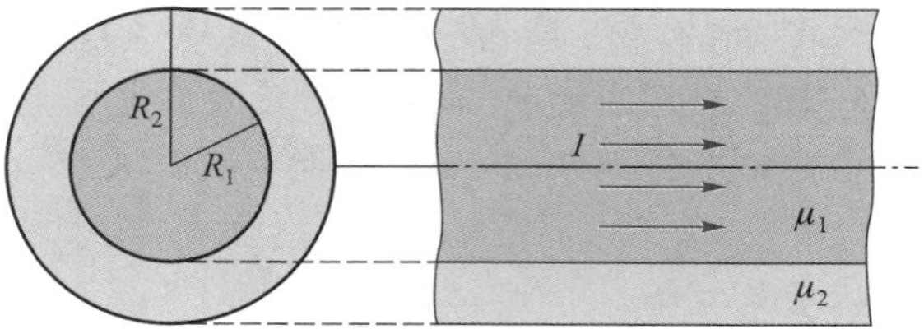

习题 6-30 图

答案

>>> 第七章

●●● 电磁感应

前面分别讨论了静止电荷周围的电场和恒定电流所激发的磁场的性质及其基本规律．既然电流能够激发磁场，那么，磁场能不能产生电流呢？人们经过长期的实践和研究，直到1831年，英国物理学家法拉第用实验回答了这个问题．后诺埃曼、麦克斯韦等人经过大量工作，给出了电磁感应定律的数学表达式．电磁感应现象的发现，不仅阐明了变化的磁场能够激发电场这一关系，还进一步揭示了电与磁之间的内在联系，为麦克斯韦电磁场理论的建立奠定了坚实的基础，促进了电磁理论的发展．电磁感应的发现奠定了现代电工技术的基础，标志着新的技术革命和工业革命的到来．

7-1　电磁感应定律

一、法拉第电磁感应定律

1820年，奥斯特发现了电流的磁效应，从一个侧面揭示了电现象和磁现象之间的联系．既然电流可以产生磁场，从方法论中的对称性原理出发，“是否磁场也能产生电流呢？”1822年，法拉第在日记中写下了这一光辉思想，并开始在这方面进行系统的探索．

经过长达十年的艰苦工作，并经历了一次又一次的失败，法拉第终于在1831年从实验上证实磁场可以产生电流．1831年8月29日，法拉第首次发现，用一个电流计连接在一个线圈中，形成一个回路，在回路中没有电源，然后，迅速将一条形磁铁插入线圈或拔出线圈，这时电流计指针发生偏转，如图7-1(a)所示，这表明线圈回路中产生了电流．同年11月24日，法拉第写了一篇论文，向英国皇家学会报告了整个情况，并将上述现象正式命名为电磁感应．

从上述实验可以看出，无论是使闭合回路(或称探测线圈)保持不动，而使闭合回路(或线圈)中的磁场发生变化；或者是磁场保持不变，而使闭合回路(或线圈)在磁场中运动，都可以在闭合回路(或线圈)中产生电流．这就是尽管在闭合回路(或线圈)中引起电流的方式有所不同，但都可归结出一个共同点，即通过闭合回路(或线圈)的磁通量都发生了变化．

可以得出如下结论：当穿过一个闭合导体回路所围面积的磁通量发生变化时，不管这种变化是由于什么原因所引起的，回路中都有电流．这种现象叫做电磁感应现象．回路中所出现的电流叫做感应电流．在回路中出现电流，表明回路中有电动势存在．这种在回路中由于磁通量的变化而引起的电动势，叫做感应电动势．

感应电动势比感应电流更能反映电磁感应现象的本质，感应电流只是回路中存在感应电

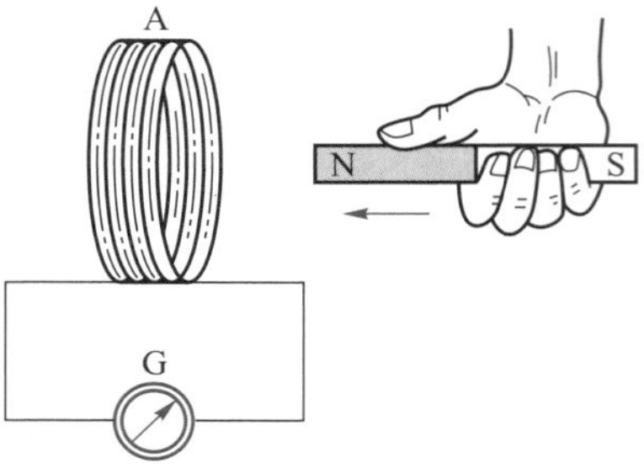

(a) 磁铁与线圈有相对运动时，电流计的指针发生偏转

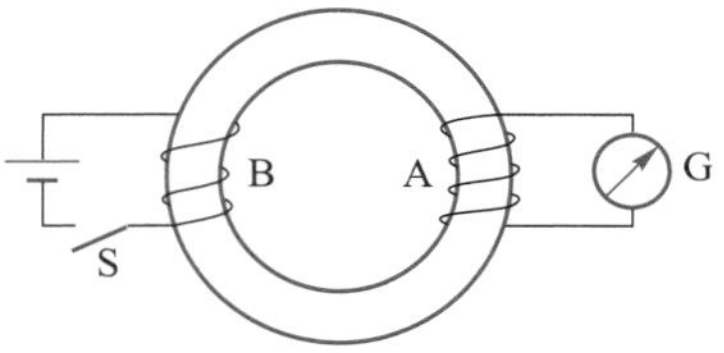

(b) 开关S闭合和打开的瞬间，电流计的指针发生偏转

图 7-1 电磁感应实验

动势时的外在表现，如果导体回路不闭合就不会有感应电流，但感应电动势仍然可以存在.

1845 年，德国物理学家纽曼对法拉第的工作从理论上作出表述，并写出了电磁感应定律的定量表达式，称为法拉第电磁感应定律. 该表述为：当穿过回路所包围面积的磁通量发生变化时，回路中产生的感应电动势$\mathscr{E}_i$与穿过回路的磁通量对时间变化率的负值成正比. 在国际单位制中，其数学形式为

$$\mathscr{E}_i=-k\frac{\mathrm{d}\Phi}{\mathrm{d}t}$$

式中，k 是比例系数，它的数值取决于式中各量所用的单位. 在国际单位制中，Φ 的单位是韦伯(Wb)，t 的单位是秒(s)，$\mathscr{E}_i$的单位是伏特(V)，则可取 $k=1$，因此上式可写为

$$\mathscr{E}_i=-\frac{\mathrm{d}\Phi}{\mathrm{d}t} \tag{7-1}$$

式中，负号代表感应电动势的方向与磁通量变化之间的关系，此式仅用于单匝线圈组成的回路.

在判断感应电动势的方向时，可以通过符号法则来确定. 符号法则规定：任意确定一个导体回路 L 的绕行方向，当回路中的磁感应线方向与回路的绕行方向成右手螺旋关系时，磁通量 Φ 为正. 因此，按式(7-1)，如果穿过回路的磁通量增大($\frac{\mathrm{d}\Phi}{\mathrm{d}t}>0$)，则$\mathscr{E}_i<0$，说明感应电动势的方向与回路绕行方向相反；如果穿过回路的磁通量减小($\frac{\mathrm{d}\Phi}{\mathrm{d}t}<0$)，则$\mathscr{E}_i>0$，说明感应电动势的方向与回路绕行方向一致.

需要指出的是，由于 Φ 是穿过回路所围面积的磁通量. 如果回路是由 N 匝密绕线圈组成，而穿过每匝线圈的磁通量都等于 Φ，那么通过 N 匝密绕线圈的磁通量匝数则为 $\Psi=N\Phi$，Ψ 也称为磁链，因此，电磁感应定律就可写成

$$\mathscr{E}_i=-\frac{\mathrm{d}\Psi}{\mathrm{d}t} \tag{7-2}$$

如果闭合回路中电阻为 R，那么根据闭合回路的欧姆定律$\mathscr{E}_i=RI$，回路中的感应电流为

$$I_i=-\frac{1}{R}\frac{\mathrm{d}\Psi}{\mathrm{d}t} \tag{7-3}$$

利用电流的定义式 $I_i=\frac{\mathrm{d}q}{\mathrm{d}t}$，由上式可以计算出从 t_1 到 t_2 这段时间内，通过导线任一横截面的感应电荷量为

$$q=\int_{t_1}^{t_2} I_i\mathrm{d}t=-\frac{1}{R}\int_{\Psi_1}^{\Psi_2}\mathrm{d}\Psi=\frac{1}{R}(\Psi_1-\Psi_2) \tag{7-4}$$

式中，Ψ_1 和 Ψ_2 分别是 t_1 和 t_2 时刻穿过线圈回路的全磁通. 上式表明：在 t_1 到 t_2 的时间内，感应电荷量仅与线圈回路中全磁通的变化量成正比，而与全磁通变化的快慢无关. 在实验中通过测量线圈回路截面的感应电荷和线圈的电阻，就可以知道相应的全磁通的变化. 常用的磁通计就是利用这个原理设计制成的.

二、楞次定律

1834 年，俄国物理学家楞次从分析电磁感应实验中总结了判断感应电流方向的规律，它表述为：在发生电磁感应时，导体回路中感应电流的方向，总是使它自己激发的磁场穿过回路面积的磁通量去抵偿引起感应电流的磁通量的变化，这个规律叫做楞次定律.

应该注意的是，感应电流的磁场所反抗的不是原来的磁通量本身，而是原磁通量的变化. 下面以图 7-2 的磁铁棒插入或抽出闭合线圈的实验为例来说明这一点，如图 7-2(a) 所示，当磁铁棒以 N 极插向线圈时，通过线圈的磁通量增加，按楞次定律，线圈中感应电流所激发的磁场方向要使通过线圈面积的磁通量反抗这个磁通量的增加，所以线圈中感应电流所产生的磁感应线的方向与磁铁棒的磁感应线的方向相反. 再根据右手螺旋定则，可确定线圈中感应电流的方向如图中的箭头所示. 当磁铁棒拉离线圈或线圈背离 N 极运动时，通过线圈面积的磁通量减少，感应电流的磁场则要使通过线圈面积的磁通量去补偿线圈内磁通量的减少，感应电流的磁场则要使通过线圈面积的磁通量去补偿线圈内磁通量的减少，因而，它所产生的磁感应线的方向与磁铁棒的磁感应线的方向相同，如图 7-2(b) 所示，感应电流的方向与上面相反，如图中箭头所示. 值得注意的是，楞次定律强调了“补偿”或“反抗”磁通量的“变化”，而不是说感应电流所激发的磁场要反抗原来的磁场.

楞次定律在本质上是能量守恒定律的必然反映. 在图 7-2 所示的实验中，可以看出，感应电流所产生的作用是反抗磁铁的运动，因此要继续移动磁铁，则需外力做功. 而外力所做功转化为感应电流流过回路时所产生的焦耳热，这符合能量守恒和转化的规律. 假如感应电流的方向与楞次定律的结论相反，则只要外力把磁铁稍微向线圈中插一点，感应电流就产生一个吸引它的磁场，使它动得更快，于是更增大了感应电流，这又会进一步加速磁铁的运动. 这样，只要外力在最初的微小移动中做一点功，线圈中就能获得不断增大的电能，而且磁铁也能获得不断增大的动能，这显然是不可能的，因为这样是违背能量守恒定律的. 因此，可以认为楞次定律就是能量守恒定律在电磁感应现象中的具体表现.

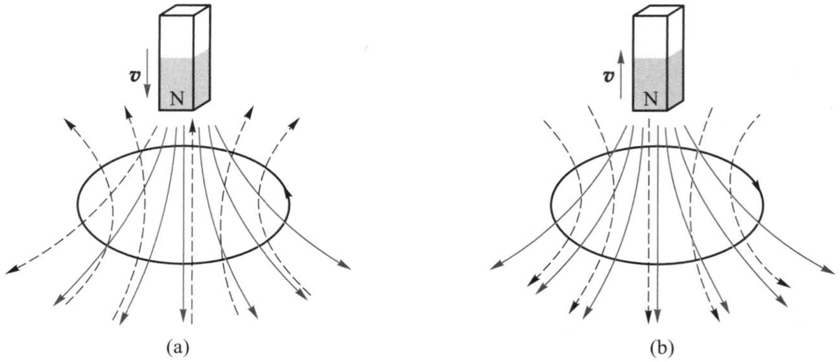

图 7-2 感应电流的方向

例 7-1 将一个面积为 100 cm^2 的环形线圈放入磁感应强度 $B=1\ Wb\cdot m^{-2}$ 的均匀磁场中. 设线圈导线的电阻为 $R=10\ \Omega$,线圈平面与 $\boldsymbol{B}$ 的方向垂直,如图所示,当在 0.01 s 内取消磁场时,求线圈中出现的感应电动势的大小和方向以及在这段时间内通过线圈导线任一横截面的电荷量.

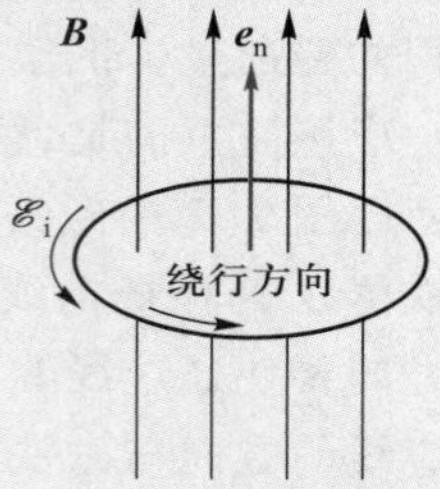

例 7-1 图

解 设选如图所示的绕行方向,则线圈正法线方向 $\boldsymbol{e}_n$ 向上. 故 $\cos\theta=1$,穿过环形线圈的磁通量为

$$\Phi=BS\cos\theta=BS$$

因在 0.01 s 内取消磁场,即

$$\Phi_1=BS,\Phi_2=0$$

因此磁通量的改变量 $\Delta\Phi=\Phi_2-\Phi_1=-BS$. 根据式(7-1),线圈中的感应电动势为

$$\mathscr{E}_i=-\frac{\Delta\Phi}{\Delta t}=\frac{1\times100\times10^{-4}}{0.01}\ V=1\ V$$

由以上计算可见,因为$\frac{\Delta\Phi}{\Delta t}<0$,得$\mathscr{E}_i>0$,表明感应电动势的方向与所选回路绕行方向相同,如图所示.

由式(7-3)可得环形线圈中的感应电流为

$$I_i=-\frac{1}{R}\frac{d\Phi}{dt}$$

那么,在 0.01 s 这段时间内通过线圈导线任一横截面的感应电荷量为

$$q=\int_{t_1}^{t_2}I_i dt=-\int_{\Phi_1}^{\Phi_2}\frac{1}{R}d\Phi=\frac{1}{R}(\Phi_1-\Phi_2)$$

$$=\frac{BS}{R}=\frac{1\times100\times10^{-4}}{10}\ C=10^{-3}\ C$$

可见,在一段时间内通过线圈导线任一横截面的电荷量与通过此线圈磁通量的变化量成正比,而与磁通量的变化快慢无关. 因此,若已知回路电阻,只要测得感应电荷量,就可算出磁通量,常用的磁通计就是根据这个原理而设计的.

例 7-2 交流发电机的基本原理如图所示,这是一个简单的交流发电机. 在磁感应强度为 $\boldsymbol{B}$ 的均匀磁场中,有一匝数为 N、面积为 S 的矩形线圈,线圈绕固定轴 OO' 以角速度 ω 作匀速转动. 设 $t=0$ 时,线圈平面与磁场垂直,求线圈中的感应电动势.

解 设在 t 时刻线圈平面的法线方向和磁感应强度 $\boldsymbol{B}$ 之间的夹角为 0,因此有 $\theta=\omega t$,则该时刻穿过线圈平面的全磁通为

$$\Psi=N\Phi=NBS\cos\,\theta=NBS\cos\,\omega t$$

由式(7-2)得线圈中的感应电动势为

$$\mathscr{E}_{\mathrm{i}}=-\frac{\mathrm{d}\Psi}{\mathrm{d}t}=NBS\omega\sin\,\omega t$$

令 $NBS\omega=\mathscr{E}_{\mathrm{m}}$ 表示当线圈平面平行于磁场方向时的瞬时感应电动势,代入上式得

$$\mathscr{E}_{\mathrm{i}}=\mathscr{E}_{\mathrm{m}}\sin\,\omega t$$

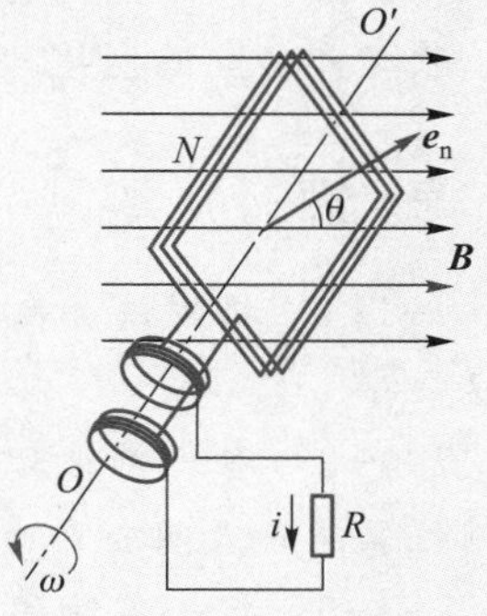

例 7-2 图

设线圈的转速(即单位时间转动的圈数)为 f,则有 $\omega=2\pi f$,上式又可表示为

$$\mathscr{E}_{\mathrm{i}}=\mathscr{E}_{\mathrm{m}}\sin(2\pi ft)$$

由上式可知,感应电动势随时间变化的曲线是正弦曲线,这种电动势称为交变电动势. 这种电流就简称交流电. $\mathscr{E}_{\mathrm{m}}$ 为感应电动势的最大值,称为电动势的振幅. 交变电动势的大小和方向都在不断地变化,当线圈转过一周后,电动势发生了一次完全变化. 电动势发生一次完全变化所需的时间,叫做交流电的周期,线圈的转速 f 也叫做交流电的频率. 在我国,工业和民用的交流电的频率一般都是 50 Hz 的.

例 7-3 一长直导线中通有交变电流 $I=I_0\sin\,\omega t$,式中 I 表示瞬时电流,I_0 是电流振幅,ω 是角频率,I_0 和 ω 都是常量. 在长直导线旁平行放置一矩形线圈,线圈平面与直导线在同一平面内. 已知线圈长为 l,宽为 b,线圈近长直导线的一边距直导线的距离为 a,如图所示. 求任一瞬时线圈中的感应电动势.

解 在某一瞬时,距导线为 x 处的磁感应强度为

$$B=\frac{\mu_0}{2\pi}\frac{I}{x}$$

选顺时针的转向作为矩形线圈的绕行正方向,则通过图中阴影面积 $\mathrm{d}S=l\mathrm{d}x$ 的磁通量为

$$\mathrm{d}\Phi=B\cos\,0^{\circ}\mathrm{d}S=\frac{\mu_0}{2\pi}\frac{I}{x}l\mathrm{d}x$$

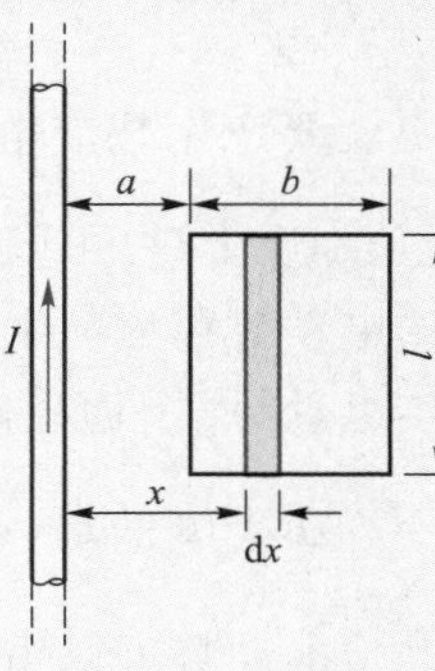

例 7-3 图

在该瞬时 t,通过整个线圈所围面积的磁通量为

$$\Phi=\int \mathrm{d}\Phi=\int_a^{a+b}\frac{\mu_0}{2\pi}\frac{I}{x}l\mathrm{d}x=\frac{\mu_0 lI_0\sin\omega t}{2\pi}\ln\left(\frac{a+b}{a}\right)$$

由于电流随时间变化,通过线圈面积的磁通量也随时间变化,故线圈内的感应电动势为

$$\mathscr{E}_\mathrm{i}=-\frac{\mathrm{d}\Phi}{\mathrm{d}t}=-\frac{\mu_0 lI_0\omega}{2\pi}\ln\left(\frac{a+b}{a}\right)\cos\omega t$$

从上式可知,线圈内的感应电动势随时间按余弦规律变化,其方向也随余弦值的正负作逆时针、顺时针转向的变化.

思考题

7-1-1 将磁铁插入非金属环中,环内有无感应电动势?有无感应电流?环内将发生何种现象?

7-1-2 在北半球大部分地区,地磁场都有一指向地球的竖直分量,一向东飞行的飞机在两侧机翼的端点间会产生电动势.问:哪个机翼获得电子,哪个机翼失去电子?

7-1-3 将一磁铁插入一个由导线组成的闭合电路线圈中,一次迅速插入,另一次缓慢地插入.问:

(1) 两次插入时在线圈中产生的感应电动势是否相同?感生电荷量是否相同?

(2) 两次手推磁铁的力所做的功是否相同?

(3) 若将磁铁插入一不闭合的金属环中,在环中将发生什么变化?

7-1-4 某农民认为"和家里篱笆走向相平行的高压输电线在篱笆上感生了很危险的高压".这种情况有可能会发生吗?

7-2 动生电动势和感生电动势

由法拉第电磁感应定律可知,不论什么原因,只要穿过回路的磁通量发生变化,即$\frac{\mathrm{d}\Phi}{\mathrm{d}t}\neq 0$,回路中就要产生感应电动势.由式 $\Phi=\int \boldsymbol{B}\cdot\mathrm{d}\boldsymbol{S}$ 可知,使磁通量发生变化的方法是多种多样的,但从本质上讲,可归纳为两类:一类是磁场保持不变,导体回路或导体在磁场中运动,由此产生的电动势称为动生电动势;另一类是导体回路不动,磁场发生变化,由此产生的电动势称为感生电动势.下面我们分别讨论这两种电动势.

一、动生电动势

动生电动势可以用洛伦兹力来解释.如图 7-3 所示,在磁感应强度为 $\boldsymbol{B}$ 的均匀磁场中,有一长为 L 的导线 ab 以速度 $\boldsymbol{v}$ 向右运动,且 $\boldsymbol{v}$ 与 $\boldsymbol{B}$ 垂直.导线内每个自由电子都受到洛伦兹力

$\boldsymbol{F}_m$ 的作用，由式(6-37a)有

$$\boldsymbol{F}_m=(-e)\boldsymbol{v}\times\boldsymbol{B}$$

故 $\boldsymbol{F}_m$ 的方向与 $\boldsymbol{v}\times\boldsymbol{B}$ 的方向相反，即由 b 指向 a. 这个力是非静电力，它驱使电子沿导线由 b 向 a 移动，致使 a 端带负电，b 端带正电，从而在导线内产生静电场. 当作用在电子上的静电场力 $\boldsymbol{F}_e$ 与洛伦兹力 $\boldsymbol{F}_m$ 相平衡时(即 $\boldsymbol{F}_e+\boldsymbol{F}_m=\boldsymbol{0}$)，$a$、$b$ 两端有稳定的电势差. 可见，洛伦兹力是使在磁场中运动的导体产生电动势的非静电力，若以 $\boldsymbol{E}_k$ 表示非静电场强，则有

$$\boldsymbol{E}_k=\frac{\boldsymbol{F}_m}{-e}=\boldsymbol{v}\times\boldsymbol{B}$$

$\boldsymbol{E}_k$ 的方向与 $\boldsymbol{v}\times\boldsymbol{B}$ 的方向相同. 由电动势的定义可得，在磁场中运动导线 ab 所产生的动生电动势为

$$\mathscr{E}_i=\int_a^b\boldsymbol{E}_k\cdot d\boldsymbol{l}=\int_a^b(\boldsymbol{v}\times\boldsymbol{B})\cdot d\boldsymbol{l} \tag{7-5}$$

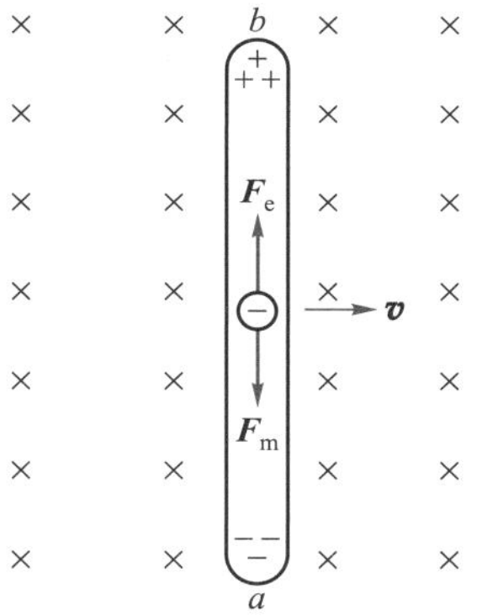

图 7-3　动生电动势的电子理论解释

式(7-5)可用于计算任意形状的导线在非均匀磁场中运动所产生的动生电动势.

考虑上述特例中 $\boldsymbol{v}$ 与 $\boldsymbol{B}$ 垂直，且矢积 $\boldsymbol{v}\times\boldsymbol{B}$ 的方向与 $d\boldsymbol{l}$ 的方向相同，上式为

$$\mathscr{E}_i=\int_0^L vB\,dl=vBL$$

导线 ab 上动生电动势的方向是由 a 指向 b(图 7-3)，上式只能用于计算在均匀磁场中导线以恒定速度垂直磁场运动时所产生的动生电动势.

例 7-4　在磁感应强度为 $\boldsymbol{B}$ 的均匀磁场中，一根长度为 L 的铜棒以角速度 ω 在与磁场方向垂直的平面上绕棒的一端 O 作匀速转动，试求在铜棒两端的感应电动势.

解　方法一：在铜棒上取一线元 $d\boldsymbol{l}$，运动的速度为 $\boldsymbol{v}$，且 $\boldsymbol{v}$、$\boldsymbol{B}$、$d\boldsymbol{l}$ 相互垂直，见例 7-4 图. 于是，由式(7-5)得 $d\boldsymbol{l}$ 两端的动生电动势为

$$d\mathscr{E}_i=(\boldsymbol{v}\times\boldsymbol{B})\cdot d\boldsymbol{l}=Bv\,dl$$

把铜棒看成由许多线元 dl 组成，每小段的线速度 $\boldsymbol{v}$ 都与 $\boldsymbol{B}$ 垂直，且 $v=l\omega$. 于是铜棒两端之间的动生电动势为

$$\mathscr{E}_i=\int_0^L Bv\,dl=\int_0^L B(\omega l)\,dl=\frac{1}{2}B\omega L^2$$

动生电动势的方向由 O 指向 a，O 端带负电，a 端带正电.

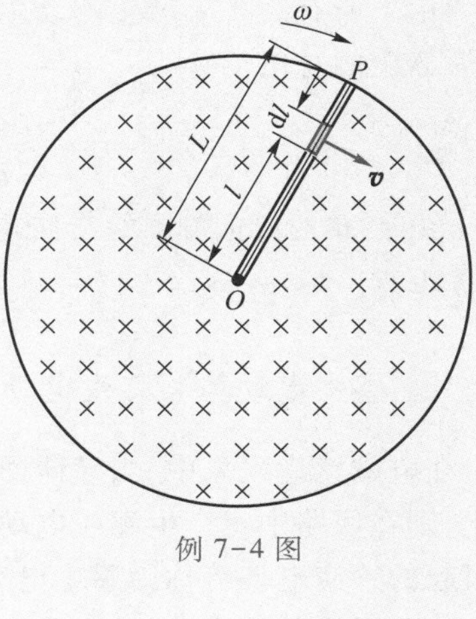

例 7-4 图

方法二：此动生电动势也可由法拉第电磁感应定律来求解. 设铜棒在 Δt 时间内所转过的角度为 $\Delta\theta$，则在这段时间内铜棒所切割的磁感应线条数等于它所扫过的扇形面积内所通过的磁通量，即

$$\Delta\Phi = BS = \frac{1}{2}BL^2\Delta\theta$$

所以铜棒中的动生电动势的大小为

$$\mathscr{E}_\mathrm{i} = \frac{\Delta\Phi}{\Delta t} = \frac{1}{2}BL^2\frac{\Delta\theta}{\Delta t} = \frac{1}{2}B\omega L^2$$

可以看出,这与前一种方法得到的结果完全一致.

如果是铜盘转动,那么可以把铜盘想象成由无数根并联的铜棒组合而成,因这些铜棒是并联的,所以铜盘中心与边缘之间的电势差仍等于每根铜棒的电势差. 该装置称为法拉第圆盘发电机,历史上法拉第曾经利用这种装置来演示动生电动势的产生.

例 7-5 如图所示,一长直导线通有电流 I,在其附近有一长度为 L 的导体棒 ab,以速度 $\boldsymbol{v}$ 平行于直导线向上作匀速运动. 棒的 a 端距直导线的距离为 d,求在导体棒 ab 中产生的动生电动势.

解 由于导体棒所在处为非均匀磁场,所以必须在导体棒上取一线元 $\mathrm{d}x$,这样在 $\mathrm{d}x$ 处的磁场可以看成是均匀的,其磁感应强度的大小为

$$B = \frac{\mu_0 I}{2\pi x}$$

式中,x 为线元 $\mathrm{d}x$ 与长直导线之间的距离,根据动生电动势的公式,可知 $\mathrm{d}x$ 小段上的动生电动势为

$$\mathrm{d}\,\mathscr{E}_\mathrm{i} = -Bv\mathrm{d}x = -\frac{\mu_0 I}{2\pi x}v\mathrm{d}x$$

负号表明 $\boldsymbol{v}\times\boldsymbol{B}$ 的方向与 $\mathrm{d}x$ 的方向相反.

由于所有线元上产生的动生电动势的方向都是相同的,所以金属棒中的总电动势为

$$\mathscr{E}_\mathrm{i} = \int \mathrm{d}\,\mathscr{E}_\mathrm{i} = -\int_d^{d+L}\frac{\mu_0 I}{2\pi x}v\mathrm{d}x = -\frac{\mu_0 I}{2\pi}v\ln\left(\frac{a+L}{a}\right)$$

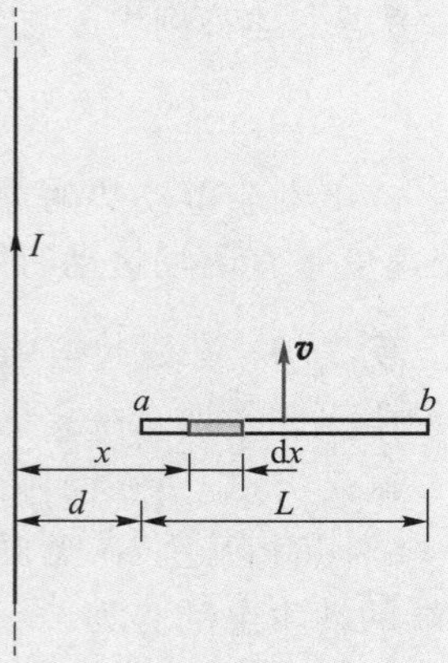

例 7-5 图

由 $\boldsymbol{v}\times\boldsymbol{B}$ 的方向知$\mathscr{E}_\mathrm{i}$的指向是从 b 到 a 的,也就是 a 点的电势比 b 点高.

二、感生电动势 感生电场

在电磁感应现象中,当导体回路固定不动,仅由磁场发生变化时,导体回路的磁通量也会变化,则在回路中将产生感应电动势,如图 7-4 所示. 前面已讲过,这种由回路不动,而磁场变化引起的感应电动势称为感生电动势.

由于回路并无运动,产生感应电动势的非静电场力不再是洛伦兹力,麦克斯韦分析了这种电磁感应现象的特殊性,提出不仅静止电荷可以产生静电场,当空间的磁场发生变化时也会产生一种电场,这种电场叫做感生电场. 当闭合导线处在变化的磁场中时,感生电场作用于导体

中的自由电荷，正是这种非静电场对电荷的非静电力作用，使导体内产生了感生电动势.

设用 $\boldsymbol{E}_k$ 表示感生电场的电场强度，当回路固定不动，回路中磁通量的变化全部由磁场的变化引起时，法拉第电磁感应定律可表示为

$$\mathscr{E}_i=\oint_L \boldsymbol{E}_k\cdot \mathrm{d}\boldsymbol{l}=-\frac{\mathrm{d}\Phi}{\mathrm{d}t} \quad (7-6)$$

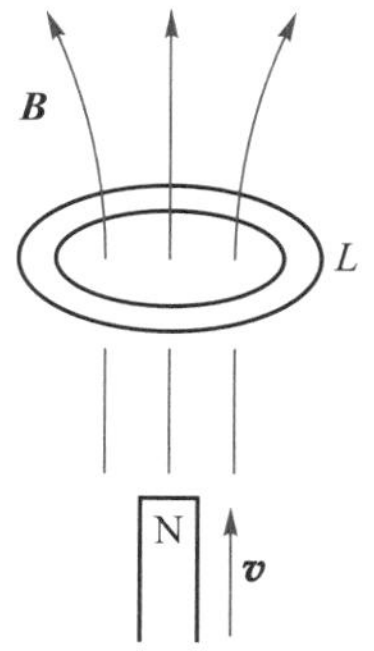

图 7-4 变化磁场产生感生电场

应当明确的是，这个由麦克斯韦感生电场的假设而得到的感生电动势表达式，不只对由导体所构成的闭合回路，甚至对真空，也都是适用的. 这就是说，只要穿过空间内某一闭合回路所围面积的磁通量发生变化，那么此闭合回路上的感生电动势就总是等于感生电场 $\boldsymbol{E}_k$ 沿该闭合回路的环流.

我们之所以把感生电场又叫做涡旋电场，是因为随时间变化的磁场而产生的这种非静电场，它本身具有涡旋性质. 麦克斯韦认为，即使没有任何导体存在，只要磁场发生变化，在变化磁场的周围空间就有涡旋电场存在. 涡旋电场 $\boldsymbol{E}_k$ 和静电场 $\boldsymbol{E}$ 的共同点是对电荷都有力的作用. 涡旋电场 $\boldsymbol{E}_k$ 与静电场 $\boldsymbol{E}$ 的区别在于：静电场是由静止电荷激发的，而涡旋电场是由变化磁场激发的；静电场的电场线起始于正电荷、终止于负电荷，单位正电荷在静电场中沿闭合回路运动一周电场力做功为零，即 $\oint \boldsymbol{E}\cdot \mathrm{d}\boldsymbol{l}=0$，这表明静电场是无旋场（或保守力场），而感生电场的电场线与磁场中的磁感应线相类似，是无头无尾的闭合曲线，单位正电荷在感生电场中沿闭合回路运动一周感生电场力做的功不为零，而如式（7-6）所示，即 $\boldsymbol{E}_k$ 的环流不为零，这表明感生电场是涡旋场，而不是保守力场.

又因为磁通量 Φ 为

$$\Phi=\int_S \boldsymbol{B}\cdot \mathrm{d}\boldsymbol{S}$$

则式（7-6）可写成

$$\mathscr{E}_i=\oint_L \boldsymbol{E}_k\cdot \mathrm{d}\boldsymbol{l}=-\frac{\mathrm{d}}{\mathrm{d}t}\int_S \boldsymbol{B}\cdot \mathrm{d}\boldsymbol{S}$$

若闭合回路是静止的，它所围的面积 S 也不随时间变化，则上式亦可写成

$$\mathscr{E}_i=\oint_L \boldsymbol{E}_k\cdot \mathrm{d}\boldsymbol{l}=-\int_S \frac{\partial \boldsymbol{B}}{\partial t}\cdot \mathrm{d}\boldsymbol{S} \quad (7-7)$$

式中，$\frac{\partial \boldsymbol{B}}{\partial t}$是闭合回路所围面积内某点的磁感应强度随时间的变化率. 上式表明，感生电场沿回路 L 的线积分等于磁感应强度 $\boldsymbol{B}$ 穿过回路所包围面积的磁通量变化率的负值. 当选定了积分回路的绕行方向后，面积的法线方向与绕行方向成右手螺旋关系. 磁场 $\boldsymbol{B}$ 的方向与回路面积的法线方向一致时，其磁通量 Φ 为正. 式中的负号表示 $\boldsymbol{E}_k$ 的方向与磁场的变化率$\frac{\partial \boldsymbol{B}}{\partial t}$成左手螺旋关系，如图 7-5 所示. 上式是电磁场的基本方程之一.

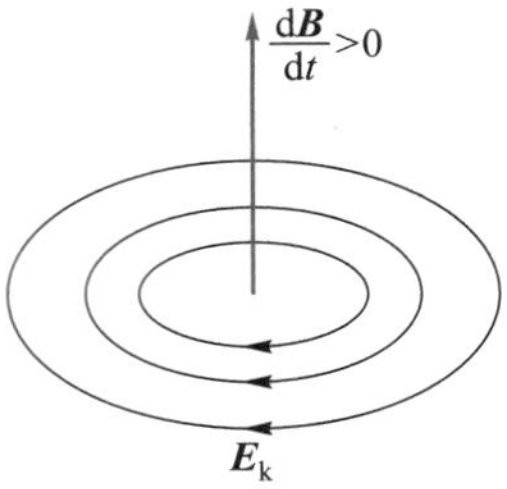

图 7-5 感生电场的方向与$\frac{\partial \boldsymbol{B}}{\partial t}$成左手螺旋关系

例 7-6 如图所示，在半径为 R 的无限长螺线管内部有一均匀磁场 $\boldsymbol{B}$，方向垂直纸面向里，磁场以$\frac{dB}{dt}$=常量的速率增加. 求管内、外感生电场的分布.

解 由磁场的轴对称分布可知，变化磁场所激发的感生电场也是轴对称分布的，电场线是一系列与螺线管同轴的同心圆，$\boldsymbol{E}_k$ 在同一圆周线上大小相等，方向沿圆周切向. 沿顺时针方向作半径为 r 的圆形回路 L，回路所围面积的正法线方向垂直纸面向里，由式(7-7)便可求得距轴线 r 处的感生电场的大小，即

$$\oint_L \boldsymbol{E}_k \cdot d\boldsymbol{l} = \oint_L E_k dl = 2\pi r E_k = -\int_S \frac{\partial \boldsymbol{B}}{\partial t} \cdot d\boldsymbol{S}$$

则

$$E_k = -\frac{1}{2\pi r}\int_S \frac{\partial \boldsymbol{B}}{\partial t} \cdot d\boldsymbol{S}$$

其中，S 是以所取回路为边界的任一曲面.

(1) 当 $r<R$，即所考察的场点在螺线管内时，我们选回路所围的圆面积作为积分面，在这个面上各点的$\frac{dB}{dt}$相等且和面法线的方向平行，故上式右边的面积分为

$$\int_S \frac{\partial \boldsymbol{B}}{\partial t} \cdot d\boldsymbol{S} = \int_S \frac{\partial B}{\partial t} dS = \pi r^2 \frac{dB}{dt}$$

由此可得 $r<R$ 处的感生电场为

$$E_k = -\frac{r}{2}\frac{dB}{dt}$$

$\boldsymbol{E}_k$ 的方向沿圆周切线，指向与圆周内的$\frac{d\boldsymbol{B}}{dt}$成左手螺旋关系. 图(a)所示 $\boldsymbol{E}_k$ 的方向对应$\frac{dB}{dt}>0$ 的情况.

(2) 当 $r>R$，即所考察的场点在螺线管外时，右边的面积分包容螺线管的整个截面，但是只有管内的$\frac{dB}{dt}$不为零，故

$$\int_S \frac{\partial \boldsymbol{B}}{\partial t} \cdot d\boldsymbol{S} = \pi R^2 \frac{dB}{dt}$$

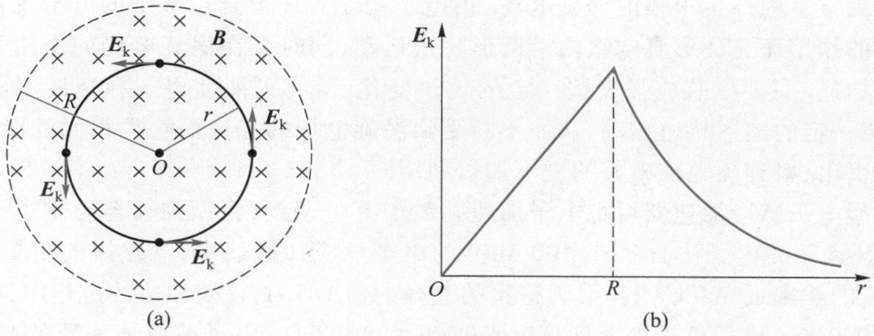

例 7-6 图

于是可得管外各点的感生电场为

$$E_k=-\frac{R^2}{2r}\frac{dB}{dt}$$

图(b)给出了螺线管内、外感生电场 E_k 随与轴线距离 r 的变化曲线.

三、涡旋电场的应用

1. 感应加热

当大块导体与磁场有相对运动或处在变化的磁场中时，在这块导体中也会激起感应电流. 这种在大块导体内流动的感应电流，叫做涡电流，简称涡流. 因为金属块的电阻很小，所以不大的感应电动势就能形成很大的涡流，由于涡流很大，故释放出大量的焦耳热，这就是感应加热的原理. 感应加热已广泛应用于有色金属的特种合金的冶炼、焊接及真空技术方面. 然而在很多情况下涡电流发热却是有害的. 例如变压器和电机中的铁芯，由于处在交变磁场中，因此铁芯因涡流而发热. 这不仅浪费了电能，而且发热会使铁芯温度升高从而引起导线绝缘材料性能下降，甚至造成事故. 为此我们常用增大铁芯电阻的方法来减小涡电流，如把铁芯做成层状，用薄层的绝缘材料把各层隔开. 更有效的是用粉末状的铁芯，各粉末间相互绝缘. 在高频变压器中，常用粉末状铁芯.

2. 电子感应加速器

前面讲到，即使空间没有导体存在，变化的磁场也要在空间产生涡旋电场，电子感应加速器正是利用这种涡旋电场来对电子进行加速的一种装置. 如图 7-6 所示，图中斜线部分分别是圆形电磁铁的 N 极和 S 极. 在两磁极中间装有一个环形真空室. 电磁铁在频率约每秒数十周的强大交变电流的激励下，在环形真空室区域内产生交变磁场，这交变磁

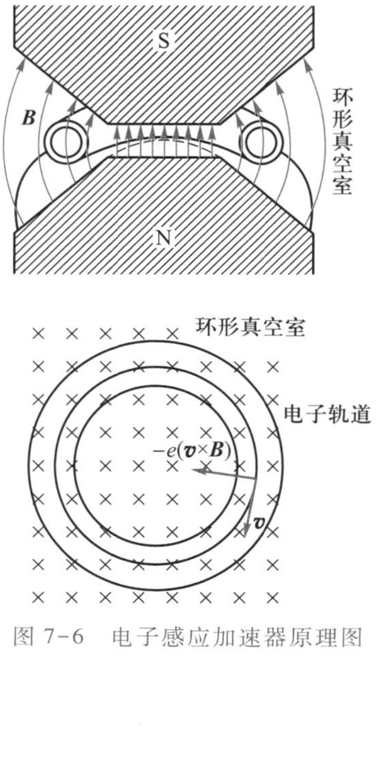

图 7-6 电子感应加速器原理图

场又在环形真空室内产生很强的涡旋电场. 由电子枪注入环形真空室中的电子既在磁场中受到洛伦兹力的作用而在环形真空室内沿圆形轨道运动,同时又在涡旋电场的作用下沿轨道切线方向得以加速. 只要磁感应强度按一定的规律变化,就有可能使电子在速度不断增加的过程中,仍然绕一定的圆形轨道运动,从而不断受到涡旋电场的加速而获得很大的能量. 最后再由偏转装置引出,射到预先准备好的靶上加以利用.

一般小型电子感应加速器可把电子加速到数十万电子伏,大型加速器可把电子加速到数百 MeV(MeV 表示兆电子伏). 一个 100 MeV 的电子感应加速器中,电磁铁的重量达 100 t 以上,交变电流的功率近 500 kW,环形真空室的直径约为 1.5 m,在被加速的过程中,电子经过的路径超过 1 000 km,电子可被加速到接近光速(0.999 986c). 电子感应加速器的制成,有力地证明了麦克斯韦提出的涡旋电场论点的正确性.

电子感应加速器主要用于核物理研究. 利用被加速的电子来轰击各种靶子,可产生人工 γ 射线. 由于电子感应加速器容易制造、造价较低、调整使用都很方便,因此近年来还用不大的电子感应加速器来产生硬 X 射线,作工业上探伤或医学治疗癌症之用.

思考题

7-2-1 如图所示,一个金属线框以速度 $\boldsymbol{v}$ 从左向右匀速通过一均匀磁场区,试定性地画出线框内感应电动势与线框位置的关系曲线.

7-2-2 在磁场变化的空间里,如果没有导体,那么在这个空间中是否存在电场? 是否存在感应电动势?

7-2-3 从理论上来说,怎样获得一个稳定的涡旋电场? 在空间存在变化的磁场时,如果在该空间内没有导体,那么这个空间是否存在电场?

7-2-4 如图所示,当导体棒在均匀磁场中运动时,棒中出现稳定的电场 $E=vB$,这是否和导体中 $E=0$ 的静电平衡条件相矛盾? 为什么? 是否需要外力来维持棒在磁场中作匀速运动?

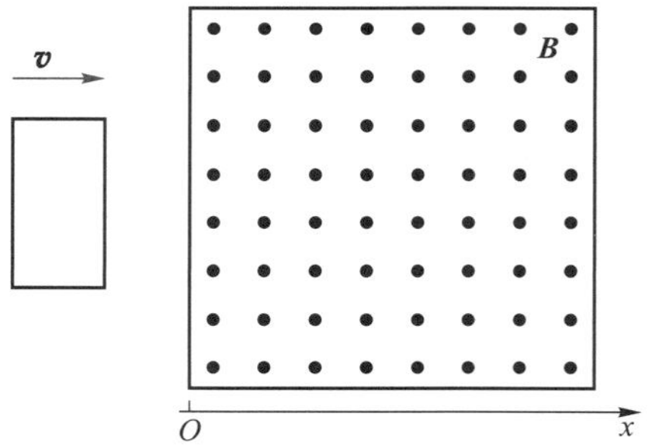

思考题 7-2-1 图

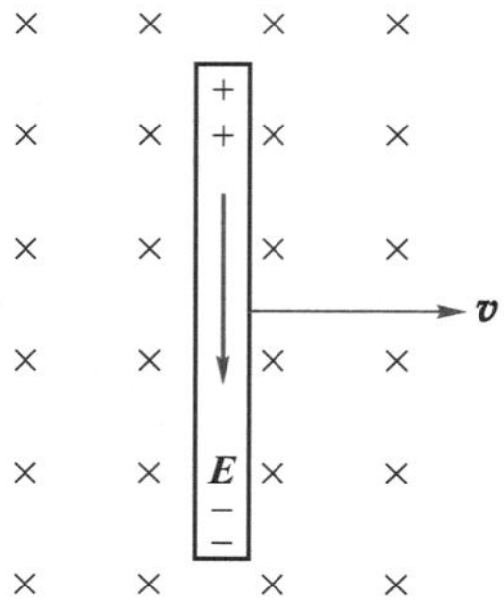

思考题 7-2-4 图

7-3 自感与互感

由电磁感应定律知道,只要穿过回路面积的磁通量发生变化,就会有电磁感应现象产生.

在实际问题中,磁场的变化往往是由电流的变化引起的.下面就自感和互感现象来讨论感生电动势与电流变化的直接关系.

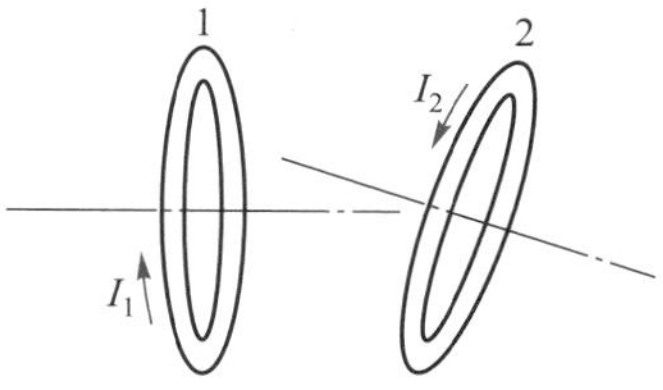

图 7-7 两个靠近的通有电流的电路

如图 7-7 所示,有电路 1 和电路 2 两条环形导线.显然,穿过电路 1 的磁通量 Φ_1 由两部分组成:一部分是电路 1 中的电流 I_1 所产生的穿过电路 1 的磁通量 Φ_{11},另一部分则是电路 2 中的电流 I_2 所产生的穿过电路 1 的磁通量 Φ_{12},故有

$$\Phi_1=\Phi_{11}+\Phi_{12}$$

当电流 I_1、I_2 中任意一个发生变化时,Φ_1 都要发生变化,由电磁感应定律可知,在电路 1 中将产生感生电动势$\mathscr{E}_i$,有

$$\mathscr{E}_i=-\frac{d\Phi_1}{dt}=-\frac{d\Phi_{11}}{dt}-\frac{d\Phi_{12}}{dt}$$

式中,$-\frac{d\Phi_{11}}{dt}$为电路 1 自身电流发生变化而在电路 1 中所引起的感应电动势,叫做自感电动势;$\frac{d\Phi_{12}}{dt}$为电路 2 中电流发生变化而在电路 1 中所引起的感应电动势,叫做互感电动势.同样,回路 2 中的感生电动势也分为自感电动势和互感电动势.

一般情况下应同时考虑自感和互感两种效应.如果周围的电路离得较远或影响很弱,则可以只考虑电路的自感效应.如果电路的自感效应很弱,就可以只考虑周围电路对它的互感效应.下面分别讨论自感与互感效应.

一、自感

考虑一个通有电流 I 的闭合回路,由毕奥-萨伐尔定律可知,回路电流产生的磁场空间中任意一点的磁感应强度与电流 I 成正比,因此穿过回路本身所包围面积的磁通量也与电流成正比,即

$$\Phi=LI \tag{7-8}$$

式中,L 是由回路的几何形状、大小及周围磁介质的磁导率等因素决定的比例系数,称为该回路的自感.式(7-8)说明,回路的自感在量值上等于回路中通有单位电流时,通过自身回路的磁通量的大小.

由法拉第电磁感应定律可知,回路中的自感电动势可表示为

$$\mathscr{E}_L=-\frac{d\Phi}{dt}=-\frac{d(LI)}{dt}=-\left(L\frac{dI}{dt}+I\frac{dL}{dt}\right) \tag{7-9}$$

式中,第一项代表由于电流变化而产生的自感电动势,第二项代表由于回路的形状、大小等随时间变化,引起自感变化而产生的自感电动势.如果回路的几何形状、大小以及周围磁介质的磁导率都不变,这时 L 将为一常量,即$\frac{dL}{dt}=0$,于是有

$$\mathscr{E}_L=-L\frac{dI}{dt} \tag{7-10}$$

上式表明：回路中的自感，在量值上等于电流随时间的变化率为一个单位时，在回路中产生的自感电动势．式中负号的意义与法拉第电磁感应定律中的负号的意义相同，是楞次定律的数学表示，它指出自感电动势将反抗回路中电流的改变．也就是说，当原电流增加时，自感电动势（因而自感电流）与原电流的方向相反，反抗原电流的增加；当原电流减少时，自感电动势（因而自感电流）与原电流的方向相同，反抗原电流的减少．

由此可见，自感电动势的方向总是阻碍本身回路电流的变化，且自感 L 越大，回路中的电流越难改变．回路的这一性质与物体的惯性有些相似，因此可以把自感 L 看作回路电磁惯性的量度．

在国际单位制中，自感的单位为亨利，用符号 H 表示．由式（7-8）可知

$$1\ \mathrm{H}=1\ \mathrm{Wb}\cdot\mathrm{A}^{-1}$$

由于亨利这个单位比较大，一般常用毫亨（mH）或微亨（μH）等较小的单位：

$$1\ \mathrm{mH}=10^{-3}\ \mathrm{H}$$

$$1\ \mu\mathrm{H}=10^{-6}\ \mathrm{H}$$

自感现象在各种电器设备和无线电技术中都有广泛的应用．例如，日光灯的镇流器就是利用线圈自感现象的一个例子，无线电设备中常用自感线圈和电容器来构成谐振电路或滤波器等．实际中线圈的自感往往是由实验来测定的，但在较为简单的情况下，也可由式（7-8）或式（7-10）来计算．具体步骤如下：

（1）设线圈中通有电流 I；

（2）计算出 I 在线圈内产生的磁场 $\boldsymbol{B}$ 的分布；

（3）求出穿过线圈的磁通量 Φ；

（4）由 $L=\dfrac{\Phi}{I}$ 得到 L（结果与 I 无关）．

例 7-7 有一长直密绕螺线管，长度为 l，横截面积为 S，线圈的总匝数为 N，管中介质的磁导率为 μ．求其自感．

解 长直螺线管内部的磁场近似为均匀场，当电流为 I 时，其中的磁感应强度为

$$B=\mu\frac{N}{l}I$$

穿过线圈的全磁通为

$$\Psi=NBS=\mu\frac{N^2}{l}IS$$

螺线管的自感为

$$L=\frac{\Psi}{I}=\mu\frac{N^2}{l}S$$

设螺线管单位长度上线圈的匝数为 n，螺线管的体积为 V，有

$$n=\frac{N}{l},V=lS$$

代入前式，得

$$L=\mu n^2 V$$

由此可见，螺线管的自感 L 与它的体积 V、单位长度上线圈匝数 n 的平方和管内介质的磁导率 μ 成正比，而与 I 无关. 为了得到自感较大的螺线管，通常采用较细的导线制成绕组，以增加单位长度上线圈的匝数；甚至还在管内充以磁导率大的磁介质以增加自感.

例 7-8 如图所示，有两个同轴圆筒形导体，其半径分别为 R_1 和 R_2，通过它们的电流均为 I，但电流的流向相反. 设在两圆筒间充满磁导率为 μ 的均匀磁介质. 试求其自感.

解 电流 I 从内圆筒向上流入，从外圆筒向下流出. 根据安培环路定理可知，在内、外圆筒之间距轴为 r 处的磁感应强度为

$$B=\frac{\mu I}{2\pi r}$$

如图所示，若在两圆筒之间取一长为 l 的面 $PQRS$，并将此面分成许多小面积元. 穿过面积元 $\mathrm{d}S=l\mathrm{d}r$ 的磁通量则为

$$\mathrm{d}\Phi=\boldsymbol{B}\cdot\mathrm{d}\boldsymbol{S}$$

由于 $\boldsymbol{B}$ 与面积元 $\mathrm{d}\boldsymbol{S}$ 间的夹角为零，所以有

$$\mathrm{d}\Phi=Bl\mathrm{d}r$$

于是，穿过面 $PQRS$ 的磁通量为

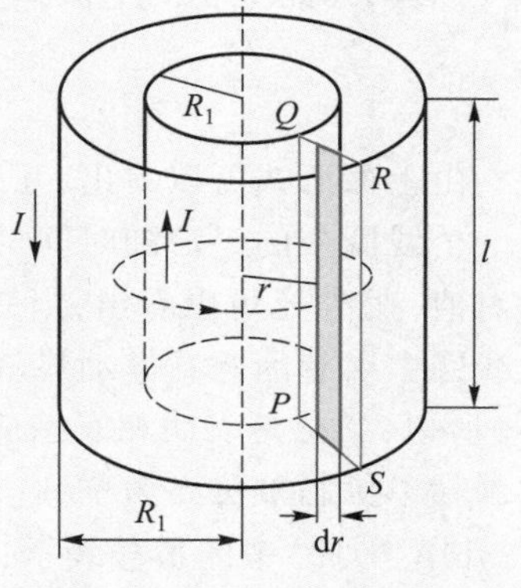

例 7-8 图

$$\Phi=\int\mathrm{d}\Phi=\int_{R_1}^{R_2}\frac{\mu I}{2\pi r}l\mathrm{d}r=\frac{\mu Il}{2\pi}\ln\frac{R_2}{R_1}$$

由自感的定义，可得长度为 l 的两圆筒导体的自感为

$$L=\frac{\Phi}{I}=\frac{\mu l}{2\pi}\ln\frac{R_2}{R_1}$$

二、互感

当一个线圈中的电流发生变化时，在其周围会激发变化的磁场，从而引起相邻线圈内产生感生电动势和感生电流，这种现象称为互感现象，所产生的电动势称为互感电动势.

若两相邻回路的形状、大小、位置和周围磁介质的磁导率都不变，则由毕奥-萨伐尔定律可知，I_1 在空间任何一点激发的磁感应强度都与 I_1 成正比，因此由 I_1 产生的通过回路 2 的磁通量 Φ_{21} 也与 I_1 成正比，如图 7-8 所示，有

$$\Phi_{21}=M_{21}I_1$$

同理也有

$$\Phi_{12}=M_{12}I_2$$

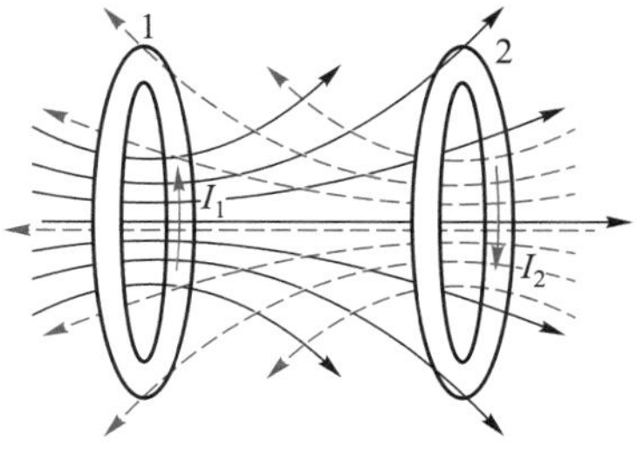

图 7-8 互感

式中，M_{21} 和 M_{12} 是比例系数，它们由两个相邻回路的形状、

大小、相对位置以及周围磁介质的磁导率决定. 实验和理论都证明，$M_{12}=M_{21}=M$，M 称为两回路的互感. 于是

$$\Phi_{21}=MI_1,\Phi_{12}=MI_2 \tag{7-11}$$

可见，两个线圈的互感 M 在数值上等于其中一个线圈中的电流为一个单位时，穿过另一个线圈所围面积的磁通量.

根据法拉第电磁感应定律，回路 1 中的电流 I_1 变化在回路 2 中激起的感应电动势为

$$\mathscr{E}_{21}=-\frac{\mathrm{d}\Phi_{21}}{\mathrm{d}t}=-M\frac{\mathrm{d}I_1}{\mathrm{d}t} \tag{7-12a}$$

同理，回路 2 中的电流 I_2 变化在回路 1 中激起的感应电动势为

$$\mathscr{E}_{12}=-\frac{\mathrm{d}\Phi_{12}}{\mathrm{d}t}=-M\frac{\mathrm{d}I_2}{\mathrm{d}t} \tag{7-12b}$$

由上面两式可以看出，互感 M 的意义也可以这样来理解：两个线圈的互感 M，在数值上等于一个线圈中的电流随时间的变化率为一个单位时，在另一个线圈中所引起的互感电动势的绝对值. 另外还可以看出，当一个线圈中的电流随时间的变化率一定时，互感越大，则在另一个线圈中引起的互感电动势就越大；反之，互感越小，在另一个线圈中引起的互感电动势就越小. 所以，互感是表明相互感应强弱的一个物理量，或者说是两个电路耦合程度的量度. 互感的国际单位制单位亦为亨利(H).

式(7-12)中的负号表示，在一个线圈中所引起的互感电动势，要反抗另一个线圈中电流的变化.

互感的应用很广泛，在电工和电子技术方面的应用尤为常见. 例如变压器、感应圈等，就应用了互感的原理. 但在有些情况下，产生互感也是有害处的. 例如在无线电设备中，有时就会因导线或各部件间的互感而妨碍设备的正常工作，对这种互感就要设法避免. 互感通常是利用实验方法来测定的. 但对于较简单的情况，可用式(7-11)和式(7-12a)或式(7-12b)来计算. 由式(7-12a)或式(7-12b)计算的步骤如下：

(1) 设一个回路中通有电流 I_1；

(2) 求出 I_1 产生的磁感应强度 B_1 的分布；

(3) 求出由于 I_1 引起的穿过另一回路面积的磁链 $N_2\Phi$；

(4) 由 $M=\dfrac{N_2\Phi}{I_1}$ 得互感 M(结果与 I_1 无关).

例 7-9 如图所示，有两个长度分别为 l，半径分别为 R_1 和 $R_2(R_1>R_2)$ 的同轴密绕直螺线管，它们的自感和匝数分别为 L_1、N_1 和 L_2、N_2. 求这两个同轴直螺线管的互感 M 及与两螺线管的自感 L_1、L_2 之间的关系.

解 设有电流 I_1 通过半径为 R_1 的外螺线管，则外螺线管内的磁感应强度为

$$B_1=\mu_0 n_1 I_1=\mu_0\frac{N_1 I}{l}$$

穿过半径为 R_2 的内螺线管的全磁通为

$$\Psi_{21}=N_2B_1S_2=\frac{\mu_0N_1N_2I_1}{l}\pi R_2^2$$

则互感为

$$M=\frac{\Psi_{21}}{I_1}=\frac{\mu_0N_1N_2}{l}\pi R_2^2$$

对于外螺线管而言,穿过自身的全磁通为

$$\Psi_{12}=N_1B_1S_1=\frac{\mu_0N_1^2I_1}{l}\pi R_1^2$$

外螺线管自感为

$$L_1=\frac{\Psi_1}{I_1}=\frac{\mu_0N_1^2}{l}\pi R_1^2$$

同理,可得内螺线管自感为

$$L_2=\frac{\Psi_2}{I_2}=\frac{\mu_0N_2^2}{l}\pi R_2^2$$

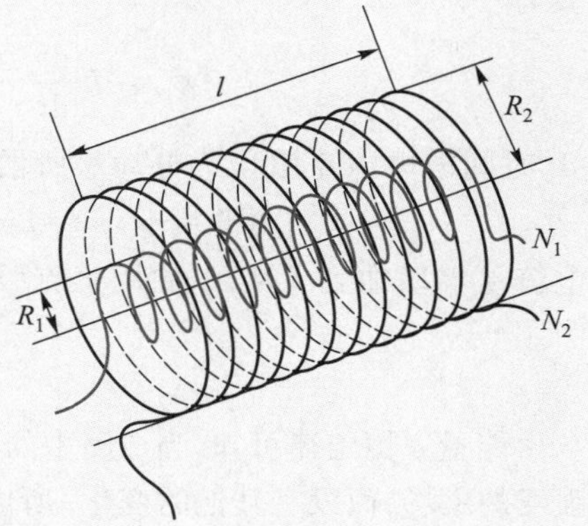

例 7-9 图

比较 M、L_1 和 L_2,有

$$M=\frac{R_2}{R_1}\sqrt{L_1L_2}$$

在一般情况下,可以把互感表示成 $M=k\sqrt{L_1L_2}$,其中 $0<k<1$,k 称为耦合系数,k 值取决于两线圈的相对位置,$k=1$ 时,称为完全耦合.

思考题

7-3-1 用电阻丝绕成的标准电阻要求没有自感,问:怎样绕制方能使线圈的自感为零?试说明其理由.

7-3-2 如果两电感线圈相隔甚远,以致实际上其中一个线圈发出的磁通量没有耦合到另一个线圈中去. 这两个电感串联或并联的等效自感与它们原来的自感关系如何?

7-3-3 自感电动势能不能大于电源的电动势?瞬时电流值可否大于稳定时的电流值?

7-4 磁场能量

静电场中,电容器是储存电能的器件. 在磁场中,载流线圈用于储存磁场能量.

如图 7-9 所示是一个线圈的简单电路,回路中的 L 为线圈,R 为电阻,$\mathscr{E}$为电源电动势. 当电路接通后,回路中的电流突然由零开始增加,这时在线圈 L 中会产生自感电动势$\mathscr{E}_L$. 由于$\mathscr{E}_L$反抗电流的增加,因此回路中的电流不能立即达到稳定值,而需要有一个逐渐增大的过程. 在这一过程中,电源所供的能量,一部分损耗在电阻上,转化为热能,另一部用于克服自感电动势做功，转化为磁场的能量，在线圈中建立起磁场.

现在来定量地计算磁场能量. 在线圈中的电流由零逐渐增大到稳定值 I 的过程中，设某一时刻的电流为 i，则自感电动势为

$$\mathscr{E}_{\mathrm{L}}=-L\frac{\mathrm{d}i}{\mathrm{d}t}$$

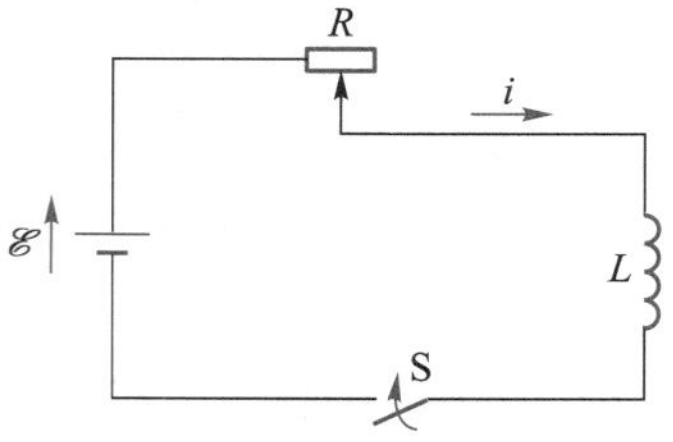

图 7-9 线圈中储存的能量

在 $\mathrm{d}t$ 时间内电源克服自感电动势所做的功为

$$\mathrm{d}W=-\mathscr{E}_{\mathrm{L}}i\mathrm{d}t=Li\mathrm{d}i$$

当电流从零增加到 I 时，电源用于克服自感电动势所做的总功为

$$W=\int_0^I Li\mathrm{d}i=\frac{1}{2}LI^2$$

由能量守恒定律可知，当电路中的电流从零增长到 I 时，电路附近的空间只是逐渐建立起一定强度的磁场，而没有其他的变化. 所以电源因反抗自感电动势而做功所消耗的能量，显然在建立磁场的过程中转化成了磁场的能量. 这是很容易说明的，因为不难算得，当电源一旦被撤去时（此时电路仍是闭合的），电路中所出现感应电流的能量，在数值上仍是 $\frac{1}{2}LI^2$. 这个能量是由于磁场的消失而转化得来的. 所以，对自感为 L 的线圈来说，当其电流为 I 时，磁场的能量为

$$W_{\mathrm{m}}=\frac{1}{2}LI^2 \tag{7-13}$$

自感为 L 的载流线圈所具有的磁场能量，称为自感磁能.

我们知道，磁场的性质是用磁感应强度来描述的. 既然如此，那么磁场能量也可以用磁感应强度来表示. 为简单起见，我们以长直螺线管为例进行讨论，长直螺线管的自感 $L=\mu n^2V$，螺线管内的磁感应强度为 $B=\mu nI$，于是管内的磁场能量为

$$W_{\mathrm{m}}=\frac{1}{2}LI^2=\frac{1}{2}\mu n^2V\left(\frac{B}{\mu n}\right)^2=\frac{B^2}{2\mu}V$$

磁场能量密度为

$$w_{\mathrm{m}}=\frac{W_{\mathrm{m}}}{V}=\frac{B}{2\mu}=\frac{1}{2}BH=\frac{\mu}{2}H^2 \tag{7-14}$$

式(7-14)虽然是从均匀磁场（载流长直螺线管）这种特殊情况下推导出的，但对非均匀磁场仍适用. 在非均匀磁场中，对任一体积元 $\mathrm{d}V$ 内的 B 和 H 可看成是均匀的，因此体积元 $\mathrm{d}V$ 内的磁场能量密度仍为式(7-14)所示，而体积元 $\mathrm{d}V$ 内的磁场能量为

$$\mathrm{d}W_{\mathrm{m}}=w_{\mathrm{m}}\mathrm{d}V=\frac{1}{2}BH\mathrm{d}V$$

在体积 V 内的磁场能量则为

$$W_{\mathrm{m}}=\int \mathrm{d}W_{\mathrm{m}}=\int_V \frac{1}{2}BH\mathrm{d}V \tag{7-15}$$

上式积分范围应遍及整个磁场分布的空间.

例 7-10　试求同轴电缆的磁能和自感. 如图所示,同轴电缆中金属芯线的半径为 R_1,共轴金属圆筒的半径为 R_2,中间充以磁导率为 μ 的磁介质. 若芯线与圆筒分别和电池两极相接,芯线与圆筒上的电流大小相等、方向相反. 若略去金属芯线内的磁场,求此同轴电缆芯线与圆筒之间单位长度上的磁能和自感.

解　由题意知,同轴电缆芯线内的磁场强度可视为零,又由安培环路定理已求得电缆外部的磁场强度亦为零,这样,只在芯线与圆筒之间存在磁场. 由安培环路定理可求得,在电缆内距轴线为 r 处的磁场强度为

$$H=\frac{I}{2\pi r}$$

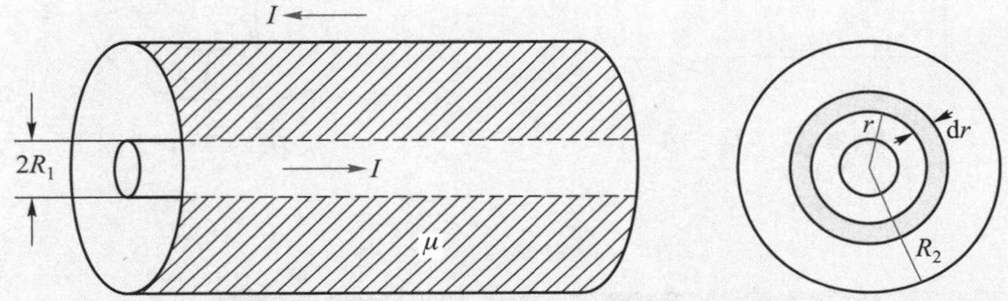

例 7-10 图

在芯线与圆筒之间,磁场的能量密度为

$$w_{\mathrm{m}}=\frac{1}{2}\mu H^2=\frac{\mu}{2}\left(\frac{I}{2\pi r}\right)^2=\frac{\mu I^2}{8\pi^2 r^2}$$

磁场的总能量为

$$W_{\mathrm{m}}=\int_V w_{\mathrm{m}}\mathrm{d}V=\frac{\mu I^2}{8\pi^2}\int_V \frac{1}{r^2}\mathrm{d}V$$

对于单位长度的电缆,$\mathrm{d}V=2\pi r\mathrm{d}r\times 1=2\pi r\mathrm{d}r$,代入上式,得单位长度同轴电缆的磁场能量为

$$W_{\mathrm{m}}=\frac{\mu I^2}{8\pi^2}\int_{R_1}^{R_2}\frac{2\pi r\mathrm{d}r}{r^2}=\frac{\mu I^2}{4\pi}\ln\frac{R_2}{R_1}$$

由磁能公式 $W_{\mathrm{m}}=\frac{1}{2}LI^2$,可得单位长度同轴电缆的自感为

$$L=\frac{\mu}{2\pi}\ln\frac{R_2}{R_1}$$

这一结果与例 7-9 中的结果相同.

思考题

7-4-1　具有自感 L,通有电流 I 的螺线管内,磁场的能量 $W_{\mathrm{m}}=\frac{1}{2}LI^2$,此能量是由何种能量转化而来的? 又怎样才能够使它以热的形式释放出来?

7-4-2 如图所示,一体积为 V、自感为 L 的长直螺线管和一电容为 C、两极板间体积为 V' 的平行板电容器串接在一起. 当开关 S 接通时间 t 后,电路中的充电电流的瞬时值为 i,电容器两极板上的电势差为 u. 问:此时刻电能和磁能各为多少? 这些能量是怎样建立起来的?

7-4-3 如图所示,在螺绕环中,其内半径附近的 B 点和外半径附近的 A 点,哪个点的磁能密度更大?

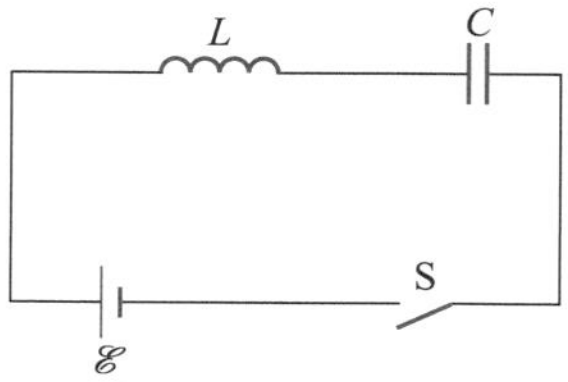

思考题 7-4-2 图

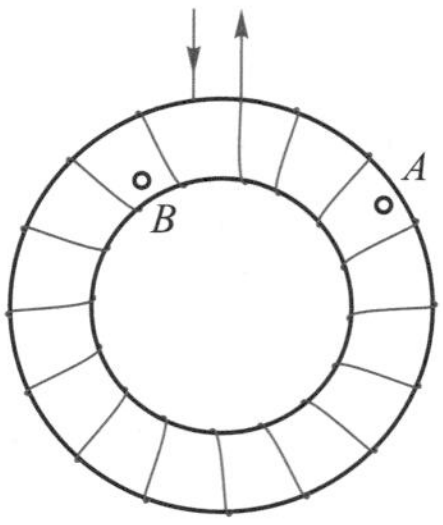

思考题 7-4-3 图

7-5 位移电流 电磁场基本方程的积分形式

自从 1820 年奥斯特发现电现象与磁现象之间的联系以后,由于安培、法拉第、亨利等人的工作,电磁学的理论有了很大发展. 到了 19 世纪 50 年代,电磁技术也有了明显的进步,各种各样的电流计、电压计被制造出来了,发电机、电动机和弧光灯已从实验室步入生活和生产领域,有线电报也从实验室的研究走向社会应用. 这时,在电磁学范围内已建立了许多定律、定理和公式,然而,人们迫切地企盼能像经典力学归纳出牛顿运动定律和万有引力定律那样,也能对众多的电磁学定律进行归纳总结,找出电磁学的基本方程. 正是在这种情况下,麦克斯韦总结了从库仑到安培、法拉第以来电磁学的全部成就,并发展了法拉第的场的思想,针对变化磁场能激发电场以及变化电场能激发磁场的现象,提出了有旋电场和位移电流的概念,从而于 1864 年归纳出电磁场的基本方程,即麦克斯韦电磁场的基本方程. 在此基础上,麦克斯韦还预言了电磁波的存在,并指出电磁波在真空中的传播速度为

$$c=\frac{1}{(\mu_0\varepsilon_0)^{1/2}}$$

其中,ε_0 和 μ_0 分别是真空介电常量和真空磁导率. 将 ε_0 和 μ_0 的值代入上式,可得电磁波在真空中的传播速度约为 $3\times10^8\ \mathrm{m\cdot s^{-1}}$,这个值与光速是相同的. 1888 年,赫兹从实验中证实了麦克斯韦关于电磁波的预言,赫兹的实验给予麦克斯韦的电磁理论以决定性支持. 麦克斯韦理论奠定了经典电动力学的基础,也为电工技术、无线电技术和现代通信和信息技术的发展开辟了广阔前景. 至今,麦克斯韦电磁理论对宏观、高速和低速的情况都能适用. 此处顺便指出,现代量子理论认为带电体之间的电磁作用是相互交换光子的结果,从而使人们对麦克斯韦电磁理论的理解又前进了一步(限于课程教学要求,对这个问题不作进一步说明).

一、位移电流 全电流安培环路定理

在第 6-5 节中，我们曾讨论了在恒定电流磁场中的安培环路定理：

$$\oint_l \boldsymbol{H} \cdot \mathrm{d}\boldsymbol{l}=I=\int_S \boldsymbol{j} \cdot \mathrm{d}\boldsymbol{S}$$

这个定理表明，磁场强度沿任一闭合回路的环流等于此闭合回路所包围传导电流的代数和．在非恒定电流的情况下，这个定理是否仍可适用呢？讨论这个问题可以先从电流连续性的问题谈起．

在一个不包含电容器的闭合电路中，传导电流是连续的．这就是说，在任一时刻，流过导体上某一截面的电流是与流过任何其他截面的电流是相等的．但在含有电容器的电路中情况就不同了．无论电容器被充电还是放电，传导电流都不能在电容器的两极板之间流过，这时传导电流就不连续了．

如图 7-10(a)所示，电容器在放电过程中，电路导线中的电流 I 是非恒定电流，它随时间而变化．在图 7-10(b)中，若在极板 A 的附近取一个闭合回路 L，则以此回路 L 为边界可作两个曲面 S_1 和 S_2．其中 S_1 与导线相交，S_2 在两极板之间，不与导线相交；S_1 和 S_2 构成一个闭合曲面．现以曲面 S_1，作为衡量有无电流穿过 L 所包围面积的依据，则由于它与导线相交，故知穿过 L 所围面积即 S_1 面的电流为 I，所以由安培环路定理有

$$\oint_l \boldsymbol{H} \cdot \mathrm{d}\boldsymbol{l}=I$$

而若以曲面 S_2 为依据，则没有电流通过 S_2，于是由安培环路定理便有

$$\oint_l \boldsymbol{H} \cdot \mathrm{d}\boldsymbol{l}=0$$

这就表明，在非恒定电流的磁场中，磁场强度沿回路 L 的环流与如何选取以闭合回路 L 为边界的曲面有关．选取不同的曲面，环流有不同的值．显然，在非恒定电流的磁场中，如果仍然沿用恒定磁场中的安培环路定理，必将导致矛盾的结果．这就是说，在非恒定电流情况下，安培环路定理不再成立．

麦克斯韦注意到安培环路定理的局限性，并着手寻找新的更普遍的规律来取代恒定电流磁场中的安培环路定理．在上述电路中，如图 7-10(a)所示，设某一时刻电容器的极板 A 上有电荷 $+q$，其电荷面密度为 $+\sigma$；极板 B 上有电荷 $-q$，其电荷面密度为 $-\sigma$．当电容器放电时，设正电荷由极板 A 沿导线向极板 B 流动，则在 $\mathrm{d}t$ 时间内通过电路中任一截面的电荷为 $\mathrm{d}q$，而这个 $\mathrm{d}q$ 也就是电容器极板上失去(或获得)的电荷．所以，极板上电荷对时间的变化率 $\mathrm{d}q/\mathrm{d}t$ 也就是电路中的传导电流．若极板的面积为 S，则极板内的传导电流为

$$I_{\mathrm{c}}=\frac{\mathrm{d}q}{\mathrm{d}t}=\frac{\mathrm{d}(S\sigma)}{\mathrm{d}t}=S\frac{\mathrm{d}\sigma}{\mathrm{d}t}$$

传导电流密度为

$$j_{\mathrm{c}}=\frac{\mathrm{d}\sigma}{\mathrm{d}t}$$

在电容器两板之间的空间(真空或电介质)中，由于没有自由电荷的移动，传导电流为零，即对

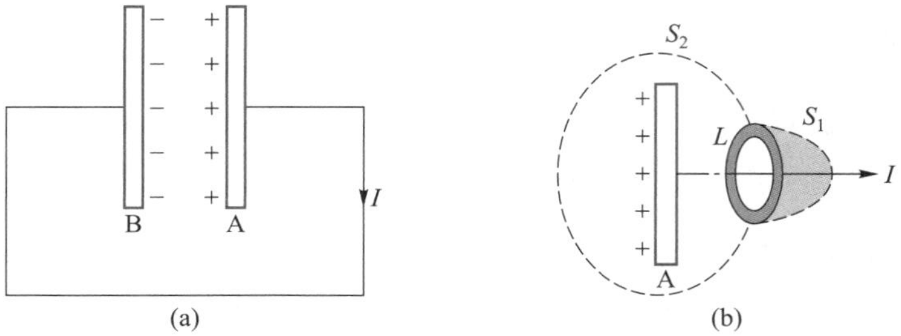

图 7-10 含有电容的电路中,传导电流不连续

整个电路来说,传导电流是不连续的.

但是,在电容器的放电过程中,极板上的电荷面密度 σ 随时间变化的同时,两极板间电场中电位移的大小 $D=\sigma$ 和电位移通量 $\Psi=SD$ 也随时间而变化. 它们随时间的变化率分别为

$$\frac{\mathrm{d}D}{\mathrm{d}t}=\frac{\mathrm{d}\sigma}{\mathrm{d}t},\frac{\mathrm{d}\Psi}{\mathrm{d}t}=S\frac{\mathrm{d}\sigma}{\mathrm{d}t}$$

从上述结果可以明显看出:极板间电位移随时间的变化率 $\mathrm{d}\boldsymbol{D}/\mathrm{d}t$ 在数值上等于极板内传导电流密度;极板间电位移通量随时间的变化率 $\mathrm{d}\Psi/\mathrm{d}t$,在数值上等于极板内传导电流. 并且当电容器放电时,由于极板上电荷面密度 σ 减小,两极板间的电场减弱,所以,$\mathrm{d}\boldsymbol{D}/\mathrm{d}t$ 的方向与 $\boldsymbol{D}$ 的方向相反. 在图 7-11 中,$\boldsymbol{D}$ 的方向是由右向左的,而 $\mathrm{d}\boldsymbol{D}/\mathrm{d}t$ 的方向则是由左向右,恰与极板内传导电流密度的方向相同. 因此,可以设想,如果以 $\mathrm{d}\boldsymbol{D}/\mathrm{d}t$ 表示某种电流密度,那么,它就可以代替在两极板间中断了的传导电流密度,从而保持了电流的连续性.

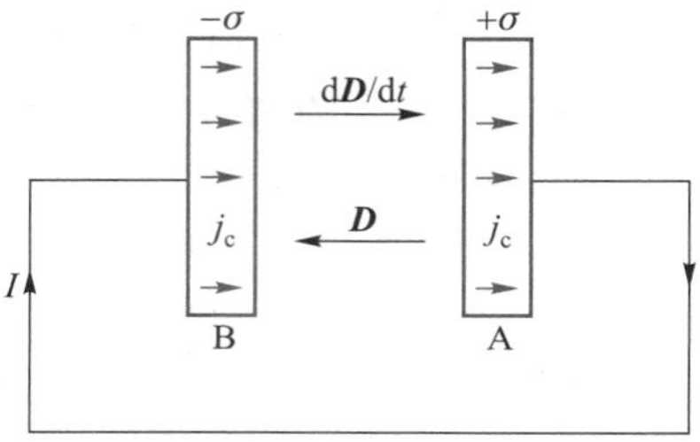

图 7-11 位移电流

麦克斯韦把电位移 D 的时间变化率 $\mathrm{d}\boldsymbol{D}/\mathrm{d}t$ 称为位移电流密度 $\boldsymbol{j}_d$;电位移通量 Ψ 的时间变化率 $\mathrm{d}\Psi/\mathrm{d}t$ 称为位移电流 I_d,有

$$\boldsymbol{j}_d=\frac{\partial \boldsymbol{D}}{\partial t},\ I_d=\frac{\partial \Psi}{\partial t} \tag{7-16}$$

麦克斯韦假设位移电流和传导电流一样,也会在其周围空间激起磁场. 这样,按照麦克斯韦位移电流的假设,在有电容器的电路中,在电容器极板表面中断了的传导电流,可以由位移电流继续下去,两者一起构成电流的连续性.

就一般性质来说,麦克斯韦认为电路中可同时存在传导电流 I_c 和位移电流 I_d,那么,它们之和为

$$I_s=I_c+I_d$$

I_s 叫做全电流. 于是,在一般情况下,安培环路定理可修正为

$$\oint_l \boldsymbol{H}\cdot \mathrm{d}\boldsymbol{l}=I_s=I_c+\frac{\mathrm{d}\psi}{\mathrm{d}t} \tag{7-17}$$

或
$$\oint_l \boldsymbol{H} \cdot \mathrm{d}\boldsymbol{l} = \int_S \left(\boldsymbol{j}_c + \frac{\mathrm{d}\boldsymbol{D}}{\mathrm{d}t}\right) \cdot \mathrm{d}\boldsymbol{S} \tag{7-18}$$

这就表明，磁场强度 $\boldsymbol{H}$ 沿任意闭合回路的环流等于穿过此闭合回路所围曲面的全电流，这就是全电流安培环路定理. 从式(7-18)可以看出传导电流和位移电流所激发的磁场都是有旋磁场. 所以，麦克斯韦关于位移电流假设的实质就是认为变化的电场要激发有旋磁场.

由此可见，位移电流的引入揭示了电场和磁场的内在联系和依存关系，反映了自然现象的对称性. 法拉第电磁感应定律说明变化的磁场能激发涡旋电场，位移电流的论点说明变化的电场能激发涡旋磁场，两种变化的场永远互相联系着，形成了统一的电磁场. 麦克斯韦提出的位移电流的概念，已为无线电波的发现和它在实际中广泛的应用所证实，它和变化磁场激发电场的概念都是麦克斯韦电磁场理论中很重要的基本概念. 根据位移电流的定义，在电场中每一点只要有电位移的变化，就有相应的位移电流密度存在. 通常情况下，导体中的电流主要是传导电流，位移电流可以忽略不计；而电介质中的电流主要是位移电流，传导电流可以忽略不计.

应该指出的是，传导电流和位移电流毕竟是两个截然不同的概念，它们只有在激发磁场方面是等效的，由此都称为电流，但在其他方面存在根本的区别.

例 7-11　有一半径为 $R=3.0\ \mathrm{cm}$ 的圆形平行板空气电容器. 现对该电容器充电，使极板上的电荷随时间的变化率，即充电电路上的传导电流 $I_c=\mathrm{d}Q/\mathrm{d}t=2.5\ \mathrm{A}$. 若略去电容器的边缘效应，求：

(1) 两极板间的位移电流；

(2) 两极板间距轴线的距离为 $r=2.0\ \mathrm{cm}$ 的 P 点处的磁感应强度.

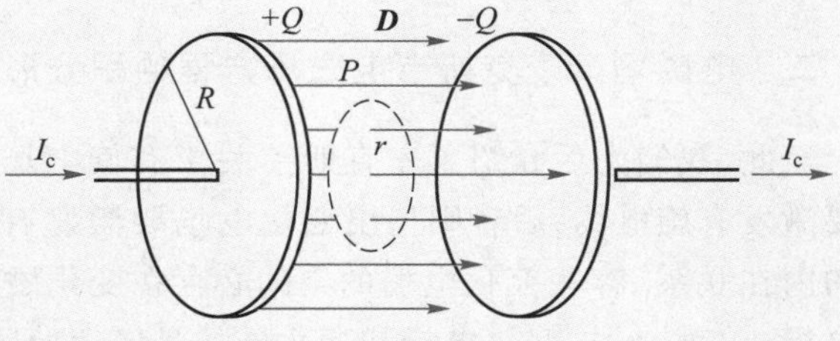

例 7-11 图

解　(1) 两极板间的位移电流就等于电路上的传导电流. 在例 7-11 图中，以半径 r 作一平行于两极板平面的圆形回路. 由于电容器内两极板间的电场可视为均匀电场，其电位移为 $D=\sigma$，所以，穿过以 r 为半径的圆形回路的电位移通量为

$$\Psi = D(\pi r^2) = \sigma \pi r^2$$

考虑到 $\sigma=\dfrac{Q}{\pi r^2}$，上式可写成

$$\Psi = \frac{r^2}{R^2} Q$$

这样，由式(7-17)即得，通过圆形回路的位移电流为

$$I_d = \frac{\mathrm{d}\Psi}{\mathrm{d}t} = \frac{r^2}{R^2}\frac{\mathrm{d}Q}{\mathrm{d}t} \tag{1}$$

(2) 此外，由于电容器内两极板间没有传导电流，即 $I_c=0$，所以由全电流安培环路定理有

$$\oint_l \boldsymbol{H}\cdot \mathrm{d}\boldsymbol{l}=I_d$$

考虑到极板间磁场强度 $\boldsymbol{H}$ 对轴线的对称性，故圆形回路上各点的 H 的大小均相同，其方向均与回路上各点相切，于是，$\boldsymbol{H}$ 沿上述圆形回路的积分为

$$\oint_l \boldsymbol{H}\cdot \mathrm{d}\boldsymbol{l}=H\cdot(2\pi r) \tag{2}$$

于是由式(1) 和式(2) 便有

$$H=\frac{1}{2\pi R^2}\frac{r}{R^2}\frac{\mathrm{d}Q}{\mathrm{d}t}$$

另外，考虑到电容器两极板间为空气，且略去边缘效应，所以有 $B=\mu H$. 于是可得两极板间与轴线相距为 r 的 P 点处的磁感强度为

$$B=\frac{\mu_0 r}{2\pi R^2}\frac{\mathrm{d}Q}{\mathrm{d}t} \tag{3}$$

将已知数据分别代入式(1) 和式(3) 可得通过上述圆形回路的位移电流和距轴线为 r 的 P 点处的磁感应强度的值分别为

$$I_d=1.1\ \mathrm{A},\ B=1.11\times10^{-5}\ \mathrm{T}$$

二、电磁场 麦克斯韦电磁场方程的积分形式

至此，我们先后介绍了麦克斯韦关于有旋电场和位移电流这两个假设. 前者指出变化磁场要激发有旋电场，后者则指出变化电场要激发有旋磁场. 这两个假设揭示了电场和磁场之间的内在联系. 存在变化电场的空间必存在变化磁场，同样，存在变化磁场的空间也必存在变化电场. 这就是说，变化电场和变化磁场是密切地联系在一起的，它们构成一个统一的电磁场整体. 这就是麦克斯韦关于电磁场的基本概念.

在研究电现象和磁现象的过程中，我们曾分别得出静止电荷激发的静电场和恒定电流激发的恒定磁场的一些基本方程，即

1. 静电场的高斯定理

$$\oint_S \boldsymbol{D}\cdot \mathrm{d}\boldsymbol{S}=\int_V \rho \mathrm{d}V=q$$

2. 静电场的环路定理

$$\oint_l \boldsymbol{E}\cdot \mathrm{d}\boldsymbol{l}=0$$

3. 磁场的高斯定理

$$\oint_l \boldsymbol{B}\cdot \mathrm{d}\boldsymbol{S}=0$$

4. 安培环路定理

$$\oint_l \boldsymbol{H} \cdot \mathrm{d}\boldsymbol{l} = \int_S \boldsymbol{j} \cdot \mathrm{d}\boldsymbol{S} = I_c$$

麦克斯韦在引入有旋电场和位移电流两个重要概念后,将静电场的环路定理修改为

$$\oint_l \boldsymbol{E} \cdot \mathrm{d}\boldsymbol{l} = -\frac{\mathrm{d}\Phi}{\mathrm{d}t} = -\int_S \frac{\partial \boldsymbol{D}}{\partial t} \cdot \mathrm{d}\boldsymbol{S}$$

将安培环路定理修改为

$$\oint_l \boldsymbol{H} \cdot \mathrm{d}\boldsymbol{l} = I_c + I_d = \int_S \left(\boldsymbol{j}_c + \frac{\partial \boldsymbol{D}}{\partial t}\right) \cdot \mathrm{d}\boldsymbol{S}$$

使它们能适用于一般的电磁场. 麦克斯韦还认为静电场的高斯定理和磁场的高斯定理不仅适用于静电场和恒定磁场,也适用于一般电磁场. 于是,得到电磁场的四个基本方程,即

$$\oint_l \boldsymbol{D} \cdot \mathrm{d}\boldsymbol{S} = \int_V \rho \mathrm{d}V = q \tag{7-19a}$$

$$\oint_l \boldsymbol{E} \cdot \mathrm{d}\boldsymbol{l} = -\int_S \frac{\partial \boldsymbol{B}}{\partial t} \cdot \mathrm{d}\boldsymbol{S} \tag{7-19b}$$

$$\oint_S \boldsymbol{B} \cdot \mathrm{d}\boldsymbol{S} = 0 \tag{7-19c}$$

$$\oint_l \boldsymbol{H} \cdot \mathrm{d}\boldsymbol{l} = -\int_S \left(\boldsymbol{j} + \frac{\partial \boldsymbol{D}}{\partial t}\right) \cdot \mathrm{d}\boldsymbol{S} \tag{7-19d}$$

这四个方程就是麦克斯韦方程组的积分形式.

应当指出的是,除上述积分形式的麦克斯韦方程组外,还相应地有四个微分形式的方程,这里不作介绍.

麦克斯韦方程组的形式既简洁又优美,全面地反映了电场和磁场的基本性质,并把电磁场作为一个整体,用统一的观点阐明了电场和磁场之间的联系. 因此,麦克斯韦方程组是对电磁场基本规律所作的总结性、统一性的简明而完美的描述. 麦克斯韦电磁理论的建立是 19 世纪物理学发展史上又一个重要的里程碑. 正如爱因斯坦所说:“这是自牛顿以来物理学所经历的最深刻和最有成果的一项真正观念上的变革”. 所以人们常称麦克斯韦是电磁学上的牛顿.

思考题

7-5-1 什么叫做位移电流?什么叫做全电流?位移电流和传导电流有什么不同?

7-5-2 何谓电磁波?它与机械波在本质上有何区别?试简述电磁波的产生方法及其在传播时的一些性质. 为什么当半导体收音机磁性天线的磁棒(棒上绕有线圈)和电磁波的磁场强度方向平行时,听到的声音最响?

7-5-3 电容器极板间的位移电流与连接极板的导线中的电流大小相等,然而在极板间的磁场越靠近轴线中心越弱,而传导电流的磁场越靠近导线越强,这是为什么?

习题

7-1 在无限长的载流直导线附近放置一矩形闭合线圈，开始时线圈与导线在同一平面内，且线圈中两条边与导线平行，当线圈以相同的速率作如图所示的三种不同方向的平动时，线圈中的感应电流 [ ]

(A) 以情况Ⅰ中为最大.

(B) 以情况Ⅱ中为最大.

(C) 以情况Ⅲ中为最大.

(D) 以情况Ⅰ和Ⅱ中相同.

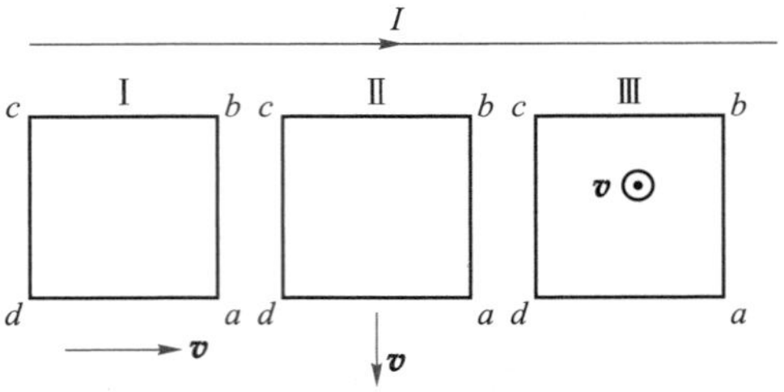

习题 7-1 图

7-2 如图所示，一矩形金属线框，以速度$\boldsymbol{v}$从无场空间进一均匀磁场中，然后又从磁场中出来，到无场空间中. 不计线圈的自感，下面哪一条曲线正确地表示了线圈中的感应电流对时间的函数关系？（从线圈刚进入磁场时刻开始计时，I以顺时针方向为正.） [ ]

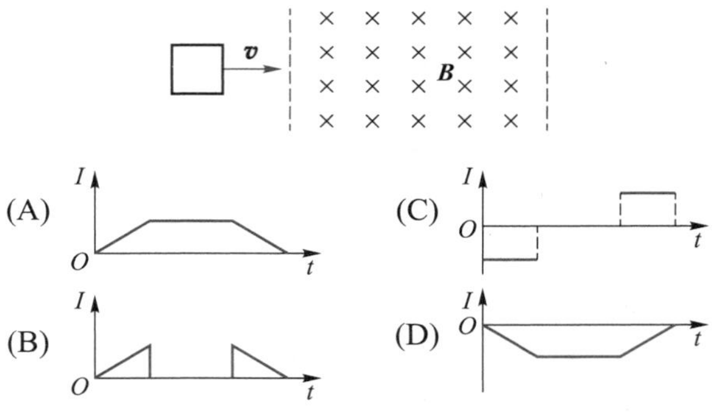

习题 7-2 图

7-3 将形状完全相同的铜环和木环静止放置在交变磁场中，并假设通过两环面的磁通量随时间的变化率相等，不计自感，则 [ ]

(A) 铜环中有感应电流，木环中无感应电流.

(B) 铜环中有感应电流，木环中有感应电流.

（C）铜环中感应电场强度大，木环中感应电场强度小.

（D）铜环中感应电场强度小，木环中感应电场强度大.

7-4　有两个线圈，线圈 1 对线圈 2 的互感为 M_{21}，而线圈 2 对线圈 1 的互感为 M_{12}. 若它们分别流过 i_1 和 i_2 的变化电流且 $\left|\frac{\mathrm{d}i_1}{\mathrm{d}t}\right| < \left|\frac{\mathrm{d}i_2}{\mathrm{d}t}\right|$，并设由 i_2 变化在线圈 1 中产生的互感电动势为 $\mathscr{E}_{12}$，由 i_1 变化在线圈 2 中产生的互感电动势为 $\mathscr{E}_{21}$，则论断正确的是　[　　]

（A）$M_{12}=M_{21}$，$\mathscr{E}_{12}=\mathscr{E}_{21}$.

（B）$M_{12}\neq M_{21}$，$\mathscr{E}_{12}\neq\mathscr{E}_{21}$.

（C）$M_{12}=M_{21}$，$\mathscr{E}_{12}>\mathscr{E}_{21}$.

（D）$M_{12}=M_{21}$，$\mathscr{E}_{12}<\mathscr{E}_{21}$.

7-5　如图所示，两个圆环形导体 a、b 互相垂直地放置且圆心重合，当它们的电流 I_1 和 I_2 同时发生变化时，则　[　　]

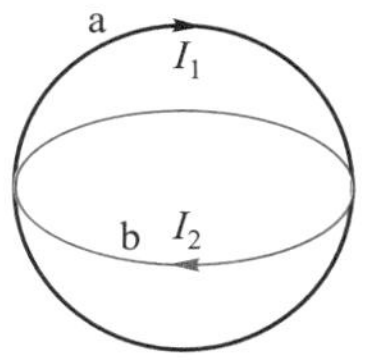

习题 7-5 图

（A）a 导体产生自感电流，b 导体产生互感电流.

（B）b 导体产生自感电流，a 导体产生互感电流.

（C）两导体同时产生自感电流和互感电流.

（D）两导体只产生自感电流，不产生互感电流.

7-6　对位移电流，下述说法正确的是　[　　]

（A）位移电流的实质是变化的电场.

（B）位移电流和传导电流一样是定向运动的电荷.

（C）位移电流服从传导电流遵循的所有定律.

（D）位移电流的磁效应不遵循安培环路定理.

7-7　一铁芯上绕有线圈 100 匝，已知铁芯中磁通量与时间的关系为 $\Phi=8.0\times10^{-5}\sin 100\,\pi t$，式中，$\Phi$ 的单位为 Wb，t 的单位为 s. 求在 $t=1.0\times10^{-2}$ s 时，线圈中的感应电动势.

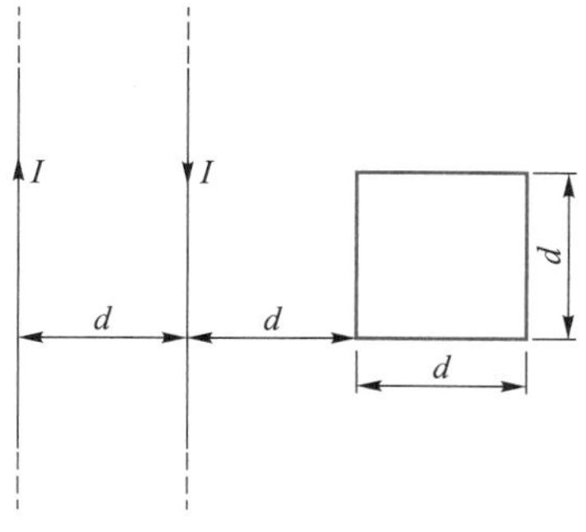

习题 7-8 图

7-8　有两根相距为 d 的无限长平行直导线，它们通以大小相等流向相反的电流，且电流均以 $\frac{\mathrm{d}I}{\mathrm{d}t}$ 的变化率增长. 若有一边长为 d 的正方形线圈与两导线处于同一平面内，如图所示，求线圈中的感应电动势.

7-9 一个测量磁感应强度的线圈，其截面积 $S=4.0\ \text{cm}^2$，匝数 $N=160$ 匝，电阻 $R=50\ \Omega$. 线圈与一内阻 $R=30\ \Omega$ 的冲击电流计相连. 若开始时线圈的平面与均匀磁场的磁感应强度 $\boldsymbol{B}$ 相垂直，然后线圈的平面很快地转到与 $\boldsymbol{B}$ 的方向平行. 此时从冲击电流计中测得电荷值 $q=4.0\times10^{-5}$ C. 问：此均匀磁场的磁感应强度 $\boldsymbol{B}$ 的值为多少？

7-10 如图所示，金属杆 AB 以匀速 $v=2$ m/s 平行于一长直导线移动，此导线通有电流 $I=40$ A. 问：此杆中的感应电动势为多大？杆的哪一端电势较高？

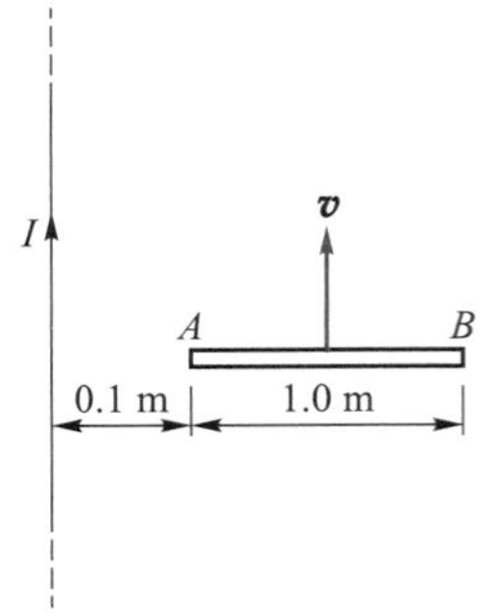

习题 7-10 图

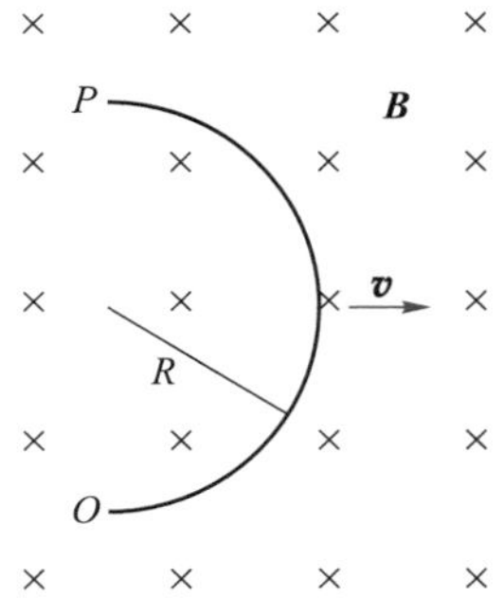

习题 7-11 图

7-11 如图所示，把一半径为 R 的半圆形导线 OP 置于磁感应强度为 $\boldsymbol{B}$ 的均匀磁场中，当导线 OP 以匀速率 v 向右移动时，求导线中感应电动势 $\mathscr{E}$ 的大小并指出哪一端电势较高.

7-12 如图所示，导线 MN 在导线架上以速度 v 向右滑动. 已知导线 MN 的长为 50 cm，$v=4.0$ m/s，$R=0.20\ \Omega$，磁感应强度 $B=0.50$ T，方向垂直于回路平面. 试求：

(1) MN 运动时所产生的动生电动势；

(2) 电阻 R 上所消耗的功率；

(3) 磁场作用在 MN 上的力.

7-13 一导线 PQ 弯成如习题 7-13 图所示的形状（其中 MN 是一半圆，半径 $r=0.10$ m，PM 和 NQ 段的长度均为 $l=0.10$ m），在均匀磁场（$B=0.50$ T）中绕轴线 PQ 转动，转速 $n=3\ 600$ r/min. 设电路的总电阻（包括电表 G 的内阻）为 1 000 Ω，求导线中的动生电动势和感应电流的频率以及它们的最大值各是多少.

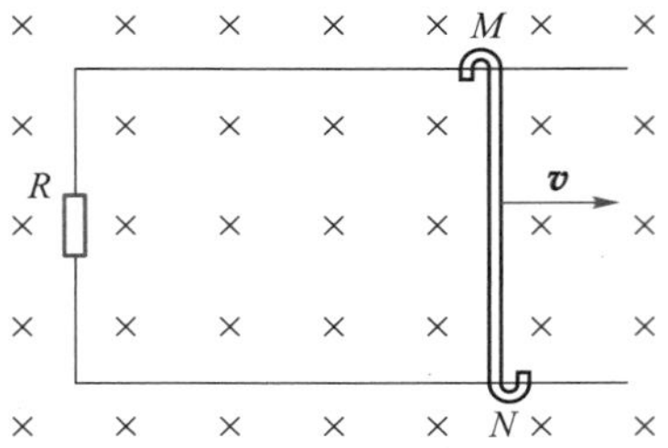

习题 7-12 图

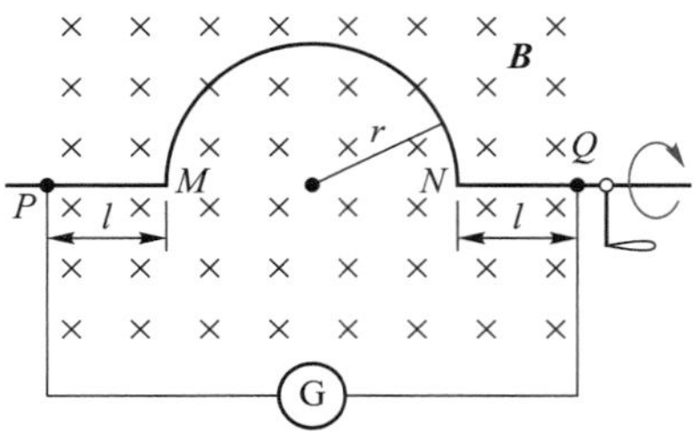

习题 7-13 图

*__7-14__ 在半径为 R 的圆柱空间中存在着均匀磁场，$\boldsymbol{B}$ 的方向与柱的轴线平行. 如图所示，有一长为 l 的金属棒放在磁场中，设 B 随时间的变化率为 $\dfrac{\mathrm{d}B}{\mathrm{d}t}$，试证：棒上感应电动势的大小

为$\mathscr{E}=\frac{\mathrm{d}B}{\mathrm{d}t}\frac{1}{2}\sqrt{R^2-\left(\frac{l}{2}\right)^2}$.

7-15 有一螺线管,每米有 800 匝.在管内中心放置一绕有 30 圈的半径为 1 cm 的圆形小回路,在 0.01 s 时间内,螺线管中产生 5 A 的电流.问:小回路中产生的感生电动势为多大?

7-16 两根平行长直导线,横截面半径都是 a,中心相距为 d,属于同一回路.设两导线内部的磁通量都可略去不计,试证明这样一对导线(长为 l)的自感为

$$L=\frac{\mu_0 l}{\pi}\ln\frac{d-a}{a}$$

7-17 一截面为长方形的螺绕管,其尺寸如图所示,共有 N 匝,求此螺绕环的自感.

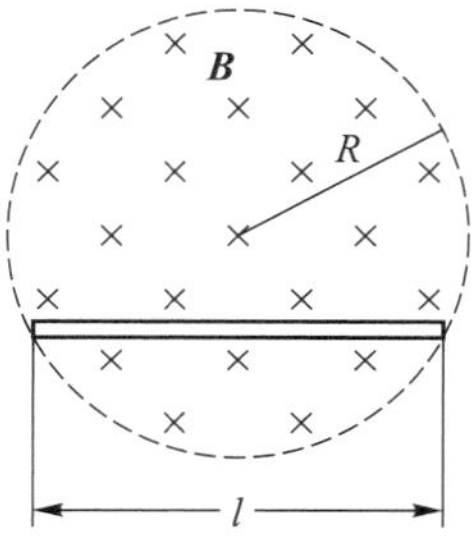

习题 7-14 图

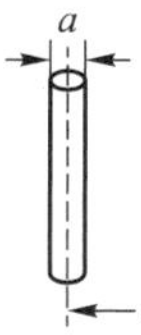

习题 7-16 图

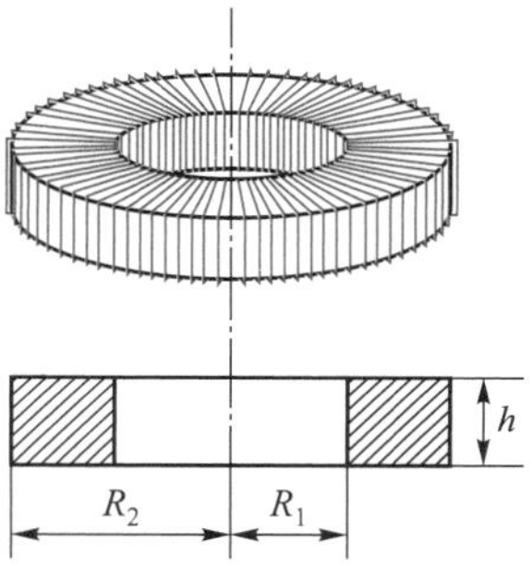

习题 7-17 图

7-18 在无限长直导线近旁,放置一长方形平面线圈,线圈的一边与导线平行,如图所示.求其互感 M.

7-19 一长直螺线管的导线中通入 10.0 A 的恒定电流时,通过每匝线圈的磁通量是 20 μWb;当电流以 4.0 A/s 的速率变化时,产生的自感电动势为 3.2 mV.求此螺线管的自感与总匝数.

7-20 如图所示,一面积为 4.0 cm^2、共 50 匝的小圆形线圈 A,放在半径为 20 cm 共 100 匝的大圆形线圈 B 的正中央,此两线圈同心且共面.设线圈 A 内各点的磁感应强度可看作是相同的.求:

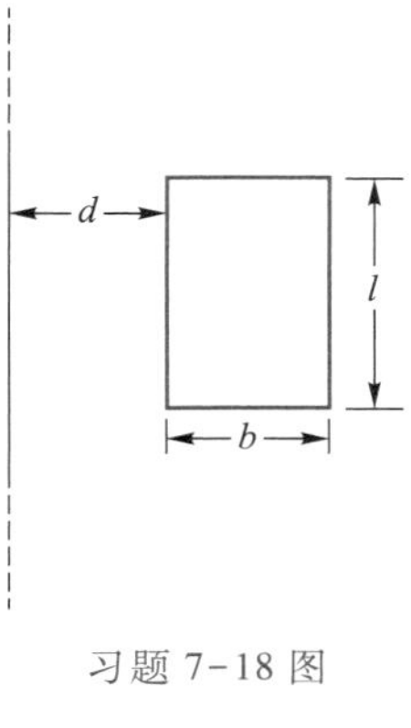

习题 7-18 图

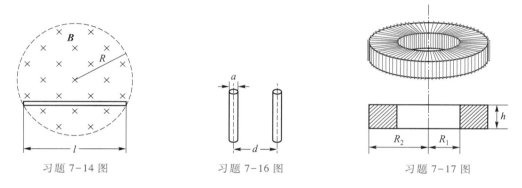

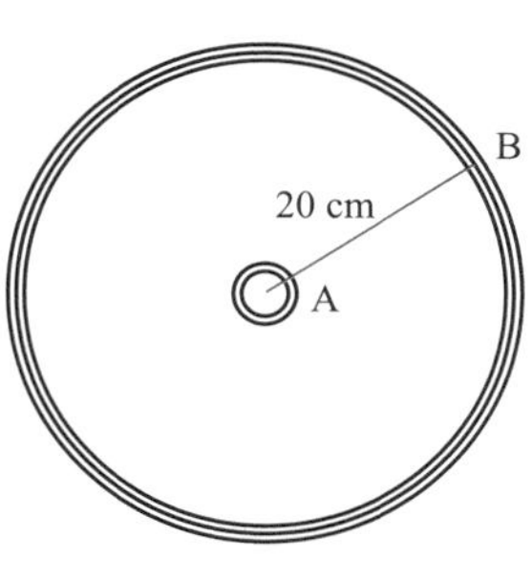

习题 7-20 图

（1）两线圈的互感；

（2）当线圈 B 中电流的变化率为 $-50\ \mathrm{A\cdot s^{-1}}$ 时，线圈 A 中感应电动势的大小和方向.

7-21 如图所示，两同轴单匝圆线圈 A、C 的半径分别为 R 和 r，两线圈相距为 d. 若 r 很小，可认为线圈 A 在线圈 C 处所产生的磁场是均匀的，求两线圈的互感. 若线圈 C 的匝数为 N 匝，则互感又为多少？

7-22 一螺线管的自感为 0.10 H，通过它的电流为 4 A，试求它储存的磁场能量.

7-23 一无限长直导线，截面各处的电流密度相等，总电流为 I. 试证：每单位长度导线内所储藏的磁能为 $\dfrac{\mu I^2}{16\pi}$.

7-24 真空中两根很长的相距为 $2a$ 的平行直导线与电源组成闭合回路，如图所示. 已知导线中的电流为 I，则在两导线正中间某点 P 处的磁能密度为多少？

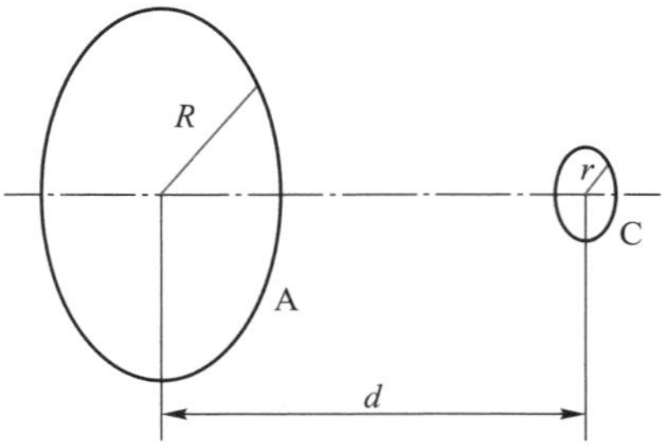

习题 7-21 图

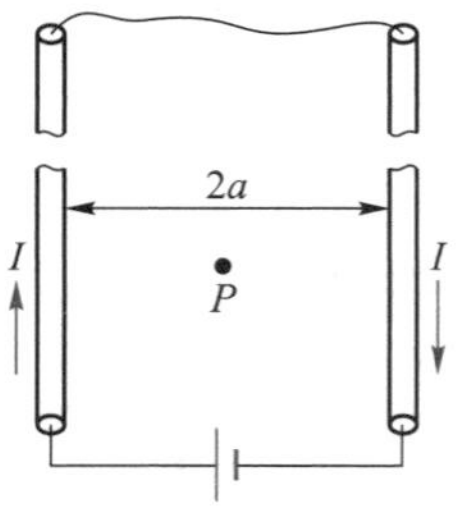

习题 7-24 图

7-25 实验室中一般可获得的强磁场约为 2.0 T，强电场约为 $1\times10^6\ \mathrm{V/m}$. 问：相应的磁场能量密度和电场能量密度多大？哪种场更有利于储存能量？

答案

附录

附录一 常用物理常量表

名称	符号	数值	单位	相对标准不确定度
真空中的光速	c	299 792 458	$m\cdot s^{-1}$	精确
普朗克常量	h	$6.626\ 070\ 15\times10^{-34}$	$J\cdot s$	精确
约化普朗克常量	$h/2\pi$	$1.054\ 571\ 817\cdots\times10^{-34}$	$J\cdot s$	精确
元电荷	e	$1.602\ 176\ 634\times10^{-19}$	C	精确
阿伏伽德罗常量	N_A	$6.022\ 140\ 76\times10^{23}$	mol^{-1}	精确
玻耳兹曼常量	k	$1.380\ 649\times10^{-23}$	$J\cdot K^{-1}$	精确
摩尔气体常量	R	$8.314\ 462\ 618\cdots$	$J\cdot mol^{-1}\cdot K^{-1}$	精确
理想气体的摩尔体积（标准状况下）	V_m	$22.413\ 969\ 54\cdots\times10^{-3}$	$m^3\cdot mol^{-1}$	精确
洛施密特常量	n_0	$2.686\ 780\ 111\cdots\times10^{25}$	m^{-3}	精确
斯特藩-玻耳兹曼常量	σ	$5.670\ 374\ 419\cdots\times10^{-8}$	$W\cdot m^{-2}\cdot K^{-4}$	精确
维恩位移定律常量	b	$2.897\ 771\ 955\cdots\times10^{-3}$	$m\cdot K$	精确
引力常量	G	$6.674\ 30(15)\times10^{-11}$	$m^3\cdot kg^{-1}\cdot s^{-2}$	2.2×10^{-5}
真空磁导率	μ_0	$1.256\ 637\ 061\ 27(20)\times10^{-6}$	$N\cdot A^{-2}$	1.6×10^{-10}
真空电容率	ε_0	$8.854\ 187\ 818\ 8(14)\times10^{-12}$	$F\cdot m^{-1}$	1.6×10^{-10}
电子质量	m_e	$9.109\ 383\ 713\ 9(28)\times10^{-31}$	kg	3.1×10^{-10}
质子质量	m_p	$1.672\ 621\ 925\ 95(52)\times10^{-27}$	kg	3.1×10^{-10}
中子质量	m_n	$1.674\ 927\ 500\ 56(85)\times10^{-27}$	kg	5.1×10^{-10}
氘核质量	m_d	$3.343\ 583\ 776\ 8(10)\times10^{-27}$	kg	3.1×10^{-10}
氚核质量	m_t	$5.007\ 356\ 751\ 2(16)\times10^{-27}$	kg	3.1×10^{-10}
玻尔磁子	μ_B	$9.274\ 010\ 065\ 7(29)\times10^{-24}$	$J\cdot T^{-1}$	3.1×10^{-10}
核磁子	μ_N	$5.050\ 783\ 739\ 3(16)\times10^{-27}$	$J\cdot T^{-1}$	3.1×10^{-10}

续表

名称	符号	数值	单位	相对标准不确定度
里德伯常量	R_∞	1.097 373 156 815 7(12)×10^{7}	m^{-1}	1.1 ×10^{-12}
精细结构常数	α	7.297 352 564 3(11) ×10^{-3}		1.6 ×10^{-10}
玻尔半径	a_0	5.291 772 105 44(82)×10^{-11}	m	1.6 ×10^{-10}
康普顿波长	λ_C	2.426 310 235 38(76)×10^{-12}	m	3.1 ×10^{-10}
原子质量常量	m_u	1.660 539 068 92(52)×10^{-27}	kg	3.1 ×10^{-10}

注:①表中数据为国际科学理事会(ISC)国际数据委员会(CODATA)2022年的国际推荐值.

②标准状况是指 T=273.15 K,p=101 325 Pa.

附录二　国际单位制与我国法定计量单位

1948年召开的第9届国际计量大会作出了决定,要求国际计量委员会创立一种简单而科学的、供所有米制公约组织成员国均能使用的实用单位制. 1954年第10届国际计量大会决定,采用米(m)、千克(kg)、秒(s)、安培(A)、开尔文(K)和坎德拉(cd)作为基本单位. 1960年第11届国际计量大会决定,将以这六个单位为基本单位的实用计量单位制命名为“国际单位制”,并规定其国际简称为“SI”. 1974年第14届国际计量大会又决定,增加一个基本单位——“物质的量”的单位摩尔(mol). 因此,目前国际单位制共有七个基本单位(见表1). SI导出单位是由SI基本单位按定义式导出的,以SI基本单位代数形式表示的单位,其数量很多,有些单位具有专门名称(见表2). SI单位的倍数单位包括十进倍数单位与十进分数单位,它们由SI词头(见表3)加上SI单位构成.

1985年9月6日,我国第六届全国人民代表大会常务委员会第十二次会议通过了《中华人民共和国计量法》. 这一法律明确规定国家实行法定计量单位制度. 国际单位制计量单位和国家选定的其他计量单位(见表4)为国家法定计量单位,国家法定计量单位的名称、符号由国务院公布.

2018年第26届国际计量大会通过的“关于修订国际单位制的1号决议”将国际单位制的七个基本单位全部改为由常量定义. 此决议自2019年5月20日(世界计量日)起生效. 这是改变国际单位制采用实物基准的历史性变革,是人类科技发展进步中的一座里程碑. 对国际单位制七个基本单位的中文定义的修订是我国科学技术研究中的一个重要活动,对于促进科技交流、支撑科技创新具有重要意义.

表1　SI基本单位及其定义

量的名称	单位名称	单位符号	单位定义
时间	秒	s	当铯频率 $\Delta\nu_{Cs}$,也就是铯-133原子不受干扰的基态超精细跃迁频率,以单位Hz即 s^{-1} 表示时,将其固定数值取为9 192 631 770来定义秒.
长度	米	m	当真空中光速 c 以单位 $m \cdot s^{-1}$ 表示时,将其固定数值取为299 792 458来定义米,其中秒用 $\Delta\nu_{Cs}$ 定义.
质量	千克(公斤)	kg	当普朗克常量 h 以单位 $J \cdot s$ 即 $kg \cdot m^2 \cdot s^{-1}$ 表示时,将其固定数值取为 $6.626\ 070\ 15\times10^{-34}$ 来定义千克,其中米和秒分别用 c 和 $\Delta\nu_{Cs}$ 定义.
电流	安[培]	A	当元电荷 e 以单位C即 $A \cdot s$ 表示时,将其固定数值取为 $1.602\ 176\ 634\times10^{-19}$ 来定义安培,其中秒用 $\Delta\nu_{Cs}$ 定义.

续表

量的名称	单位名称	单位符号	单位定义
热力学温度	开[尔文]	K	当玻耳兹曼常量 k 以单位 $J\cdot K^{-1}$ 即 $kg\cdot m^2\cdot s^{-2}\cdot K^{-1}$ 表示时,将其固定数值取为 $1.380\ 649\times10^{-23}$ 来定义开尔文,其中千克、米和秒分别用 h、c 和 $\Delta\nu_{Cs}$ 定义.
物质的量	摩[尔]	mol	1 mol 精确包含 $6.022\ 140\ 76\times10^{23}$ 个基本单元. 该数称为阿伏伽德罗数,为以单位 mol^{-1} 表示的阿伏伽德罗常量 N_A 的固定数值. 一个系统的物质的量,符号为 ν,是该系统包含的特定基本单元数的量度. 基本单元可以是原子、分子、离子、电子及其他任意粒子或粒子的特定组合.
发光强度	坎[德拉]	cd	当频率为 540×10^{12} Hz 的单色辐射的光视效能 K_{cd} 以单位 $lm\cdot W^{-1}$ 即 $cd\cdot sr\cdot W^{-1}$ 或 $cd\cdot sr\cdot kg^{-1}\cdot m^{-2}\cdot s^3$ 表示时,将其固定数值取为 683 来定义坎德拉,其中千克、米和秒分别用 h、c 和 $\Delta\nu_{Cs}$ 定义.

表 2　包括 SI 辅助单位在内的具有专门名称的 SI 导出单位

量的名称	单位名称	单位符号	用 SI 基本单位和 SI 导出单位表示
[平面]角	弧度	rad	1 rad = 1 m/m = 1
立体角	球面度	sr	$1\ sr = 1\ m^2/m^2 = 1$
频率	赫[兹]	Hz	$1\ Hz = 1\ s^{-1}$
力	牛[顿]	N	$1\ N = 1\ kg\cdot m/s^2$
压强,应力	帕[斯卡]	Pa	$1\ Pa = 1\ N/m^2$
能[量],功,热量	焦[耳]	J	1 J = 1 N · m
功率,辐[射能]通量	瓦[特]	W	1 W = 1 J/s
电荷[量]	库[仑]	C	1 C = 1 A · s
电压,电动势,电势(电位)	伏[特]	V	1 V = 1 W/A
电容	法[拉]	F	1 F = 1 C/V
电阻	欧[姆]	Ω	1 Ω = 1 V/A
电导	西[门子]	S	$1\ S = 1\ \Omega^{-1}$
磁通[量]	韦[伯]	Wb	1 Wb = 1 V · s
磁感应强度,磁通[量]密度	特[斯拉]	T	$1\ T = 1\ Wb/m^2$

续表

量的名称	单位名称	单位符号	用 SI 基本单位和 SI 导出单位表示
电感	亨[利]	H	1 H =1 Wb/A
摄氏温度	摄氏度	℃	1 ℃ =1 K
光通量	流[明]	lm	1 lm =1 cd · sr
[光]照度	勒[克斯]	lx	1 lx =1 lm/m^2
[放射性]活度	贝可[勒尔]	Bq	1Bq =1 s^{-1}
吸收剂量	戈[瑞]	Gy	1 Gy =1 J/kg
剂量当量	希[沃特]	Sv	1 Sv =1 J/kg

表 3 SI 词头

因数	词头名称		符号	因数	词头名称		符号
	英文	中文			英文	中文	
10^1	deca	十	da	10^{-1}	deci	分	d
10^2	hecto	百	h	10^{-2}	centi	厘	c
10^3	kilo	千	k	10^{-3}	milli	毫	m
10^6	mega	兆	M	10^{-6}	micro	微	μ
10^9	giga	吉[咖]	G	10^{-9}	nano	纳[诺]	n
10^{12}	tera	太[拉]	T	10^{-12}	pico	皮[可]	p
10^{15}	peta	拍[它]	P	10^{-15}	femto	飞[母托]	f
10^{18}	exa	艾[可萨]	E	10^{-18}	atto	阿[托]	a
10^{21}	zetta	泽[它]	Z	10^{-21}	zepto	仄[普托]	z
10^{24}	yotta	尧[它]	Y	10^{-24}	yocto	幺[科托]	y
10^{27}	ronna	容[那]	R	10^{-27}	ronto	柔[托]	r
10^{30}	quetta	昆[它]	Q	10^{-30}	quecto	亏[科托]	q

表 4 国际单位制单位以外的我国法定计量单位

量的名称	单位名称	单位符号	与 SI 单位的关系
时间	分	min	1 min = 60 s
	[小]时	h	1 h = 60 min = 3 600 s
	日(天)	d	1 d = 24 h = 86 400 s

续表

量的名称	单位名称	单位符号	与 SI 单位的关系
[平面]角	度	°	1° = (π/180) rad
	[角]分	′	1′ = (1/60)° = (π/10 800) rad
	[角]秒	″	1″ = (1/60)′ = (π/648 000) rad
体积	升	L(l)	1 L = 1 dm^3 = 10^{-3} m^3
质量	吨 原子质量单位	t u	1 t = 10^3 kg 1 u ≈ 1.660 539×10^{-27} kg
旋转速度	转每分	r/min	1 r/min = (1/60) r/s
长度	海里	n mile	1 n mile = 1 852 m(只用于航行)
速度	节	kn	1kn = 1 n mile/h = (1 852/3 600) m/s (只用于航行)
能[量]	电子伏	eV	1 eV ≈ 1.602 177×10^{-19} J
级差	分贝	dB	
线密度	特[克斯]	tex	1 tex = 10^{-6} kg/m
面积	公顷	hm^2	1 hm^2 = 10^4 m^2